普通高等教育农业农村部"十三五"规划教材
全国高等农林院校"十三五"规划教材

U0298500

杂粮作物栽培学

于立河　郭　伟　于　崧　主编

中国农业出版社
北　京

图书在版编目（CIP）数据

杂粮作物栽培学 / 于立河，郭伟，于崧主编 . —北京：中国农业出版社，2020.12
普通高等教育农业农村部"十三五"规划教材　全国高等农林院校"十三五"规划教材
ISBN 978 - 7 - 109 - 27616 - 1

Ⅰ.①杂…　Ⅱ.①于…②郭…③于…　Ⅲ.①杂粮－栽培技术－高等学校－教材　Ⅳ.①S51

中国版本图书馆 CIP 数据核字（2020）第 248454 号

杂粮作物栽培学
ZALIANG ZUOWU ZAIPEI XUE

中国农业出版社出版
地址：北京市朝阳区麦子店街 18 号楼
邮编：100125
责任编辑：李国忠
版式设计：杜　然　责任校对：周丽芳
印刷：北京中兴印刷有限公司
版次：2020 年 12 月第 1 版
印次：2020 年 12 月北京第 1 次印刷
发行：新华书店北京发行所
开本：787mm×1092mm　1/16
印张：18
字数：457 千字
定价：42.50 元

主　编　于立河　郭　伟　于　崧

副主编（按姓氏笔画排序）

　　　　于海秋　冯佰利　吕文河　刘景辉　杨武德　邵玺文

编　者（按姓氏笔画排序）

　　　　于　崧（黑龙江八一农垦大学）

　　　　于立河（黑龙江八一农垦大学）

　　　　于海秋（沈阳农业大学）

　　　　王　霞（黑龙江八一农垦大学）

　　　　冯佰利（西北农林科技大学）

　　　　吕文河（东北农业大学）

　　　　乔月静（山西农业大学）

　　　　任春元（黑龙江八一农垦大学）

　　　　刘景辉（内蒙古农业大学）

　　　　杨武德（山西农业大学）

　　　　邹春雷（新疆农业大学）

　　　　张英华（中国农业大学）

　　　　邵玺文（吉林农业大学）

　　　　姜丽丽（黑龙江八一农垦大学）

　　　　徐晓丹（黑龙江八一农垦大学）

　　　　郭　伟（黑龙江八一农垦大学）

　　　　蒋雨洲（黑龙江八一农垦大学）

　　　　薛盈文（黑龙江八一农垦大学）

　　　　冀瑞卿（吉林农业大学）

主　审　杨克军（黑龙江八一农垦大学）

前　　言

　　作物栽培学是研究作物生长发育、产量和品质形成规律及其与环境条件的关系，探索通过栽培管理、生长调控和优化决策等途径，实现作物高产、优质、高效及可持续发展的理论、方法和技术的科学。作物栽培学是农业科学中最基本和最重要的组成部分。作物的种类、特性千差万别，人类所需要的作物器官各不相同，加之作物的生产具有明显的时间性和空间性，因而作物栽培技术不但因作物种类而异，同一种作物也常因时间和空间条件的不同而有不同的特性。从我国高等农业教育教材的建设发展过程来看，作物栽培学教材包括两类结构：一种是总论与各论合为一体，对各作物的生长和栽培过程各有侧重地进行简要叙述；另一种是将总论和各论各自独立成文，系统、详细地进行介绍。已经出版使用的作物栽培学教材所涉及的作物种类和分类方式也存在很大差异，包括"作物栽培学总论""粮食作物栽培学""野生植物栽培学""药用植物栽培学""经济作物栽培学"等。本教材所涉及的杂粮作物，是指在我国进行广泛栽培的，除玉米、水稻、大豆和小麦之外的小宗粮豆作物。随着人们对健康饮食的重视程度不断提升，以及栽培业结构调整、乡村振兴战略的实际需求，国内杂粮的栽培面积与消费量也在增长。杂粮产业发展具备地域、资源、出口价格等诸多优势，但也存在商业化品种少、栽培技术粗放、标准化与机械化生产程度低、产品科技含量低等问题。近年来，以国家杂粮工程技术研究中心、国家产业技术体系等各级科研创新平台为依托，产生了很多新的科研成果。本教材融合杂粮产业发展的最新技术，继承了教材编写组前期编撰出版的《粮食作物栽培学》《经济作物栽培学》以及《作物栽培学》的特色，即以适宜于全程机械化生产技术为主，将传统栽培技术与栽培生理、现代分子生物学相结合，充分考虑机械化作业的技术特点，注重轻简化栽培、绿色有机生产的产业技术发展现状，围绕小豆、普通菜豆、绿豆、豌豆、蚕豆、鹰嘴豆、小扁豆、黑豆、豇豆、高粱、糜子、谷子、大麦、燕麦、荞麦、藜麦、籽粒苋、薏苡、马铃薯和甘薯共20个主要杂粮作物，按照概述、生物学特性、栽培技术、病虫草害及其防治的主体结构编写，为我国农学专业高等教育及从事现代农业建设的技术人才培养、培训和生产应用提供教材、参考资料。

　　参加本教材编写工作的人员及分工如下：徐晓丹负责编写第一章、第五章、第六章的第三节和第四节，于崧负责编写第二章、第三章、第四章的第三节和第四节，于立河负责编写第四章的第一节和第二节，于海秋负责编写第六章的第一节和第二节，杨武德负责编写第七章的第一节和第二节，乔月静负责编写第七章的第三节，邹春雷负责编写第七章的第四节，任春元负责编写第八章、第十一章的第二节至第四节，蒋雨洲负责编写第九章和第二十章，王霞负责编写第十章、第十七章第四节和第十八章，冯佰利负责编写第十一章第一节，姜丽丽负责编写第十二章、第十九章的第二节和第三节，郭伟负责编写第十三章、第十五章的第一节和第二节，刘景辉负责编写第十四章的第一节，薛盈文负责编写第十四章的第二节至第四节、第十五章的第三节和第四节、第十六章，邵玺文负责编写第十七章的第一节和第二节，张英华负责编写第十七章的第三节，吕文河负责编写第十九章第一节，冀瑞卿负责编写第十九章第四节。本教材的出版得到黑龙江省"杂粮生产与加工"优势特色学科建设项目资助。

作物栽培的任何技术及教材都存在时间性和实践性，随着作物生产技术的发展，以及相关学科知识和技术的进步，时刻存在更新和勘误的必要，今后还会有新的内容需要充实到教材和教学过程中去，我们希望本教材能起到抛砖引玉的作用，期待更新内容、更高水平的作物栽培学教材的问世以馈学科和产业的发展。

编　者

2020 年 10 月

目　　录

第一章 小 豆

第一节 概 述

一、起源和进化

（一）起源

20世纪50—80年代，我国的植物分类学文献中无野生小豆的记载，尽管有些文献提到野生小豆，但缺乏其拉丁名及形态描述，因而不确定是否为野生小豆。日本保存了野生小豆的模式标本。因此在小豆的起源问题上意见不一。多数学者认为小豆起源于中国，后来引入朝鲜和日本栽培。1994年，辽宁省境内发现了野生小豆，并从形态特征、分布、生态环境及野生小豆与小豆的杂交试验论证了野生小豆起源于中国。后来发现，野生小豆不仅分布在辽宁，还分布于云南及广西。近年来，在河北、天津、山东等地也搜集到野生小豆资源，从而进一步证明了中国是小豆起源地。除我国外，印度、尼泊尔、不丹、朝鲜半岛和日本群岛也发现了野生小豆和半野生小豆，因此有学者提出，栽培小豆可能在上述区域内的多个地方经驯化形成，可能有多个起源中心。

（二）进化

小豆（*Vigna angularis*）属于豆科菜豆族豇豆属，因其主要分布在亚洲，因此属于亚洲豇豆亚属（*Ceratotropis*）。根据形态特征，亚洲豇豆亚属又分为 Angulares、Ceratotropis 和 Aconitifolia 三个组，小豆分在 Angulares 组。小豆类型较多，包括红小豆、白小豆、绿小豆、黄小豆、黎小豆等，其中，红小豆约占90%。

二、生产情况

（一）栽培

全世界共有20多个国家栽培小豆，其中，中国、日本、韩国为主要栽培国，故小豆也被称为亚洲作物。世界小豆产量约为 1×10^6 t；我国小豆产量占世界小豆产量的1/3。在我国，除一些山区外，各地均有小豆栽培，其中，东北、华北及江淮地区为我国小豆主产区。

（二）产量

我国是最大的小豆生产国，产量和出口量均居世界第一位。黑龙江、辽宁、河北、内蒙古、山东、山西和天津栽培面积较大，约占全国小豆栽培面积的70%；陕西、河南、安徽、江苏也有一定栽培，约占全国小豆栽培总面积的15%；其余各省份栽培面积较小，总计约占全国小豆栽培总面积的15%。2018年，我国小豆总产量为 2.78×10^5 t，其中，黑龙江小豆产量为 1.19×10^5 t，约占我国小豆总产量的43%，是我国小豆产量最大的省份。

(三) 栽培区划

小豆在我国栽培广泛，因此其生态区域划分没有严格标准，目前，主要有以下两种划分体系。

1. 四区划分 胡家蓬 (1984) 根据小豆的粒色、熟型、百粒重 (100 颗籽粒的质量) 等性状将我国小豆产区划分为以下 4 个生态区。

(1) 东北生态区 该区包括黑龙江、吉林、辽宁和内蒙古，以早熟中粒类型为主。

(2) 华北生态区 该区包括河北、山西、北京市和天津，以晚熟中粒类型为主。

(3) 黄河中游生态区 该区包括陕西和河南，以晚熟中粒类型为主。

(4) 广西云南生态区 该区栽培小豆为极晚熟类型。

2. 八区划分 金文林 (1995) 根据气候因子将我国小豆栽培区划分为以下 8 个生态气候区。

(1) 黄淮江淮流域小豆生态气候区 该区包括黄河中下游流域及长江下游地区。

(2) 长江中游流域小豆生态气候区 该区为长江中游流域，武夷山以西、南岭以北、秦岭以南的地区。

(3) 陕甘宁小豆生态气候区 该区为长城以南地区，包括陕西、甘肃、宁夏和山西。

(4) 东北小豆生态气候区 该区包括黑龙江、吉林和辽宁。

(5) 新疆内蒙古小豆生态气候区 该区主要包括新疆、内蒙古及甘肃北部。

(6) 滇黔川小豆生态气候区 该区包括长江上游的贵州和四川，以及广西和云南的北部。

(7) 青藏高原小豆生态气候区 该区气候条件复杂，不适宜栽培小豆。

(8) 华南小豆生态气候区 该区包括福建和广东，以及广西和云南南部，这些地区高温高湿，小豆栽培面积很小。

(四) 进出口

小豆，特别是红小豆，是我国传统的出口农产品，销往 30 多个国家和地区，主要销往日本、韩国、马来西亚、新加坡、菲律宾等亚洲国家，近年来，也少量出口到美国、英国等欧美国家及非洲等地。日本是我国小豆的主要出口目的地，其进口量的 90% 来自我国。韩国是第二大出口国，年出口小豆约 2×10^4 t。

三、经济价值

(一) 营养价值

小豆是高营养作物，富含蛋白质、糖类、矿质元素、维生素等 (表 1-1)。小豆中蛋白质的平均含量为 22.65%，比禾谷类蛋白质含量高 2~3 倍 (张波，2012)。总淀粉含量为 41.8%~59.8%，其中直链淀粉含量为 8.6%~16.4%。小豆中，人体所必需的 8 种氨基酸含量均高于禾谷类作物 2~3 倍，其中，赖氨酸含量为 1.72%~1.97%，甲硫氨酸含量为 0.07%~0.26%，苏氨酸含量为 0.61%~0.90%，亮氨酸含量为 1.83%~2.43%，异亮氨酸含量为 0.96%~1.52%，苯丙氨酸含量为 1.43%~1.89%，色氨酸含量为 0.16%~0.21%，缬氨酸含量为 1.25%~1.81%。游离氨基酸以谷氨酸为主，宜与谷类食品混合制作成豆饭或豆粥食用，一般做成豆沙或糕点原料。小豆脂肪含量较低，平均为 0.59%，但脂肪酸种类较多，其中不饱和脂肪酸占脂肪酸含量的 68.91%，以亚油酸为主。粗纤维素含

表 1-1　每 100 g 小豆的营养成分含量

(引自田静，2016)

营养成分	含量	营养成分	含量
蛋白质（g）	21.7	磷（mg）	478
脂肪（g）	0.8	铁（mg）	5.6
糖类（g）	60.7	硫胺素（mg）	0.43
钙（mg）	67.0	核黄素（mg）	0.15
维生素 B_1（mg）	0.31	维生素 B_2（mg）	0.11
尼克酸（mg）	2.7		

量为 5.0%～7.4%，维生素 A 含量为 0.5～3.3 mg/g，维生素 B_1 含量为 0.2～0.5 mg/kg，维生素 B_2 含量为 0.3 mg/kg。小豆被誉为粮食中的红色珍珠，既是调节人们生活的营养品，又是食品、饮料加工业的重要原料。

（二）医疗保健功效

现代研究认为，小豆具有良好的润肠通便、降血压、降血脂、调节血糖、解毒抗癌、预防结石、健美减肥的作用；小豆还可用于辅助治疗心脏性和肾脏性水肿、肝硬化腹水、脚气病浮肿和外用于疮毒之症；小豆水提取液对金黄色葡萄球菌、福氏痢疾杆菌、伤寒杆菌等有抑菌作用；小豆是富含叶酸的食物，产妇多食红小豆有催乳的功效。

目前从小豆中提取分离出来的生物活性物质主要有多酚、多糖、黄酮、植物甾醇、色素、无机盐、鞣质（单宁）、植酸、皂苷以及其他豆类含量较少的三萜皂苷等成分。研究发现，小豆活性成分具有抗氧化、抗炎、降血糖、降血脂、提高免疫力、抑菌、抗病毒、抗癌等多种功能。Nishi（2008）将小豆中多酚提取物添加到小鼠饲料中，进行小鼠灌胃实验，发现可明显降低小鼠血液中的胆固醇含量。Yao（2011）从小豆中提取出黄酮类化合物牡荆素和异牡荆素，发现它们能抑制 α 葡萄糖苷酶活性，降糖效果较好。另外，小豆为食品，天然无毒副作用，因此具有加工成兼具食用和药用价值的保健产品的潜力，发展前景广阔（张旭娜，2018）。

（三）加工利用

小豆的加工产品主要包括小豆芽、小豆苗、小豆豆沙、小豆馅、小豆饮料。小豆芽的生产投资小、生产效益高，越来越受到大众喜爱，市场前景良好。

1. 籽粒颜色　小豆籽粒色泽是决定其商品性的重要特征之一，粒色、明暗、浓淡及均匀度在品种间存在明显差异。金文林等（2005）研究表明，在栽培型小豆种质资源群体中以红色品种为主，红度值是小豆出口的一个重要品质指标。我国小豆种质资源粒色多样，单一色泽的小豆品种间也存在明显的粒色差异。来源于不同地区的小豆种质资源群体也有明显差异。

2. 籽粒出沙率　出沙率是小豆重要的加工品质性状之一。豆沙粒是由几个糊化、膨润的淀粉粒构成，大小为 6～300 目。我国主产区的小豆种质籽粒出沙率平均值为 68.08%，变幅为 61.90%～75.98%。

第二节 生物学特性

一、植物学特征

(一) 根

小豆的根系由主根、侧根、须根、根毛和根瘤组成,呈圆锥状。主根入土 40～50 cm,侧根从主根上伸出向斜下方生长,入土 30～40 cm。主根和侧根上生有根毛,根毛主要分布于地表 10～20 cm 土层,是吸收营养和水分的主要部位。小豆根系能与根瘤菌共生,根瘤菌一般在小豆展现第 1 片复叶时,从根毛侵入,形成根瘤。根瘤呈球形,直径为 4～10 mm。小豆开花前后为根瘤菌活动旺盛期,开花后 2 周左右根瘤总量达到最高峰。

(二) 茎

小豆上胚轴延长形成茎,茎上着生茸毛,出苗时幼茎颜色多为绿色,部分野生种幼茎为紫色。随着主茎的生长,颜色有一定变化,但多数为绿色。根据茎的生长习性,小豆分为直立、蔓生和半蔓生 3 种类型。从子叶节到主茎顶端为主茎高度。早熟品种主茎高度为 30～60 cm;晚熟品种多为蔓生型,主茎高度可达 100 cm 以上。叶柄着生于茎节,茎节的数目为16～22 节。叶腋着生有 1 个主芽、2 个侧芽,一般只有中间的芽能发育成分枝。小豆主茎叶腋处发育的分枝为一级分枝,由一级分枝叶腋处的芽发育形成的分枝为二级分枝,以此类推。分枝数多为 2～4 个,多者可达 8～10 个,少数不分枝或只有 1 个分枝。

(三) 叶片

小豆的叶片分为子叶、单叶和复叶。小豆幼苗为子叶留土型。子叶以上的节上长出两片对生单叶,单叶多为卵圆形,个别为披针形或戟形。随着茎的生长,每个节上长出 1 片复叶,复叶互生。复叶由托叶、叶柄和叶片组成。托叶着生在叶柄基部,长约为 1 cm,宽约为 0.3 cm,外被白色稀疏短绒毛,具有保护叶芽的作用。叶柄为不规则多边形,呈绿色或紫色,长为 15～25 cm,可支撑叶片、输送养分和调节光能利用。复叶小叶数多为 3 片,少有 4 片或 5 片。小叶叶形因品种和着生部位的不同,分为卵圆形、心形和剑形。叶片一般被有茸毛,个别野生种无茸毛。

(四) 花

小豆花着生在叶腋间,花序为总状花序,小花由苞叶、花萼、花冠、雄蕊和雌蕊 5 部分组成。一般每个花序着生 2～6 朵花,花冠为蝶形,多为黄色,雄蕊为二体雄蕊。花药着生在花丝顶端,花粉球形,具有网纹。小豆为自花授粉作物,异交率低。

(五) 荚

小豆荚是由胚珠受精后的子房发育而成的。幼荚呈绿色,少数带有紫红色,幼荚缝线多为绿色,个别为黑色。成熟后,荚分为黄白色、褐色、浅褐色和黑色,多为黄白色,野生种多为黑色。荚呈圆筒形、镰刀形或弓形。荚长为 5～14 cm,宽为 5～8 mm,每荚有 4～11粒种子。多数栽培品种成熟时荚果不开裂。

(六) 籽粒

小豆籽粒颜色有白色、黄色、绿色、红色、褐色、黑色、花纹、花斑等多种,大部分栽培品种为红色。粒形有短圆柱、长圆柱、球形和楔形。根据百粒重的不同,可分为小粒品种

（百粒重小于 6 g）、中粒品种（百粒重为 6～12 g）、大粒品种（百粒重为 12～16 g）和特大粒品种（百粒重在 16 g 以上）。小豆种子含水量在 13％以下时，一般条件下可储藏 3～4 年，发芽率仍可达 90％以上，储藏超过 5 年时，发芽率急剧下降。

二、生长发育周期

小豆从播种至成熟的天数为生育期。根据小豆的生理特性和田间管理，一般将小豆生育期分为出苗期、幼苗期、分枝期、开花结荚期和鼓粒成熟期。

（一）出苗期

小豆是喜温作物，种子在 8～10 ℃时即可萌发，春播时一般当土壤温度稳定在 14 ℃以上时即可春播，播种至出苗一般需 10～15 d。夏播时最适宜发芽温度为 20～28 ℃，出苗时间随播种深度而变化，一般为 6 d 左右。全田 50％的植株达到出苗标准的日期，为出苗期。

（二）幼苗期

从播种到分枝是小豆的幼苗期。一般长出 4～5 片复叶时开始分枝。小豆幼苗期抗逆性较强，具有一定的耐低温冷害能力，一般在 0 ℃以上不会造成冻害。幼苗耐盐性较强，还具有一定的耐渍能力，一般在短期渍水的情况下仍能正常生长，但渍水时间过长会导致幼苗黄化。幼苗有一定的抗旱能力，适度控制灌溉有利于蹲苗，培育壮苗。苗期如果田间持水量过大，遇到高温天气时，易造成幼苗徒长。

（三）分枝期

小豆叶腋间出现分枝的时期称为分枝期。分枝多少与品种、播种期、密度、土壤肥力等有关。同一品种春播的分枝多于夏播的，早播的多于晚播的，稀植的多于密植的，高肥力地块的多于低肥力地块的。分枝期是小豆营养生长旺盛期，又是花芽开始分化的时期，充足的水分和养分条件，可增加有效分枝，促进花芽分化，是小豆丰产的基础。

（四）开花结荚期

开花结荚期是小豆生殖生长最旺盛的时期，养分和水分的消耗达到高峰。花荚脱落率与品种生长习性、水分养分供应、群体郁闭程度、倒伏状况及气象条件等有关。在开花期遇雨、群体倒伏郁闭、营养过剩、日照不足的情况下，花荚脱落率可达 70％～80％。开花结荚期是决定小豆产量的关键时期，对光照、温度、水分、养分等要求较高，对旱、涝非常敏感。田间干旱时应及时灌溉，涝时应及时排水，适当施肥、及时防治病虫害等措施对小豆丰产具有重要作用。

（五）鼓粒成熟期

荚内豆粒已鼓到最大是鼓粒成熟期，此时，叶片逐渐枯黄。鼓粒成熟期前期对水分、养分、光照和温度要求较高，后期要求昼夜温差大、光照充足。此时期的田间管理目标是延长植株功能叶片的寿命，提高光合能力，促早熟、增百粒重，实现高产稳产。

三、生长发育对环境条件的要求

（一）光照

小豆是短日照作物，对光周期的反应较为敏感。日照时间越短，小豆开花成熟越早，植株越矮，生物产量越低；相反，日照时间长，小豆开花成熟期推迟，枝叶生长旺盛，有些甚至不能正常开花结荚。小豆品种对光照长短的反应有很大差异，一般中晚熟品种反应敏感，而早熟品种较迟钝。小豆不同生育阶段对光照的反应也有很大差别。一般苗期影响最大，开花期次之，结荚期影响最小。南北各地小豆品种对光照长短要求有差异，总体而言，小豆的短日性由南向北逐渐减弱。

（二）温度

小豆是喜温作物，对温度适应范围较广，从南方的亚热带到北方的温带都有栽培。小豆生长发育期间对温度变化反应敏感，种子在 $8 \sim 10\,℃$ 时即可萌发，最适的发芽温度为 $14 \sim 18\,℃$，温度低于 $14\,℃$ 或高于 $30\,℃$ 时植株生长缓慢，因此当 $5\,cm$ 地温稳定在 $14\,℃$ 以上时，即可播种。小豆从播种到开花需要大于 $1\,000\,℃$ 积温，从开花到成熟需约 $1\,500\,℃$ 积温，全生育期需约 $2\,500\,℃$ 积温。小豆全生长期中最适宜的昼夜平均气温为 $20 \sim 24\,℃$，花芽分化和开花最适宜的温度为 $24\,℃$，低于 $16\,℃$ 时花芽分化、开花结荚将受到影响。小豆有两个时期最怕低温和霜冻，一是苗期的晚霜冻，二是成熟期的低温早霜。小豆遇霜害易造成减产，籽粒小，商品品质降低。

（三）土壤

小豆对土壤要求不高，各种类型土壤均可栽培，但以排水较好、保水保肥、富含有机质的中性黏壤土最为适宜。小豆具有一定的抗酸碱能力，在微酸性土壤上生长良好，在轻度盐碱地上也能生长；小豆根瘤菌最适 pH 为 $6.3 \sim 7.3$，在 pH 为 6 左右的弱酸性土壤上生长最好。生长季节较短的地区，选择轻砂壤土，有利于早熟；生长季节较长的地区，选择排水良好、保水力强的黏壤土或壤土有利于高产。就土壤肥力而言，以中等肥力较好，以免小豆生长过旺，产量降低。

（四）养分

同其他豆类作物一样，小豆在生长发育过程中需要大量元素氮、磷、钾和中微量元素钙、镁、铜、铁、锌、锰、硼等。小豆的氮磷钾吸收、分配和积累规律研究表明，小豆单株干物质积累符合 Logistic 曲线，全生育期植株含氮量最高，含钾量次之，含磷量最低。氮、磷、钾的积累强度曲线为单峰曲线，始花至其后 $20\,d$ 为养分积累的高峰期。

（五）水分

小豆虽是旱地作物，但需水较多，耐湿性较好。小豆需水随生长发育阶段而不同，幼苗期需水较少，苗期水分过多不利于蹲苗。分枝期土壤水分过多易引起倒伏和落蕾落花。开花结荚期需水最多，对水分最为敏感，适宜的土壤湿度是小豆授粉的关键因素。鼓粒前期需水较多，鼓粒后期则需水较少。虽然小豆耐湿性较好，但当土壤过度饱和或排水较差时，小豆生长较差。若播种时土壤湿度过大将引起小豆种子腐烂且直立性较差。开花期是涝害最敏感时期，可导致 $20\% \sim 74\%$ 的产量损失。成熟期如天气阴湿多雨，会造成荚果霉烂。

第三节　栽培技术

一、耕作制度

小豆不宜连作，多年连作易引起根际酸性物质积累，从而抑制根瘤菌的生长发育，也会加重病虫危害，使小豆产量和品质下降。小豆的适宜前作是禾本科作物，例如小麦、玉米、高粱等。另外，也可以实行水旱轮作，以减少病虫草害的发生基数，减少田间用药次数和剂量，改善土壤理化性质。

二、选地和整地

（一）选地

上文已述，小豆对土壤适应性较强，一般土壤均可栽培，以中性或偏酸性的砂壤或者黑土最为适宜。小豆是喜温作物、不耐涝，所以应选择岗平、排水良好的地块栽培。小豆不宜重茬，因为重茬可加重病虫害，并减少根瘤形成，降低小豆产量和品质。

（二）整地

为了适应机械作业，提高播种质量，要精细整地、保住墒情。有条件的要做到秋季细致翻耕，翻耕深度为 15～25 cm。春季及时耙、耢、糖平、起垄。一般垄体宽度为 60～65 cm。春季整地一定要抓早，当土壤冻融交替时进行整地。整地过晚时，若遇到春旱，会造成土壤散墒。秋翻秋起垄的地块，要随起垄随镇压。秋季灭茬、春季起垄的地块，要做到顶浆起垄，及时镇压。要结合整地施足基肥，增加有机肥的施用量（施农家肥约 15 t/hm²），有条件的应增施磷、钾肥和根瘤菌。

三、品种选择和种子处理

（一）品种选择

优良品种是获得高产的基础和关键。根据目前市场对小豆的要求，各地应选用中熟或早熟、高产、粒大、粒色鲜艳、皮薄、出沙率高、抗逆性强、市场适销、适宜本地区气候条件、土壤条件和其他生产条件的品种类型，尤其注重品种的高产、优质、抗逆特性。小豆品种随栽培年份的增多和气候变迁，会出现退化现象，所以农业技术推广部门要有品种储备，并保纯优良地方品种。另外，提倡异地繁种，从株型上选择推广有限生长硬秆直立类型。小粒型品种产量较低，但加工前景较好，应保存一些小、圆、鲜艳类型的品种。以商品目的栽培的小豆，推荐中粒或大粒、饱满、色泽鲜艳、丰产性好的新品种。大粒品种对地力和水肥要求高，一般不易饱满。当前生产上用种仍以农家品种为主，例如"天津红""唐山红""东北大红袍""冀红 2 号""冀红 4 号""辽红 1 号"等，各地可因地制宜选种。不同区域适合的小豆品种不同，东北地区小豆生产上使用的优良品种主要有"吉红 1 号""吉红 3 号""白红 1 号""白红 2 号""白红 3 号""白红 5 号""白红 6 号""辽小豆 1 号""农安红"等。由于小豆属短日照作物，中熟和晚熟品种对光照反应敏感，北种南引开花早时提前成熟，南种北引开花延迟或不能结荚。

（二）种子处理

由于小豆良种繁育体系不够健全，农民在生产上多采用自产自留的种子，"以粮代种"的现象很普遍，造成小豆生产上品种混杂退化严重。小豆籽粒中，常混有一些硬粒种子，即硬实，俗称石豆子，其籽粒组织坚实，吸水性差，不易发芽。以粮代种时，硬实往往较多。因此播种前应对种子严格挑选。例如用温水浸种约 24 h，有发芽能力的种子会发生膨胀而浮起，无发芽能力的硬实不膨胀而沉在底部，这样既能很容易地除去硬实，又起到催芽作用。种子还需要经机械清选或人工粒选，以提高纯度和发芽率。播种前用种子质量 1% 的大豆种衣剂包衣，或用种子质量 0.2% 的 50% 多菌灵或种子质量 0.1% 的 50% 辛硫磷拌种，同时加多元微量元素肥料，可以壮苗并提高小豆抗病能力。

四、播种技术

当地表 5 cm 土温稳定在 14 ℃以上时，小豆即可播种。单作小豆，不同地区播种期有所差异。北京地区春播以 4 月底至 5 月底播种较为适宜，夏播以 5 月底至 6 月中旬播种较为适宜。黑龙江省小豆产区的播种时间为 5 月中旬，5 月 10 日前后 2~3 d 为高产播种期，播种期过早或过晚均明显减产。小豆种子发芽温度为 14 ℃以上，播种过早时，种子吸水后由于温度达不到 14 ℃而不能萌发，种子在土壤中时间过长，营养消耗大，易感染病害，出苗时间延长，造成苗黄、苗弱、幼苗生长不良、底荚过低且易烂荚，因而直接影响产量。播种期晚于 5 月 20 日时，生育期缩短，营养生长不充分，上部荚不能充分成熟，株粒数减少 3.5 个，百粒重下降 0.2~0.6 g，减产明显。另外，为保证成熟期一致，同一块地播种时间需要保持一致。

一般春播区小豆播种株数为 $9.0×10^4~1.2×10^5$ 株/hm²，行距为 65~70 cm，与大豆播种及中耕机械配套，株距为 15~18 cm。夏播区小豆的栽培密度为 $1.5×10^5$ 株/hm²，行距为 45~60 cm，其中，60 cm 行距可以与播种、中耕机械配套，株距为 10~12 cm。小豆栽培过密会影响开花结荚及籽粒商品品质。因此需根据地力、当地气候和品种特性来确定适宜的栽培密度。

五、营养和施肥

小豆施肥要做到经济有效，既满足植株对养分的需求，达到高产，又能高效利用肥料。合理的氮、磷比有利于营养生长和生殖生长协调发展，植株既茎叶茂盛，又花多、粒多、产量高。增施钾肥和多元微量元素肥料，使植物生长健壮，增强抗逆性和光合效率，籽粒大、成熟早，可提高产量。

（一）施用时期和方法

小豆施肥以基肥、种肥为主，以花期叶面追肥为辅。小豆开花前，尽量控苗，特别是对于蔓生型品种。控苗主要是控水，雨水较多的低洼地块应采取高垄播种，还要少施氮肥。小豆一般栽培于肥力中等或中等偏下地块，基肥或种肥不施化学肥料，可施农家肥。肥力较好田块，可整个生长期不施化肥。如需施化肥，应使用氮磷钾复合肥作为追肥，追肥时最好中耕培土。花荚期喷施磷酸二氢钾也可促进花荚形成。

（二）氮磷钾配比

一般地块施磷酸二铵 50~100 kg/hm²、氯化钾 45 kg/hm²。肥力较低的砂质土地施复合肥（含 N 15％、P 15％、K 10％）100 kg/hm²、生物钾肥 20 kg/hm²、尿素 10 kg/hm²。肥力较高的黑土地施复合肥 50 kg/hm²、磷酸二铵 30 kg/hm²。玉米茬栽培，施磷酸二铵 50 kg/hm²。花荚期喷施磷酸二氢钾或 891 植物促长素，可促进早熟。

（三）施用微量元素肥料

小豆生产中除了需要大量元素外，开花初期喷施 0.04％~0.05％钼酸铵溶液，用量为 375~450 kg/hm²，可使植株健壮，促进结荚，增加株粒数，降低瘪粒率，提高百粒重。该肥于清晨或傍晚、阳光较弱时喷施效果较好。

六、田间管理

（一）间苗和定苗

及时间苗、定苗是促进壮苗、提高单产的有效措施。农谚有"间苗要间早，定苗要定小"的说法。通过间苗使幼苗分布均匀，植株粗壮。间苗的时间宜早不宜迟，一般在1叶1心至2叶1心时进行，3～4片叶时定苗。在病虫害发生较重的地块或盐碱干旱地块，应适当推迟间苗、定苗时间。留苗方式也影响产量，研究发现，单株均匀留苗最有利于个体生长发育，双株留苗次之，丛留苗最差。

（二）中耕除草

小豆一般封垄前中耕2～3次，先浅后深。中耕既能清除杂草，又能疏松土壤，有助于养分的吸收和利用，促进根系生长和根瘤形成，促进幼苗迅速生长。农谚有"锄一次地，发一批根，促一次苗"之说。2叶至4叶期，结合间苗、定苗，进行第1次中耕，以破除板结，铲除杂草，提高地温，增强根瘤菌的活动能力。分枝期，进行第2次中耕。开花前期即封垄前，进行第3次中耕，同时进行培土，以起到增根防倒伏的作用。开花后停止中耕。

（三）灌溉

小豆是需水较多的作物，现蕾期和结荚期为需水高峰期，在有灌溉条件的地方，干旱年份，现蕾期灌水1次，以提高单株结荚数和单荚粒数，结荚期再灌水1次，以增加百粒重并延长开花结荚时间。灌水条件差的地区，应在开花盛期集中浇水1次。无限结荚习性品种，常因生长后期雨水多而出现徒长，导致生育期延长，不能正常成熟，影响产量。此类品种可在开花期喷施植物生长调节剂来抑制生长。高水肥地块，播种前用矮壮素或多效唑拌种，结合花期喷洒，具有较好的抑制效果。

七、收获和储藏

收获和储藏是小豆生产的关键环节之一。适宜的收获期，合适的收获、晾晒、脱粒方法不仅可以减少损失、提高收获效率，而且可以保证小豆的商品品质。储藏期间，储藏时间、储藏方式方法、豆象防治等影响小豆的发芽率和商品品质。

（一）收获

小豆品种有无限结荚和有限结荚两种习性。无限结荚品种因花期较长，成熟期不一致，往往植株中下部的荚果已经成熟，而上部的荚果正在灌浆鼓粒仍为青绿色，因此田间有70%以上的豆荚变黄白时，为适宜收获期。将未完全成熟的青荚放置在晒场上晾晒，可起到后熟作用。小豆在田间自行裂荚掉粒较少，但如果全部成熟后再收获，中下部的荚反而易受机具损伤，造成落粒，降低产量，并影响籽粒色泽。小豆也不能收获过早，因会导致小豆粒色不佳、籽粒大小不整齐、秕粒增多、品质降低等问题。小豆栽培面积小时，可分批收获，大面积栽培多采用一次性收割，收获后及时晾晒、脱粒、晒种。随着科技进步，通过改造小麦、大豆收获机，大面积栽培小豆的地区已尝试机械化收获。采用联合收获机收获，存在一定的作业损失率，收获前期大田喷洒除草剂或乙烯利，可加快叶片脱落和杂草的枯萎，防止收割时茎叶及杂草缠绕机具。

小豆晾晒前首先要清净晾晒场地，周围不允许有散落的种子堆放。高温低湿、微风的晴朗天气进行晾晒，有利于种子水分的汽化和散失。晴朗天气，每天早上场地无露水后散堆晾晒，下午 17:00 至日落前进行成堆。

豆荚风干后即可人工脱粒或使用脱粒机脱粒。脱粒后，清洗、精选，清除种子中混入的茎、叶、荚皮、损伤种子的碎片、杂草种子、泥沙、石块等掺杂物，以提高种子纯净度，同时剔除不饱满的、虫蛀的、开裂的种子，以提高种子的净度。清选后的种子不要暴晒，以免影响色泽。

（二）储藏

当小豆种子含水量为 13％时，即可入库保存。小豆种子的储存寿命一般为 3～4 年。储存条件良好时，小豆种子保存 5～6 年仍有较高的发芽率。储存前要预防豆象蛀食，生产量多的单位，可采用磷化铝熏蒸灭虫。采用磷化铝熏蒸时应注意，磷化铝是高效剧毒药剂，对仓储的一切害虫都有熏蒸杀灭作用。另外，熏蒸不超过 2 次，否则会降低种子发芽率。

第四节　病虫草害及其防治

一、主要病害及其防治

小豆主要病害有尾孢菌叶斑病、白粉病、锈病、炭疽病、丝核菌根腐病等。

（一）尾孢菌叶斑病

小豆尾孢菌叶斑病由变灰尾孢菌（*Cercospora canescens*）、菜豆明尾孢（*Cercospora caracallae*）、菜豆假尾孢（*Pseudocercospora cruenta*）等真菌引起，其中变灰尾孢菌为主要病原菌。该病在我国各小豆产区均有发生，苗期至成株期均可发病，但主要发生在开花结荚期。病菌主要危害叶片，叶片最初产生水渍状斑点，后期病斑逐渐扩大变为黄褐色至红褐色，形状不规则，随病害发展，病斑中部变为灰白色，边缘为深褐色。条件适宜时，病斑扩展迅速，连成大片的不规则坏死区，导致叶片脱落、植株早衰，造成严重减产。

防治方法：栽培抗病或耐病品种可有效防治小豆尾孢菌叶斑病。秋收后要及时清除田间植株病残体，深翻土地。调整播种期，使开花结荚期避开高温多雨季节，也可减轻病害发生程度。化学防治，可在发病初期喷施 75％多菌灵可湿性粉剂、25％丙环唑乳油、75％代森锰锌可湿性粉剂或 75％百菌清可湿性粉剂，隔 7～10 d 喷施 1 次，连续防治 2～3 次。

（二）白粉病

小豆白粉病由子囊菌蓼白粉菌（*Erysiphe polygoni*）和黄芪单囊壳（*Sphaerotheca astragali*）引起，在全国小豆生产区均有发生。被侵染的小豆叶、茎、荚产生点状褪绿，随后在侵染点出现白色菌丝和粉状孢子。菌丝在植株组织上不规则扩展蔓延，逐渐覆盖叶片，或在茎和荚上形成粉斑。小豆生长后期，在菌丝层中可以产生黑粒状闭囊壳，病叶逐渐变黄、脱落。

防治方法：不同小豆品种对白粉病抗性差异明显，栽培抗病品种可较好防治白粉病。秋季及时清除田间病株残体，深翻土地，减少越冬菌源。合理密植，增施磷钾肥，可以提高植株抗性。发病前，喷施石硫合剂进行防治。发病初期，喷施 40％氟硅唑（福星）乳油、25％粉锈宁可湿性粉剂或 75％百菌清可湿性粉剂进行化学防治。

（三）锈病

由豇豆单胞锈菌（*Uromyces vignae*）引起的小豆锈病严重影响产量。小豆锈病一般在成株期发病，病原物主要侵染小豆叶片。在叶片上，初期产生小的苍白色褪绿斑点，渐变为黄褐色，斑点（夏孢子堆）逐渐扩展，常突破叶片表皮，从中散出大量黄褐色或锈褐色的粉状夏孢子，夏孢子堆周围有时产生褪绿晕圈。小豆收获后，锈菌以冬孢子形式在病残体上越冬，成为次年的初侵染源，并在条件适宜时，实现再侵染。小豆锈病在黑龙江、天津小豆产区发生严重。

防治方法：小豆锈病可以通过栽培抗病品种、与非豆科作物轮作、及时清除田间病残体等农业栽培措施防治，也可利用化学农药（25%三唑酮可湿性粉剂、20%萎锈灵乳油、20%粉锈宁乳油、25%双苯三唑醇可湿性粉剂、30%氟菌唑可湿性粉剂或75%十三吗啉乳油）在病害发生初期进行防治，间隔7～10 d，连续喷施2～3次，防治效果较好。

（四）炭疽病

小豆炭疽病由菜豆炭疽菌（*Colletotrichum lindemuthianum*）或豆类炭疽菌（*Colletotrichum truncatum*）引起，在我国发生普遍，但危害较轻。菜豆炭疽菌侵染小豆叶、茎、荚，侵染叶片时首先产生褐色斑点，病斑逐渐扩展，中央变为浅褐色，边缘红褐色，病斑直径为3～5 mm，其上产生扁平、黑色的分生孢子盘。豆类炭疽菌侵染茎和荚，不形成明显病斑，发病部位逐渐失色，上面产生大量黑色分生孢子盘，导致茎、荚干枯。

防治方法：选择适宜当地生产的抗病品种；秋季及时清除田间病株残体；药剂防治，施用70%百菌清，或用50%甲基托布津可湿性粉剂拌种。

（五）丝核菌根腐病

小豆丝核菌根腐病是由茄丝核菌（*Rhizoctonia solani* Kühn）引起的小豆苗期主要病害。该病在我国各小豆产区均有发生，其中黑龙江、吉林、北京、河北等地发生严重，常导致缺苗断垄，造成较大的产量损失。病菌侵染主根和近地表处下胚轴，产生褐色小斑点。根部病斑扩大形成根腐，严重侵染时导致叶片发黄、植株矮化、死亡。下胚轴病斑迅速扩大，在近地表处形成褐色环剥病斑，缢缩干枯，导致植株死亡。土壤湿度大时，幼苗颈部软腐，发生倒伏。

防治方法：选用耐病品种；与禾本科作物轮作2～3年；适当浅播减少出苗损伤；低洼地实行高畦栽培，雨后及时排水；进行中耕，促进新根生长；收获后及时清除田间病残体；严重发病的地块，收获后进行深耕，均可较好防治小豆丝核菌根腐病。化学防治可使用50%福美双、40%卫福、35%悬浮种衣剂或6.25%亮盾种衣剂拌种，能有效防止种子腐烂和幼苗猝倒。

二、主要虫害及其防治

小豆生产上主要虫害有豆蚜、美洲斑潜蝇、朱砂叶螨等。

（一）豆蚜

豆蚜（*Aphis craccivora* Koch）属半翅目蚜科，别名为苜蓿蚜、花生蚜。成虫和若虫刺吸嫩叶、嫩茎、花及豆荚的汁液，使生长点枯萎，使叶片卷曲、皱缩、发黄，嫩荚也变黄，甚至枯萎死亡，是豆科作物的重要害虫。豆蚜能够以半持久或持久方式传播许多病毒，是豆类作物最重要的传毒介体。

防治方法：豆蚜可喷施10%吡虫啉可湿性粉剂、亩旺特、50%辟蚜威可湿性粉剂、绿浪或2.5%保得乳油进行防治。

（二）美洲斑潜蝇

美洲斑潜蝇（*Liriomyza sativae* Blanchard）属双翅目潜蝇科，除西藏未见报道，其他省份均有不同程度的发生。幼虫蛀食叶肉组织，形成蛇形白色斑，受害重的叶片表面布满白色的蛇形潜道及刻点，严重影响植株的生长发育。

防治方法：生长前期，及时摘除少数受害叶片，收获后彻底清除田间植株残体和杂草，可对该虫害起到一定防治效果。

（三）朱砂叶螨

朱砂叶螨（*Tetranychus cinnabarinus* Boisduval）属真螨目叶螨科，别名为棉花红蜘蛛、红叶螨、玫瑰赤叶螨，全国均有分布。朱砂叶螨以若螨、成螨聚集于叶表，刺吸叶片汁液，被害处呈现失绿斑点或条斑，危害初期不易发现，危害严重时叶片呈灰白色，逐渐干枯，干旱年份危害较重。

防治方法：通过深翻，将螨虫翻入深层土中；及时彻底清除田间、田埂渠边杂草，减少朱砂叶螨的食料和繁殖场所，降低虫源基数；采用化学农药，每隔 7～10 d 喷药 1 次，视情况轮换用药防治 2～3 次。

三、田间主要杂草及其防除

（一）主要杂草

小豆田的主要单子叶杂草有稗草、狗尾草、金狗尾草等，主要双子叶杂草有马唐、酸模叶蓼、反枝苋、藜、龙葵、苍耳、刺儿菜等，包括宿根性杂草芦苇等。

（二）杂草防控技术

小豆是豆科作物，由于子叶留在土中，除草剂处理土壤时抗药性弱。播种前可用酰胺类除草剂乙草胺（禾耐斯、圣安施）、异丙草胺（普乐宝、乐丰宝、旱乐宝）、异丙甲草胺（都尔）、甲草胺（拉索）及嗪草酮（赛克、甲草嗪）等进行土壤处理，但在土壤水分大、降雨、作物播种过深出苗弱、土壤有机质含量低时，均可使作物发生严重药害，安全稳定性差。因此小豆苗期土壤处理一定要谨慎。苗后茎叶处理，推荐使用药剂拿捕净、精稳杀得、精禾草克、高效盖草能、收乐通、威霸、杂草焚、虎威（氟磺胺草醚）等。例如小豆 2 片复叶期、杂草 2～4 叶期，可采用 12.5％拿捕净，加 25％虎威或 21.4％杂草焚，防除禾本科杂草和阔叶杂草。如有小豆药害发生，可以使用腐殖酸类肥料进行叶面喷施来缓解药害。

复 习 思 考 题

1. 简述我国小豆的栽培区划。
2. 小豆的生长发育对环境条件有哪些要求？
3. 小豆田间管理的主要措施有哪些？
4. 小豆的品质包括哪些内容？
5. 简述小豆生产上的主要病虫草害及其防治方法。

第二章　普通菜豆

第一节　概　述

一、起源和进化

（一）分类

普通菜豆（*Phaseolus vulgaris* L.）隶属豆科蝶形花亚科菜豆属，为一年生草本栽培植物，其植株类型变化很大，有直立矮生型、半直立型和蔓生类型。据国际热带农业研究中心（CIAT，哥伦比亚）分类体系，按生长习性把普通菜豆划分成 4 类：矮生有限生长型、矮生无限生长型、匍匐无限生长型和蔓生无限生长型。

（二）起源

在 19 世纪末期之前，人们认为普通菜豆起源于亚洲。但后来通过考古学考证、植物学数据、历史记载、野生种和栽培种之间的关系等方面的研究表明，普通菜豆起源于中美洲和南美洲。野生型普通菜豆主要分布在海拔 500～2 000 m、年降水量在 500～1 800 mm 的地区。植株生长习性均为蔓生，生长势弱，蔓较细，叶片小而深褐色，成熟较晚，耐低温，豆荚小，纤维素含量高，成熟豆荚容易开裂，对光周期反应敏感，要求短日照。种子储藏蛋白标记、分子标记、形态学研究认为，野生菜豆集中分布在两个区域，第 1 个是位于秘鲁南部、玻利维亚和阿根廷的安第斯中心，第 2 个是包括墨西哥、危地马拉、巴拿马、洪都拉斯、尼加拉瓜、哥斯达黎加和哥伦比亚在内的中美洲中心。两个区域在哥伦比亚和委内瑞拉地区交汇，该区域许多驯化材料的蛋白类型为杂合体。Debouck 等（1993）提出，厄瓜多尔和秘鲁北部区域是野生菜豆的第 3 个基因库，该地区的野生菜豆是安第斯中心和中美洲中心野生菜豆的共同祖先。随着野生菜豆从厄瓜多尔和秘鲁向南、向北传播，形成了上述两个基因库，并在分子水平和表现型上均发生了变异。野生菜豆地理分布的不连续性既受到中美洲湿地和安第斯高原的影响，也受到农业、都市化、森林采伐等人类活动的影响。此外，在一些重要的次生起源中心例如非洲、巴西、欧洲、中东、北美洲也存在野生菜豆的多样性中心。

（三）普通菜豆的驯化

时间和空间上存在的多元驯化是现代作物遗传多样性结构形成的关键因素。已经报道的多元驯化作物有辣椒、葫芦、棉花和食用豆。由同一物种驯化为不同种群的多元驯化现象十分罕见，典型的物种有普通菜豆和利马豆。

普通菜豆在驯化过程中变化最显著的是植株的形态特征。与野生菜豆相比，驯化类型的分枝减少，节间缩短，籽粒增大，花数和荚数增多，生长习性由原来的单一蔓生类型演变为有限直立、无限直立、无限匍匐和无限蔓生 4 种类型，籽粒类型在驯化过程中也发生变异：野生型植株籽粒小，但数目多。安第斯中心籽粒平均百粒重为 13.9 g，介于 13 g 和 15 g 之间；中美中心的籽粒百粒重为 6.25 g，介于 5 g 和 8 g 之间。野生型籽粒颜色多为黑色、褐色或带有黑褐色斑点的卡其色，这些颜色接近于土壤颜色，是一种拟态。在栽培型中，出现了野生型所没有的白色、红色等籽粒颜色，百粒重增加到 20～100 g。收获选择和驯化选择使野生型所具有的裂荚性逐渐丧失。栽培型中出现的无纤维品种即使成熟后豆荚也不会开裂。驯化菜豆的种子丧失了休眠特性，对光周期反应也不太敏感。普通菜豆在驯化后广泛栽培在不同纬度地区，尤其是温带地区，生育期延长。光周期敏感性降低，有助于提前开花和种子的充分成熟。

人工选择使得普通菜豆驯化类型在形态水平上表现出更多的遗传多样性，而在分子水平上，野生型的遗传多样性随着自然进化和人工选择在逐渐降低，这种现象在水稻、大麦、番茄等其他作物上也有报道。在驯化过程中，菜豆蛋白多样性降低，尤其是在中美洲中心基因库内更为明显。同工酶、植物细胞凝结素、随机扩增多态性 DNA（RAPD）、限制性片段长度多态性（RFLP）、RELPs - M13 和扩增片段长度多态性（AFLP）标记研究指出，驯化型普通菜豆遗传多样性水平低于野生型。Chacón 等（2005）对普通菜豆的叶绿体 DNA 序列进行分析发现，野生型普通菜豆的叶绿体单体型有 14 种，而驯化型普通菜豆仅仅有 5 种单体型；其中中美洲中心基因库野生型有 10 种，驯化型有 I、J、K、L 4 种；安第斯中心基因库由野生型的 8 种降低为驯化型的 C 型这个单一类型。

(四) 粒用菜豆和荚用菜豆的演化

普通菜豆可分为以籽粒为食用器官的粒用菜豆和以嫩荚为食用器官的荚用菜豆，二者在形态上的显著区别是：籽粒形状和荚纤维含量。粒用菜豆的籽粒形状为扁平、椭圆或肾形，荚用菜豆的籽粒为长圆柱形。荚纤维的含量与各自果荚的构成有关。荚用菜豆的内果皮很肥厚，是主要的食用部分，不存在羊皮状的膜，中果皮的细胞壁不易增厚硬化，并且背缝线和腹缝线的维管束也不发达。而粒用菜豆正相反，其内果皮很薄且随着果荚的长大，会形成一层革质膜，中果皮的细胞壁也会加厚变硬，缝线处的维管束发达，使整个果荚不能食用。

通常认为，粒用菜豆变异产生荚用菜豆。因为与粒用菜豆变异相比，直接从野生菜豆驯化为荚用菜豆需要更多的遗传变异。果荚失去纤维是一种隐性性状，是由粒用菜豆产生了失去荚壁上硬质层的基因突变而形成的。然而，也有研究指出，美洲的土著人有收集野生菜豆绿荚食用的习惯。目前一些美洲和非洲的人群还有食用粒用菜豆叶片和嫩荚的习惯。这说明荚用菜豆的驯化或变异或许还有其他途径。

Gepts 等（1986）认为，荚用菜豆是在欧洲形成的，随后从欧洲传向世界各地。而瓦维洛夫和茹可夫斯基都认为嫩荚菜豆这种变异类型是在中国产生的，是古代中国农民选种者经长期选择的结果。在一些文献中可以看到食荚菜豆的学名被称作 *Phaseolus vulgaris* L. var. *chinensis*，这与该变种是在中国变异形成不无关系。因此可以认为中国是普通菜豆的次生起源中心，是食嫩荚菜豆的变异中心。一般的说法认为菜豆在 16 世纪传入中国，在《本草纲目》中已有关于该菜豆种的记载。在美国，过去嫩荚菜豆一直被称作 string bean（有筋豆或多纤维豆），现在却被称作 snap bean（咔嚓豆），"咔嚓"意指在烹调前将脆嫩豆荚折成段所发出的声音。美国第一个圆荚菜豆是在 1865 年公布的，第一个无纤维的品种是 1870 年育成的，至今只有 100 多年的历史。根据文献记载，中国将菜豆传入日本是由归化禅师隐元于 1654 年带去的（后称隐元豆），而隐元豆的性状是"荚扁形、无纤维"说明隐元豆即嫩荚菜豆，其实嫩荚菜豆在中国栽培已有 300 多年历史，比欧美国家要早 200 多年。基于菜豆蛋白的带型，荚用菜豆来源于安第斯中心。然而在目前栽培的一些荚用菜豆品种中，发现了安第斯中心和中美洲中心的混合变异位点。因此关于荚用菜豆的基因库来源以及驯化地点还存在争议，有待于进一步研究。

二、生产情况

（一）世界菜豆的生产与分布

普通菜豆是世界上栽培面积最大的食用豆类。据联合国粮食及农业组织 2012 年生产年鉴报道，全世界有 90 多个国家和地区栽培菜豆，总面积为 2.87×10^7 hm²，占全部食用豆类栽培面积的 40%。总产量达 2.31×10^7 t，占全部食用豆类总产量的 30%。菜豆的单产水平较低，平均为 804 kg/hm²，因此大幅度提高菜豆单位面积产量，是进一步发展菜豆生产的首要任务。

普通菜豆被广泛栽培于东部非洲、美洲、亚洲和欧洲西部及东南部。在非洲有 25 个国家和地区栽培菜豆，其中乌干达、坦桑尼亚、安哥拉有较大的栽培面积。

在中美洲和北美洲，主要菜豆生产国是墨西哥和美国。墨西哥 2012 年菜豆栽培面积为 1.56×10^6 hm²，总产量达 1.08×10^6 t。美国菜豆总栽培面积为 6.84×10^5 hm²，总产量约为 1.44×10^6 t，平均单产为 2 116 kg/hm²，单产是世界平均水平的 2.5 倍多，总产值约 13 亿美元。

南美洲是栽培菜豆比较多的地区，2012 年栽培面积为 3.41×10^6 hm²，总产量为 3.58×10^6 t，分别占世界栽培面积和总产量的 11.88% 和 14.06%。巴西是该地区最大的菜豆生产国，也是世界上仅次于印度的第二大菜豆生产国。

亚洲是菜豆最大的产区，2012 年栽培面积为 1.44×10^7 hm²，总产量达 1.06×10^7 t，分别占世界栽培面积和总产量的 50.38% 和 45.80%。菜豆播种面积较大的国家有印度、中国、缅甸、印度尼西亚、伊朗。印度是世界上最大的菜豆生产国，2012 年栽培面积为 9.10×10^6 hm²，占世界总播种面积的 31.62%；总产量为 3.63×10^6 t，占世界总量的 15.71%。印度的单产水平低于世界平均水平，为 398.9 kg/hm²。欧洲的菜豆主要用作蔬菜，而非洲、亚洲和南美洲的许多欠发达国家的菜豆主要用作粮食，是食物蛋白质的重要来源。

（二）我国菜豆的生产与分布

普通菜豆在我国各省份均有栽培，但主要分布于黑龙江西北部、云南大部、贵州大部、四川凉山州、陕西北部、山西北部、新疆北部、内蒙古凉城地区。据不完全统计，2012 年我国菜豆栽培面积为 9.7×10^5 hm²，总产量为 1.46×10^6 t，单产水平较高，平均为 1 506 kg/hm²。

黑龙江是我国最大的菜豆产区，主要分布于西北部的北安、讷河、嫩江等地，年栽培面积约为 2.0×10^5 hm²，主要栽培的菜豆类型有小白普通菜豆、小黑普通菜豆、红普通菜豆等，以农垦大型农场集约化生产为主，采用高台大垄双行高产栽培技术，全程生产机械化，收获的籽粒 80% 出口。新疆是我国奶花普通菜豆的主产区，尤其是阿尔泰地区生产的奶花普通菜豆，产量高，品质好，出口价格高。近几年，新疆采用膜下滴灌技术，推广栽培新芸系列新品种，取得了显著成效。山西西北部尤其是岢岚及周边的几个县，有栽培普通菜豆的传统，近几年推广栽培英国红普通菜豆，采用地膜覆盖、化学除草、配方施肥、病害防控等综合高产栽培技术措施，平均单产达 3 412 kg/hm²。

三、经济价值

普通菜豆是高蛋白、低脂肪、中等淀粉含量作物，是人们膳食中重要的植物蛋白质来源。菜豆嫩荚、嫩豆和干籽粒中均含有丰富的营养成分，普通菜豆籽粒含蛋白质可达 21%。另外含人体所必需的 8 种氨基酸。菜豆嫩荚是很好的蔬菜，维生素 A 和维生素 C 的含量分别比干籽粒高 17.5 倍和 5.0 倍。嫩豆中脂肪含量高、热量大。籽粒所含 8 种必需氨基酸中，赖氨酸和色氨酸含量较高。

普通菜豆籽粒含有丰富的矿物元素，每 100 g 籽粒中含钾 1 406 mg，是小麦含量的 3.5 倍、玉米含量的 4.5 倍。另外，菜豆籽粒含有多种维生素，尤其是维生素 C 和泛酸含量较高。每 100 g 普通菜豆籽粒含膳食纤维 24.9 g，是小麦含量的 2 倍、玉米含量的 3 倍多（表 2-1）。可溶性纤维溶解于水，帮助降低血液中低密度胆固醇水平。非可溶性纤维可以帮助粪便吸收水分，缩短废物在结肠移动的时间，防止便秘、结肠癌和其他消化道疾病。

表 2-1　普通菜豆 100 g 籽粒与几种谷类作物营养成分比较

（引自《美国农业部年鉴》，2012）

营养成分	普通菜豆籽粒	小麦	燕麦	玉米	高粱
食物能量（J）	1 394.27	1 419.39	1 628.74	1 511.51	1 419.39
蛋白质（g）	23.58	13.70	16.89	6.93	11.30
糖类（g）	60.01	72.57	66.27	76.85	74.66
膳食纤维（g）	24.90	12.20	10.60	7.30	6.30
脂肪（g）	0.83	1.87	6.90	3.86	3.1
铁（mg）	8.20	3.88	4.72	2.38	4.40
钾（mg）	1 406.00	405.00	429.00	315.00	350.00
叶酸（mg）	394.00	44.00	56.00	25.00	0

增加普通菜豆摄入量将会为饮食带来很多的营养益处，每周 3 杯煮熟的豆类就会达到美国人饮食指南要求，并可能有助于减少患病风险和延长寿命。

第二节　生物学特性

一、植物学特征

普通菜豆的形态特征见图 2-1。

（一）根和根瘤

普通菜豆根系为圆锥根系，主根较明显，但入土较浅，为 10～20 cm。主根长出 3 d 后，侧根长出并迅速扩展，形成发达的根群，横向分布于浅土层中，长可达 15 cm 左右。通常在

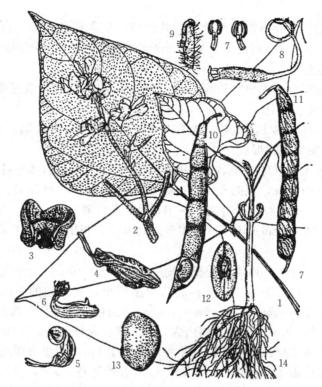

图 2-1 普通菜豆形态特征

1. 叶 2. 花序 3. 旗瓣 4. 翼瓣 5. 龙骨瓣 6. 雄蕊鞘 7. 花药 8. 雌蕊 9. 柱头 10. 荚 11. 荚的另一侧面 12. 种子（示脐） 13. 种子侧面 14. 幼苗

（引自国际热带农业研究中心 http://ciat.cgiar.org/）

种子萌发后，子叶尚未出土时，主根已达 5~6 cm，并有 4~5 cm 的侧根 8~9 条，侧根直径与主根相仿，同时生长出约 15 条二级侧根。一般播种后 3 周，第 1 片复叶长出时，地下部已形成较密集的根系。

根瘤呈球形或不规则形，一般单生，有的簇生，直径为 2~6 mm。肉红色根瘤固氮能力强，黄白色或暗褐色根瘤固氮能力弱。根瘤内根瘤细菌从皮层细胞吸取糖类、水分和矿物质，进行生长和繁殖，同时能固定空气中游离氮，供菜豆利用。菜豆可与菜豆族和豇豆族根瘤菌共生，一般播种后 10 d 左右根瘤开始形成。根瘤的形成和发育与土壤理化性状密切相关，一般在土壤疏松、结构良好、肥水适宜的条件下，根瘤的形成和发育比较好。

（二）茎

普通菜豆茎为草质茎蔓，纤细，光滑或被有短绒毛，有棱，横切面呈近正方形或不规则形。幼茎颜色多为绿色，浅红或紫红色较少。矮生类型多为有限生长型，茎直立，株高为 20~60 cm，具 7~9 节，节间较短，主茎有分枝 1~5 个。有些矮生品种分枝节位低，上部分枝较少，分枝与主茎之间的夹角超过 45°，呈丛生状。现代育成的矮生品种，分枝与主茎夹角小于 30°，称为紧凑型，便于机械收获。蔓生型品种的茎左旋缠绕，高为 2~4 m，第 3 到第 4 节开始抽蔓，主茎生长势强，人工摘心后，能促进分枝生长；主茎节数为 15~30 节，节间较长，主茎有分枝 1~8 个，具无限生长习性，只要条件适宜，主茎将不断伸长。

（三）叶

1. 子叶 普通菜豆子叶由左右对称的两片组成，呈乳白色，含丰富的营养物质，供种子萌发和出苗之需。子叶含有叶绿素，能进行光合作用。子叶在胚胎形成过程中已经形成。菜豆出苗时，子叶出土。

2. 先出叶 普通菜豆的先出叶长为 1 mm 或更短，似鳞片状，呈三角形，无叶脊、无托叶、无叶枕，主要起保护作用。

3. 初生叶 初生叶即第 1 对真叶，左右对生，呈心脏形，有叶轴，有 0～2 片小托叶和 2 片叶枕。小托叶呈矩形或线形。

4. 三出复叶 三出复叶的叶柄较长，具沟状凹槽，少毛。顶部小叶为全缘，呈卵圆形或菱卵圆形，长为 8～15 cm，宽为 5～10 cm，无腺点。两侧小叶倾斜，顶端渐尖，基部呈阔楔形、圆形，叶片两面沿叶脉处有毛。三出复叶有托叶和叶枕。

这 4 种叶片中，初生叶和三出复叶为主要的营养叶，先出叶和子叶属叶片的变形。

（四）花

花序为总状花序，腋生或顶生，花梗较短（长为 5～8 mm），每个花梗着生 2～8 朵花。普通菜豆花为蝶形花，长为 10～15 mm；其苞片呈卵形，具隆起的脉；龙骨瓣伸长成一尖喙，并呈卷曲状；翼瓣倒生对称；旗瓣较大；花色有白色、乳黄色、浅红色和紫色；二体雄蕊（9+1）；上位子房，无子房柄，子房内含多个胚珠；花柱卷曲，柱头顶生，密生茸毛。

通常情况下，普通菜豆自花授粉，自然异交率小于 1%，但也有报道认为可达 10%。普通菜豆从现蕾到开花约需 5 d 时间。一般凌晨 2:00 开始开花，5:00—10:00 为开花盛时，之后少有花开放。阴雨天开花时间推迟。杂交去雄一般于前 1 天 16:00 后进行，第 2 天上午露水干后授粉，但近几年一般是上午边去雄边授粉，杂交效果较好。开花顺序是由下而上，同一花序内的基部花先开，渐及顶端。每朵花开放 1～2 d，通常开花前数小时已授粉，授粉后 4 h 受精率达 80% 左右。结荚率因气候和栽培条件不同而异，一般为 20%～40%。播种至开花的天数因品种类型而异，矮生类型为 30～42 d，蔓生类型为 45～60 d。

（五）荚

普通菜豆荚呈圆筒形或长扁圆形，直或略弯曲，长为 7.5～15.0 cm，宽为 1.0～1.6 cm，光滑无毛，边缘圆或凸，顶端延伸为一尖喙，喙长为 0.7～1.5 cm。未成熟荚多为绿色或黄色，成熟荚色有黄色、褐色、墨绿色、花纹等。每荚有 3～10 粒种子，籽粒间有隔膜。

（六）种子

普通菜豆种子由种皮、胚和子叶 3 部分组成。种皮硬，光滑，其质量占种子质量的 6.6%～9.2%。种子胚由胚芽、胚轴和胚根 3 部分组成。胚芽居于胚轴顶端，胚根位于胚轴底部。2 片子叶生于胚轴两侧，着生点居中部，把胚轴分为上胚轴和下胚轴两段。种子萌发后，下胚轴伸长，把子叶顶出地面。菜豆种子侧面有一个明显的种脐，种脐呈白色，有些品种具有各色脐环。

普通菜豆种子的类型因划分性状和标准不同而异。按粒色分，有白豆、绿豆、黄豆、灰豆、褐豆、紫红豆、蓝豆、黑豆和花斑（纹）豆。按粒形分，有扁圆形、卵圆形、椭圆形、肾形、长筒形等形状。籽粒长一般为 0.5～1.5 cm，粒宽为 0.5～1.0 cm；大粒种的百粒重（100 粒种子的质量）为 50～80 g，中粒种的百粒重为 30～50 g，小粒种的百粒重低于 30 g。

　　普通菜豆从商品外观上主要划分为斑点普通菜豆（Pinto）、小白普通菜豆（Navy）、黑普通菜豆（Black）、大白普通菜豆（Great Northern）、红普通菜豆（Red）、粉红普通菜豆（Pink）、深红腰子豆（Dark Red Kidney）和浅红腰子豆（Light Red Kidney）等 8 类，这种分类仅是美洲地区商品贸易和消费市场上的一种习惯性称呼，再细分可多达 11 类，包括大白腰子豆、奶花普通菜豆、黄眼豆等。

二、生长发育周期

　　普通菜豆整个生长发育时期可分为发芽期、幼苗期、开花结荚期和成熟期。

（一）发芽期

　　播种后从种子萌动到幼芽和子叶伸出地面并展开 1 对基生叶为发芽期。这个阶段，通常春天直播时为 10～15 d。发芽所需营养由子叶中储藏的养分供给，初生叶展开后可以进行光合作用，表明发芽阶段结束。生产上一般在土壤温度为 10～12 ℃时播种，温度过低时，发芽期延长，不利于子叶展开。

（二）幼苗期

　　从初生叶展开到孕蕾前为幼苗期。这是以营养生长为主，开始花芽分化的时期。这时幼苗基部节间短而直立，根系发展迅速，有根瘤发生。在幼苗期，普通菜豆幼苗独立生长发育，为发育健壮，要求有足够的营养、适合的温度、水分和光照条件。应注意中耕松土，以提高地温和通气，促进花芽分化。

（三）开花结荚期

　　从孕蕾到大部分荚果形成为开花结荚期。此期之内又分为初花期、盛花期和终花期。这几个阶段是交替进行的。从孕蕾到结荚又是营养生长与生殖生长并进的时期，要求大量养分和水分。在生产中要加强肥水供应，改善光照，防治病虫害和旱涝灾害，保持茎叶健壮，防止早衰，减少落花落荚，奠定高产的主要基础。

（四）成熟期

　　在开花结荚后期，大部分荚果籽粒灌浆很快，迅速膨大，荚壳老化并枯黄，种子所含水分逐渐减少，在枯黄的豆荚达到全部豆荚的 75%～80% 时就可以收获。收获太早时，籽粒灌浆未结束，饱满度不够或所含水分太多，对产量和品质都有不良影响；收获过晚时，会因裂荚或倒伏而受到损失。成熟期除注意防倒伏和及时收获外，其余田间管理较少。

三、生长发育对环境条件的要求

（一）日照

　　普通菜豆为短日性作物，但生长发育对日照长度的要求不严格，不同品种存在差异，据此可把菜豆划为 3 类：短日性、中日性和长日性。一般生产上推广的矮生早熟品种多为中日性类型，对日照长度的反应相对不敏感。短日性、中日性和长日性 3 类品种对光周期反应的差异集中表现在 2 个性状上，即播种至开花的天数和株高。通常情况下，短日性品种在长日照条件下，株高增加，开花期推迟，有的甚至不能开花。

　　例如云南、贵州的菜豆品种引到北京栽培，大多数表现晚熟，植株生长过茂，有的不能开花或开花后不能成荚，尤其是蔓生品种，即使提早播种，也必须等秋季日照变短时才能开花。因此南北引种时应谨慎，少量引种试验成功后，方可大规模引种。

（二）温度

普通菜豆喜温暖，不耐热也不耐霜冻，矮生菜豆耐低温能力比蔓生品种稍强，一般品种需无霜期 105～120 d。菜豆种子发芽对低温异常敏感，低于 10 ℃几乎不能发芽。一般当土壤 10 cm 地温稳定在 16 ℃以上时，8 d 左右就有 50%的种子发芽；低于 12 ℃时，发芽所需时间将延长几倍。菜豆种子最适宜发芽温度为 20～25 ℃。种子发芽后，长期处于 11 ℃以下低温时，幼苗生长缓慢；2～3 ℃下开始失绿，0 ℃时受冻，－1 ℃时死亡。幼苗生长期低于 13 ℃时，根少且短，极少着生根瘤。菜豆开花结荚对高温很敏感，35 ℃时，落花率达 90%，少量花成荚后多为畸形荚，荚果中果皮增厚，品质变劣，同时，容易感染各类病害，夏季炎热地区不适宜栽培普通菜豆。

（三）水分

普通菜豆整个生长季均需较充足的水分，适宜的土壤湿度为田间最大持水量的 60%～70%，低于这个指标时，根系生长不良。菜豆苗期比较耐旱，但土壤相对含水量也不能低于 45%。花芽分化及花粉形成期为需水临界期，水分亏缺时可减产 20%或以上；如果雨水过多，空气湿度大，花粉不能破裂发芽，影响受精成荚。同时，土壤积水时，根系缺氧，叶片黄化，光合作用下降，落花落荚增多。结荚成熟期，以晴朗天气为好，雨水太多时，病害将加重；若收获不及时，籽粒易在植株上发芽，影响种子品质和产量。在某些干旱半干旱地区，菜豆生长季内只要有 300～400 mm 降水，就能生长良好。

（四）土壤

普通菜豆能在大部分类型的土壤中生长。从轻砂壤到黏土都能栽培菜豆，但以富含腐殖质、土层深厚、排水良好的壤土为佳，因为这种土壤最适宜根系生长和根瘤菌活动。重黏土和低洼地，排水和通气不良，影响根的吸收，且易发炭疽病。菜豆要求土壤 pH 以 6.0～6.8 为宜；pH 低于 5.2 时，易发生锰中毒，植株矮化，叶片失绿并皱缩；pH 为 6.8～7.0 时，土壤易缺锰，植株生长缓慢，叶片褪绿。菜豆耐盐能力比较弱，土壤溶液含盐量超过 1 g/kg 时，植株生长不良；菜豆尤其不耐含氯化钠（NaCl）的盐碱土。菜豆对过量的铝、硼、硅也比较敏感，但品种间差异很大。根瘤菌适宜在中性或微酸性土壤中生长。

（五）养分

普通菜豆一生对氮、磷、钾和钙有较大的需求量，镁、铜、铁、锰、锌、钼和硼等微量元素对菜豆的正常生长发育来说也是必需的。在一般类型的土壤中，除了氮、磷、钾 3 大主要元素外，其他元素不常亏缺。不过在石灰性土壤中，易缺锌，叶片喷锌，能增产 15%～20%。开花结荚期为吸收氮和钾的高峰期，此时茎叶中的氮、钾也将随着生长中心的变化，逐渐向荚果中转移。磷的需要量较氮、钾少，但缺磷将严重影响菜豆的生殖生长，并且磷从茎叶转移到荚果的比率也较低。所以各生育阶段除满足氮（钾不常缺）外，施用磷肥也很重要。据研究，每公顷普通菜豆的生物产量（豆粒、荚壳和茎叶等）为 3 360 kg 时，由土壤中吸收的氮、磷和钾分别为 165 kg、67.5 kg 和 136.5 kg，其比例为 2.5∶1.0∶2.0。研究发现，菜豆缺氮时，叶片呈淡绿色，严重缺氮叶片变黄，无光泽；缺磷时叶片呈蓝绿色，叶片稀少，枝弱茎细；缺钾时小叶梗褪绿，叶脉边缘出现坏死棕斑，叶片卷曲呈杯状；缺钙时植株变黑，甚至死亡；缺镁时，老叶片出现红棕色斑块，除叶脉外，其他部位变黄色、棕色斑块坏死；缺锌时，叶片和花芽脱落。

（六）生物固氮

普通菜豆根系着生大量根瘤，根瘤中的根瘤菌能固定空气中的游离氮供菜豆生长之需。通常认为菜豆根瘤菌固氮能力较弱，但在适宜的条件下，根瘤菌固氮量达菜豆一生所需氮总量的 68%。菜豆根瘤菌固氮能力在小种间存在很大差异，筛选固氮能力强的根瘤菌小种接种，固氮效果好。

第三节　栽培技术

一、选地和整地

（一）选地

普通菜豆较耐瘠耐旱，但是为了高产高效，应选择有机质含量高、土层深厚疏松、肥力中等的地块。普通菜豆不宜连作，应合理轮作倒茬。前茬以小麦、玉米、马铃薯、麻类及瓜类等茬口为宜，忌重茬、迎茬，严禁在豆科、向日葵等作物茬口上栽培。普通菜豆怕渍涝，应选择地下水位低、排水良好、通风、向阳的田块。一般选择高岗、早春增温回暖快、60 cm 表层内水分适宜的轻壤或中壤质地土壤。黏重土壤回暖慢、易板结，延迟种子发芽，易诱发种子腐烂感染，不适宜普通菜豆生长。避免选盐碱、多年生杂草基数多、石头多或低洼地块栽培普通菜豆。

普通菜豆对草甘膦、甲磺隆、咪甲磺隆、普施特、胺本磺隆、咪草酯、二氯吡啶酸、2,4-滴丁酯、拿捕净等农药残留非常敏感。在特殊条件下，麦草威、2,4-滴丁酯、2甲4氯等短残效期农药也对普通菜豆有害，应选择无农药残留的前茬地块。

（二）整地

普通菜豆多为子叶出土（多花菜豆及个别普通菜豆品种有子叶不出土现象），幼苗拱土能力弱，地表板结将影响苗匀、苗齐、苗壮。板结地块，幼苗子叶易被碰掉而致死。土壤通透性差会导致涝害发生，使普通菜豆生长发育受阻、晚熟或淹死，导致产量低、品质差，因此需精细整地。选好地块要及早进行整地。一般在前作收获后进行秋整地，蓄水保墒、杀灭害虫。

对有深翻深松基础的地块，可进行秋耙茬，耙深为 12～15 cm，耙平耙细，起垄，镇压，达到待播状态，垄距一般为 65 cm。没有深翻深松基础的地块，要先进行深翻或深松，深翻深度为 18～22 cm，深松深度为 35～40 cm，然后起垄镇压，达到待播状态。

（三）施肥

提倡测土配方施肥技术。在有条件的地方，基肥以农家肥为主，每公顷施用 20～30 t 腐熟的农家肥，并结合施磷肥。不施用有机肥的条件下，应以磷、钾肥为主，少施尿素，一般每公顷施磷酸二铵 100～150 kg、尿素 20～30 kg、氯化钾 40～50 kg。每公顷施用磷酸二铵 30～50 kg 作种肥，其余作基肥施入。种肥分两层施入，施肥深度分别为 3～5 cm 和 7～9 cm。基肥施用深度为种下 12～14 cm。过多地施用氮肥将导致普通菜豆熟期推迟，使植株对病害和虫害更加敏感，并且也有可能使杂草比普通菜豆更具竞争优势，容易出现草荒。

二、播种技术

(一) 播种前机械准备

若采用机械播种，在播种前要先进行机械准备。要选择合适的排种盘，确保排种盘的直径与普通菜豆籽粒大小一致。调整和校正播种机，以保证播种量精确。调整气吸播种机播种气流量为最小，降低输种管对种子的损伤。通过降低播种速度来降低种子流速，使较低的播种气流量更好地与行走速度匹配，有助于减少种子损伤。气吸式播种机调整不当时，会严重损伤普通菜豆种子。播种时要避免输种管堵塞。

(二) 品种选择

选择生育期适中、产量性状好、商品性状好、适应当地气候条件、适合当前市场需求的普通菜豆品种。大面积栽培，要选择直立型、底荚高、豆荚成熟期相对集中、适于机械化收获的品种。优先选择通过品种审定部门登记认定的品种。可选的品种系列有奶白花普通菜豆、英国红普通菜豆、白普通菜豆、紫花普通菜豆、圆奶花普通菜豆、小红普通菜豆、小白普通菜豆、小黑普通菜豆等。

(三) 种子精选

精选种子对保证苗全、苗匀、苗壮极其重要，应选择优质种子。在选用商品性好、优质高产良种的同时，还应选粒大、饱满、有光泽、无病虫危害和破损的籽粒作种子。即使种皮有细小裂缝，都将对发芽率影响很大。大粒饱满种子所含养分多，胚的发育健壮，发芽力强，可保证全苗、壮苗。种子要求纯度≥98%，净度≥98%，发芽率≥95%，含水量≤13%。

(四) 种子处理

1. 催芽人工播种　种子于播种前 2～3 d 用 1% 甲醛溶液浸泡 20 min，再用清水冲净，以杀灭种子表面的炭疽病菌。用温水（40 ℃）浸种 3～4 h 后，在 25～28 ℃条件下进行催芽，待胚根顶破种皮后，放在阴凉处 10～12 h 后即可播种。

2. 机械播种　种子于播种前 1～2 d 用高锰酸钾浸种 4 h，用清水冲净、阴干后即可播种。没有进行消毒的种子也可在播种前 3～5 d 采用专用种衣剂进行拌种，待阴干后进行播种。一般大豆多克福种衣剂可用于普通菜豆拌种，种衣剂拌种对控制金针虫等地下害虫，以及防治种传病害效果较好。也可以使用 50% 福美双＋50% 多菌灵＋YZ901（种子量的 0.2%）拌种防治苗期病害。疫病是种子传播病害，能够毁灭整个区域的普通菜豆，要引起特别的注意。有条件的也可以使用根瘤菌拌种，以提高结瘤数，提高产量。

(五) 适期播种

普通菜豆播种应根据当地气候，选择适宜播种期。当 0～5 cm 土层温度稳定在 10～14 ℃时，即可播种。当土表 5 cm 稳定通过 12 ℃时，播种较安全。我国北方 1 年 1 季春播区，一般在 4 月末至 5 月末播种，最晚播种期不超过 6 月 1 日，早熟品种也可在 6 月上旬播种。播种过早时，温度低，出苗慢，易烂种；播种过晚时，出苗快，苗细弱，易发病虫害。

种子应播到湿土层，播种深度控制在镇压后 3～5 cm。播种深度太浅，易导致种子在未吸收足够的水分时就开始萌发，在水分供应不足时种子又失去水分，造成落干。播种太深时，地中茎生长过长，消耗养分，幼苗子叶拱出地表前可能会脱落，造成幼苗死亡或幼苗出土困难。种子从萌发到出土所需时间受土壤温度和湿度影响，一般为 6～15 d。干旱地区要坐水穴播，先做穴浇足底水，然后播种，覆土 3～5 cm。大面积栽培时采用机械精量点播，可用大豆精量点播机播种。播种后及时镇压。

（六）合理密植

普通菜豆栽培宜稀不宜密，过密时倒伏严重，且结荚率低。根据品种的生长习性和肥力条件确定适宜的密度。矮生宜密，蔓生宜稀；瘦地宜密，肥地宜稀。人工穴播只限于小面积栽培，每穴播 3～4 株，催芽后播种，穴距为 20～25 cm。大面积栽培可用气吸式播种机播种或精量点播机双行播，大行行距为 65～70 cm，小行行距为 12～14 cm，株距为 7～8 cm。

一般每公顷保苗 1.2×10^5～2.2×10^5 株。其中，黑普通菜豆每公顷保苗 1.7×10^5～2.1×10^5 株（用种量为 50 kg 左右），日本白普通菜豆每公顷保苗 1.2×10^5～1.5×10^5 株（用种量为 45～50 kg），英国红普通菜豆每公顷保苗 1.2×10^5～1.4×10^5 株（用种量为 70 kg左右），海军豆每公顷保苗 1.8×10^5～2.2×10^5 株（用种量为 35～40 kg）。

东北地区利用地方区域优势，与玉米合理轮作，配套大型机械采用大垄平台栽培模式，垄宽为 110～130 cm，垄高为 20～25 cm，垄上播种 3～4 行，精量点播，增强抗旱抗涝性能，提高普通菜豆籽粒产量和品质。

三、田间管理

（一）中耕除草

出苗后要及时中耕防寒，提温保墒，松土除草，促苗生长。整个生长发育期间进行 2～3 次中耕除草。在幼苗期达到垄体显苗后，进行第 1 遍中耕除草，垄沟深松防寒。进行第 1 次中耕除草，既能防止杂草与幼苗争肥争光，又能破除土壤板结，防止水分蒸发。此后每 7～10 d 进行 1 次中耕除草，要撒土、培土交替，最后 1 次中耕除草要在封垄前进行。中耕时要注意不要伤到普通菜豆根系。应选择温暖天气，当普通菜豆植株稍显萎蔫且有韧性时进行中耕。雨后或露水较大、普通菜豆叶片较湿时中耕易导致病害的传播。普通菜豆进入开花期后，应避免中耕作业。生长发育后期应加强田间管理，视田间杂草情况及时去除大草，以免草荒影响普通菜豆的生长发育，造成减产。

（二）叶面追肥

从普通菜豆花期开始喷施微量元素肥料，可起到提质、增产、促早熟的作用。每公顷可用磷酸二氢钾 1.5 kg，兑水 200 kg，在上午 10:00 以前或下午 16:00 以后进行叶面喷施，促进物质转运，增强植株抗性，促进早熟。可根据叶片的颜色，加入适量的尿素，补充营养。也可根据植株长势叶面喷施植物生长调节剂进行株型的调控。

（三）田间水分管理

生长发育前期以保墒为主，一般不需要太多水分，水分太多时地温偏低，影响根系发育，易感染苗期病害。若大气干旱，土壤绝对含水量低于 10% 时，需灌溉，但灌水量不宜过多（灌水量为 20 mm 左右）。灌水后及时中耕，以免土壤板结。开花结荚期普通菜豆需水最多，当土壤含水量低于 13% 时将严重影响产量，此时需进行喷灌，灌水量为 20～30 mm，以防止落花、落荚。普通菜豆生长的中后期，尤其怕涝，雨水过多易造成田间积水，对普通菜豆生长不利，需及时开沟排水。

四、收　获

（一）收获时期

普通菜豆一般在 8 月中下旬至 9 月中上旬成熟。当植株 2/3 荚果变黄、籽粒变为固有形状和颜色、叶子变黄并有 2/3 脱落时，即可收获。当普通菜豆 75％的豆荚变坚硬且变干，其他部分变黄色、柔韧性增强时，即进入了黄熟期。此期豆荚含水量通常为 14％，豆粒含水量 18％左右。黄熟期以后豆荚含水量将随气候湿度的变化而快速变化。收获期间豆荚的最佳含水量应为 6％～14％，收获过早时影响籽粒的饱满度，百粒重下降；收获过晚时容易炸荚，损失产量。每天上午 10:00 前或下午 16:00 后进行收获，以防炸荚造成损失。收获白色粒普通菜豆品种时，要特别注意避开雨水，以免籽粒出现水浸斑或变污、变黑，影响商品品质。

（二）收获方式

机械收获应分段进行，第 1 个阶段为普通菜豆割拔，第 2 个阶段为脱粒。割拔可人工进行，也可采用机械割拔。机械割拔可使用普通菜豆起拔机进行起拔，用常规动力机车改装的割刀或圆盘式割根机进行割根。割根后在田间晾晒 3～4 d，使上部籽粒充分后熟，待籽粒含水量达 16％～18％时，即可脱粒。收割时不要造成"泥花脸"而影响品质。

（三）脱粒方式

无机械脱粒条件时，可进行人工打场方式进行脱粒，要防止过度碾压造成籽粒破损。

机械作业可采用自走式脱粒机进行脱粒，该方式破碎率较低，但作业效率低。也可采用改装后的联合收获机进行拾禾脱粒，机械效率高，破碎率较高，调节适当的转速可降低破碎率。不能用纹杆式、钉齿式脱粒机进行脱粒，因为容易损伤豆粒。为保证普通菜豆的品质和色泽，脱粒后不要在阳光下暴晒，应置于干燥通风处阴干，自然降水，以免籽实变色。脱粒后清除杂质、瘪粒。籽粒要求水分≤14％，杂质≤0.5％，异色粒≤1％，不完善粒≤3％，泥花脸率≤2％。

（四）收获损失

在早上或傍晚，豆荚含水量较高，将导致脱粒和分离损失加大。同时，豆荚水分含量过高，喂入量将不均匀，影响脱粒效果，导致损失加大。在炎热或干燥天气，豆荚水分会急剧下降，导致炸荚损失增加。当籽粒含水量降到<13％时，籽粒破碎风险增大。在正常收获条件下，豆荚的含水量较低，可提高脱粒和分离效率，降低损失。

第四节　病虫草害及其防治

一、主要病害及其防治

（一）细菌性疫病

细菌性疫病可危害多种豆类，主要危害叶片、茎蔓和豆荚。病叶上有水渍状斑点，病斑边缘有黄色晕圈，干燥时病部半透明，后穿孔，最后全叶干枯似火烧状。茎部病斑呈红褐色，长条形，稍凹陷，后干裂。豆荚病斑近圆形，稍凹陷，潮湿时病部可溢出黄色菌脓。高温多雨、缺肥、杂草多、虫害重的田块发病严重。

防治方法：细菌性疫病是种子传播病害，播种前种子消毒，可用种子质量0.3%的58%甲霜灵·锰锌或50%敌克松拌种。也可在发病初期选用抗菌剂401，或波尔多液、80%代森锌可湿粉剂、53%金雷多米尔水分散粒剂、72%克露等水溶液喷雾，必要时连喷2~3次。

（二）炭疽病

炭疽病主要发生在近地面的豆荚上，发病之初由褐色小斑点扩大为近圆形斑，病斑中央凹陷，可穿过豆荚侵害种子，边缘有同心轮纹。叶片病斑在叶片背面沿叶脉呈不规则形状扩展，由红褐色变褐色，潮湿时病斑分泌红色黏稠物。茎上病斑稍凹陷，呈褐色。炭疽病是真菌性病害，温暖、高湿、多雨、多雾、多露的环境条件有利于发病，重茬、低洼、栽植过密、黏土地、管理粗放的地块发病严重。

防治方法：合理轮作，种子消毒、包衣，增施磷钾肥可降低发病程度。在发病初期选用波尔多液，或50%多菌灵、80%代森锌可湿性粉剂、炭枯宁、25%施保克溶液喷雾，每隔5~7 d喷1次，连喷2~3次。

（三）锈病

锈病主要危害叶片、茎和荚，以叶片受害最重，初期为黄白色小斑点，后逐渐成为黄褐色凸起的小疱，病斑表皮破裂，散出铁锈色粉末。后期产生较大的黑褐色凸斑，表皮破裂，会露出黑色粉粒。高温、高湿发病严重，露水多的天气蔓延迅速。

防治方法：轮作倒茬。发病后选用25%粉锈宁，或40%敌唑酮、无锈园溶液喷雾，每20 d喷1次，可连喷2~3次。

（四）花叶病

花叶病主要是由黄瓜花叶病毒引起，危害叶片，呈明显的花叶、黄斑、黄绿与深绿相间的花斑，叶面皱缩，叶片畸形或扭曲。病害严重的植株矮化，甚至不能开花以至死亡。花叶的深绿部分隆起成疱状，叶片向下弯，有时沿叶脉出现宽条状深绿色斑驳。

防治方法：选用抗病品种；建立无病留种田，选用无病种子；田间防治蚜虫以阻断病毒传播。发病初期选用30%壬基酚磺酸铜水乳剂，或0.5%菇类蛋白多糖水剂（抗毒剂1号）、10%混合脂肪酸铜等水溶液喷雾。

二、主要虫害及其防治

采用常用种衣剂拌种，控制地下害虫。如果单独使用杀虫剂进行种子处理，将降低种子发芽率。采用杀虫剂和杀菌剂混合拌种的方法，可降低杀虫剂对种子的药害。

（一）地下害虫

普通菜豆的地下害虫主要有蝼蛄和地老虎，主要危害幼苗，常将幼苗根茎咬断，断口整齐，并且有转株危害的习性，多为夜间活动。

防治方法：采用药剂拌种防治效果较好，播种前用种衣剂拌种，或用种子质量的0.3%的50%辛硫磷乳油拌种。在苗后用50%辛硫磷乳油兑水灌根，在避光的土壤中有效杀虫期限可达60 d左右。由于辛硫磷乳油易光解，应避光作业。

（二）豆荚螟

豆荚螟主要以幼虫蛀入荚内取食豆粒，在荚内蛀孔、堆积排泄的粪粒。豆荚螟可危害菜豆、扁豆、豇豆、豌豆、大豆等豆类作物。老熟幼虫体长为13~18 mm，呈紫红色，前胸背板中央有人字形黑斑，两侧各有1~2个黑斑。老熟幼虫入土越冬，翌年羽化产卵于豆株上，孵化后危害。旱年害虫发生重于雨水多的年份。

防治方法：调整播种期使荚期避开成虫盛发期。在成虫盛发期和卵孵化盛期喷施80％敌敌畏乳油或20％杀灭菊酯水溶液，在幼虫初孵蛀入豆荚前采用灭杀毙溶液防治。

(三) 蚜虫

蚜虫对普通菜豆的危害重，不仅危害普通菜豆植株，而且还传播病毒病。受蚜虫危害的植株叶片黄而卷曲，引起植株生长势减弱，严重时停止生长，甚至植株死亡。特别是天气干旱时，各类蚜虫发生严重，必须早期及时防治。

防治方法：以药剂防治为主，常用药剂有40％乐果乳油、10％吡虫啉可湿性粉剂、50％避蚜雾等。

(四) 红蜘蛛

红蜘蛛又名红叶螨，是危害普通菜豆的主要害虫之一，在高温低湿（29 ℃、相对湿度35％～55％）条件下易发生，危害严重。幼螨及成螨在叶背面危害，被害叶片初现黄白斑，渐变红色，终至脱落。

防治方法：选用22％阿维·螺螨酯乳油，或25％阿维·乙螨唑乳油、1.8％阿维菌素溶液喷雾防治。

三、化学除草

普通菜豆的生产中由于人工除草困难，机械除草效果不理想，要采用化学除草。化学除草分土壤处理和苗后除草。

(一) 土壤处理

普通菜豆有子叶出土型和子叶留土型。72％异丙甲草胺乳油＋70％嗪草酮可湿性粉剂、90％乙草胺＋70％嗪草酮可湿性粉剂、48％异噁草松＋精异丙甲草胺等土壤处理除草剂对子叶出土型普通菜豆较安全，对子叶留土型安全性较差。

(二) 苗后除草

在普通菜豆苗后1～2片复叶期、杂草2～4叶期，根据田间草情使用25％氟磺胺草醚水剂＋15％精吡氟禾草灵乳油（或12.5％烯禾啶、5％精喹禾灵、10.8％精吡氟甲禾灵、12％烯草酮）进行化学防除，也可采用48％灭草松＋15％精吡氟禾草灵乳油（或12.5％烯禾啶、5％精喹禾灵、10.8％精吡氟甲禾灵、12％烯草酮）。

复习思考题

1. 简述菜豆的起源和分类。
2. 简述我国菜豆的分布和生产情况。
3. 简述菜豆的经济价值。
4. 菜豆的主要植物学特征有哪些？
5. 菜豆的生育时期如何划分？
6. 简述菜豆生长发育对环境条件的要求。
7. 简述菜豆的播种技术。
8. 如何进行菜豆的肥水管理？

第三章 绿 豆

第一节 概 述

一、起源和分类

绿豆 [*Vigna radiata* (L.) Wilzek]，英文名为 mung bean、mungo bean、green gram，又名青小豆、蒙豆、植豆、吉豆、文豆，属豆科（Leguminosae）蝶形花亚科（Papilion-oideae）菜豆族（Phaseoleae）豇豆属（*Vigna*），为一年生草本自花授粉植物，染色体为 $2n=22$。

（一）分类

依生长习性，绿豆可分为直立、蔓生和半蔓生 3 种类型。直立型绿豆的茎秆直立，节间短，植株较矮，分枝与主茎之间夹角较小，分枝少且短，长势不茂盛，成熟较早，抗倒伏。半蔓生型绿豆的茎基部直立，较粗壮，中上部变细呈攀缘状，分枝与主茎之间夹角较大，分枝较多，其长度与主茎相近，多为中早熟品种。蔓生型绿豆的茎秆细，节间长，枝叶茂盛，分枝多而弯曲，长于主茎，且与主茎夹角大，匍匐生长，花期主茎和分枝顶端有卷须，且具缠绕性，多属晚熟品种。

根据绿豆种皮的颜色可分为明绿豆（光绿豆）和毛绿豆等，国家标准《绿豆》（GB 10462—2008）根据绿豆种皮的颜色将其分为 4 类：明绿豆（种皮为绿色、深绿色，有光泽的豆粒占 95% 以上）、黄绿豆（种皮为黄色、黄绿色，有光泽的豆粒占 95% 以上）、灰绿豆（种皮为灰绿色，无光泽的豆粒占 95% 以上）和杂绿豆（不属于以上 3 类的绿豆）。

根据熟性可分为早熟绿豆、中熟绿豆和晚熟绿豆。

根据播种时期可分为春绿豆和夏绿豆。

根据籽粒大小可分为大粒绿豆（百粒重在 6 g 以上）、中粒绿豆（百粒重为 4~6 g）和小粒绿豆（百粒重在 4 g 以下）等。

（二）起源

绿豆原产于亚洲东南部地区，我国也在起源中心之内。德·孔多尔（1886）最早在《栽培作物起源》一书中认为，绿豆起源于印度及尼罗河流域。瓦维洛夫（1935）在《育种的理论基础》一书中认为，绿豆起源于印度起源中心及中亚中心。绿豆在我国栽培已有 2 000 多年的历史，《吕氏春秋》《齐民要术》（533—544）等农书就有关于绿豆栽培技术的记载。近年来，我国科技人员在云南、广西、河南、安徽、山东、湖北、辽宁、北京等地也采集到不同类型的野生绿豆标本。我国是绿豆遗传多样性中心，绿豆种质资源及类型十分丰富。

二、生产情况

绿豆属喜温作物，主要分布在温带、亚热带及热带地区，以亚洲的印度、中国、泰国、缅甸、印度尼西亚、巴基斯坦、菲律宾、斯里兰卡、孟加拉国、尼泊尔等国家栽培较多。近年来，美国、巴西、澳大利亚及其他一些非洲、欧洲、美洲国家绿豆栽培面积也在不断扩大。世界上最大的绿豆生产国是印度，其次是中国。全球绿豆生产面积不断扩大，2015 年全球绿豆栽培面积为 1.53×10^6 hm²，总产量为 2.47×10^6 t。2019 年全球绿豆栽培面积为 1.57×10^6 hm²，总产量为 2.53×10^6 t。亚洲在全球绿豆栽培面积最大，2019 年达到 1.33×10^6 hm²，总产量为 2.35×10^6 t，其产量占全球绿豆总产量的 93%。

我国是绿豆出口量最大的国家。绿豆栽培分为两大区域，吉林、内蒙古、辽宁、黑龙江为明绿豆产区，河南、湖南、湖北、陕西、山西、重庆、陕西等地为毛绿豆产区。明绿豆外观品质较好，有光泽，价格较高；毛绿豆品质一般，无光泽，价格较低。

20 世纪 50 年代初，我国绿豆栽培面积、总产量和出口量曾居世界首位，其中 1957 年栽培面积达 1.63×10^6 hm²。20 世纪 50 年代末，栽培面积开始减少，70 年代中期只有零星栽培。70 年代后期，随着耕作制度改变和国内外市场需求量增加，栽培面积逐年恢复。

20 世纪 80 年代后期，随着国外绿豆改良品种的引进和推广利用，我国绿豆生产有了突飞猛进的发展。1993 年全国绿豆栽培面积达到 9.43×10^5 hm²。加入世界贸易组织后，我国农业栽培结构调整步伐不断加快，绿豆生产又得到进一步发展，栽培面积稳中有升。其中 2002 和 2003 年又到达一个新的高峰，栽培面积分别达到 9.71×10^5 hm² 和 9.33×10^5 hm²，产量分别达到 1.19×10^6 t 和 1.18×10^6 t，单产水平在 1 230 kg/hm² 左右。自 2011 年以来，绿豆栽培面积一直稳定在 8.00×10^5 hm² 左右，产量维持在 1.00×10^6 t 左右。2019 年我国绿豆栽培面积为 6.93×10^5 hm²，产量为 2.05×10^5 t。目前我国绿豆生产以东北为主，其中排名前 3 的省份为内蒙古、吉林和黑龙江。产量以吉林和内蒙古最多，合计占全国总产量的 42%。新疆、湖南和四川的单位面积产量都在 2 000 kg/hm² 以上，位居全国前列。

三、经济价值

绿豆适应性广，抗逆性强，耐干旱、耐瘠薄、耐阴，适应性强。绿豆生育期短，并具有共生固氮、培肥土壤的能力，是补种、填闲和救荒的优良作物。绿豆的种子不仅可食用，还可入药，茎叶可作饲料、绿肥，经济价值较高。绿豆高蛋白、中淀粉、低脂肪、食药同源，口感好。绿豆易消化，加工技术简便，是人们喜爱的饮食加工原料，被誉为绿色珍珠，备受国内外消费者的青睐。

第二节　生物学特性

一、植物学特征

绿豆的形态特征见图 3-1。

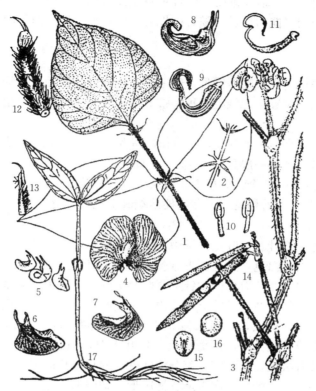

图 3-1　绿豆植株形态特征

1. 叶　2. 小托叶　3. 枝及花序　4. 旗瓣　5. 龙骨瓣和翼瓣　6、7. 翼瓣　8. 龙骨瓣　9. 雄蕊鞘　10. 花药　11. 雌蕊及托盘　12. 花柱和柱头　13. 柱头　14. 荚果　15. 种子（示脐）　16. 种子侧面　17. 幼苗

（引自郑卓杰，1997）

（一）根和根瘤

绿豆的胚根发育成主根，其初生根构造包括根皮、皮层、内皮层、维管束鞘、初生木质部、初生韧皮部及比较发达的髓。绿豆的根具有加粗生长（次生生长）的特性，在初生木质部与初生韧皮部之间具有分生能力很强的形成层细胞。形成层发生后，向内生成木质部，向外生成韧皮部。木质部、韧皮部组成维管束，在维管束外方的维管束鞘部位形成木栓层，木栓层形成后，内皮层以外的初生皮层细胞均死亡。

绿豆的根系有 2 种类型，一种为中生植物类型，主根不发达，有许多侧根，属浅根系，多为蔓生品种；另一种为旱生植物类型，主根扎得较深，侧根向斜下方伸展，属于深根系，多为直立或半蔓生品种。根系由主根、侧根、次生根和根瘤几部分组成，分布状况与分布深度因品种和土壤类型而有所差别。主根粗，垂直向下生长，入土较浅。主根上长有侧根，侧根细长而发达，向四周水平延伸。绿豆根系的吸收能力很强，能利用土壤中难以溶解的矿物质元素，并能从岩石或沙粒中吸收养分，所以能够在风沙干旱和贫瘠的土壤中生长。

绿豆的主根和侧根上长有许多根瘤。绿豆生根后，根部先分泌出一些物质，并吸收根瘤菌聚集于根毛处大量繁殖。根瘤菌分泌物刺激皮层的厚膜细胞迅速分裂，当分裂产生大量细胞时，就在根的表面出现了很多小突起，这就是根瘤。绿豆出苗 7 d 后开始有根瘤形成，初生根瘤为绿色或淡褐色，以后逐渐变为淡红色直至深褐色。主根上部的根瘤体积较大，固氮能力最强。苗期根瘤固氮能力很弱，随着植株的生长发育，根瘤菌的固氮能力逐步增强，到开花盛期达到高峰。

（二）茎

绿豆茎秆比较坚韧，外表近似圆形。幼茎有紫色和绿色两种，成熟茎多呈绿色、绿紫色和紫色。茎上有绒毛，少数为无绒毛品种。按其茎秆类型可分为直立型、半蔓生型和蔓生型3种。

植株高度因品种而异，一般为 40～80 cm，高者可达 150 cm，矮者仅 20～30 cm。绿豆主茎和分枝上都有节，主茎一般具 10～15 节，每节着生 1 个复叶，在其叶腋部长出分枝或花梗。主茎具一级分枝 3～5 个，分枝上还可长出二级分枝或花梗。一般在茎基部 1～5 节上着生分枝，第 3、4 节以上着生花梗，在花梗顶端着生花和豆荚。

（三）叶

绿豆叶分为子叶和真叶。子叶是种子中 2 个肥厚的豆瓣，在种子萌发时在下胚轴的延伸作用下出土。子叶 2 枚，白色，呈椭圆形或倒卵圆形，出土 7 d 后枯干脱落。真叶有 2 种，从子叶上面第 1 节长出的 2 片对生的披针形真叶是单叶，又称为初生真叶，无叶柄，是胚芽内的原胚叶。随幼茎生长在 2 片单叶上面长出三出复叶。三出复叶互生，由叶片、托叶和叶柄 3 部分组成。绿豆叶片较大，一般长为 5～10 cm，宽为 2.5～7.5 cm，卵圆形或阔卵圆形、全缘，也有三裂或缺刻类型，两面被毛。托叶 1 对，呈狭长三角形或盾状，长为 1 cm左右。叶柄较长，被有绒毛，基部膨大部分为叶枕。绿豆叶片的形状有大小、厚薄、颜色深浅之分，因栽培条件而异。叶形有卵圆形、椭圆形、阔卵形、披针形等，叶色有淡绿色、绿色、深绿色。一般叶色浓绿，叶肉细胞较多，光合效率较高，是高产品种的形态标志。

（四）花

绿豆花序为总状花序；花呈黄色，着生在主茎或分枝的叶腋和顶端花梗上，每个花序一般有 10～25 朵花，只有 1/3 的花结荚。花梗密被灰白色或褐色绒毛。绿豆小花由苞片、花萼、花冠、雄蕊和雌蕊 5 部分组成。苞片位于花萼基部两侧，呈长椭圆形，顶端急尖，边缘有长毛。花萼着生在花朵的最外边，呈钟状，为绿色，具萼齿 4 个，边缘有长毛。花冠为蝶形，由 5 片联合而成，位于花萼内层。旗瓣为肾形，顶端微缺，基部心脏形。翼瓣有 2 片，较短小，有渐尖的爪。龙骨瓣有 2 片，联合，着生在花冠内，呈弯曲状楔形。雄蕊为 10 枚，为（9+1）二体雄蕊，由花丝和花药组成。花丝细长，顶端弯曲有尖喙。花药呈黄绿色，花粉粒有网状刻纹。雌蕊 1 枚，位于雄蕊中间，由柱头、花柱和子房组成；子房无柄，密被长绒毛；花柱细长，顶端弯曲；柱头呈球形有尖喙。

绿豆为自花授粉作物，花朵开放前，花粉已落在雌蕊柱头上完成授粉过程，所以天然杂交率极低。绿豆开花顺序随结荚习性不同而异。无限结荚习性品种由内向外、由下向上逐渐开花，先在主茎下部各节开花，然后向主茎和分枝的顶端扩展；有限结荚习性品种由内向外逐渐向上、向下开花，然后向茎中部、下部和分枝扩展。绿豆花期一般为 30～40 d。

（五）荚

绿豆的果实为荚果，由荚柄、荚皮和种子组成。单株结荚数因品种和生长条件而异，少者 10 多个，多者可达 150 个以上，一般为 50 个左右。豆荚细长，具褐色或灰白色绒毛，也有无毛品种。成熟荚为黑色、褐色或褐黄色，呈圆筒形或扁圆筒形，稍弯。荚长为 6～

16 cm，宽为 0.4～0.6 cm，单荚粒数一般为 10～14 粒。绿豆的结荚习性有以下 3 种类型。

1. 有限结荚习性 结荚密集，着生在主茎花梗上及主茎和分枝顶端，以花簇封顶。

2. 无限结荚习性 结荚比较分散，多数结在中部和顶端，只要气候适宜，可无限结荚。

3. 亚有限结荚习性 介于有限结荚和无限结荚习性之间的状态为亚有限结荚习性。

（六）籽粒

绿豆的籽粒也称为种子，由种皮、子叶和胚 3 部分组成。种皮由胚珠的内外珠被发育而成，主要起保护作用。种皮外边有一个明显的脐，脐下有 1 个小孔，称为珠孔，种子萌发时胚的幼根从珠孔长出。子叶是被种皮包裹着的 2 片肥厚的豆瓣，呈淡黄绿色或黄白色，质地坚硬，占种子全部质量的 90% 左右。籽粒大小和形状主要由子叶决定。胚位于基部 2 片子叶之间，占种子质量的 2%～3%。胚由胚根、胚芽和胚轴组成。胚芽有主芽和 2 个侧芽，胚芽下端为胚轴及胚根。

绿豆籽粒的颜色有绿色、黄色、棕色、黑色和青蓝色，外面覆被蜡质，有光泽的为明粒，无蜡质的为毛粒。绿豆籽粒形状有球形和圆柱形，一般长为 4～8 mm。长与宽相差 1.5 mm 以内为球形，相差 1.5 mm 以上为圆柱形。

二、生长发育周期

绿豆的生长发育可分为 4 个时期：幼苗生长期、花芽分化期、开花结荚期和鼓粒灌浆期。

（一）幼苗生长期

绿豆从出苗到分枝出现称为幼苗期。其生长过程是绿豆出苗后 2 片子叶展开，幼茎继续伸长，长出第 1 对真叶、第 1 复叶节和 2 个节间。这时地上部生长速度较慢，地下部生长较快。一般地下部比地上部生长快 5～7 倍，这个阶段需 15～20 d，占整个生育期的 1/5 左右。疏松的土壤、充足的肥料、适宜的湿度和较高的温度，会促进幼苗的生长发育。

（二）花芽分化期

绿豆植株形成第 1 分枝到第 1 朵花出现为分枝期。绿豆的花芽分化开始于分枝初期，一般在开花前 15～25 d，需要经历 30～40 d。早熟的无限结荚习性品种分化较早，晚熟的有限结荚习性品种分化较晚。花芽分化过程可分为以下 5 个时期。

1. 生长锥伸长期 在花梗形成初期，生长锥宽大于长，随着生长锥伸长，逐渐变为长大于宽，其顶端分化瘤状小突起形成节瘤。

2. 花萼分化期 随着花梗生长锥和节瘤伸长，小花原始体基部分化出花柄，并形成花萼筒，完成花萼分化。

3. 花瓣分化期 在最先分化形成的小花中，花瓣原基首先形成，逐渐分化形成旗瓣、翼瓣、龙骨瓣。此时第 5 片复叶展开，第 6 片复叶初露，有的腋芽形成明显的分枝，有的花梗随着复叶同时裸露出来。

4. 雌雄蕊分化期 在花器原基的中央，几乎同时分化出乳头状的雌蕊原始体，并在其周围有 2 圈共 10 个突起环抱，即雄蕊原始体。雄蕊原始体经过分化形成花丝，并迅速分化出花药。雌蕊原始体经过纵向分化，发育成花柱。

5. 药隔分化期 雄蕊原基体积进一步增大，花药和花丝已能明显区分，形成二体雄蕊，9 个为一体，1 个单独生长。各个花药进而分化为 4 个花粉囊，花粉母细胞进一步分裂，形成花粉粒。以后雌蕊原基继续生长，形成半球状柱头，向下弯曲和雄蕊等长。雌雄配子形成，花蕾各器官在形态上已分化完成，即行开花。

（三）开花结荚期

全田绿豆 1/3 的植株出现 2 朵以上的花时，称为开花始期。绿豆从出苗到初花的天数，早熟品种为 35 d 左右，中熟品种为 40 d 左右，晚熟品种为 50 d 左右。从花蕾膨大到花朵开放需 2～4 d，每朵花开放时间需 3～4 h（午后花能持续一夜）。花朵开放前，花粉已大量落在柱头上。花粉在柱头上发芽产生花粉管，穿入珠孔，花粉中的精子与胚珠内的卵细胞和极核细胞进行双受精。一般绿豆授粉后 24～36 h 即完成受精，受精后子房迅速发育形成豆荚。子叶细胞充满胚腔，干物质开始积累，形成种子。子房从膨大到达到荚长、荚宽和荚厚的最大值，一般需 10～15 d。绿豆开花与结荚无明显界限，统称开花结荚期。此期有限结荚习性的株高达最大值的 80% 左右，无限结荚习性的株高达最大值的 40%～50%。

（四）鼓粒灌浆期

绿豆荚内籽粒开始鼓起，到最大的体积和最大质量时期，称为鼓粒灌浆期。这是决定绿豆产量高低的主要发育阶段。此期外界环境条件对绿豆的结荚数、每荚粒数和百粒重以及产量有很大影响。如果条件得不到满足，就会出现大量落花、落荚、败育、空荚、秕粒等现象。因此，应加强田间管理，及时灌水防旱，保持根系的吸水吸肥能力，延长叶片的光合时间，提高叶片的光合效率，以促进灌浆，增加干物质产量。绿豆灌浆后期，籽粒含水量迅速下降，干物质达到最大值，籽粒呈现该品种固有色泽和形状，摇荚有"哗哗"响声，即为成熟期。

三、生长发育对环境条件的要求

（一）光照

绿豆为短日照作物，日照越短，绿豆开花结实成熟越早，植株生长矮小。相反，日照越长，绿豆开花延迟，甚至霜前不能开花，枝叶徒长。因此引种绿豆品种时，一般南种北引时生育期延长；北种南引时，生育期缩短，产量降低。相当多的品种不论是春播、夏播还是秋播均能收到种子。但是由于各品种长期适应某种光温条件，改变播种期会影响籽粒产量。所以适于夏播的品种，不宜春播或秋播；适于春播的品种，不宜夏播或秋播。绿豆喜光，尤其在花芽分化过程中始终需要充足的阳光，如遇连阴雨天会造成落花、落荚。

（二）温度

绿豆喜温。种子在 8～10 ℃ 时开始发芽，低于 14 ℃ 时发芽缓慢，30～40 ℃ 时发芽最快，最适发芽温度为 15～25 ℃。出苗和幼苗生长的适温为 15～18 ℃。生长发育期间适温为 25～30 ℃，花期高于 30 ℃ 或低于 20 ℃ 都会导致落花、落荚。结荚成熟期要求晴朗干燥天气。绿豆可耐 40 ℃ 高温，但对霜冻敏感，温度剧降或早霜时种子不能完全成熟，温度降至 0 ℃ 以下时植株受冻死亡。绿豆全生育期需 ≥10 ℃ 的有效积温 2 200～2 800 ℃，早熟品种需 2 200 ℃ 左右，中熟品种需 2 400 ℃ 左右，晚熟品种需 2 500～2 800 ℃。

（三）水分

绿豆耐旱、怕涝，各生育时期的需水特点是幼苗期较少，花荚期最多，灌浆期次之。绿豆开花结荚期是植株生活力最旺盛、生长发育最快时期，此期光合生产率高，耗水量最多，蒸腾强烈，需要充足的水分供应，但花荚期多雨时，落花、落荚严重。绿豆鼓粒灌浆期比较抗涝，但不耐淹，淹水会引起花荚脱落，甚至全株死亡。

（四）土壤

绿豆耐瘠性强、适应性广，对土质要求不严，但以石灰性冲积土、壤土为佳，因为石灰性冲积土有利于根瘤菌的繁殖活动，对绿豆发育和获取高产有利。绿豆在红壤和黏壤土中亦能生长。最理想的是中性或弱碱性土壤，最好是土层深厚、富含有机质、排水良好、保水力强。

（五）养分

绿豆的生长发育需要较多的氮、磷、钾和其他无机盐类。据测定，每生产 100 kg 绿豆干物质，约需吸收氮 5.32 kg、磷 1.47 kg、钾 1.62 kg；每生产 100 kg 绿豆籽粒，约需吸收氮 9.68 kg、磷 2.93 kg、钾 3.51 kg。除此之外，绿豆还需要钙、镁、硫、铁、铜、钼等元素，其中除部分氮素靠根瘤菌供给外，其余元素需从土壤中吸收。

第三节　栽培技术

一、选地和整地

（一）选地

绿豆喜温热，耐旱、耐瘠，适应性强，对土壤要求不严格，生长期也较短，很多地方都能栽培，在砂质土、砂壤土、壤土、黏壤土、黏土上均可栽培。但如果想要获得高产，最适合其生长发育的还是高肥水地块。因此应选择地势高、疏松肥沃、耕作层深厚、富含有机质、排灌方便、保水保肥能力好的地块栽培绿豆，并加强田间管理。不可重茬、迎茬。绿豆在轻度盐碱或酸性土壤也能生长，但产量较低，适宜的土壤 pH 为 6～7。

（二）整地

由于绿豆是双子叶作物，出苗时子叶出土，幼苗顶土能力弱，如果土壤板结或表层土块太多，易造成缺苗断垄或出苗不齐的现象。因此春播绿豆要在上一年秋季进行深耕细耙，精细整地，耙碎土块，使土壤疏松，蓄水保墒，防止土壤板结，做到上虚下实无土块。深浅一致，地平土碎，以利于出苗。早秋深耕效果好，可加厚活土层，耕深为 20～30 cm。

二、播种技术

（一）适宜条件

绿豆生育期短，播种适期长，既可春播，也可夏播、秋播，一般地温稳定在 16～20 ℃时即可播种。南方适宜播种期较长，春播一般在 3 月中旬至 4 月下旬，夏播一般在 6—7 月，个别地区最晚可以推迟到 8 月初播种。北方适宜播种期较短，1 年 1 季春播区，一般在 4 月下旬至 5 月上旬播种；夏播一般在 5 月下旬至 6 月上中旬，早熟品种最晚可在 7 月下旬进行播种。夏播地块要在前茬收获后要尽量早播，播种期越早，产量越高。适期播种，一般应掌握春播适时、夏播抢早的原则。

（二）品种选择

选用优良品种是绿豆增产的一项有效措施。应根据当地自然条件、土壤肥力及商品价值，选择适宜的优良品种。一般要选择适宜当地生态区域栽培的品种，并且粒大、色泽好、品质佳、抗病能力强、产量高的优良品种。一般瘠薄地块可选择矮秆半匍匐、亚有限结荚习性品种，中高肥力地块应选高产直立品种。大面积栽培的地块应选择株型直立紧凑、有限结荚习性、结荚集中、成熟一致、不炸荚、适宜一次性机械收获的品种；小面积栽培，可选择多次结荚的品种。在品种选择上还要考虑栽培目的和产品用途，一般出售绿豆籽粒的，可选择高产、粒大、色泽好的品种；加工豆沙的要选择粒大、皮薄、出沙率高的品种；而食用的要选择蛋白质含量高的品种。此外，要选择抗病、抗逆性强、生产稳定性好的品种。

东北地区主栽的绿豆品种有"绿丰 2 号""绿丰 5 号""白绿 8 号""白绿 9 号""嫩绿2 号""吉绿 2 号""垦鉴黄绿豆""洮南绿豆"等。

华北地区主栽的绿豆品种有"冀绿 7 号""冀黑绿 12""鄂绿 2 号""晋引 2 号""中绿2 号""洮南绿豆""大明绿豆""黑珍珠绿豆""鹦哥绿豆"等。

西部地区主栽的绿豆品种有"渝绿 1 号""渝绿 2 号""中绿 1 号""中绿 2 号""西绿1 号""宝绿 2 号""冀绿 2 号""潍绿 1 号""明绿 245"等。

（三）种子处理

首先要精细选种，清除秕粒、小粒、病粒、杂质，选留干净、饱满、粒大的种子，以提高品种纯度，种子要求纯度≥98％，净度≥98％，发芽率≥95％，含水量≤14％。选择晴天中午，将种子摊在晒场上，翻晒 1～2 d，要勤翻动，使之受热均匀，以增强种子活力，提高发芽势。种子要进行包衣，以防止种传、土传病虫的危害，减少施药次数，省工、省时、安全、降低成本，提高经济效益。也可使用多克福或精甲咯菌腈等药剂处理，拌种时可添加种子量 1％的磷酸二氢钾，增产效果较好。为提高种子抗性和出苗率，拌种时也可用 20 mg/L萘乙酸或赤霉素溶液浸种。

（四）播种方法

小面积可人工条播、穴播和撒播。大面积生产采用机械播种，以条播或精量点播为主。根据土壤质地及墒情，播种深度一般为 3～5 cm，要均匀一致，防止覆土过深。一般生产上用种量为 15.0～22.5 kg/hm²，行距为 50～65 cm，株距为 7～12 cm。合理密植的原则是：早熟品种宜密，晚熟品种宜稀；直立品种宜密，半蔓生型品种依稀，蔓生型品种更稀；瘦地宜密，肥地宜稀。一般早熟直立品种在薄地栽培时保苗 $1.5×10^5$～$2.2×10^5$ 株/hm²，晚熟半蔓生型品种在肥水较好的地块保苗 $1.2×10^5$～$1.5×10^5$ 株/hm²。

三、田间管理

田间管理的重点是确保苗齐、苗匀、苗壮，保证绿豆在苗期生长整齐，群体发育良好。

（一）镇压

绿豆是双子叶植物，幼苗顶土能力较弱。播种时要视墒情镇压，对墒情较差或土壤砂性比较大的地块，要及时镇压，随种随压，以减少土壤空隙，使种子与土壤密切接触，增加表层水分，促进种子发芽和幼苗发育，早出苗，出全苗，根系生长良好。

（二）中耕除草

中耕不仅能消灭杂草，还可破除土壤板结，疏松土壤，减少蒸发，提高地温，促进根瘤活动，是绿豆增产的一项重要措施。绿豆在生长初期，田间易生杂草，从出苗至开花封行前，应进行 2～3 次中耕。在第 1 片复叶展开时，进行第 1 次浅耕，同时除草、松土。在第2 复叶展开后，进行第 2 次中耕，同时进行蹲苗，去除田间杂草。现蕾前进行第 3 次中耕培土，预防中后期倒伏。3 次中耕深度应按照浅→深→浅的原则，深度为 15～20 cm。

四、施肥和灌溉

（一）基肥

绿豆生长期内根瘤菌的固氮量为植株需氮量的 40% 左右，而且其作用主要在中后期，因此，应注意施用氮磷钾肥料，并以基肥为主。土壤施肥原则是以农家肥为主，有机肥和无机肥相结合；化肥以磷肥为主，氮磷配合。施用农家肥时均匀撒开，整地时翻入土中，化肥混合后随之施入。结合整地起垄施足基肥，中等肥力地块施腐熟的农家肥 20～30 t/hm²、尿素 50 kg/hm²、磷酸二铵 100 kg/hm²、硫酸钾 50～75 kg/hm²；或施腐熟的农家肥 20～30 t/hm²、豆类专用肥 150～220 kg/hm²。

（二）追肥

绿豆的生育期短，耐瘠性强，其根系又有共生固氮能力，生产上施肥量不高。绿豆施肥要按照施足基肥、适当追肥的方针。追肥时要巧施苗肥、重施花荚肥。

生产上如未施基肥，应在生长前期（分枝期、始花期）追肥。绿豆在开花结荚期是需肥的高峰期，追肥最好是在初花期结合封垄一起进行，初花期可追施硝酸铵、尿素等氮肥 40～60 kg/hm²、硫酸钾 100～120 kg/hm²，可促花增荚，增产效果最好。较瘠薄的地块，在结荚期可进行根外追肥，叶面喷施磷酸二氢钾等叶面肥料，增产效果较明显。绿豆是对磷肥、钼肥敏感的作物，增施磷肥并配施适当钼肥和钾肥，能促进植株健壮生长，提高产量。所以开花结荚期叶面喷施含 2% 尿素、0.3% 磷酸二氢钾、0.15% 钼酸铵的溶液 1～2 次，每次喷肥液 600～750 kg/hm²，可以延长开花结荚期，防止早衰，增加荚数，使籽粒饱满。

（三）灌溉

绿豆是需水较多，又不耐涝的作物。绿豆耐旱，农谚有"旱绿豆，涝小豆"的说法，但在绿豆生长发育期间土壤也要有适宜的水分，要注意适时灌溉，防旱排涝。幼苗期抗旱性较强，需水较少，一般不需要灌溉；如遇到干旱也应及时灌溉，苗期在中午出现叶片萎蔫时，应进行灌溉。如果苗期水分过多，会使根部病害加重，引起烂根死苗；生长后期遇涝时，植株会生长不良，出现早衰，花荚脱落，产量下降，因此绿豆在雨季要及时排水防渍。

绿豆在开花结荚期需水较多，遇旱时容易落花落荚，降低产量，因此要及时灌溉，防旱保产。开花期为绿豆的需水临界期，结荚期达到需水高峰期，此期灌溉有增花、保荚、增粒的作用。可在开花前灌溉 1 次，以增加单株荚数及单荚粒数；在结荚期再灌溉 1 次，以增加百粒重并延长开花时间。在水源紧张时，应集中在盛花期灌溉 1 次。在没有灌溉条件的地区，可适当调节播种期，使绿豆开花结荚期适逢雨季。

五、收获和储藏

（一）收获

绿豆的豆荚是自下而上渐次成熟的，上下部位豆荚成熟参差不齐，熟期由下而上，往往先成熟的豆荚已经炸裂，后形成的荚才刚刚长出，因此小面积生产时可分批采收，不能等到全部豆荚成熟后再收获。

栽培面积较大，无法分批收获时，可在田间 2/3 的绿豆荚成熟时，一次性机械收获。首先要选用茎秆直立、抗倒、结荚高度 20 cm 以上、成熟期一致、不炸荚的绿豆品种；其次是加强田间管理，在绿豆黑荚与黄荚数达 90％以上时，可用 40％乙烯利喷施，处理 15 d 后，叶片全部脱落，此时可进行机械收获。可用小型小麦联合收获机或者豆类收割机，进行机械收获，茎秆不会缠绕，产量损失可以减少到 10％以下。

在高温条件下，豆荚容易爆裂，因此绿豆成熟后，最好在上午露水未干前或傍晚进行收获，以免炸荚落粒。收获过早时，青荚多，成熟种子少，影响产量和品质；收获过晚时，先成熟的豆荚炸裂，籽粒落地，造成产量损失。

（二）储藏

在绿豆籽粒含水量 13％以下时，可入库储存。无论是选留的种子还是商品绿豆，都需要保持发芽力。所以储藏的关键是保持绿豆种子寿命。在自然状态下，可保存 3～10 年。绿豆在储藏时虫害较严重，主要是要防治绿豆象的危害。绿豆象每年可发生 4～6 代，在 24～30 ℃时繁殖最快。在入库前要将绿豆籽粒进行曝晒灭虫或入库后用磷化铝熏蒸，不仅能杀死成虫、幼虫和卵，而且不影响种子发芽和食用。可按储存空间，用磷化铝 1～2 片/m³，或者按照每 250 kg 绿豆用磷化铝 1～2 片，将磷化铝放在铁盒内并均匀放入密封的仓库中。

第四节　病虫草害及其防治

一、主要病害及其防治

（一）白粉病

白粉病危害绿豆叶片、茎秆和荚。发病初期下部叶片出现白色小斑点，以后逐渐扩大，并向上部叶片发展。严重时整个叶片布满白粉，使叶片由绿变黄，失去光合能力，最后干枯脱落。

防治方法：选用抗白粉病品种；进行合理轮作。发病初期选用 2％武夷菌素，或 60％多菌灵盐酸盐（防霉宝）可溶性粉剂、三唑酮乳油、40％多酮（禾病净）可湿性粉剂、12.5％烯唑醇（速保利）可湿性粉剂、25％敌力脱乳油、40％福星乳油水溶液田间喷洒防治。

（二）立枯病

受立枯病危害的植株茎基部产生黄褐色病斑，逐渐扩展至整个茎基部，病部明显缢缩，致幼苗枯萎死亡。湿度大时，病部长出蛛丝状褐色霉状物。

防治方法：实行 2～3 年以上轮作，不能轮作的重病地应进行深耕改土，以减少该病发生；栽培密度适当，注意通风透光；及时排涝。发病初期用 32％恶甲水剂（克枯星），或20％甲基立枯磷乳油、30％倍生乳油溶液灌根防治。

（三）叶斑病

叶斑病是我国及其他亚洲国家绿豆生产上的毁灭性病害，在我国安徽、河南、河北、陕西等地发病重，以开花结荚期危害重。发病初期叶片上出现水渍状褐色小点，扩展后形成边缘红褐色至红棕色、中间浅灰色至浅褐色的近圆形病斑。湿度大时，病斑上密生灰色霉层。病情严重时，病斑融合成片，很快干枯。

防治方法：选用抗病品种；合理密植，保证田间通风良好；加强田间管理，注意大雨后排涝或散墒。发病初期选用 70％代森锰锌，或 41％特效杀菌王、20％蓝迪等溶液喷雾防治，可有效控制病害流行。

（四）轮纹病

轮纹病主要危害叶片，出苗后即可染病，但后期发病多。叶片染病时，初生褐色圆形病斑，边缘红褐色，病斑上出现明显的同心轮纹；后期病斑上生出许多褐色小点。病斑干燥时叶易破碎，发病严重的叶片早期脱落，影响结实。

防治方法：实行轮作。发病初期选用78％波·锰锌（科博）可湿性粉剂，或77％可杀得微粒粉剂、47％春·王铜（加瑞农）可湿性粉剂、40％多·硫（好光景）悬浮剂溶液喷洒防治。

（五）锈病

锈病危害叶片、茎秆和豆荚，以危害叶片为主。染病叶片散生或聚生许多近圆形小斑点，病叶背面出现锈色小隆起，后表皮破裂外翻，散出红褐色粉末。秋季可见黑色隆起小长点混生，表皮裂开后散出黑褐色粉末。发病严重时导致叶片早期脱落。

防治方法：栽培抗病品种；合理密植；适时早播。提倡施用酵素菌沤制的堆肥或充分腐熟有机肥。发病初期选用15％三唑酮可湿性粉剂，或25％敌力脱乳油、12.5％速保利可湿性粉剂等溶液喷洒防治。

（六）菌核病

绿豆菌核病在设施内或露地均有发生。进入开花结荚阶段，病株基部呈灰白色，致全株枯萎，剖开病茎可见鼠粪状菌核。染病荚皮初呈水渍状，后逐渐变成灰白色，有的还会长出黑色菌核。

防治方法：与禾本科作物轮作；选用无病种子；对混有菌核的种子，播种前用10％盐水浸种，再用清水冲洗后播种；避免偏施氮肥，增施磷钾肥。必要时选用50％农利灵可湿性粉剂，或50％扑海因可湿性粉剂、50％速克灵可湿性粉剂溶液喷洒防治。

（七）炭疽病

炭疽病主要危害绿豆叶、茎及荚果。叶片染病初期呈红褐色条斑，后病斑变黑褐色或黑色，并扩展为多角形网状斑。豆荚染病初期出现褐色小点，小点扩大后呈褐色至黑褐色圆形或椭圆形斑。染病种子表面出现黄褐色大小不等的凹陷斑。

防治方法：选用抗病品种；注意从无病荚上采收无病种子；实行2年以上轮作。用种子质量0.4％的50％多菌灵或福美双可湿性粉剂拌种，也可用40％多·硫悬浮剂或60％防霉宝超微粉溶液浸种30 min，洗净晾干后播种。在开花后、发病初期选用25％炭特灵可湿性粉剂，或80％炭疽福美可湿性粉剂、45％咪鲜胺（扑霉灵）乳油溶液喷洒防治，发病较重的地块可连续防治2～3次。

（八）细菌性疫病

细菌性疫病又称为细菌性斑点病，主要发生在夏秋的雨季。染病叶片上出现褐色圆形至不规则形水泡状斑点，初为水渍状，后呈坏疽状，严重的发生木栓化，经常可见多个病斑聚集成大坏疽型病斑。叶柄、豆荚染病亦生褐色小斑点或呈条状斑，严重时造成倒伏。

防治方法：实行3年以上轮作；从无病地块采种，选留无病种子；加强栽培管理，避免田间湿度过大，减少田间结露。对带菌种子用种子质量0.3％的95％敌克松原粉，或50％福美双、硫酸链霉素拌种。发病初期喷洒47％加瑞农可湿性粉剂，或77％可杀得可湿性微粒粉剂、72％农用硫酸链霉素可溶性粉剂、新植霉素、抗菌剂等水溶液。发病重的地块连续防治2～3次。

（九）病毒病

绿豆出苗后到成株期均可发生病毒病，发病叶片上出现斑驳或绿色部分凹凸不平，叶皱缩。有些品种出现叶片扭曲畸形或明脉，病株矮缩，开花晚。豆荚上症状不明显。

防治方法：选用抗病品种。蚜虫迁入豆田要及时喷洒常用杀蚜剂进行防治，以减少传毒。发病初期喷洒 7.5％菌毒·吗啉胍（克毒灵）水剂，或 20％吗啉胍·乙铜（灭毒灵）可湿性粉剂、3.95％病毒必克可湿性粉剂等药剂防治。

二、主要虫害及其防治

（一）蛴螬

蛴螬主要取食绿豆的须根和主根，虫量多时可将须根和主根外皮吃光、咬断。地下部食物不足时，蛴螬夜间出土活动，危害近地面茎秆表皮，造成地上部枯黄早死。越冬幼虫在第 2 年 5 月上旬开始危害幼苗地下部。

防治方法：用 3％辛硫磷颗粒剂或 5％毒死蜱颗粒剂田间撒施；生长期间用 50％辛硫磷乳油或 90％敌百虫水溶液灌根。

（二）地老虎

地老虎又称为切根虫，危害绿豆的地老虎主要是小地老虎和黄地老虎，其幼龄幼虫昼夜均可群集于幼苗顶心嫩叶处，取食危害，把叶片吃成网孔状；3 龄后幼虫夜晚出土从地面将幼苗植株咬断拖入土穴，或咬食未出土的种子，幼苗主茎硬化后改食嫩叶和叶片及生长点。

防治方法：耕翻土壤，清除杂草；诱杀成虫和幼虫。可用 90％敌百虫晶体与炒麦麸加适量水，制成毒饵撒施；也可用 90％敌百虫，或 50％辛硫磷乳油、2.5％溴氰菊酯、20％蔬果磷等药剂喷洒；也可用 90％敌百虫晶体或 50％辛硫磷乳油配制溶液灌根。

（三）蚜虫

蚜虫的成虫和若虫刺吸嫩叶、嫩茎、花及豆荚的汁液，使生长点枯萎，使叶片卷曲、皱缩、发黄，使嫩荚变黄，甚至枯萎死亡。绿豆蚜虫能够传播许多病毒，是绿豆病毒病最重要的传毒媒介。蚜虫每年发生 20～30 代，完成 1 代需要 4～17 d，每年以 5—6 月和 10—11 月发生较多，最适宜绿豆蚜虫生长、发育和繁殖的温度为 22～26 ℃，相对湿度为 60％～70％。

防治方法：可选用 10％吡虫啉可湿性粉剂，或 22％阿维·螺螨酯乳油、25％阿维·乙螨唑乳油、50％辟蚜雾可湿性粉剂、20％康福多浓、2.5％保得乳油等药剂防治。

（四）绿豆象

在田间绿豆象幼虫蛀入荚内，食害豆粒；在仓库内，绿豆象幼虫蛀食储藏的豆粒，虫蛀率在 20％～30％，甚至 80％以上。绿豆象每年发生 4～5 代，成虫和幼虫均可越冬。成虫可在田间豆荚上或仓库内豆粒上产卵，幼虫孵化后即蛀入豆荚或豆粒。

防治方法：可在绿豆开花至结荚期，可用 21％灭杀毙乳油防治，效果较好。仓库内防治，可在温度 20～25 ℃时，用磷化铝或溴代甲烷等药物熏蒸防治。

（五）豆野螟

豆野螟幼虫蛀食绿豆的花器，造成落花；蛀食豆荚，早期造成落荚，后期造成豆荚和种子腐烂。此外，豆野螟幼虫还能吐丝把几个叶片缀卷在一起，并在其中蚕食叶肉，或蛀食嫩茎，造成枯梢，对产量和品质影响很大。幼虫孵化时，先咬破卵壳爬行，直接蛀入花蕾危害，幼虫 3 龄后大多数驻入荚内，食害豆粒，一般每个蛀孔有 1 头幼虫，也有每孔 2～3 头幼虫的。

防治方法：可用 50％敌敌畏乳油，或 25％菊乐合剂、10％除虫精、2.5％溴氰菊酯、10％氯氰菊酯等药剂防治。

（六）卷叶螟

卷叶螟以幼虫危害，初孵幼虫蛀入花蕾和嫩荚，使花蕾和豆荚容易脱落；豆粒被虫咬伤时，蛀孔口常有绿色粪便；虫蛀荚常因雨水灌入而腐烂。幼虫危害叶片时，常吐丝把 2 个叶片粘在一起，甚至卷成筒状，潜伏在其中取食叶肉和残留叶脉，影响光合作用。叶柄或嫩茎常在一侧被咬伤而萎蔫至凋萎。

防治方法：在各代卵孵化始盛期，即田间有 1％～2％的植株有卷叶危害时，用 1％阿维菌素乳油，或 2.5％敌杀死乳油、20％杀灭菊酯、5％高效氯氟氰菊酯等药剂防治。

三、化学除草

绿豆田间杂草很多，不同地区、不同地块的杂草谱是不同的，一般单子叶杂草占 70％左右，双子叶杂草占 30％左右。主要杂草有稗草、野燕麦、马唐、狗尾草、金狗尾草、野糜子、芦苇、藜、蓼、龙葵、苍耳、铁苋菜、马齿苋、反枝苋、苘麻、鸭跖草等。

（一）播种后苗前除草

为了防止杂草影响绿豆苗期的生长，在播种后的 2～4 d，常利用化学除草剂进行封闭处理。用 96％金都尔乳油，或 33％二甲戊乐灵兑水地面喷雾，墒情好的情况下，可适当减少用药量；墒情差的情况下，应适当增加用药量。当墒情太差时，不宜使用封闭药，可采用出苗后对杂草进行处理。

（二）苗后除草

绿豆苗期杂草危害严重时，特别是多雨的年份，由于不能及时除草，往往田间杂草迅速生长，造成绿豆大幅度减产。化学除草施药早，控草及时，杂草对绿豆生长的影响小，可以起到事半功倍的效果，主要化学除草剂有以下几种。

1. 氟磺胺草醚　氟磺胺草醚主要用于防除绿豆田间的阔叶杂草，在绿豆 1～2 片复叶期、阔叶杂草 2～4 叶期喷施。

2. 灭草松　灭草松（苯达松、排草丹）用于防除绿豆田间阔叶杂草，在绿豆苗后 1～2 片复叶、阔叶杂草在 5～10 cm 高时，进行叶面喷雾。

3. 拿捕净　在绿豆 2 片复叶期、稗草 3～5 叶期，用 12.5％拿捕净兑水喷雾。

另外，33％二甲戊灵乳油、50％扑草净可湿性粉剂和 96％精异丙甲草胺乳油，对绿豆田一年生杂草也有很好的防除效果。80％唑嘧磺草胺水分散粒剂，对一年生阔叶杂草的防除效果较好。

复 习 思 考 题

1. 简述绿豆的起源和分类。
2. 简述绿豆的经济价值。

3. 简述绿豆的主要植物学特征。

4. 简述绿豆的生育时期。

5. 简述绿豆生长发育对环境条件的要求。

6. 简述绿豆的播种技术。

7. 简述绿豆的肥水管理技术。

8. 简述绿豆的杂草防除技术。

第四章 豌 豆

第一节 概 述

一、起源和进化

（一）分类

豌豆（*Pisum sativum* L.），英文名为 pea、field pea 和 garden pea，是春播一年生或秋播越年生攀缘性草本植物，又名麦豌豆、雪豆、毕豆、寒豆、冷豆、麦豆、荷兰豆等，属长日性冷季豆类，种子在田间出苗时子叶留土。豌豆属于豆科（Leguminosae）蝶形花亚科（Papilionoideae）豌豆属（*Pisum*），染色体 $2n=14$。栽培豌豆分属于 2 种：白花豌豆和紫花豌豆，白花豌豆又名蔬菜豌豆，紫花豌豆又名谷豌豆。豌豆习性有冬性和春性之分。根据荚的硬度和构造，豌豆可分为硬荚型和软荚型。硬荚型豌豆的荚壁里有革质层，荚皮坚韧，青嫩时不适于食用；软荚型豌豆荚壁里无革质层，嫩荚可供鲜食。根据用途，豌豆可分为饲用豌豆、绿肥豌豆、干籽粒豌豆、嫩剥荚豌豆、食荚豌豆等。

（二）起源

豌豆起源于数千年前的亚洲西部、地中海地区和埃塞俄比亚、小亚细亚西部、外高加索地区。伊朗和土库曼斯坦是其次生起源中心。在中亚、近东和非洲北部还有豌豆属的野生种地中海豌豆（*Pisum elatius* L.）分布，这个种与现在栽培的豌豆杂交可育，可能是现代豌豆的原始类型。野生种的分布也证明了关于豌豆起源中心的可信性。

（三）进化

豌豆驯化栽培的历史同小麦和大麦一样久远，在 9 000 年以上。从位于土耳其新石器时代遗址中发掘出的大约公元前 7 000 年的炭化豌豆种子，是考古发现中最古老的豌豆种子。在古希腊、古罗马时代的文献中也有豌豆的记载，证实豌豆在古代就已被人类栽培。豌豆驯化成功后，可能是经南欧向西，以后又向北逐步传播的。豌豆传入印度的时间可能是在古代亚细亚人到达印度之前，传入美国的时间是 1636 年，传入澳大利亚的时间是在欧洲对这个地区殖民化的过程中。

中世纪以前，豌豆主要用其干种子，以后菜用品种逐渐发展起来。在瑞典 9—11 世纪的古墓中曾挖掘出用豌豆制作的食物。1660 年，英国从荷兰引入菜用豌豆。到 18 世纪以后，欧洲的豌豆栽培已与禾谷类作物一样普遍。现在豌豆几乎已传播到世界上所有能够栽培豌豆的地区。可能在古代东部雅利安人到印度之前，即传入东方，到达印度的北部。豌豆在我国的栽培历史有 2 000 多年，并早已遍及全国。汉朝以后，一些主要农书对豌豆均有记载，例如三国时期张揖所著《广雅》、宋朝苏颂的《图经本草》载有豌豆植物学性状及用途；元朝的《王桢农书》讲述过豌豆在我国的分布；明朝李时珍的《本草纲目》和清朝吴其濬的《植物名实图考长编》对豌豆在医药方面的用途均有明确记载。李时珍称"豌豆种出西湖，其苗柔弱宛宛，故得豌名"。唐史则称豌豆为毕豆。

二、生产情况

作为人类食品和动物饲料，豌豆现在已经是世界第 4 大豆类作物。联合国粮食及农业组织（FAO）统计数据显示，2011 年全世界干豌豆栽培面积为 6.21×10^6 hm²，总产量为 9.55×10^6 t；全世界青豌豆栽培面积为 2.24×10^6 hm²，总产量为 1.69×10^7 t。同年，我国干豌豆栽培面积为 9.40×10^5 hm²，总产量为 1.19×10^6 t；青豌豆栽培面积为 1.29×10^6 hm²，总产量为 1.02×10^7 t。我国干豌豆栽培面积和总产量分别占全世界的 15.14% 和 12.46%，青豌豆栽培面积和总产量分别占全世界的 57.59% 和 60.36%。我国是世界第一大豌豆生产国，在世界豌豆生产中占有举足轻重的地位。

我国干豌豆生产主要分布在云南、四川、甘肃、内蒙古、青海等地。青豌豆主产区位于全国主要大中城市附近，中东部省份广东、福建、浙江、江苏、山东以及河北、辽宁等省的沿海市县，以及云南、贵州、四川高海拔区域的反季节栽培。豌豆适应冷凉气候、多种土地条件和干旱环境，具有蛋白质含量高、易消化吸收，粮菜饲兼用和深加工增值的诸多特点，是栽培业结构调整中重要的间套轮作和养地作物，也是我国南方主要的冬季作物、北方主要的早春作物之一。因而豌豆在我国的可持续农业发展和食物结构中有着重要作用。

三、经济价值

豌豆籽粒含蛋白质 15.5%～39.7%、脂肪约 2%、糖类约 60%，还富含维生素 B_1、维生素 B_2 和尼克酸。干籽粒磨成粉可制作多种食品。鲜嫩豌豆梢和青豌豆除含有丰富的蛋白质、糖类和脂肪等营养外，还含有多种维生素和矿物质，是优质蔬菜。

豌豆茎叶和荚皮富含可消化蛋白质，是营养价值很高的饲料。豌豆籽粒也是家畜的精饲料。豌豆茎叶质地柔软，又是良好的绿肥。豌豆还有治寒热、止泻痢、益中气、消肿的功效。煮食豌豆或用鲜豌豆榨汁饮服，可治糖尿病。豌豆还有催乳作用。

第二节　生物学特性

一、植物学特征

豌豆植株由根、茎、叶、花、荚、种子等组成（图 4-1）。

（一）根和根瘤

豌豆的根系为直根系，初生根的入土深度可达土表下 1.0～1.5 m，其上着生大量细长侧根。侧根主要集中在水分供应良好、结构疏松和透气性好的土壤耕作层（20 cm）之内。

豌豆初生主根和侧根，在第 1 片真叶张开之前已经发育良好。幼苗期，根的伸展时快时慢，伸长缓慢的时期与更高一级支根的出生相吻合。在花原基开始形成时，根的生长速度达到最大，此后急剧降低。所有侧根上都生长着稠密而纤细的三次侧根。豌豆根系一生中都保持较强的吸收功能，吸收难溶性无机盐的能力也较强。

图 4-1　豌豆形态特征

1. 具叶和花序的枝　2. 旗瓣　3. 翼瓣　4. 翼瓣部分放大　5. 龙骨瓣　6. 龙骨瓣部分放大　7. 雄蕊鞘和雄蕊
8. 雌蕊　9. 花柱和柱头　10. 柱头　11. 柱头侧面　12. 花柱基部横切面　13. 花柱顶部横切面　14. 荚　15. 珠柄
16. 种子侧面　17. 种子（示种脐）　18. 幼苗

（引自郑卓杰，1997）

　　豌豆根瘤呈肾形，有时数个根瘤聚集而呈花瓣状。主根着生根瘤多，而且多集中在近地表部分的根上。根瘤内的共生根瘤菌有显著的空气固氮能力，生长良好的豌豆在生长季中根瘤菌固氮 $78.5\,kg/hm^2$，为豌豆本身及其后作提供可吸收利用的氮素。根瘤菌是由根毛进入植株体内的。初生根和较老侧根上的根瘤，是利用子叶中储存物质作为能量而生成的，而后形成的根瘤则利用了豌豆植株本身的光合产物进行生长发育。根瘤数的高峰出现在营养生长中期，这时根瘤质量和植株质量的比值也达到最大；接近开花时，根瘤的质量和活力都达到最高峰；到了结实期，根瘤开始大量死亡。

（二）茎

　　豌豆的茎为草质茎，通常由 4 根主轴维管束组成，横截面呈圆形或方形，细软多汁，中空，质脆易折，呈绿色或黄绿色，少数品种的茎上有花青素沉积，表面光滑无毛，多附着白色蜡粉。在茎的 4 根维管束中，2 根仅含韧皮部纤维，与叶柄相连；另 2 根既含木质部又含韧皮部纤维，与托叶相连。豌豆茎上有节，节是叶柄的着生处，也是花荚和分枝的着生处，一般早熟矮秆品种节数较少，晚熟高秆品种节数较多；节间长一般为 $4.0\sim6.5\,cm$；茎下部节和上部节的节间较短，中部节的节间较长；一般矮秆品种节间较短，高秆品种节间较长。豌豆扁化茎类型，茎的下半部分呈正常状态，上半部分膨大扁化。

豌豆株高因品种不同有很大差异，可以分为矮生型（株高为 15～90 cm）、中间型（株高为 90～150 cm）和高大型（株高为 150 cm 以上）。矮生型品种多为早中熟品种，高大型品种多为中晚熟品种。茎基部多在 1～3 节处产生分枝，通常矮生类型仅产生几条分枝，中间类型和高大类型则分枝较多。根据茎的生长习性不同，栽培豌豆株型又分为直立、半直立（半匍匐）和匍匐 3 种。豌豆营养节节间较短，生殖节节间较长。

（三）叶

豌豆出苗时，子叶不出土。豌豆的叶片是偶数羽状复叶。复叶互生，每片复叶由叶柄和 1～3 对（少数为 5～7 对）小叶组成，顶端常有小叶退化为 2～4 条单独或有分叉的卷须；叶柄基部两侧各着生 1 片托叶。在个体发育中，复叶经历 1 对小叶、2 对小叶和 3 对小叶的阶段。茎中间节位复叶上的小叶数较多。主茎基部的第 1 节和第 2 节不生复叶，而生三裂的小苞叶。复叶的叶面积通常自基部向上逐渐增大，至第 1 花节处达到最大，而后随节数增加而逐渐减小。复叶上小叶的排列方式有对生、互生和亚互生 3 种。小叶形状为卵圆形或椭圆形，极少数为菱形，托叶呈心脏形。多数品种的小叶叶缘有锯齿状缺刻，极少品种的叶缘全缘；托叶下部有锯齿状缺刻。

豌豆叶片表面通常附着一层蜡质，呈浅灰绿色。极少数豌豆类型没有蜡质层，茎、叶和叶柄都呈光亮的绿色；也有极少数品种蜡质层很厚，呈银灰色。托叶和小叶上有大小不一的银灰色剥蚀斑，其数量在托叶上比小叶上要多。紫花、粉花等有色花品种的托叶叶腋常有紫色斑或半环状紫色斑点，而白花等浅色花品种的托叶叶腋无此性状。豌豆托叶叶腋的颜色是苗期鉴定品种、田间去杂提纯的重要标志。大多数品种的叶片表面光滑无毛。

少数豌豆品种的复叶由 3 对以上的小叶组成，而且无卷须，通称为无须豌豆类型。另有少数变异类型的豌豆，托叶退化变小，其面积仅为小叶面积的 1/4～1/3。也有少数变异类型，托叶正常，小叶变成十几片到几十片簇生的更小的叶片。还有托叶缩小而呈披针形，小叶全部变成卷须；或托叶正常，小叶全部变成卷须，通称为无叶豌豆类型。

（四）花

豌豆花序为总状花序，腋生，每个花序上通常着生 1～2 朵花，少数品种着生 3～6 朵花。豌豆的花为典型的蝶形花，有白色、淡红色和紫色之分，花色是鉴定不同品种的特征依据之一。花冠由 1 片圆形具爪纹的旗瓣、2 片翼瓣和由 2 个花瓣愈合而成的龙骨瓣组成；在有色花上，旗瓣通常呈淡红色，翼瓣呈紫色，龙骨瓣呈绿色。豌豆花萼斜形、小、绿色，基部愈合，上部浅裂成 5 瓣，呈钟状，从基部到裂片顶端长约 1 cm。白花品种的花梗较长；红花品种的花梗较短，但较托叶稍长。一朵花中有雄蕊 10 枚，其中 9 枚基部相连，1 枚分离，即二体雄蕊（9＋1）。花药 10 枚，呈椭圆形，有纵隔而成双药室。雌蕊 1 枚，位于雄蕊中间，子房上位、无腹柄、1 室、扁平，具弯曲的花柱和柱头，弯曲的柱头内面有绒毛，便于吸附花粉。子房由 1 张心皮和 2～12 个胚珠组成，胚珠着生在子房内壁边缝上。

豌豆上第 1 个花序着生在植株的第 6～18 节的叶腋中，其具体着生节位因品种而异。一般第 1 个花序着生在第 6～10 节处的多为早熟品种，第 1 个花序着生在第 11～15 节处的多为中熟品种，第 1 个花序着生在第 15 节以上的多为晚熟品种。单株开花的总数因品种和栽培条件而异。初期开的花成荚率较高，每荚粒数较多而且籽粒饱满，后期顶端开的花常成秕荚或脱落。

豌豆为自花授粉作物，遇高温、干燥等不良条件时，也可异交。授粉发生在花冠开启以前。每株豌豆花期持续 15～20 d。每天上午 9:00 左右开始开花，11:00—15:00 为开花盛期，17:00 以后开花减少。旗瓣闭合后，到次日再次展开。每朵花受精后 2～3 d 即可见到小荚，33～45 d 后籽粒成熟。

去雄后柱头的授粉能力，在 16 ℃下保持 3 d，在 20～24 ℃下仅能保持 1 d；气温高于 26 ℃时授粉不良。

（五）荚果

豌豆的花受精后，子房迅速膨大形成荚，经 15～30 d，荚果伸长达到最大程度。豌豆的荚皮由外果皮（由厚壁表皮细胞构成）、中果皮（由大型薄壁细胞构成）以及木质化的内果皮组成。维管束位于两条毗邻的叶脉之中，为荚内每颗籽粒提供水分和养分，另一条在荚果下部的表面。最后 3 条叶脉汇集于荚果末端，并与小叶脉构成的叶脉网相连，遍布荚果表面。

豌豆的荚果是由单心皮发育而成的两扇荚皮组成的。硬荚品种的荚皮内侧由 1 层坚韧的革质层组成，革质层由 2～3 层木质化的细胞和 1～2 层非木质化的细胞组成；软荚品种的荚皮内侧无革质层；半软荚品种的荚皮内侧革质层发育不良或呈条状、块状分布。荚的形状总体而言呈扁平长形，但品种间有很大差异，有剑形、马刀形、弯弓形、棍棒形、念珠状等，先端或钝或锐。未成熟荚的颜色有蜡黄色、浅绿色、绿色和深绿色之分；某些有色粒品种的未成熟荚表面还有紫色条块、斑纹或红晕。成熟荚色通常为浅黄色，很少为褐色。

豌豆成熟荚一般长为 2.5～12.5 cm，宽为 1.0～2.5 cm。按其长短，豌豆荚可分为小荚（长度短于 4.5 cm）、中荚（长为 4.6～6.0 cm）、大荚（长为 6.1～10.0 cm）和特大荚（长于 10.0 cm）。荚果中所含种子的数量也有不同，分为少（3～4 粒）、中（5～6 粒）和多（7～12 粒）。种子在荚中的排列方式也有差别，有的彼此挤在一起，有的种子间互不接触，排列疏松。

就一株的荚果而言，第一个花节具有最大的叶面积和最大的荚果，继后的节上小叶面积、荚果大小和百粒重都下降。

（六）种子

成熟的豌豆种子由种皮、子叶和胚构成，无胚乳。两片发育良好的子叶储藏着发芽时必需的营养物质。

种皮表面上着生有种脐、种阜、种孔、合点等器官。白花品种成熟种皮的颜色通常为无色半透明、淡黄色、粉红色、橘黄色、绿色和橄榄绿色。有色花品种的成熟种皮颜色通常为粉褐色、褐色、黑紫色、黑色和在黄褐色或绿色基底上缀以紫色条、斑，或呈大理石花纹状。白花品种的种子种脐颜色为黄白色，偶有黑色，未见褐色种脐。有色花品种的种子种脐为褐色、浅褐色、深褐色或黑色，但无黄白色。种皮颜色和种脐颜色是鉴别品种的主要特征之一。种皮表面有光滑、粗糙、部分种皮皱缩和全部种皮皱缩的区分。种皮一般占种子质量的 6%～8%。

豌豆子叶的颜色有黄色、橘黄色、黄绿色、绿色、深绿色等。圆形豌豆种子的子叶中，淀粉粒较大而且多为复粒。皱粒豌豆种子含水和可溶性糖较多，子叶中淀粉粒较小，其体积约为圆形豌豆的一半，而且多为单粒。

胚由胚根、胚轴和胚芽组成。胚中富含蛋白质、脂肪和矿质元素，但在籽粒中所占比重极小。

豌豆种子按照直径和百粒重的不同可分为小粒类型（直径为 3.5～5.0 mm，百粒重小于15.0 g）、中粒类型（直径为 5.0～7.0 mm，百粒重为 15.1～25.0 g）和大粒类型（直径为7.1～10.5 mm，百粒重大于25.0 g）。粒形有圆形、凹圆形、方形、皱缩形和不规则形等。

豌豆种子的煮软性因种皮色泽而异。黄白色种皮的种子煮软性最好，黄色和绿色种皮的种子煮软性适中，暗色种皮的种子煮软性较差，大理石花纹和表面皱缩的种子煮软性最差。

二、生长发育周期

豌豆从播种到成熟的全过程可分为出苗期、分枝期、孕蕾期、开花结荚期和灌浆成熟期。其中孕蕾期和开花结荚期较长，植株上下各节之间，孕蕾、开花、结荚同步进行。各生育时期的长短因品种、温度、光照、水分、土壤养分和播种期（春播、秋播）而有差异。不同生育时期有不同的特点，对环境条件有不同的要求，认识并利用这些特点对促进豌豆稳产高产意义重大。

（一）出苗期

豌豆种子萌芽时，首先下胚轴伸长形成初生根，突破种皮伸入土中，成为主根。初生根伸长后，上胚轴向上生长，胚芽突破种皮，露出地表以上 2 cm 左右时称为出苗。豌豆籽粒较大，种皮较厚，吸水较难，而且是冷凉季节播种，所以豌豆出苗所需时间比小粒豆类作物更长，从种子发芽（胚根突破种皮）到主茎（幼芽）伸出地面 2 cm 左右需 7～21 d，一般北方春播区所需时间较长，南方秋播区所需时间较短。在土壤湿度合适的情况下，温度高低是影响出苗天数的主要因素。在 5～10 cm 土层中温度稳定在 5 ℃以上时，种子就可以发芽。豌豆种子出苗时子叶不出土。

（二）分枝期

豌豆一般在 3～5 片真叶时，分枝开始从基部节上发生。当生长到 2 cm 长，有 2～3 片展开叶时称为分枝。豌豆分枝能否开花结荚及开花结荚多少，主要取决于分枝发生的早晚和长势的强弱，也受品种、播种密度、土壤肥力、栽培管理等因素影响。早发生的分枝长势强，积累的养分多，大多能开花结荚。一般匍匐习性强的深色粒、红花晚熟品种分枝发生早而且多，矮生早熟品种分枝迟而且少。

（三）孕蕾期

豌豆从营养生长向生殖生长的过渡时期称为孕蕾期。进入孕蕾期的特征是主茎顶端已经分化出花蕾，并为上面 2～3 片正在发育中的托叶及叶片所包裹，揭开这些叶片能明显看到正在发育中的花蕾。在北方春播条件下，出苗至开始孕蕾需要 30～50 d，随品种的熟性不同而有迟早。同一品种还会因播种期早晚、肥力情况而变化。孕蕾期是豌豆一生中生长最快、干物质形成和积累较多的时期。此时要通过调节肥水来协调生长与发育的关系，促控结合，以防早衰。对长势过旺的要改善其通风透光条件，防止过早封垄而造成落花落荚。对长势弱的要适度补施氮肥。

（四）开花结荚期

豌豆边开花边结荚，从始花到终花是豌豆生长发育的盛期，一般持续 30～45 d。这个时期，茎叶在其自身生长的同时，又为花荚的生长提供大量的营养，因而需要充足的水分、养分和光照，以保证叶片充分发挥其光合潜力，以确保多开花、多结荚和减少花荚脱落。

（五）灌浆成熟期

豌豆花朵凋谢以后，幼荚伸长速度加快，荚内的种子灌浆速度也随之加快。随着种子的发育，荚果也在不断伸长、加宽，花朵凋谢后约 14 d，荚果达到最大长度。在荚果伸长的同时，灌浆使籽粒逐渐鼓起，这个时期是豌豆种子形成和发育的重要时期，决定着单荚成粒数和百粒重。此时缺水肥会使百粒重降低，从而降低籽粒产量和品质。为了保证叶片充分发挥光合潜力和荚果中养分的积累，必须加强保根、保叶，做到通风透光、防止早衰。当豌豆植株 70% 以上的荚果变黄变干时，进入成熟期。在我国，春播区豌豆一般在 6 月上旬到 8 月上旬成熟，秋播区豌豆一般在翌年 4—5 月成熟。成熟期，在我国无论是南方还是北方阴雨天均较多，应注意抢晴收获，及时晒干，防止霉变。

三、生长发育对环境条件的要求

（一）土壤

豌豆对土壤的适应能力较强，较耐瘠薄，但以富含磷钾钙质的黏壤土、壤土和砂壤土为佳。在过于黏重的土壤中根瘤菌的生命活动受抑制，豌豆生长不良；在轻质砂土或石砾土上生长较差，在盐碱地以及低洼积水地上则不能正常生长。在腐殖质过多的土壤上栽培时，常造成茎叶徒长而影响籽粒产量。

豌豆适宜的土壤 pH 为 6.5～8.0，以在微碱性土壤上生长最好。酸性过强的土壤，会使豌豆根瘤菌的发育受到抑制，根瘤难以形成。当土壤 pH 小于 5.5 时，应施石灰中和。而以 pH 4.7 为极限，过此极限则不能形成根瘤。微碱性土壤可以促进土壤微生物的活动，特别是根瘤菌能忍受 pH 高达 9.5 的碱性。微碱性土壤环境对促进根瘤菌的正常发育、提高其固氮能力有重要作用。

（二）温度

一般凉爽而湿润的气候适宜豌豆生长。在北纬 25°～60° 和南纬 25°～60° 的低海拔地区，以及北纬 0°～25° 和南纬 0°～25° 的高海拔地区都有栽培。

豌豆种子发芽最低温度为 1～2 ℃，最适宜温度为 6～12 ℃。豌豆幼苗较耐寒，多数品种能耐短期 −6～−3 ℃ 的霜冻，甚至植株全部冻僵，日出后仍能继续生长，不留损伤痕迹。豌豆不耐高温，营养生长期内气温以 12～16 ℃ 为宜，生殖器官形成及开花期间以 16～20 ℃ 为宜，结荚期以 16～22 ℃ 为宜。总之，生长季节内平均最高气温为 20～21 ℃ 时，豌豆产量最高。

豌豆对高温胁迫最为敏感的时期是在群体开花后 5～10 d。高温减少花芽数量，导致授粉不良，从而减少单株荚数；高于 25.6 ℃ 的平均气温，每天造成的产量损失达 13 kg/hm²，同时导致豌豆籽粒品质下降。因而在春播区，特别是春末夏初温度较高的地区，要适当提早播种和收获。

豌豆从种子萌发到成熟需要 ≥5 ℃ 有效积温 1 400～2 800 ℃。豌豆每个生长发育阶段所需积温因品种而异，而且品种间差异较大。

（三）水分

豌豆是需水较多的作物。对几种作物盆栽试验所得的蒸腾系数（表 4-1），可以看出豌豆的蒸腾系数仅比蚕豆稍低，高于其他 7 种作物，说明豌豆比高粱、玉米、谷子、小麦等作物的耐旱力弱。

表 4-1　几种作物的蒸腾系数

（引自宗绪晓，2002）

作物名称	高粱	小麦	燕麦	水稻	马铃薯	油菜	菜豆	豌豆	蚕豆
蒸腾系数	322	513	593	710	636	743	682	788	794

在种子吸水膨胀和发芽时，圆粒光滑品种需吸收种子本身质量的 $100\% \sim 120\%$ 的水分，皱粒品种为 $150\% \sim 155\%$。豌豆发芽的临界含水量为干种子质量的 $50\% \sim 52\%$，低于 50% 时，种子不能萌发。豌豆幼苗时期较耐旱，这时地上部生长缓慢，根系生长较快，如果土壤水分偏多，往往根系入土深度不够，分布较浅，降低其抗旱吸水能力。中耕锄草可以提高土壤的通透性和地温，可以促使根系充入土和地上部茎叶健壮，达到蹲苗的目的，为后期豌豆的生长发育奠定坚实的基础。

豌豆不但忌干旱，也不耐水涝。开花前期和荚果充实期既是需水临界期，开花前期又是对水涝最为敏感的时期。此时期若降水过多，形成水涝，会影响根瘤活动，明显减少花荚数和结实率，造成减产。无叶豌豆品种对水涝的敏感性比普通类型豌豆要小。

（四）光照

豌豆为长日照作物。绝大多数品种延长光照时间能提早开花，缩短光照时间则延迟开花。在短日照条件下分枝较多，节间缩短，托叶变形。但有些早熟品种缩短光照至 10 h，对其开花期几乎没有影响。一般南方品种引种到北方，大多数提早开花。光周期仅在播种至开花诱导发育阶段对豌豆的生长发育进程产生作用。

豌豆的整个生育期都需要充足的光照，尤其是开花结荚期。如果植株群体密度过大，株间互相遮光严重，花荚就会大量脱落，因而在栽培技术上采用宽窄行播种或宽行小株距，以及间作套种，创造合理的群体结构，使豌豆株间透光良好，增加叶片的受光面积，对豌豆的高产优质极为重要。

（五）矿质元素

每生产 100 kg 豌豆干籽粒需吸收纯氮 3.8 kg、纯磷 1.4 kg、纯钾 3.6 kg。豌豆缺氮的症状表现为根系和地上部生长受抑制，株矮、直立而瘦弱，叶片小而黄，花很小，叶早衰，从下往上脱落。缺磷的症状表现为叶片呈浅蓝绿色，无光泽，早枯；植株矮小，花少，迟熟，果实形成和种子灌浆受到抑制。缺钾的症状表现为植株矮小，节间缩短，叶缘褪绿，老叶变褐枯死，叶卷缩。缺钙的症状表现为叶脉附近出现小的、红色的轻微下陷，向外发展到全叶，植株生长差，幼茎、花柄和叶组织萎蔫，根瘤生长不良，籽粒品质差。钙过多会使种皮过于致密，产生硬实。

为了保证豌豆正常生长发育，还需吸收钠、镁、锰、铁、硫、硅、氯、硼、钼、钴、铜等元素。豌豆仅在缺氮时有明显的叶片部分坏死等缺素症，而对其他元素缺乏引起的叶片缺素症状表现不明显。

第三节 栽培技术

一、选地和整地

(一) 选地

豌豆对土壤的适应能力较强，较耐瘠薄，适应性广，一般保水的土壤，排水良好的河岸土壤都可栽培。要获得 4 000 kg/hm² 以上产量，宜选择土质疏松、土层深厚、富含有机质、保水保肥能力强、排灌便利的微碱性土壤。另外，豌豆忌连作，因为豌豆在生长发育过程中根部分泌酸性物质，连作时这些酸性物质在土壤中积累会影响根瘤菌和根系生长，连作还会使田间病虫害加剧，从而导致产量下降，因此要实行 3～5 年的轮作，一般前茬作物以禾谷类作物为宜。

(二) 整地

豌豆根系在食用豆类作物中较弱、根群较小。提倡秋翻整地，保证耕层土壤疏松，以利于根系发育，使豌豆出苗整齐、健壮。露地栽培应在上茬作物收获后先行灭茬除草，豌豆在生长期间会分泌有机酸，可在整地时施熟石灰 600～750 kg/hm² 来调节土壤酸碱度。灭茬后直接深耕整地，耕深为 15～23 cm，要求耕深一致，不重耕、不漏耕，犁垡齐整，以利于熟化土壤、接纳雨水。秋雨过后适时耙地、镇压，有利于保持土壤墒情，使土层疏松深厚湿润，有助于深扎根，增强根瘤菌活性。

(三) 施肥

豌豆施肥以施用充足的有机肥为主，要重施磷钾肥。一般施有机肥 20～30 t/hm²、过磷酸钙 300 kg/hm²、氯化钾 225 kg/hm²，最好将有机肥和磷钾肥混合，在播种前耕翻施入土壤。豌豆所需的大部分氮素可由根瘤菌共生固氮获得，通过土壤吸收的氮通常较少。但是，孕蕾至开花是豌豆需氮的临界期，适量增施氮肥往往有一定的增产效果；在贫瘠的地块上结合灌水在需氮临界期施用速效氮增产效果更显著，以纯氮用量 45 kg/hm² 为宜。

二、品种选择和种子处理

(一) 品种选择

我国北方的主栽豌豆品种主要有中国农业科学院畜牧研究所育成的中豌系列、辽宁省农业科学院经济作物研究所育成的科豌系列、甘肃省农业科学院作物研究所育成的陇豌系列、甘肃省定西市旱作农业科学研究推广中心育成的定豌系列和青海省农林科学院作物研究所育成的草原系列等。

1. "中豌 11" "中豌 11" 为早熟品种，株高为 45～50 cm，茎叶呈深绿色，开白花，硬荚。单株荚果为 8～15 个，荚长为 7～9 cm，荚宽为 1.4 cm，单荚籽粒数为 8～9 粒。"中豌 11" 抗白粉病，中抗锈病、根腐病、霜霉病。适宜播种量为 250～300 kg/hm²，适宜有效株数为 1.0×10^6 株/hm²。华北地区播种期为 3 月中下旬至 4 月上旬，成熟期为 6 月中下旬。

2. "科豌 6 号" "科豌 6 号" 为早熟品种，从播种到嫩荚采收约 65 d。"科豌 6 号" 少有分枝，株高为 45 cm，主茎节数约 12 个；叶片呈绿色，鲜茎呈绿色；为有限结荚型。初花节位在第 7～8 节，花为白色。嫩荚呈深绿色，长为 7～8 cm，宽为 1.3 cm，为直荚、硬荚尖端呈钝角形。单荚籽粒数为 5~7 粒，单株结荚 5~7 个，单鲜荚质量为 7.5 g，单株鲜荚质量为 35~40 g。"科豌 6 号"高抗白粉病，中抗锈病，中抗根腐病，在不受霜冻的前提下最好早播，辽宁地区一般在 3 月中下旬顶凌播种，采取条播方式，行距为 30~35 cm，播种量为 250 kg/hm², 保苗株数约 1.0×10⁶ 株/hm²。

3. "陇豌 6 号" "陇豌 6 号"属早熟、广适、半矮茎品种，直立生长，株高为 55~65 cm，抗倒伏性好；在北方春播生育期为 85 d；为有限结荚习性，每株着生 6~18 荚，双荚率达 70% 以上，荚长为 7.0 cm，荚宽为 1.2 cm，不易裂荚；每荚籽粒数为 5~7 粒。"陇豌 6 号"耐根腐病，中抗白粉病，华北地区在 3 月中下旬至 4 月上旬播种，播种量为 375~400 kg/hm²，保苗株数为 1.20×10⁶~1.35×10⁶ 株/hm²。

4. "定豌 7 号" "定豌 7 号"生育期为 90 d 左右，株高为 60 cm 左右，叶色为绿色，茎呈绿色，花为紫色，第 1 结荚位适中，单株有效荚数 3.2 个，百粒重为 21.2 g，单荚籽粒数为 3.7 个，种皮麻黄色，粒形光圆。"定豌 7 号"适宜在气温稳定通过 0~5 ℃、土壤解冻 8~12 cm 时播种，在山西一般选择 3 月中下旬播种。行距为 15~20 cm，播种深度为 10~12 cm，播种量为 195~210 kg/hm²，保苗株数为 9.0×10⁵~10.0×10⁵ 株/hm²。

5. "草原 30" "草原 30"为中晚熟品种，株高为 96.0 cm；花为白色；荚为直形，有硬皮层，嫩荚呈绿色，成熟荚呈黄色，荚长为 6.6 cm，宽为 1.4 cm，荚内籽粒自由式排列，田间不裂荚。生育期为 132 d。"草原 30"抗白粉病、锈病，中抗根腐病，耐冷性较强，芽期耐盐性较弱，抗旱、抗倒伏性较强。播种量为 225 kg/hm²，行距为 20 cm，株距为 3 cm，保苗株数为 7.5×10⁵~9.0×10⁵ 株/hm²。

（二）种子处理

1. 选种 豌豆种子在播种前要进行选种，选种方法有多种，可以根据不同条件选择适宜的选种方法。一般采取筛选和手工精选，剔除病粒、虫粒、破碎粒、小粒和秕粒，淘汰混杂粒、异色粒，确保出苗整齐一致，减少病虫侵染的可能性。大面积栽培，可选用 30%~40% 盐水精选种子，漂去瘪籽。

2. 种子处理 可采用沸水烫种，将种子在沸水中烫 20~30 s，散热后播种。烫种时间不宜过长，以防种胚受伤影响发芽。此法可防豌豆象的危害。用二硫化碳熏蒸种子 10 min 或用 50 ℃ 温水浸种 2~5 min 也有杀虫效果。选择含有吡虫啉、噻虫嗪之类的种衣剂进行包衣，可防治豌豆苗期的多种病虫害，而且能够提高出苗率、确保一播出全苗和培育壮苗。豌豆种子包衣一定要注意用水量，拌种后不要曝晒，在阴凉处晾干后播种，不要把种子表皮拌破。

三、播种技术

（一）播种期

在不受霜冻的前提下尽量早播，当地表温度稳定通过 5 ℃、土壤解冻 12~15 cm 时适时早播，充分吸收土壤中的水分，有利于早出苗，且有利于通过低温春化阶段，延长营养生长期，为丰产打下基础。

（二）播种方法

合理密植是增产的关键，所以应适当密植，增加群体株数。多以条播为主，行距一般为 25~35 cm。矮秆早熟品种株距为 3~6 cm，也可采用穴播，穴距为 8~10 cm，每穴 2~3

粒。中高秆晚熟品种株距为 5～8 cm，穴播时穴距为 15～20 cm，每穴 2～3 粒。播种后镇压以利于种子与土壤充分接触吸水并保墒，覆土厚度为 3～7 cm。豌豆种子大，发芽时间长，播种太浅时，易风干失水，造成缺苗断垄。

（三）播种量

播种量因不同地区土壤肥力和品种而异，矮秆早熟品种保苗 9.0×10^5～1.0×10^6 株/hm^2；中高秆晚熟品种保苗 8.0×10^5～9.0×10^5 株/hm^2。

四、田间管理

（一）中耕除草

豌豆田间管理比较简单，但在生长发育期间应注意防除杂草。在苗期至现蕾期前进行人工除草 1～2 次，一般在播种后 30～35 d，株高 5～7 cm 时进行第 1 次中耕，起到松土保墒、促进豌豆生长的作用；第 2 次中耕一般在播种后 50 d 左右、株高 20～30 cm 时进行，并结合培土，起到促根、防倒伏、改善土壤养分供给，促进植株对养分的吸收。后期视草情人工拔一次大草。

（二）肥水管理

豌豆是需水较多的作物，但苗期较耐旱，一般不需浇水，只要保证地表不干裂即可。此时地上部生长缓慢，根系生长较快，如果土壤水分过多，往往根系入土深度不够，降低其抗旱能力。现蕾至籽粒膨大期是豌豆需水临界期，现蕾开花前浇小水，并追施速效氮肥，促进茎叶生长和分枝，增加花数，提高结荚率，并可防止花期干旱。开花期不浇水，防止发生徒长。待基部荚果形成后开始浇水，并追施磷钾肥，以利于增加花数、荚数和每荚籽粒数。结荚盛期保持土壤湿润，促进荚果发育。待荚果数目稳定，植株生长减缓时，减少水量，防止倒伏。视条件选择漫灌、滴灌或喷灌。需水临界期也是对水涝最为敏感的时期，此时如遇多雨天气，田间积水会导致豌豆成熟延迟和荚果霉烂变质，降低产量和品质，所以要及时排涝。

五、收获和储藏

（一）适时收获

1. 剥食豆粒　在谢花后 15～18 d，荚色由深绿色变淡绿色，荚面露出网状纤维，豆粒明显鼓起，但种皮还未变硬时，采荚剥粒。早收时减产，迟收时风味品质差。可分 2～3 次收完。采摘时避免折断花序和茎蔓。收获后放置阴凉通风处。

2. 采收干豆粒　豌豆的全生育期一般为 80～95 d，春播豌豆一般在 6 月下旬至 7 月上旬收获。豌豆荚果自下而上逐渐成熟，一般在开花后 40～50 d，即下部两层豆荚干黄，茎叶变黄，豆荚多数变白时收获。往往下部荚果已经成熟而上部尚在开花。如待全部荚果成熟，下部荚果就会爆荚落粒或遇潮发芽发霉，损失很大。一般在 80% 荚果成熟时收获，这样种子产量高，品质最好。收获最好在早晨或傍晚进行，以减少爆荚落粒的损失。人工收获时应近地面割下或连根拔起。

（二）科学晾晒

种子收获后入库前进行晾晒不仅可以促进种子后熟、降低含水量，延长种子寿命，提高种子发芽势和发芽率，而且可以通过紫外线杀死附着在种子表面的病菌。晾晒方式有两种：

①带荚晾晒，收获后脱粒前垛晒或带荚铺晒 2～3 d。带荚晾晒的好处在于有豆荚保护，籽粒不易裂皮或产生皱纹，可有效保护籽粒的光泽和外观品质，提高其商品价值。②脱粒晾晒，晾晒的时间应避开高温和多雨季节，尽可能避免强烈的日光照射，豆温在 44～46 ℃或以下，防止豌豆出现裂纹、脱皮、光泽减退、子叶色泽变深等不良现象。一般晾晒 1～2 d，种子含水量为 10％～12％时，达到安全储藏的标准。

（三）安全储藏

确保种子安全储藏的关键是要注意防潮、防虫、防鼠。因此种子仓库要清洁、无病虫、无鼠害，种子入库前要进行消毒，库外周围无垃圾、无积水、无鼠洞。仓库也要牢固安全，上不漏、下不潮，能通风能密闭，保持干燥。种子入库前要进行清选，无杂质、无霉变、无虫害，含水量≤12％。由于豌豆储藏期间易受豆象危害，入库前需要用药物熏蒸，杀灭害虫。北方多用袋子储藏，入库后要注意通风换气并定期检查和测定发芽率。

第四节　病虫草害及其防治

一、主要病害及其防治

（一）白粉病

植株地上部分都可以受白粉病危害。初期症状为叶片及茎秆出现小而分散的斑点，病斑为淡黄色，逐渐扩大形成白色至浅灰色粉状斑，最后病斑相连使病部表面被白粉覆盖。受害较重的组织发生枯萎和死亡，豆荚被严重侵染可导致种皮破裂，籽粒变为灰棕色。

防治方法：在发病初期选用 15％三唑酮可湿性粉剂或 15％的烯唑醇可湿性粉剂溶液喷雾防治。根据病情，可防治 1～2 次。

（二）锈病

锈病病症为叶片上有圆形褐色小斑点，后变为黑色。

防治方法：在发病初期选用 50％粉锈宁可湿性粉剂或 15％三唑酮可湿性粉剂溶液喷雾防治。

（三）根腐病

苗期和成株期均可受根腐病危害，但以开花期发病最多，被害部位主要是根和根茎部（地表下的茎部）。病部开始呈水渍状，后来根部变褐色至黑色。发病茎基部凹陷或缢缩，变褐色，而后病部皮层腐烂，多呈糟朽状。发病地上部植株矮化，叶变小，色变浅，一些分枝呈萎蔫状，轻者还能开花结荚，严重的开花后则大量枯死。

防治方法：与粮食作物轮作；选用抗病或耐病品种；高垄栽培，做到田间不积水。发病初期选用 70％甲基硫菌灵可湿性粉剂，或 50％多菌灵可湿性粉剂、50％苯菌灵可湿性粉剂、40％多·硫悬浮剂水溶液喷雾防治，同时还可灌根，提高防治效果。

二、主要虫害及其防治

（一）豌豆潜叶蝇

在北方地区普遍发生豌豆潜叶蝇。豌豆潜叶蝇 1 年 4～5 代，成虫为褐色小蝇，幼虫在豌豆上潜叶或潜嫩茎及豆荚表皮危害。

防治方法：前茬收获后及时灭茬，深耕秋翻，以减少虫源。成虫盛发期可用3％红糖液或甘薯、胡萝卜煮出液加0.5％敌百虫制成毒糖液，在田间点喷诱杀成虫。在成虫盛发期或幼虫潜蛀时或叶背面发现细小孔道时，及时选用阿维氟铃脲，或2.5％功夫乳油、25％斑潜净乳油溶液喷洒。

（二）豌豆象

豌豆象是一种危害豌豆最严重的虫害，一般1年发生1代，幼虫孵化后即蛀入豆荚，收获后，幼虫在豆粒内蛀食，使豆粒中心变为空腔，并在种皮下咬一个圆形羽化孔，成虫从中飞出，被蛀食的豆粒失去食用和种用价值。

防治方法：将收获后的豌豆种子置于阳光下暴晒1～2 d，可杀死种子内的幼虫。也可将晒干的籽粒置入密闭容器内，用溴化甲烷35 g/m³熏蒸。在开花前期，或初龄幼虫蛀入幼荚之前用50％马拉硫磷乳油（或其他拟除虫菊酯类农药）喷雾防治。

（三）蚜虫

豌豆蚜虫以成蚜、若蚜吸食叶片、嫩茎、花和嫩荚的汁液危害。

防治方法：百株蚜量超过1 500头时开始防治，可用10％吡虫啉可湿性粉剂，或2.5％功夫乳油、50％辟蚜雾可湿性粉剂水溶液喷雾。

三、化学除草

（一）封闭除草

一般可在播种后3～5 d选用施田圃或乙草胺等化学除草剂喷施，喷药时应注意均匀喷雾于土壤表面，切忌漏喷或重喷，以免药效不好或发生局部药害。

（二）苗后除草

在出苗后至封垄前，可用5％精禾草克乳油，或10.8％高效盖草能乳油、480 g/L灭草松水剂田间喷雾，均可达到理想效果。豌豆生长后期已经封垄，此时如果有杂草，可以人工拔除，以免杂草丛生，植株受荫蔽，影响产量，延迟成熟。

复 习 思 考 题

1. 简述豌豆的起源和分类。
2. 豌豆的生育时期如何划分？
3. 豌豆的生长发育对环境条件有哪些要求？
4. 如何进行豌豆的播种？
5. 如何进行豌豆的杂草防除？

第五章 蚕 豆

第一节 概 述

一、起源和分类

（一）起源

蚕豆是温带和亚热带地区重要的食用豆类作物，经长期引种驯化和人工栽培，已有众多品种。关于蚕豆起源，说法不一，一般认为，蚕豆起源于西南亚和非洲北部，也有中亚和近东起源之说。西汉时期，张骞将蚕豆引入我国，蚕豆在我国的栽培历史已超过 2 100 年。

（二）分类

蚕豆（*Vicia faba* L.）是豆科（Leguminosae）野豌豆属（*Vicia*）一年生或二年生草本植物。野豌豆属在世界上有约 200 种，中国有 43 种。蚕豆生长发育早期有春化反应，栽培品种有春性和冬性两大类型，分别称为春蚕豆和冬蚕豆。根据品种用途，蚕豆可以分为菜用、粮用和饲用。根据对光照的反应，蚕豆可分为光敏和光钝两种类型。依据栽培目的不同，可选用不同类型的品种。蚕豆对日长条件的敏感程度在品种间有差异，光周期效应是决定其栽培纬度和栽培措施的主要因素之一。

二、生产情况

（一）生产

蚕豆适合在北纬 48°～60°区域栽培，全世界年栽培面积约为 2.56×10^6 hm²，干籽粒总产量约为 4.56×10^6 t。其中，亚洲和非洲蚕豆栽培面积占全世界的 72%，蚕豆产量占全世界的 80%。我国蚕豆产量占世界总产量的 60%。蚕豆是我国长江流域及其以南地区的重要粮食、饲料、绿肥作物。云南省是我国蚕豆栽培面积和产量最大的省份，约占全国总产量的 27%。

在我国，蚕豆是除大豆、花生、豌豆外，目前栽培面积最大、产量最多的食用豆类作物。蚕豆栽培分布面积广，东起东经 121°（浙江宁波），西到东经 76°（新疆喀什），南起北纬 22°（广西龙州），北到北纬 47°（新疆阿勒泰），东西经度跨越 45°，南北纬度跨越 25°。从海拔 4 000 m 的西藏拉萨到海拔 10 m 以下的东海之滨，全国除东北地区外的各个省份均有蚕豆栽培。

（二）栽培区划

根据蚕豆栽培区的纬度和海拔，以及蚕豆的生长季节、耕作制度、栽培方式和品种适应类型等综合分析，蚕豆栽培区可划分为南方秋播蚕豆栽培区和北方春播蚕豆栽培区。

1. 南方秋播蚕豆栽培区 南方秋播蚕豆栽培区是我国蚕豆主产区，包括云南、四川、湖北、湖南、江苏、上海、浙江、安徽、福建、广东、广西、贵州、江西等地。本区蚕豆栽培面积约占全国的 90％，总产量占全国的 80％以上。本区各地蚕豆栽培的纬度、海拔、温度、降水量等，地区差异很大。其栽培区的共同特点是秋播夏收，生长季节较长，全生育期约为 200 d。该栽培区又可以分为以下 3 个亚区。

（1）南方丘陵亚区　本亚区包括广西、广东和福建，11 月播种，翌年 4 月收获，全生育期为 140～160 d。

（2）长江中下游亚区　本亚区包括上海、浙江、江苏、江西、安徽、湖北、湖南等省份，是我国蚕豆的主产区之一，栽培面积占全国的 37.41％。10 月中下旬至 11 月上旬播种，翌年 5 月下旬收获，全生育期为 200～230 d。

（3）西南山地、丘陵亚区　本亚区包括云南、四川、贵州和陕西的汉中地区，是我国蚕豆主产区之一。蚕豆栽培面积占全国的 42.13％。10 月播种，翌年 4 月收获，全生育期约为 190 d。

2. 北方春播蚕豆栽培区　本区包括甘肃、内蒙古、青海、山西、陕西、河北北部、宁夏、新疆和西藏。本区蚕豆栽培面积仅占全国的 10％左右。春播蚕豆栽培区，春播秋收，一年一熟。一般在 3～4 月播种，8 月收获，生长季节短。本区可分为以下 3 个亚区。

（1）甘西南青藏高原亚区　本亚区是我国大粒型蚕豆产区，包括西藏、青海、甘肃西南部和陇中地区。3 月中旬至 4 月中旬播种，8—9 月收获，全生育期为 150～180 d。

（2）北部内陆亚区　本亚区包括内蒙古、河北、山西、宁夏及甘肃河西走廊。3 月中旬至 5 月中旬播种，7—8 月收获，全生育期为 100～130 d。

（3）北疆亚区　本亚区包括新疆天山南北地区，属大陆性干旱、半干旱气候区。蚕豆与小麦、玉米轮作，生产规模较小。

（三）进出口

我国是蚕豆生产大国，目前主要出口埃及、日本、意大利、也门、印度尼西亚等国。1999—2011 年，我国对外干籽粒蚕豆的出口量急剧减少。1999 年，我国出口蚕豆 1.65×10^5 t；2011 年出口蚕豆 1.67×10^4 t，仅为 1999 年出口量的 10.1％。蚕豆出口量减少的主要原因是国内蚕豆生产成本高，且品质又不如其他主要生产国，竞争力变弱。近些年，我国鲜销蚕豆的出口量增大，以鲜籽粒速冻或罐头产品的形式进行交易，深受中东和欧洲国家欢迎。

三、经济价值

蚕豆具有很高的经济价值，集蔬菜、饲料及工业原料于一身，属粮食经济兼用型作物。蚕豆一身都是宝，其种子、茎、叶、花、荚壳、种皮均可作药用，是重要的药材。蚕豆在调节我国人民饮食结构、丰富食品种类和平衡膳食营养方面具有重要作用。

（一）营养价值

蚕豆干鲜籽粒、蚕豆芽中营养成分全面（表 5-1）。其籽粒蛋白质含量仅次于大豆、四棱豆和羽扇豆等高蛋白作物，被认为是植物蛋白质的重要来源。就同一品种而言，籽粒蛋白质含量还随栽培季节（春播或秋播）、栽培环境、单产水平及测定样品在植株上所处的节位而有波动。据中国农业科学院品种资源研究所对上千份蚕豆资源的测定结果表明，一般小粒品种籽粒蛋白质含量高，而大粒品种蛋白质含量稍低。

表 5 - 1　每 100 g 蚕豆营养成分

(引自程须珍，2016)

项目	干蚕豆	鲜蚕豆	蚕豆芽
水分（g）	13.0	77.1	63.8
蛋白质（g）	28.2	9.0	13.0
脂肪（g）	0.8	0.7	0.8
糖类（g）	48.6	11.7	19.6
热量（kJ）	1 313.8	372.4	577.4
粗纤维（g）	6.7	0.3	0.6
灰分（g）	2.7	1.2	2.2
钙（mg）	71.0	15.0	109.0
磷（mg）	340.0	217.0	382.0
铁（mg）	7.0	1.7	8.2
胡萝卜素（mg）	0	0.15	0.03
维生素 B_1（mg）	0.39	0.33	0.17
维生素 B_2（mg）	0.27	0.18	0.14
尼克酸（mg）	2.6	2.9	2.0
维生素 C（mg）	0	12.0	7.0

（二）医疗保健功效

蚕豆性味甘平，微辛，除食用外，还有祛湿、利脏腑、补中益气、涩精实肠等功效，可用于治疗多种疾病。据记载，蚕豆茎、叶、花、荚壳和种皮均可入药。蚕豆茎（蚕豆梗）含山梨酚、对羟基苯甲酸、延胡索酸、白桦脂醇等，功用为止血、止泻，治各种内出血、水泻，外用治烫伤。蚕豆叶含山梨酚-3-葡萄糖苷-7-鼠李糖苷、D-甘油酸、5-甲酰四氢叶酸、叶绿醌、游离氨基酸，并含丰富的多巴，主治肺结核咯血、消化道出血、外伤出血。蚕豆花主治出血、咳血、鼻衄、血痢、带下、高血压等。蚕豆壳利尿渗湿，治水肿、脚气、吐血、胎漏、小便不利，外用治天疱疮、黄水疮等。

（三）加工利用

蚕豆含有丰富的蛋白质、淀粉、钙、磷等营养成分，生物利用率较高，具有较好的加工利用价值。加工产品多样，主要包括蚕豆芽、蚕豆苗、蚕豆淀粉、蚕豆酱、保鲜蚕豆、蚕豆罐头及各种蚕豆小食品等。蚕豆含有 49% 的淀粉，且支链淀粉多，黏度高，适于制作粉丝、凉粉等食品。蚕豆蛋白质制品的生产利用在美国和加拿大研究较多。

第二节　生物学特性

一、植物学特征

（一）根

蚕豆的根系为圆锥根系，主根粗壮强大，入土深度 1 m 以上，主根上分生很多侧根，在土表部分水平分布，侧根延长达 50～180 cm，向下深度可达 80～100 cm。根系扩展范围很广，但大部分集中于 30 cm 以内的土层中，因此要求深耕 25 cm 以上。近地面 15～20 cm 处，主根和侧根上丛生许多根瘤，一般近地表的根瘤多，30 cm 以下根瘤较少。主根上的根瘤大，呈长圆锥形，常常几个根瘤密生在一起，呈粉红色。根瘤的发育状况好坏，与蚕豆生长及产量高低有着较密切的关系。蚕豆的根瘤菌与豌豆、扁豆共生的根瘤菌同属豌豆族，可以相互接种。

（二）茎

蚕豆的茎是草质茎，多汁，外表光滑，无毛，四棱形，中空，维管束大部分集中在四棱角上，像房屋的四柱，使茎秆坚强直立，不易倒伏。蚕豆幼茎颜色为淡绿色、紫红色或紫色，是苗期鉴别品种、进行田间去杂提纯的重要依据。一般幼茎绿色的开白花，紫红色的开红花或淡红花。蚕豆成熟后，茎变为黑褐色。茎上有节，节是叶柄在茎上的着生处，也是花荚或分枝在茎上的着生处。不同品种节数的多少也不同，一般主茎节数多于分枝。秋播区蚕豆大多数主茎生长衰弱不结荚或中途夭折。蚕豆分枝性强，子叶的幼茎延伸后形成主茎，在主茎基部子叶的两叶腋间一般发生 2 个分枝，称为子叶节分枝。主茎上的分枝为一级分枝，一级分枝上长出的分枝为二级分枝，二级分枝上长出的分枝为三级分枝，以此类推。一般一级分枝最多，很少产生三级分枝，主茎 1～2 节分枝较多，第 3 节后分枝明显减少。

（三）叶片

蚕豆的叶分为子叶和真叶。子叶 2 片，肥大，富含营养物质，种子萌发出苗时子叶留土。蚕豆叶互生，为偶数羽状复叶。每片复叶由小叶、叶柄和托叶 3 部分组成。在叶柄与茎相连处的两侧有 1 对托叶，很小，似三角形，有保护叶芽的作用。背部有一个腺体，呈紫色小斑点，是退化蜜腺。小叶为椭圆形或倒卵形，全缘无毛，肥厚多肉质，叶面绿色，背面略带白色。植株下部的小叶面积较小，茎节间也较短，第 3～6 片复叶上的小叶面积较大，且茎节间较长，第 3 片以下、第 6 片以上复叶上的小叶面积较小，茎节间也较短。

（四）花

蚕豆的花序为短总状花序，着生于叶腋间的花梗上，花朵聚生成花簇。每个花簇有 2～6 朵花，多的达 9 朵，但落花多，能结荚的只有 1～2 朵。花朵为蝶形完全花，二体雄蕊。花冠一般翼瓣为白色，中央有 1 个黑色、紫红或浅黄斑，旗瓣和龙骨瓣为白色。

（五）荚

蚕豆果实为荚果，由胚珠受精后的子房发育而成。荚果扁平筒形，未成熟的豆荚为绿色，荚壳肥厚而多汁，荚内有丝绒状绒毛。蚕豆荚中含有酪氨酸酶，能使豆荚中的酪氨酸氧化成多巴，最后产生黑色素而使成熟的荚变为黑色。荚的大小、长短因品种而异。每荚有种子 2～4 粒，最多 6～7 粒，全株一般结荚 10～30 个。

（六）籽粒

蚕豆种子由受精的胚珠发育而成，种子由种皮、子叶和胚 3 部分组成，种子呈扁平椭圆形。种皮颜色多样，有青绿色、灰白色、肉红色、褐色、紫色、粉红色、绿色、乳白色等。种子的基部有一个种柄脱落的痕迹，即种脐。种脐的一端为合点，另一端为珠孔，发芽时幼根从珠孔伸出。种皮内包着两片肥大的子叶，子叶肉质，多为淡黄色，也有绿色的。子叶富含蛋白质，为幼苗出土及初期生长提供养分。室温条件下储存，种子发芽力可保持 2～3 年，最长可达 6～7 年。

二、生长发育周期

蚕豆从播种到成熟的全生育过程可分为出苗期、分枝期、现蕾期、开花结荚期和鼓粒成熟期。各生育时期的天数因品种、温度、日照、水分、土壤养分和播种时期的不同而有差别。不同生育时期有不同的特点，对生态条件要求不同。认识和利用这些特点对促进蚕豆向着丰产方向发展具有重要意义。

（一）出苗期

蚕豆的籽粒大，种皮厚，吸水较难，发芽时需水较多，所以蚕豆出苗的时间比其他豆类作物要长一些，一般需 8～14 d。在土壤湿度适中的条件下，温度高低是影响出苗天数的主要因素。蚕豆种子萌芽时，首先下胚轴的根原分生组织发育成初生根，突破种皮伸入土中，成为主根。初生根伸出后，胚芽突破种皮，上胚轴向上生长，长出茎、叶。一般田间 80% 的植株茎叶露土 2 cm 时为出苗期。

（二）分枝期

蚕豆幼苗一般在长出 2～3 片复叶时发生分枝。当田间 80% 的植株分枝长至 2 cm 时为分枝期。分枝受温度影响较大，在南方秋播区，日夜平均温度 12 ℃ 以上时，出苗到分枝需 8～12 d，随着温度的下降，分枝的发生逐步减慢。蚕豆分枝是否开花及开花结荚数量，主要取决于分枝出现的早迟和长势的强弱，另外，还与土壤肥力、密度、品种、栽培管理等有关。一般早发出的分枝长势强，积累的养分多，大都能开花结荚，成为有效枝，后发出分枝常因营养不良，生长弱而自然衰亡，或不能开花结荚。利用蚕豆分枝的这种特性，适时播种，施足基肥，加强越冬培土，可促早发、保冬枝，提高蚕豆产量。

（三）现蕾期

蚕豆现蕾是指主茎顶端已分化出被 2～3 片心叶遮盖的花蕾，田间 80% 的植株有能目辨的花蕾时为现蕾期。蚕豆现蕾期早晚因品种和气候条件而不同。现蕾期植株高矮对产量影响很大，过高会造成郁闭，花荚脱落多，甚至引起后期倒伏，产量下降。生长不良导致植株过矮就现蕾，因营养生长量不足，产量也不高。蚕豆现蕾期是干物质形成和积累重要时期，也是蚕豆营养生长与生殖生长并进时期，这时需要一定的生长量，但又不能生长过旺。因此要协调生长与发育的关系，对生长不良的群体要促，对水肥条件好、长势旺的群体要控，防止过早封行，影响花荚形成。

（四）开花结荚期

蚕豆开花结荚并进，其开花期可长达 50～60 d。蚕豆植株出现花朵旗瓣展开的时间为开花，田间 30% 的植株开花为始花期，50% 的植株开花为开花期，80% 的植株开花为盛花期。植株出现 2 cm 幼荚时为结荚，50% 的植株结荚时为结荚期。从始花到豆荚出现是蚕豆生长发育最旺盛的时期。这个时期，茎叶生长的同时，茎叶内储藏的营养物质又要向花荚输送，因此此时期需要土壤水分和养分充足；光照条件好，叶片的同化作用可正常进行，这样才有足够的营养物质同时保证花荚的大量形成和茎叶的生长需求，促进开花多，成荚多，落花落荚少，这是蚕豆高产的重要条件。因此这时要加强田间管理，灌好花荚水，适施花荚肥，整枝打顶，以调节蚕豆内部养分和水分的供给，改善群体内部通风透光条件，防止发生晚霜冻害及干旱。

（五）鼓粒成熟期

蚕豆花朵凋谢后，幼荚开始伸长，荚内的种子开始膨大。随着种子的发育，荚果向宽厚增大，籽粒逐渐鼓起，种子的充实过程称为鼓粒期。蚕豆植株 80% 的荚果呈现黄褐色的时期为成熟期。鼓粒到成熟阶段是蚕豆种子形成的重要时期。这个时期的发育，将决定每荚籽粒数和百粒重。鼓粒期缺水会使百粒重降低，并增加秕粒，降低产量和品质。为了保证养分的积累，必须加强以养根保叶、通风透光和防止早衰为中心的田间管理措施。

三、生长发育对环境条件的要求

（一）土壤

蚕豆对土壤条件的要求不严格，但深厚、肥沃和排水良好的土壤利于高产，以黏土、粉砂土或重壤土为好，适宜的土壤 pH 为 6~7。蚕豆能忍受的 pH 最低为 4.5，最高为 8.3，pH 在 5.5 以下时蚕豆易受害。酸性土壤应施用石灰来调节 pH。蚕豆不耐水涝和盐性土，但不同品种对土壤类型的要求有所不同。蚕豆较耐碱性，因为碱性土壤可以促进土壤微生物的活动，例如根瘤菌能耐 pH 高达 9.5 的碱性土壤，而在过酸的土壤中则发育不良，甚至死亡。因此在酸性土壤中增施石灰中和酸性，加强培肥改土，改良土壤理化性状，对促进根瘤菌正常生长，提高固氮能力，进一步提高蚕豆产量有重要作用。

（二）水分

蚕豆不耐干旱，对水分的要求较高。土壤水分状况对蚕豆的生长和产量影响很大。蚕豆需要年降水量 650~1 000 mm，是最不耐旱的豆类作物之一。蚕豆不同的生育时期对水分的要求不同，定苗后 9~12 周为需水高峰期。种子萌发时，因吸涨需水较多。但湿度也不宜过大，否则易发生烂种现象。蚕豆幼苗时期地上部生长缓慢，根系生长较快，较耐旱。此时土壤水分偏多时，往往根系分布较浅。从现蕾开花起，蚕豆植株生长加快，需水量逐步增大。开花结荚期土壤水分不足，将导致授粉不佳或授粉后败育，落花落荚增多，成荚率低，造成减产。从开花结荚开始到鼓粒成熟期籽粒发育，需水较多。如果这时缺水，会造成幼荚脱落和秕粒秕荚。成熟前水分要求较少。

（三）温度

蚕豆基本上是亚热带、温带作物，在生长发育期间平均温度以 18~27 ℃ 为佳。蚕豆喜温暖湿润气候，不耐暑热，耐寒力比大麦、小麦和豌豆弱，特别是花荚形成期尤其不耐低温。蚕豆不同生育阶段对温度的要求和抵抗能力不同。蚕豆发芽最低温度为 3~4 ℃，最高温度为 30~35 ℃，出苗适温为 9~12 ℃，营养器官形成适温在 14 ℃ 左右。花芽分化期后需要较高的温度，尤其是开花结荚期对温度的要求更高。开花期最适温度为 16~20 ℃，超过27 ℃ 时授粉不良；结荚期最适温度为 16~22 ℃，这时对低温的反应敏感，平均气温 10 ℃ 以下时花朵开放很少，13 ℃ 以上时开花增多。

（四）光照

蚕豆是喜光的长日照作物，对光照反应比较敏感。整个生长发育期间需要充足的阳光，尤其是花荚期，如果植株密度过大，株间遮光严重，将导致花荚脱落。因此在栽培技术上除选用窄叶型品种外，采用宽窄行播种、合理施肥以及整枝打顶等综合技术，创造合理的群体结构，使蚕豆植株间透光良好，提高光合作用，是蚕豆高产的重要措施。

（五）矿质元素

蚕豆从土壤中吸收最多的营养元素是氮、磷、钾、钙，为了保证蚕豆正常生长发育，还需吸收钠、镁、锰、铁、硫、硅、氯、硼、钼、钴、铜等元素。蚕豆对微量矿质营养元素的敏感度大于豌豆，因而对于缺乏碘、硼、锰、锌、钼、铜、钴、铁分别表现出明显的微量元素缺乏症状，其中，叶片受损程度、叶片坏死斑形状、颜色以及大小有所不同。

第三节　栽培技术

一、耕作制度

（一）轮作

我国蚕豆栽培的长期实践和试验研究表明，蚕豆宜轮作，忌连作。轮作对土壤养分恢复、pH 的调节及病菌的控制均有好处。我国南方稻区主要轮作方式为一年三熟或一年二熟，即第 1 年蚕豆（或苜蓿等绿肥）→早稻→晚稻（一年二熟制地区为单季稻），第 2 年大（小）麦→早稻→晚稻（或单季稻），第 3 年油菜→早稻→晚稻（或单季稻）。在我国西部高寒地区的青海、宁夏、甘肃等地为一年一熟制，轮作方式是蚕豆→小麦→青稞（玉米）等，3 年 1 轮。

（二）混作、间作及套种

为了更加充分地利用光能、水分、养分和地力，抑制杂草滋生，减少病虫危害，增加作物产量，实行蚕豆和其他作物间作、混作的栽培方式。混作栽培历史悠久，多是蚕豆与油菜、大麦、小麦、绿肥等冷季节作物混作。混作需要注意播种期、品种的生育期及不同作物的栽培比例等问题。间作、套种有利于充分利用地力、调节作物对光照、温度、水分及养分的需要。间作套种技术最重要的是播种期和株行距设计，调节共生期的长短，以实现其与作物生育特性的良好互作。蚕豆与玉米、马铃薯、棉花等作物实行间作、套种较为普遍。在南方，蚕豆与小麦、蔬菜、葡萄、蚕桑等进行间作、套种也较为常见。以下是几种常见的间作、套种模式。

1. 蚕豆间作小麦　蚕豆和小麦间作比单作麦类增产 20%～30%。蚕豆与小麦间作时，若以蚕豆为主，则蚕豆 3 行，小麦 1 行；若以小麦为主，则蚕豆 1 行，小麦 2～8 行；也可以各 1/2，即蚕豆、小麦各 2 行，或隔年间作，宽窄行间作。

2. 蚕豆套种棉花　江苏、上海、浙江等棉区，蚕豆与棉花套种比较普遍。蚕豆于 10 月下旬至 11 月上旬播种，一般畦宽为 1.2～1.5 m，畦两边各种 2 行蚕豆，蚕豆行距为 80～100 cm，株距为 15～20 cm，在畦中央种 1～2 行冬芥菜（雪里蕻）或 1 行绿肥，到翌年 4 月上旬收冬芥菜或翻耕绿肥，整地播种或移栽棉花于蚕豆行间，棉花与蚕豆共生期为 40～60 d，如棉花采用营养钵移栽，共生期为 40 d 左右。豆棉套种既有利于棉花苗期抗寒防冻，又能克服因蚕豆生育期较长而延误棉花的短期栽种。

3. 蚕豆套种玉米　西北部分区域、长江流域及南方各地广泛采用蚕豆套种玉米的模式。一般畦宽为 1.7～2.0 m，畦两边各种 1～2 行蚕豆，或畦中间栽培 2～3 行蚕豆，宽行间在翌年 4 月上旬播种或移栽玉米，二者共生期为 50～60 d。5 月底蚕豆收获，之后可在玉米行间栽培甘薯，这样形成蚕豆—玉米—甘薯 3 熟的栽培方式。

4. 秋播区稻茬套种蚕豆　秋播区稻茬套种蚕豆属于稻茬免耕栽培，抢墒播种。在水稻蜡熟初期，将蚕豆种于水稻行间，然后开沟做畦排出多余的水分（一般畦宽为 1.5～2.5 m，主沟深为 30～50 cm，开沟深度和做畦宽度视田块给排水条件而定），水稻收获后蚕豆即开始出苗，水稻与蚕豆共生期约 10 d。这种方式多用于水稻收获期较晚、收获水稻后没有灌出苗水条件的区域，可以保证蚕豆出苗期和出苗率。

5. 蚕豆一种两收　蚕豆再生性较强，在江苏沿江地区一带，适当提早播种蚕豆，充分利用晚秋初冬的有利季节，增加植株冬前的生长量，生长 60 d 左右于越冬前刈割大部分地上茎叶作肥（饲）料，一般产鲜草 8 250～11 250 kg/hm²。刈割后，留茬 5～10 cm，再生分枝越冬，供春后收割鲜草或结荚收籽。由于蚕豆提早播种，冬前已形成强大根系，冬前刈割后大量长出再生分枝，因此蚕豆的籽粒产量也比正常播种的蚕豆增产 5%～10%。这项技术在江苏、浙江及华中、西南部分区域有较高的推广价值。

二、选地和整地

（一）选地

蚕豆适合在土壤松软、土层深厚且肥力中等的微碱性土壤中生长，因此要选择好栽培地。无公害反季节蚕豆生产基地应选择海拔 2 100 m 的冷凉地区，周围 3 000 m 内无工业"三废"，避开汽车尾气、城市生活烟尘、粉尘污染。

（二）整地

连续多年栽培蚕豆的地块，容易使蚕豆感染病虫害，或出现某种营养元素缺乏等情况。因此蚕豆应选择休耕的土地或与小麦、油菜进行轮作。同时，也要注意土壤肥力和病虫害，为蚕豆提供良好的生长条件。

土层深耕后，每公顷撒施腐熟的优质农家肥 22.5～30.0 t、过磷酸钙 375～450 kg、硫酸钾 120～150 kg 和尿素 75 kg 作基肥，深翻入土，耙平地块，使土壤疏松细碎，既有利于水土保持，又利于排水防涝。

三、品种选择和种子处理

（一）品种选择

蚕豆的适应性较为狭窄，对土壤、气候等生态条件的要求比较严格，因地制宜地选用良种是获得高产的第一步。蚕豆要选择荚大粒多、抗病性较强的品种，最好选择生育期适中、植株紧凑且高产的杂交新品种。同时，也要考虑品种的耐湿抗旱能力、在当地气候条件下的熟性、适宜土壤肥力及酸碱度等。例如秋播蚕豆生长期间，长江中下游流域雨水充沛的蚕豆产区应选择启豆、通蚕之类的耐湿品种；长江上游西南一带及西部蚕豆产区，蚕豆生长期间干旱严重，秋播区应选择芸豆、凤豆系列品种；春播区应选择青海、临蚕之类品种。

（二）种子处理

蚕豆种子大，其出苗及幼苗生长阶段，主要依赖子叶供给养分。选用成熟度高、籽粒饱满、无病虫的种子是保证全苗、壮苗的基础。蚕豆种子处理主要包括晒种、浸种和拌种。

四、播种技术

温度是决定播种期的主要因素，要因地制宜选择播种期。我国蚕豆产地的播种适宜期分为春播和秋播。春播区一般在 3 月上旬至 4 月中旬播种，当气温回升至 0～5 ℃时力争早播，以利于壮苗；秋播蚕豆区适宜播种期为 10 月。播种过早时，苗期气温高，易导致幼苗徒长，分枝减少；播种过迟时，气温低导致出苗时间延长，冬前分枝减少。播种期应根据当地气温确定，以生殖生长期避开低温冻害为准来确定播种期。

一般在霜降前 6～7 d，气温最低为 3～4 ℃时进行播种。由于蚕豆颗粒大，吸水能力强，幼苗顶土能力弱，因此播种深度宜控制在 5～6 cm，覆盖薄土。蚕豆栽培有着豆稀荚多的说法，因此要合理设定栽培密度。大行行距为 50 cm，小行行距为 30 cm，株距为 20 cm。如果土壤肥力充足，可适当加大株行距。每穴播种的数量不超过 3 粒，通风透光好，可以提升蚕豆品质。

五、营养和施肥

（一）肥料选择

蚕豆是固氮能力较强的豆科植物，因此蚕豆肥料供给的结构重要性为钾＞磷＞微量元素肥料（钼、硼）＞氮。

（二）施肥技术

1. 钾肥 施用钾肥的效果因土壤中钾的含量状况而不同，一般土壤耕作层有效钾的含量低于 375 kg/hm² 时，施用钾肥增产显著。施用方法为苗期追施（50％硫酸钾 150～225 kg/hm²，点施于近根部）；花期用磷酸二氢钾进行根外喷施。

2. 磷肥 蚕豆对磷十分敏感，固氮活动中磷是不可缺少的元素，由于磷容易被土壤固定，因此一般情况下栽培蚕豆都需要施磷。磷肥多作为基肥使用，可在整地和播种时施入，通常选用过磷酸钙（450～600 kg/hm²）。

3. 微量元素肥料（钼、硼） 钼能增强酶活性，增强固氮能力，改善氮代谢。钼还可增强种子活力，提高种子发芽率和发芽势，促进植株对磷的吸收。钼肥多用钼酸铵浸种（浓度为 0.1％，常温下浸种 8～12 h），该法简便有效。缺硼时，蚕豆根部维管束到根瘤的纤维组织发育不良，导致根瘤因缺少足够的糖类而减少，固氮能力下降。由于长日照有利于硼肥发挥作用，开花结荚期喷施硼肥（0.3％硼砂）效果较好。

4. 氮 一般情况下，蚕豆在全生长期均不需施用氮肥。通常，生长发育正常的蚕豆植株的固氮量足以满足其自身的氮代谢需要。如果由于其他原因蚕豆生长不良，根瘤菌发育较差，可以适量使用氮肥，以尿素使用量不超过 105 kg/hm² 为宜。

六、田间管理

蚕豆对干旱和涝灾的承受力较差。开花结荚期是蚕豆的水分临界期，水分不足或水分供给过量都将影响蚕豆生长。各生育时期适宜的土壤含水量，播种期为 18％，苗期为 18％～19％，现蕾期为 19％～20％，开花期为 20％～21％，结荚期为 19％～20％。及时排灌对蚕豆获得高产十分重要。开花前进行 1～2 次中耕除草和根际培土，对蚕豆生长中后期的杂草控制、土壤通气条件改善较为有效。考虑简化栽培，蚕豆栽培一般不整枝打顶，但有时为了争取下茬栽种时间，通过打顶抑制生长，可提早收获。

田间管理还应注意查苗追肥。通过调查蚕豆长势，对于弱苗，应酌情施用氮肥，可施 75 kg/hm² 尿素。花蕾期长势不好时，适量追施磷钾肥，可用 75 kg 过磷酸钙和 45 kg 硫酸钾加水泼浇。反季节栽培蚕豆田间杂草较正季蚕豆多而杂，可在苗期进行 1～2 次中耕，疏松土壤，培实根基，疏通沟道，同时清锄杂草。

七、收获和储藏

（一）收获

我国还没有用于蚕豆收获的联合收获机，需要选择合适机具收获。蚕豆联合收获机的最主要的要求是蚕豆破损率低。另外，还要培育籽粒均匀、成熟较早且熟期一致，能适于机械化收获的蚕豆品种。

蚕豆上下部分的豆荚成熟期不一致，所以要适时收获才能获得较好的产量。我国秋播蚕豆一般在 4—5 月收获，极少至 6 月上旬收获。春播蚕豆一般在 7—8 月收获。正常气候条件下，叶片凋落、豆荚变黑褐色时即可收割。蚕豆成熟后，豆荚容易落粒，要及时抢收，也可适当提前收割，将收割的豆株放于室内或晒场（注意防雨）后熟。

（二）储藏

蚕豆脱粒后水分含量较高，种子在储藏中会发热变色，影响发芽力，甚至霉烂，因此不宜立即入库储藏。储藏蚕豆的关键是豆粒的含水量，秋播蚕豆区豆粒含水量在 11％～12％ 时储藏，春播区豆粒含水量在 13％ 以下时储藏。

储藏仓库要干燥、阴凉、通风透气。豆粒入库前用 20％ 石灰水粉刷以消灭虫卵和成虫，铺油毡、塑料薄膜等用于防潮，避免入库豆子接触地面。收获蚕豆量少时，可用瓦坛、瓦缸等容器储藏，坛和缸的底部放一些生石灰吸收水分。另外，容器不要装得太满，留一定空间，用于种子的微弱呼吸。装好豆子的容器要用塑料薄膜封口，再盖上草纸和木板。留种用的蚕豆于播种前打开，晒 1～2 d 后再播种。

（三）褐变的控制

若储藏技术不良，一段时间后，蚕豆种皮会由乳白色或浅绿色逐渐变为浅褐色或黑褐色，称为褐变。褐变一般先从合点和脐的侧面突起部分开始，先为浅褐色，接着范围扩大，并逐渐变为褐色、深褐色以至红色或黑褐色。褐变后的豆粒口味欠佳，商品等级下降。

褐变通常分两种，酶促褐变和非酶促褐变。酶促褐变是指在酶的作用下，植物组织或种子中的酚类物质发生氧化反应从而导致颜色变化。非酶促褐变则不是因为酶而产生褐变。蚕豆种皮的褐变既可由化学反应直接产生，也可因酶的中间反应物而产生。造成蚕豆种皮发生褐变的物质比较多，有多酚氧化物、酪氨酸、维生素 C 等物质。蚕豆中的酚类物质主要是鞣质（单宁）。Nasa Abbas（2009）研究表明，蚕豆种子储藏期间，总酚、总鞣质、缩合鞣质含量的降低是种皮及子叶颜色加深的主要原因。蚕豆种皮颜色物质在强酸、强碱、光照、高温及有氧化剂存在的条件下，稳定性受到一定影响。

为减缓和防止蚕豆褐变，蚕豆收获后，可将豆荚摘下但不脱粒，晒干或风干豆荚时，豆粒不直接接触阳光。入库豆粒含水量保持在 11％ 或 13％（秋播区 11％，春播区 13％），避光保存，这种方法可使豆粒皮色良好率达 95％。另外，5 ℃ 以下的低温对减缓蚕豆褐变也有帮助。

第四节　病虫草害及其防治

在大田生产中，病虫草害对蚕豆的影响仅次于干旱，是影响蚕豆产量和产值的最严重的胁迫因素，每年导致产量损失 15％以上，严重发生区域甚至造成大面积减产、绝产。由于对蚕豆病虫草害研究的投入量小，相关研究严重滞后，特别是抗性遗传改良的研究进展远不能满足大田生产需要。因此大田生产在很大程度上依赖管理技术防控病虫草害。

一、主要病害及其防治

危害蚕豆的主要病害有蚕豆赤斑病、蚕豆褐斑病、蚕豆锈病和蚕豆轮纹病。

（一）蚕豆赤斑病

蚕豆赤斑病主要危害叶片，严重时茎和花上也有病斑发生。发病初期，在蚕豆叶片上产生针头大的小赤点，逐渐扩大成圆形或椭圆形的赤褐色病斑，最后病斑中央红褐色、稍凹陷，边缘紫红色、微隆起，与健部有明显的界线。高温、高湿条件下，病斑增多扩大，连接成铁灰色的枯斑，引起落叶。蚕豆茎和叶柄上发生病害时产生红褐色条纹形病斑，逐渐出现长短不一裂缝。花朵受害时，花冠变褐色并枯腐，并由下而上逐渐凋落。幼荚受害时，产生红褐色斑点。病害严重时病株各部，包括花都变为黑色、枯腐，病斑上面生有灰色的霉状物，叶片落光，最后全株枯死。剥开枯秆，黑色茎秆内壁有黑色菌核。

防治措施：蚕豆收割后，及时从田间清出枯枝并烧毁，重病地块要进行 2 年以上的水旱轮作。提倡高畦深沟栽培，雨后及时排水，降低田间湿度。合理密植，注意通风透光。忌偏施氮肥，增施草木灰及磷钾肥，提高植株抗病能力。播种前可选用种子质量 0.3％的 50％多菌灵可湿性粉剂、50％敌菌灵可湿性粉剂拌种。发病初期可选用 50％敌菌灵可湿性粉剂、40％多菌灵悬浮剂或 50％乙烯菌核利可湿性粉剂等，间隔 10 d 喷施 1 次，连续喷施 2～3 次。

（二）蚕豆褐斑病

蚕豆褐斑病叶片发病初期呈赤褐色小斑点，后扩大为圆形或椭圆形病斑。病斑周缘为明显的赤褐色，病斑中央呈灰褐色，其上密生轮纹状排列的黑色小点。病情严重时病斑相互融合成不规则大斑块，湿度大时，病部破裂、穿孔或枯死。茎部染病时产生椭圆形较大斑块，中央呈灰白色稍凹陷，周缘为赤褐色，被害茎常枯死折断。豆荚染病后，产生暗褐色病斑，病斑凹陷、四周黑色，严重时荚枯萎，种子瘦小，不成熟。病菌可穿过荚皮侵害种子，致种子表面形成褐色或黑色污斑。

防治措施：清除并销毁田间带病残株，并配合深耕减少菌源；轮作，可以显著减轻褐斑病危害；选用无病豆荚，单独脱粒留种；适时播种（播种期不宜过早），提倡高畦栽培，适当密植，增施钾肥，提高抗病力；发病初期，可选用 70％甲基硫菌灵可湿性粉剂、47％春雷霉素·氧氯化铜可湿性粉剂或 80％代森锰锌可湿性粉剂等，间隔 7～10 d 喷施 1 次，连续 1～2 次。

（三）蚕豆锈病

蚕豆锈病主要危害叶和茎，发病初期仅在叶两面产生淡黄色小斑点，然后颜色逐渐加深，呈黄褐色或锈褐色，斑点也扩大并隆起，叶片上出现锈斑，直至叶片干枯。严重时，植株全部枯死。蚕豆锈病的发生与温度、湿度、播种期、品种等均有关系。蚕豆锈病病菌喜欢温暖潮湿的环境，14～24 ℃适宜蚕豆锈病病原菌萌发和侵染。低洼积水，土质黏重，排水不良的地块容易发病。植株生长茂盛，通风透光不良时也易发病。

防治措施：防止冬前发病，减少病原基数；使生长发育后期避过锈病盛发期；合理密植，开沟排水，及时整枝，降低田间湿度；田间发现病株时，应及时拔除并烧毁；发病初期应根据病情防治 1～2 次，或视病情在开花结荚期防治 1～2 次。药剂可选用 15％三唑酮可湿性粉剂、65％代森锌可湿性粉剂或 6％氯苯嘧啶醇可湿性粉剂。

(四) 蚕豆轮纹病

蚕豆轮纹病主要危害叶片，有时也危害茎、叶柄和荚。发病初期，叶片出现紫红褐色小点，而后红褐色小点扩展成边缘清晰的圆形或近圆形黑褐色轮纹斑，边缘明显稍隆起。一片蚕豆叶上常生多个病斑，病斑融合成不规则大型斑，病叶变成黄色，最后成黑褐色，病斑内隐约可见同心轮纹，病部穿孔或干枯脱落。湿度大或雨后及阴雨连绵的天气，病斑出现灰白色薄霉层。

防治措施：选用无病豆荚，单独脱粒留种；可用 56 ℃温水浸种 5 min，进行种子消毒；适期播种，提倡高畦深沟栽培，增施有机肥；雨后及时排水，降低田间湿度；适当密植，注意通风透光，增强植株的抗病力；发病初期，喷施 70％甲菌灵可湿性粉剂或 6％氯苯嘧啶醇可湿性粉剂，间隔 10 d 喷 1 次，连续 1～2 次。

二、主要虫害及其防治

危害蚕豆的主要虫害是蚜虫。蚜虫直接吸食叶内液汁而影响蚕豆生长，更严重的是它传播病毒病，使叶片皱缩、褪色，植株变矮，影响蚕豆生长发育，产量下降，甚或植株死亡，颗粒无收。蚜虫繁殖能力很强，同时具迁飞的习性，因而应在蚜虫大量繁殖之前进行有效的药剂防治。

防治措施如下：摘除有蚜虫的蚕豆顶心、雄枝等；黄板诱杀蚜虫；发生初期可用 10％吡虫啉可湿性粉剂或 3％啶虫脒乳油，喷雾防治，每周 1 次，连续防治 3～4 次。

三、田间主要杂草及其防除

蚕豆生产中，草害是一种普遍现象。如果田间管理不力，会对大田生产造成较大影响。蚕豆大田杂草种类多、发生时间长，需要根据土壤状况、气候特点、杂草群落以及前茬用药情况，合理选择除草方式。具体措施：①必须对进出口产品（特别是引种）做好杂草（繁殖体、种子）检疫工作，这是杜绝外来杂草危害的必要措施；②做好播种前准备工作，进行种子清选和处理，彻底清除混杂在蚕豆种子中的杂草种子，同时及时清除田间地埂、沟渠、道旁的杂草；③使用农家肥或堆肥时需充分腐熟，以杀死肥料中的杂草种子；④充分利用轮作倒茬、间作套种、适度密植、适期播种、控水控肥、品种搭配等农艺技术措施从生态上控制杂草；⑤科学有效地利用化学除草剂进行杂草防除。

复 习 思 考 题

1. 如何进行蚕豆的栽培区划？
2. 蚕豆的生长发育对环境有什么要求？
3. 蚕豆的生长发育分为哪几个时期？
4. 蚕豆的耕作制度有哪些？
5. 简述蚕豆栽培的肥料选择和施肥技术。
6. 简述蚕豆主要病虫草害及其防治技术。

第六章 鹰嘴豆

第一节 概　述

一、起源和进化

鹰嘴豆（*Cicer arietinum* L.）又名桃豆、鸡豆、鸡头豆、鸡豌豆等，是豆科蝶形花亚科野豌豆族鹰嘴豆属一年生或二年生草本植物。

鹰嘴豆起源于西亚和地中海沿岸，7 000 多年前被人类驯化栽培。鹰嘴豆主要分布在南亚的印度、巴基斯坦和孟加拉国，西亚的土耳其和伊朗，东南亚的缅甸，非洲的埃塞俄比亚和摩洛哥，北美洲的墨西哥和欧洲的西班牙；北美洲的美国和加拿大及大洋洲的澳大利亚也有栽培。20 世纪 50 年代我国从苏联引进鹰嘴豆，由于鹰嘴豆耐干旱、耐贫瘠，在西北地区，包括甘肃、新疆、青海、陕西、宁夏和内蒙古等地均有栽培。实际上，鹰嘴豆在我国新疆已有 2 500 年的栽培历史，主要分布于天山北部的木垒和奇台及天山南部的乌什、拜城等地。

二、生产情况

目前，世界上有 40 多个国家栽培鹰嘴豆，栽培面积达 1.05×10^7 hm²。鹰嘴豆是世界上栽培面积较大的食用豆类作物之一。总体来说，鹰嘴豆在世界各地栽培面积有限，未形成规模化、集约化和产业化开发的格局。目前由于鹰嘴豆加工开发不够、不深入，因此需加大开发力度，培育优质新产品，不断拓宽鹰嘴豆市场，提高鹰嘴豆的附加值。我国鹰嘴豆栽培面积小，产量有限，出口数量较少。我国应充分发挥地方资源优势，开发鹰嘴豆特有的营养功能。针对不同人群、消费水平和市场需求，不断研制出适销对路的鹰嘴豆产品，把鹰嘴豆产业逐步发展成为现代化产业。特别是鹰嘴豆是维吾尔族医药的重要原料之一，市场需求与日俱增，鹰嘴豆市场潜力巨大。

三、经济价值

鹰嘴豆属于高营养豆类植物，富含多种营养成分。近些年，鹰嘴豆的药用价值不断被挖掘，成为祖国医学宝库中的瑰宝。

（一）营养成分

鹰嘴豆具有很高的食用价值。鹰嘴豆淀粉含量较低（44.09%），低于燕麦（60%）、荞麦（69%）和玉米（70.2%），是糖尿病患者的理想低糖食品。鹰嘴豆的糖类比花生仁高近 2.5 倍，比鸡蛋高近 40 倍。鹰嘴豆中不溶性膳食纤维含量较高，是花生仁的 1.5 倍，具有较好的保健功能。鹰嘴豆中还含有钾、钠、铁、钙、镁、硒等多种矿物质，其中，钾含量高达 1 014 mg/100 g，高于花生（钾含量为 665 mg/100 g）和鸡蛋（钾含量为 107 mg/100 g）；钙含量为 90 mg/100 g，分别是花生（钙含量为 76 mg/100 g）和鸡蛋（钙含量为 33 mg/100 g）

中钙含量的 1.2 倍及 2.7 倍；锰含量为 2.18 mg/100 g，高于花生（锰含量为 1.70 mg/100 g）和鸡蛋（锰含量为 0.03 mg/100 g）。微量元素对调节人体生理机能起着重要作用。鹰嘴豆含有丰富的 B 族维生素，其中，维生素 B_2 参与糖类、蛋白质、核酸和脂肪的代谢，可提高机体对蛋白质的利用率，促进生长发育，是机体组织代谢和修复的必需营养素。从上述几项指标来看，鹰嘴豆比燕麦、荞麦、小麦等的营养价值高。

（二）食用价值

鹰嘴豆是加工小吃的上好原料，经油炸和膨化后金黄酥脆、香甜可口，被称为珍珠果仁或黄金豆。鹰嘴豆籽粒可以炒、可以油炸、可以蒸，加工成鲜食食品，也可以制作八宝粥、豆馅、豆粉，还可以制成罐头食品。青荚嫩豆可鲜食或制作各种菜肴。鹰嘴豆的淀粉具有板栗风味，可同小麦一起磨成混合粉制作主食。青豆可作蔬菜，嫩叶也可用作蔬菜。鹰嘴豆粉加上奶粉制成豆乳粉，容易吸收和消化，是婴幼儿和老年人的食用佳品。用鹰嘴豆粉加油及各种调味品，可做成各种风味点心，也可做成独具特色的色拉酱。

（三）保健价值

中医认为，鹰嘴豆性味甘平、无毒，有补中益气、温肾壮阳、主消渴、解血毒、润肺止咳等作用（张瑞等，2019）。药理研究证明，鹰嘴豆对人体具有增强胆固醇终端产物排泄的作用，可降低血糖、血脂、血压及肝组织脂质含量，鹰嘴豆及其制品是糖尿病、高血脂、高血压等特殊人群的健康食品。鹰嘴豆还含有胆碱、肌醇、低聚糖、皂苷等活性成分，其中皂苷类具有明显的降低血糖的活性。傅樱花（2016）研究发现，用鹰嘴豆酸奶和鹰嘴豆粗黄酮灌胃由链脲佐菌素（STZ）诱导的糖尿病小鼠，小鼠血糖分别降低了 56.6% 和 94.3%。黄煦杰（2019）提取了鹰嘴豆的总皂苷，发现该类物质可以抑制 α-葡萄糖苷酶活性，说明皂苷具有一定的体外降血糖功效。王德萍（2019）研究发现，鹰嘴豆醇提取物中的异黄酮、多糖、皂苷等生物活性物质明显降低由链脲佐菌素诱导的糖尿病小鼠血糖水平，减轻胰岛素抵抗，增强胰岛素敏感性和机体抗氧化酶活性，发挥降血糖效应。

鹰嘴豆的花可以治疗痢疾，泡水后服用可以治疗中药中毒和白带增多等。鹰嘴豆籽粒可做利尿剂、催奶剂，可治疗失眠、预防皮肤病和胆病等。鹰嘴豆茎、叶、荚上都有腺体，这些腺体的分泌物可以医治支气管炎、黏膜炎、霍乱、痢疾、消化不良、肠胃气胀、毒蛇咬伤、中暑等疾病，还能降低血液中的胆固醇含量。鹰嘴豆亚油酸、纤维素含量很高，亚油酸是衡量食物营养价值的重要标志之一，是抑制糖尿病的主要成分之一；纤维素有降低血糖、胆固醇的作用。鹰嘴豆含有 10 多种氨基酸，包括人体必需的 8 种氨基酸，含量比燕麦高2 倍以上，有利于儿童智力发育、骨骼生长以及中老年人强骨健身。异黄酮具有抗氧化、抗骨质疏松、抗紫外线、降血糖、抗肿瘤等作用，而鹰嘴豆种子的异黄酮含量为 0.28%，发芽后的异黄酮含量更高，可达 0.33%。目前，异黄酮是鹰嘴豆中最受关注的一种功能成分。

第二节 生物学特性

一、植物学特征

（一）根

鹰嘴豆的根系为直根系，根系健壮，根量大，主要分布于 60 cm 的土层内。根系由主根、侧根和根瘤组成。主根长为 15～30 cm，并有 4 排侧根。根瘤通常着生在主根上，呈变形虫状或扇形。

（二）茎

鹰嘴豆株高为 40～87 cm，茎外观呈圆形，表面被有绒毛，呈暗绿色或蓝绿色。主茎长为 30～70 cm，分直立、半直立、披散和半披散 4 种株型，但多为半直立或半披散型。鹰嘴豆的分枝几乎从近地面的主茎上长出，每株有分枝 3～5 个。

（三）叶片

鹰嘴豆叶片由 2 片托叶和 1 片羽状复叶组成。小叶呈卵形，前部边缘锯齿状；小叶对生，很少互生，奇数或偶数。叶片上被有绒毛和腺毛，能分泌有苦辣味的酸性液体，内含苹果酸、草酸等，有防虫作用。

（四）花

鹰嘴豆花为蝶形花，腋生，两侧对称。花冠有白色、粉红色、浅绿色、蓝色、紫色等。鹰嘴豆为自花授粉作物，天然异交率小于 1.6%。

（五）荚

鹰嘴豆单株结荚可达 30～150 个。荚果长为 14～35 mm，宽为 8～20 mm，荚皮厚约为 0.3 mm，单荚果质量为 0.48～0.75 g，籽粒百粒重为 19.5～41.8 g。荚果呈偏菱形至椭圆形、膨胀，为淡黄色，外被绒毛，并在荚缝一侧带有尖喙，不易裂荚，但易脱落。每荚含 1～3 粒种子。成熟时种子具喙，呈圆形、半圆形、半起皱，无胚乳，种皮有白色、黄色、浅褐色、深褐色、黄褐色、红褐色、绿色和黑色等颜色，光滑或皱褶。种脐小，脐环为白色、红色或黑色。

二、生长发育对环境条件的要求

（一）温度

鹰嘴豆适宜栽培在较冷的干旱地区，我国西北、东北、华北地区均可栽培。在温带少雨地区鹰嘴豆作为春播作物栽培，在热带或亚热带作为冷季作物栽培。一般在秋冬季播种，苗期能抗－9 ℃的低温。生长期内适宜温度，白天为 21～29 ℃，夜间为 15～2 ℃，若温度低于－9 ℃，植株冻死。出苗至开花需要活动积温为 750～800 ℃，出苗至成熟需要≥10 ℃活动积温 1 900～2 800 ℃。年平均气温 6.3～27.5 ℃的地区均可栽培。

（二）水分

鹰嘴豆是一种耐旱能力极强的作物，对水分的要求低，年降水量为 200～600 mm 的地方均可栽培，生长季节有灌水条件也可栽培。雨水过多、土壤过湿或排水不良时植株生长不良，根瘤发育较差，固氮减少。开花结荚期，如遭受水淹将严重减产。鹰嘴豆的需水临界期（4～6 片真叶期和荚果形成期）若遇干旱，应及时浇水，以确保高产。

（三）光照

鹰嘴豆是长日照作物，对中晚熟品种，长日照可促进提早开花，短日照使营养生长期延长，植株硕大，开花延迟。早熟品种对光周期反应不太敏感。

（四）土壤

鹰嘴豆耐瘠薄，对土壤要求不高，砂土、砂壤土、重壤土均可栽培，但以排水良好、质地疏松的轻壤土和黏壤土最佳。茬口不宜选豆科作物作为前茬。鹰嘴豆对盐碱土反应敏感，适宜的 pH 为 5.5～8.6，在弱盐碱土和中性土地上均可栽培。鹰嘴豆种子在不同浓度的 NaCl、Na_2SO_4、NaCl 混合 Na_2SO_4（60％：40％）盐溶液中萌发，光滑种子对 3 种盐分的极限分别为 1.70％、1.0％和 1.70％，皱粒种子对 3 种盐分的极限分别为 1.50％、1.70％和 1.70％。光滑种子对 NaCl 的抗性大于皱粒种子，可栽培在 NaCl 为主的盐碱地上，其盐含量不得超过 1.70％。皱粒种子对 Na_2SO_4 的抗性大于光滑种子，可栽培在以 Na_2SO_4 为主的盐分浓度小于 1.70％的土壤上。因此鹰嘴豆是干旱瘠薄地区、荒地开发的好作物。

第三节 栽培技术

一、耕作制度

鹰嘴豆宜垄作。垄作包括垄上单条点播和垄上双条精密播种两种播种方式。鹰嘴豆也可与大麦、小麦、马铃薯、亚麻等矮秆作物间作，提高单位面积产量，增加收入。

二、选地和整地

（一）选地

鹰嘴豆对土壤要求不严，砂土、砂壤土、重壤土均可栽培，但以排水良好、质地疏松的轻壤土为宜。鹰嘴豆对盐碱土反应敏感，当土壤 pH 低于 4.6 时，镰刀霉菌萎蔫病危害加重，适宜 pH 为 5.5～8.6，茬口不宜选豆科作物作前茬，应与小麦、玉米、高粱、棉花和甜菜等作物建立 3 年以上的轮作体系，且选择中上等肥力的旱地或灌溉方便、无盐碱危害的地块栽培。

（二）整地

整地以蓄水保墒为主。提倡秋整地，深松或深耕 20～30 cm。土地深松耕可打破犁底层并深松下层土壤，改善土壤的蓄水能力，为作物生长提供良好的条件。机械深松土壤深度达到 35～45 cm，有利于作物根系深扎，充分吸收土壤中的水分和养分。采用机械深松可使鹰嘴豆增产 15％～20％。

三、品种选择和种子处理

（一）品种选择

国内外已育成 200 多个优质鹰嘴豆品种，各地可根据当地无霜期和有效积温选择适宜熟期品种。鹰嘴豆在栽培学上分为 2 大类型：①迪西类型，抗逆性强，成熟时种子半起皱，种皮为浅黄色，稳定性好，商品性低，适宜在山区旱地栽培；②卡布里型，产量高，品质好，成熟时种子呈球形带小鹰嘴，种皮为黄白色，适宜在水浇地或旱山槽子地栽培。目前，新疆、甘肃等地推广的鹰嘴豆品种主要是从国际干旱地区农业研究中心（International Centre for Agricultural Research in the Dry Areas）引进的"FLIP94 - 80C""FLIP94 - 93C"和"FLIP95 - 68" 3 个优良品种为主。这几个品种的生育期为 90 d，需有效积温约 1 900 ℃，产量为 3 750 kg/hm²，播种用种量为 75～110 kg/hm²。

我国北方推广栽培的鹰嘴豆品种有 2 个："叙引 1 号"和"叙引 2 号"。"叙引 1 号"生育期为 59 d，需有效积温约 1 900 ℃，种子呈黄褐色，花为紫色，百粒重为 2 g，株高为

50 cm，株型为半披散，分蘖力极强。该品种营养成分含量高，是市场加工型品种，单产为 4 350 kg/hm²，播种量为 37.5 kg/hm²。"叙引 2 号"生育期为 100 d，需有效积温约 2 000 ℃，种子呈黄白色，花为白色，百粒重为 38 g，株高为 65 cm，株型为半披散，分蘖力强，营养成分含量高，外观漂亮，是商品开发型品种，单产为 3 300 kg/hm²，播种量为 37.5～45.0 kg/hm²。

（二）种子处理

鹰嘴豆播种前需对种子进行精选，去除杂粒、病粒、虫蛀粒和破碎粒。为保证鹰嘴豆的出苗率和减少病害，种子精选后还需药物拌种。精选后的种子用克菌丹或用大豆种衣剂进行种子包衣处理，可防治苗期立枯病。播种时用根瘤菌接种，可起到增产作用。另外，播种前将种子在清水或 1‰的食盐溶液中浸泡 6 h，可促进发芽，增加幼苗的抗旱、抗盐碱能力。

四、播种技术

在南方可根据当地的作物播种期适时播种，一般春播在 4—5 月进行，夏播在 6 月进行，秋播在 10—11 月进行。在北方地区一般为春季播种，应适当早播，以顶凌播种为好，海拔 1 800 m 以下地区一般在 3 月上旬播种，海拔 1 800 m 以上地区在 3 月下旬至 4 月上旬播种。小粒种子播种量为 37.5～52.5 kg/hm²，大粒种子播种量为 45～60 kg/hm²。垄上单条点播时，行距为 50～70 cm，株距为 10～20 cm。垄上双条精密播种时，行距为 55～75 cm，小行行距 15～20 cm，株距为 10～20 cm，每公顷保苗 $2.0×10^5$～$2.2×10^5$ 株，播种深度为 5～10 cm，播种后镇压。

五、施肥技术

播种前施充分腐熟的优质农家肥 30 t/hm²，于秋播时直接撒入。化肥的施用应以磷肥为主基肥，根据需求施一定量的氮肥和钾肥。干旱地区一般施过磷酸钙、尿素和氯化钾。种肥宜于播种时开沟施入，开沟深度为 8～10 cm。微量元素肥料施用钼肥和锌肥。

六、田间管理

（一）中耕除草

鹰嘴豆苗期生长量小，易受草害。如果在播种 70 d 内能保持田间无杂草，其后迅速生长的冠层会有效地控制杂草的生长。故苗期和分枝期（分别在播种后 45 d 左右和播种后 70 d 左右）应及早进行中耕除草，对控制杂草、增加土壤通透性和保墒更有效。

（二）病虫害防治

鹰嘴豆抗逆性强，很少有病害发生，但应注意褐斑病、枯萎病、根腐病、矮化病的发生和危害。苗期如遇低温多雨天气，及时防治根腐病的发生。主要虫害有豆荚螟、甜菜夜蛾和棉铃虫，应采取相应措施防治。鹰嘴豆的茎、叶、荚上都有腺体，分泌草酸等混合液体，对蚜虫等害虫有驱赶和杀伤作用。

（三）水肥管理

鹰嘴豆一般栽培在旱地上，在自然降水不能充分满足其生长发育需要时，应于初花期、盛花期、结荚期、鼓粒前期和鼓粒中期进行灌溉，每次灌水量为 900～1 200 m³/hm²。鹰嘴豆的需水临界期需灌溉 1～2 次，确保高产。初花期需根部追肥，施肥部位距植株 10～

15 cm，施肥深度为 10～15 cm，施尿素 150～180 kg/hm²。盛花期需叶面追肥，喷施宝用量为 75 g/hm²，也可用磷酸二氢钾 1.5 kg/hm² 或尿素 3.0 kg/hm²。

七、收获和储藏

因鹰嘴豆具有较强的分枝能力，而主茎和分枝又难以区分，结荚部位分散，植株上下部成熟期往往不一致，因而开花结荚期很长。当田间有 70% 以上的荚呈黄白色，籽粒与荚之间已经分离时进行收获。收后平铺在田边或场院，充分晾干后，用谷物脱粒机或棍棒敲打脱粒。脱粒的种子经清选后，应及时摊开晾晒，直至含水量达 12% 的安全储藏含水量以下时，再入库储藏。储藏期间必须注意通风、降温和防湿。

第四节 病虫害及其防治

一、主要病害

鹰嘴豆生产上的主要病害有根腐病、褐斑病等。

（一）根腐病

鹰嘴豆根腐病在整个生长发育期间均可发生，其中苗期受害最重。一般在植株出苗15～20 d 开始表现症状，根部及地下茎部分变色凹陷，根部有黑色环状物，发病后期主根维管束变为黑褐色，地上部从下部叶片开始发黄褪绿，逐渐向上扩展，最后植株死亡。鹰嘴豆根腐病的优势病原菌为茄镰刀菌（*Fusarium solani*）和尖孢镰刀菌（*Fusarium oxysporum*）。

（二）褐斑病

鹰嘴豆褐斑病是鹰嘴豆上的一种严重病害，在鹰嘴豆栽培区发生严重，对鹰嘴豆产量和质量造成极大危害（刘微，2012）。鹰嘴豆褐斑病病原物为鹰嘴豆褐斑病菌（马德成，2008），初步将该病菌定为半知菌亚门壳二孢属。该病苗期即可发生，整个生长发育期间均可发生危害。发病时，在叶、茎、荚上引起褐色圆形、椭圆形或梭形病斑，病斑后期可见黑色小粒状分生孢子器。茎上病斑较长，叶上病斑较小，发病严重时病斑可愈合成大病斑。茎上病斑可引起茎折，叶上病斑可引起叶黄、叶枯和落叶。荚上病斑可引起荚枯、籽粒变小、种面污斑。病菌主要以土壤、种子带菌，可借风雨扩散。其生长适温为 20～30 ℃，尤其是连续阴雨后，发病明显加重。

二、主要虫害

鹰嘴豆生产上的主要虫害有食心虫、蚜虫等。

（一）食心虫

食心虫幼虫阶段侵蚀鹰嘴豆，往往会侵入鹰嘴豆的豆荚中，并以豆粒为食。这不仅降低了鹰嘴豆的产量，而且对鹰嘴豆的品质造成了很大的影响。食心虫的繁殖周期多为 1 年1 次。不同的地区，鹰嘴豆食心虫发生时间不同，但其均可受到环境因素的影响。特别是7—8 月的环境条件，在很大程度上影响食心虫成虫的交配和产卵。

（二）蚜虫

蚜虫聚集于鹰嘴豆的嫩枝或嫩叶，并且以汁液为食，从而对鹰嘴豆植株的生长及结荚造成很大损害。蚜虫对于鹰嘴豆的损害是长期的，如果不及时采取有效措施，鹰嘴豆植株的受损率提高，同时其豆粒的产出率也会降低。蚜虫多以虫卵的形式在鹰嘴豆植株表面进行生长。气候条件影响蚜虫的生长、繁殖。适宜的温度及湿度会在一定程度上影响蚜虫的产卵率。

三、病虫害综合防治

根据"预防为主，综合防治"的植物保护方针，首先应做好主要病虫害的预测预报工作，其次要依据鹰嘴豆病虫害种类及发生消长规律，以农业防治为基础，合理应用化学防治等其他防治手段（于江南，2006）。主要措施有：①预测预报，其重点是在掌握重要病虫害发生发展规律的基础上，做好发生预报，把握防治的主动权；②合理轮作，轮作可减轻鹰嘴豆病虫危害，特别是对土传病害和以病残体越冬的病害以及在土壤中越冬的害虫作用尤为显著，最好是与禾本科作物轮作，前茬以小麦较好；③种子处理，可采用2.5%适乐时和3%敌萎丹拌种，对鹰嘴豆根腐病、褐斑病等均有良好的防治效果；④加强栽培管理，播种后到出苗前遇雨要及时耙糖，破除土壤板结，以利于出苗；苗齐后及时间定苗，除去弱苗、病苗；及时中耕和人工除草或化学除草，消除害虫的桥梁寄主和化蛹场所；⑤收获后秋深翻、早深翻，减少在土壤中越冬的各种害虫幼虫和蛹的数量；⑥灯光诱杀，用频振式杀虫灯诱杀效果明显，可诱杀多种害虫；⑦化学防治，在籽粒膨大期，用辛硫磷、高效氯氰菊酯、功夫、灭扫利、棉铃宝、广杀灵、灭铃灵等防治害虫，选用代森锌、克菌丹和百菌清等进行叶面喷施防治病害。

复习思考题

1. 简述鹰嘴豆的经济价值。
2. 鹰嘴豆的生长发育对环境条件有哪些要求？
3. 为了实现鹰嘴豆高产，如何进行选地和耕整地？
4. 鹰嘴豆栽培田间管理的主要措施有哪些？
5. 简述鹰嘴豆的栽培技术。

第七章　小　扁　豆

第一节　概　述

一、起源和分类

小扁豆（*Lens culinaris* Medikus）又名滨豆、兵豆、洋扁豆、鸡眼豆等，起源于亚洲西部和地中海东部地区，是典型的自花授粉、长日照植物，同时是世界上主要食用豆类作物之一。世界上至少有 48 个国家栽培，主要集中在亚洲，约占 80%。我国栽培小扁豆具有悠久的历史，最初是由印度传入，目前主要的栽培地区是甘肃、山西、内蒙古、河南、河北、宁夏等地。近年来，小扁豆因其较高营养价值和经济价值在发达国家逐步成为重要的农业出口产品。小扁豆根据种子的大小和性状分为两个亚种，具体情况见表 7-1。

表 7-1　小扁豆亚种的区别

（引自龙静宜等，1989 年）

项目	大粒亚种	小粒亚种
种子	籽粒大，扁平，直径为 6~8 mm，千粒重为 40~90 g，种皮为浅绿色或带斑点	籽粒小或中，扁圆，呈凸透镜形，直径为 2~6 mm，千粒重为 10~40 g，种皮为浅黄色至黑色，花纹不一
子叶色	黄色、橙色	红色、橙色、黄色、绿色
荚果	大，扁平，长为 15~20 mm	小至中，凸面，长为 6~15 mm
花	花朵大，长为 7~9 mm，白色有纹，少有浅蓝色，花梗上着生 2~3 朵小花	花朵小，长为 4~7 mm，白色、紫色或浅粉色，花梗上着生 1~4 朵花
叶片	大，卵形	小，长条形或披针形
株高	25~75 cm	15~35 cm
主产地区	地中海、西半球	印度次大陆、近东、亚洲西部和东南部

二、生产情况

小扁豆是我国古老的栽培作物之一，在历史上曾大面积栽培过，在 20 世纪 80 年代末 90 年代初曾是主要的出口创汇作物。但随着栽培结构的调整，栽培区域逐渐转移到山区，形成自用自销的模式（表 7-2）。

小扁豆抗逆性较强，尤其耐旱，多栽培在温带、亚热带和热带的高海拔地区。小扁豆的营养生长和生殖生长共生期较长，在相对贫瘠的土壤中也能够获得理想的产量，适合作为灾害年份的救灾作物。据统计，2017 年世界小扁豆的总栽培面积为 6.58×10^6 hm^2，总产量为 7.59×10^6 t，平均产量为 1 153 kg/hm^2。目前我国小扁豆的单产排名世界第一。小扁豆在我国的栽培面积呈现先增加后减少的变化趋势，近年来在西北地区的栽培面积又逐渐增加。

表 7 - 2　1971—2016 年中国与世界小扁豆面积和产量比较

(引自王梅春等，2020)

	1971—1980 年		1981—1990 年		1991—2000 年		2001—2010 年		2011—2016 年	
	面积 ($\times 10^4$ hm²)	产量 (kg/hm²)	面积 ($\times 10^4$ hm²)	产量 (kg/hm²)	面积 ($\times 10^4$ hm²)	产量 (kg/hm²)	面积 ($\times 10^4$ hm²)	产量 (kg/hm²)	面积 ($\times 10^4$ hm²)	产量 (kg/hm²)
中国	—	—	2.1	1 157.9	8.2	1 280.1	7.9	1 753.0	6.2	2 250.8
世界	204.5	598.9	288.0	727.9	347.3	815.5	380.5	914.2	445.2	1 147.7

小扁豆在我国的栽培范围主要在西北各地，其中有 9 个省份拥有比较多的小扁豆种质资源，山西、甘肃、新疆和内蒙古的资源最多。截至 2019 年 12 月在中国种质资源信息网登记的小扁豆品种有 1 628 个，其中国外进口 983 个，占资源总数的 60.4%；国内品种 645 个，占总资源数的 39.6%。

三、经济价值

小扁豆籽粒营养丰富，不仅富含钾，还含有大量的蛋白质、糖类、矿质元素、粗纤维等，其中蛋白质含量高达 23.7%，包括赖氨酸、色氨酸、亮氨酸、异亮氨酸、苯丙氨酸、苏氨酸、缬氨酸和甲硫氨酸 8 种人体必需氨基酸。在豆类作物中小扁豆的蛋白质含量仅次于大豆，已成为部分地区的主要食用豆类。小扁豆还含有 3.2% 的粗纤维，在营养学上可认为是优质的粗纤维食物，具有保健作用。在英国《营养学杂志》上发表了一篇关于小扁豆的研究文章，发现以小扁豆作为主食代替米面，可以使血糖降低 35%，进而起到控制血糖的作用。小扁豆中含有的山柰酚糖苷、斛皮素糖苷等黄酮类化合物是其抗炎活性的主要功能性成分。小扁豆含有丰富的酚类化合物等天然生物活性成分，在消化相关的酶抑制试验中表现出明显的活性，在动物、人体实验和流行病调查中也发现饮食中摄入小扁豆在内的豆制品能有效降低心血管疾病、高血压、癌症等相关疾病的发病率。

小扁豆适合的加工方式较多，可以加工成优质的豆粉、粉条，或作为制作淀粉的上等原料。小扁豆面粉口味鲜美可制作成各种面食，尤其适合婴儿和病人食用。小扁豆的嫩芽可作为青菜炒食，口感微甜。小扁豆的豆芽同样可作为优质蔬菜。小扁豆收获后剩余的秸秆、荚皮、叶片等可作为优质的动物粗饲料，在养殖业中应用广泛。

第二节　生物学特征

一、植物学特性

（一）根

小扁豆根系属于直根系，分为主根、侧根和根瘤 3 部分。主根明显，侧根茂盛，根部着生根瘤；根瘤呈长柱形或部分分叉，具有固氮能力，吸收水分和养分能力较强。根据根系入土深度，可将小扁豆的根系分为浅根系、深根系和中间型 3 类。浅根系的根长约为 15 cm，侧根多，具有旺盛的根瘤；深根系的主根长约为 35 cm；中间型根长和侧根数量介于深根系和浅根系之间。

（二）茎

小扁豆茎为浅绿色，部分品种茎基部为紫色，茎为方形、有棱。苗期茎组织柔软中空，成熟后茎基部木质化，多分枝，且分枝节位很低。株高因品种而异，受生长环境影响也较大，一般大粒型品种株高范围在 30~70 cm，小粒型品种株高范围在 20~40 cm。下部节间较短，上部节间逐渐加长。按茎的生长形态可分为直立、蔓生和半蔓生 3 种类型。

（三）叶

小扁豆种子萌发出苗过程中，子叶不出土。初生叶片为单叶或两片小叶，之后的叶片为羽状复叶，叶片为长椭圆形或卵形，长约为 1 cm，宽约为 0.5 cm。叶对生，具小叶 8~14 片，每片小叶基部有叶枕，叶色为浅绿色或蓝绿色，在低温条件下会变成紫红色。水分亏缺时，复叶闭合以减少水分蒸发，叶间有卷须或刚毛。

（四）花

小扁豆花腋生，花序为总状花序，花梗较细，属于典型的蝶形花。花冠较小，由旗瓣、翼瓣和龙骨瓣组成。花萼呈筒状，基部有 5 个窄而尖的裂片，与花瓣等长或长于花瓣。花有雄蕊和雌蕊，其中雄蕊 10 枚，9 合 1 离，包裹柱头；雌蕊 1 枚，柱头短，有细毛。

根据品种不同，花冠颜色有白色、粉红色、浅紫色或白色有蓝纹。小扁豆为自花授粉作物，异交结实率为 0.5%~0.8%。晴天条件下开花时间为 9:00—10:00，如遇阴雨天则下午开放，每朵花持续开放 2~3 d，开花顺序为自上而下。荚果出现在开花后 3~4 d。

（五）荚和种子

小扁豆花序结荚较少，多数结荚 1~2 个，极少数结荚 3~4 个。成熟荚呈黄褐色，为长椭圆形，两侧扁基部圆或稍带楔形，光滑无毛。荚长为 1~2 cm，宽 0.35~2.00 cm，每荚多数有 1~2 粒种子，少数有 3~4 粒种子，炸荚落粒较为常见。

籽粒两面凸出，呈圆透镜形，表面光滑。颜色较多，一般常见为浅粉红色、淡绿色或浅棕褐色，宁夏部分品种有橘红色和浅灰色，或带斑点、斑纹。小粒型品种百粒重为 1~4 g，大粒型品种百粒重 4~9 g，部分大粒种子的表面有皱纹，脐小。

二、生长发育周期

小扁豆的生长发育周期可分为营养生长、营养生长与生殖生长并进 2 个阶段，分为 8 个生育时期。

1. 播种期　种子播种的日期。

2. 出苗期　植株幼苗露出地面 2 cm 以上为出苗，全田 50% 植株达此状态的日期为出苗期。

3. 分枝期　分枝即植株叶腋长出明显可辨分枝，全田 50% 植株达此状态的日期为分枝期。

4. 现蕾期　植株主茎顶端出现能够目辨的花蕾为现蕾，全田 50% 植株达此状态的日期为现蕾期。

5. 始花期　植株出现第 1 朵花为始花，全田 50% 植株达此状态的日期为始花期。

6. 开花期（花荚期）　全田 50% 植株开始开花的日期为开花期。

7. 终花期（灌浆期、籽粒膨大期）　全田 70% 的植株花器全部凋萎的日期为终花期。

8. 成熟期　全田 70% 以上的荚呈成熟色的日期为成熟期。

营养生长阶段是指出苗期至现蕾期。现蕾期是小扁豆从营养生长向生殖生长的过渡期，是小扁豆生长过程中最重要的时期，是小扁豆产量形成的关键时期。

营养生长与生殖生长并进阶段是从开花期至成熟期。在这个阶段中，茎叶在生长，花荚在发育，此阶段要提供充足的养分和水分，通风透光才能防止叶片早衰，延长叶片的光合时间，确保多开花结荚。

一般情况下，从播种到出苗需 10~12 d，但在外界条件不适宜时，也会延长到 20~25 d。从出苗到开花，中熟品种需 40~45 d，晚熟品种需 45~60 d。开花到成熟，中熟品种需要 40 d 左右，晚熟品种需要 45~60 d。全生育期，中熟品种为 80~90 d，晚熟品种为 90~110 d。

三、生长发育对环境条件的要求

（一）光照

小扁豆多数属于长日照作物，当日照时数在 15~16 h 或以上时便会促进开花，缩短光照则会延迟开花。但也有一部分品种对光照时间反应不敏感，适宜早春播也可晚春播，对开花结荚几乎无影响。

（二）温度

小扁豆能够适应冷凉的气候，多栽培在温带、亚热带和热带的高海拔地区。不同品种小扁豆自发芽到成熟需要 1 650~2 700 ℃有效积温。小扁豆种子在土壤温度达 5 ℃时就可以发芽，最适宜的发芽温度为 18~21 ℃。小扁豆最适宜的生长温度为 24 ℃，温度超过 27 ℃会对小扁豆的生长发育带来不利影响。当生长季遇到连续 10 d 超过 30 ℃的高温天气时，会导致开花、坐果率大幅降低，出现封果早熟现象。温度低于 -3 ℃的严寒或霜冻对其生长有害。小扁豆的最适宜的开花温度为 14~22 ℃，开花量能达到 80%，10 ℃以下或 26 ℃以上极少开花。

（三）水分

小扁豆耐旱不耐涝，多数栽培在干旱和山区，仅依靠自然降水或底层土壤水分就可以生长，但小扁豆对灌水有强烈的反应。小扁豆种子的蛋白质含量高，具有较强的吸水能力，吸水后种子膨胀，质量增加 110%。尽管种子吸水能力强但对于水分要求并不高，当土壤含水量为 9%就可以吸胀发芽。4~6 片真叶期和花荚期是两个最关键的水分临界期，如这两个时期缺少水分会导致减产。小扁豆对水质反应敏感，当含盐量高于 0.3%时会死苗，在重盐碱地栽培将无法成活。小扁豆全生育期需 200~300 mm 降水或灌溉。

（四）土壤

小扁豆在土壤 pH 为 4.5~8.2 时均能生长，黏土、轻壤土、冲积土等也都可栽培，最适宜栽培在中性和微碱性、透气性比较好的土壤上。多数小扁豆对含有硫酸镁、氯化镁的盐渍土比含有其他盐类的盐渍土更为敏感。

（五）养分

小扁豆对磷元素的需求量最大，施肥应以磷钾肥和有机肥为主。在苗期适当增加氮肥有利于促进幼苗发育，增强根瘤菌固氮能力，在生长发育后期不需额外施用氮肥。锌、钼、硫等元素的施用有利提高小扁豆的产量和品质。在初次栽培小扁豆或连续多年未种小扁豆的耕地上，可适当接种根瘤菌帮助小扁豆增加根瘤量。

第三节 栽培技术

一、耕作制度

小扁豆抗寒耐旱、耐瘠薄，所以对前茬作物种类要求不严。小扁豆不仅有根瘤固氮能力，还可以吸收土壤中的钙，能把难溶性磷转化成有效态，是能够改良土壤提高肥力的好茬口。小扁豆在生长过程中会分泌酸性物质，所以不宜连作，生产上忌重茬和迎茬，可与胡麻、糜子、油菜等作物轮作。

二、选地和整地

小扁豆对土壤养分要求不高，旱薄地、坡岗地、果树行间均可以栽培，最适宜栽培的土壤是砂质壤土和微碱性土。因小扁豆不耐涝，栽培地块宜选择排水好无低洼的地块。小扁豆播种前整地制度根据土壤类型和前茬作物确定，没有完全固定的模式。一般在秋季收获后进行翻耕或旋耕，播种前应进行一次耙耱，做到上虚下实。

三、品种选择和种子处理

目前小扁豆的栽培品种多为农家品种，育成品种不多。在国内栽培面积较大的是以下几个品种："山西武宁小扁豆""山西大同玉石小扁豆""陕西白粒小扁豆""庆阳扁豆""宁扁1号""固扁1号"等品种。

播种前在选用良种的基础上对种子进行处理，挑选颜色一致、籽粒饱满、无虫蛀的种子，剔除破碎粒、霉烂粒。播种前选择晴天进行摊平晾晒，晒种1～2 d，促进种子后熟，提高发芽率。播种前选用合适的根瘤菌拌种，每千克种子用100 g根瘤菌，加水搅拌成糊状，再与种子拌匀，晾干后待播。

四、播种技术

小扁豆的播种期根据不同地区气候条件确定，既可春播也可秋播。在陕西定边、甘肃、宁夏附近区域一般在3月中下旬或4月上中旬春播，但在陕西关中、渭北和云南丽江播种时间在9月下旬至10月上中旬。

播种方式多为条播或撒播，条播的行距为25～30 cm，播种量一般为30～45 kg/hm²，单作留苗 $6 \times 10^5 \sim 9 \times 10^5$ 株/hm²；间套混种以 $1.5 \times 10^5 \sim 2.0 \times 10^5$ 株/hm² 为宜。播种深度可根据籽粒大小和土壤墒情进行调整，一般以3～5 cm为宜，墒情较差地区，播种深度可为6 cm，播种后需镇压。

五、施肥技术

根据小扁豆对营养元素的要求，施肥以农家肥、磷肥、钾肥为主，少施氮肥。一般以农家肥为基肥的使用量为22～30 t/hm²，加施磷酸二铵75～150 kg/hm²，可在播种前一起施用，一般不用化肥作为种肥。小扁豆对磷肥需求量很大，磷对根瘤菌共生固氮和整株生长有利，因此每公顷施入 P_2O_5 22.5 kg，可显著提高小扁豆的产量并能改善籽粒的品质。小扁豆根瘤菌的固氮能力足以提供其生长发育所需的氮素，但小扁豆在幼苗阶段没有固氮能力，应少量施入氮肥，以促进幼苗培育成壮苗。锌、钼、硫对于小扁豆生长也是必需的，适量施入有利于获得高产。开花结果期叶面追施 2 g/kg 硼酸溶液和 2 g/kg 磷酸二氢钾溶液。

六、田间管理

小扁豆出苗前要特别注意破除板结，因小扁豆顶土能力差，一旦雨后土壤板结会导致出苗率下降、缺苗严重。中耕除草是田间管理重要的环节。出苗后，当第 1 片复叶展开后间苗，第 2 片复叶展开后定苗。定苗前后，结合除草灭茬中耕 1～2 次，促使根瘤的形成和根系下扎，分枝期进行第 3 次中耕并进行培土、护根防倒。

七、收获和储藏

当小扁豆植株大部分变黄、叶片开始脱落、豆荚变成褐色时，即可收获。如收获时间过晚小扁豆会出现炸荚落粒现象，影响最终产量。收获后应及时脱粒晾晒，避免发霉。小面积栽培时一般是人工采收，可以 6～8 d 收摘 1 次，或者用工具收割。如果大面积使用机械收获应选择熟期一致、成熟期不炸荚的小扁豆品种。

收获脱粒后经过晾晒清理的小扁豆种子，应储藏在阴凉干燥处，小扁豆安全储藏最大的威胁是害虫，其中包括豆象，可采取室内熏蒸的方法来消除，既可以杀死成虫又可以杀死附着在豆粒上的幼虫和卵。经过熏蒸后的种子不影响食用性和发芽率。在适合的储藏条件下，小扁豆可 5 年内保持较高的发芽率，但种皮的颜色会随着时间的延长逐渐变深。

第四节　病虫草害及其防治

一、主要病害及其防治

小扁豆属于抗病作物，一般不易受病害侵染，比豌豆属和菜豆属更为耐病。危害小扁豆最严重的病害是根腐病、茎腐病、维管束萎蔫病、小扁豆锈病、白粉病和花叶病毒病。

（一）根腐病和茎腐病

根腐病和茎腐病均属于土传病害，可造成小扁豆严重减产。高温高湿的气候极易导致病害的发生，并加快内部相互传染，被侵染的植株凋萎、失绿，最后死亡。根腐和茎腐经常与维管束萎蔫病并发，病情极难控制，目前尚无有效的防治方法。在出苗至结荚期用百菌清可湿性粉剂喷雾防治，每隔 10～15 d 喷 1 次，连喷 1～2 次，可起到一定的预防作用。

（二）维管束萎蔫病

维管束萎蔫病通常也称为真性萎蔫，属于真菌病害。维管束萎蔫病病原菌通常在小扁豆开花前侵染维管束系统，并阻止水分的提升，造成植物萎蔫死亡。当温度在 17～31 ℃、相对湿度为 25%、土壤 pH 为 7.6～8.0 时，这种病害最易发生。因此在选择耕种地块上要注意 pH、水分含量等。发生维管束萎蔫病一般都是几种病原菌同时出现，至今还未育成抗病品种。

（三）小扁豆锈病

小扁豆锈病是最严重的叶部病害，在印度以及南美洲大部分地区发生严重。锈病病原菌是一种专性寄生的真菌，能在小扁豆上完成整个生活史。锈病在低温（20～22 ℃）、多云潮湿的气候条件下发病率较高。小扁豆锈病多发生在生长发育后期，病原菌侵染叶片，严重时茎、叶柄、荚均被侵染。侵染初期，叶片背面出现许多浅黄色小斑点，以后浅黄色小斑点逐渐扩大，并变为黄褐色突起疱斑；豆荚染病后形成突出的表皮疱斑，发病严重的失去食用价值。

防治方法：选择抗病品种，例如美国的"黄子叶 78"、印度的"L9 - L12"以及中国的"宁武小扁豆"等；适时播种，科学地田间管理以培育壮苗；化学药剂防治，可用三唑酮可湿性粉剂或 30％固体石硫合剂防治 1～2 次，两次喷药相隔 15 d。

（四）白粉病

小扁豆白粉病是由单丝壳属白粉菌引起的，病原菌主要侵害叶、花、果柄和果实。发病初期，叶背局部出现薄霜似的粉状物，以后迅速扩大到全叶、全株。粉状物逐渐变成灰白色，叶片卷缩，后期枯黄。白粉病蔓延速度特别快，一旦布满整个叶片就会影响光合作用。

防治方法：定植前可用硫黄粉熏烟，消灭病原菌；病害出现后，每隔 7～10 d 喷 1 次粉锈宁可湿性粉剂，或百菌清可湿性粉剂；及时清除病株、老叶、枯叶。

（五）花叶病毒病

小扁豆花叶病毒病是一种种传病害，症状表现为叶片畸形皱缩、叶片变小，以及花、荚和种子败育。即使种子成熟也会比正常种子小，还会出现畸形种。目前已经培育出具有抗性的品种。

防治方法：选用抗病品种；田间防治蚜虫传播。发病初期选用 30％壬基酚磺酸铜水乳剂，或 0.5％菇类蛋白多糖水剂（抗毒剂 1 号）、10％混合脂肪酸铜等水溶液喷雾。

二、主要虫害及其防治

小扁豆经常受到虫害的侵扰，主要的虫害有蚜虫、地下害虫、豆象、豆荚螟、蓟马等。

（一）蚜虫

豌豆蚜、豇豆蚜都危害小扁豆。因小扁豆植株韧皮部汁液富含昆虫喜食的糖类物质，蚜虫以刺吸式口器吸取植株韧皮部汁液来获得营养。植株遭受蚜虫侵害后，会萎蔫、畸形和落花落荚。蚜虫还会在小扁豆间传播耳突状花叶病毒和条斑花叶病毒。

防治措施：喷施杀虫剂，控制豌豆蚜的杀虫剂主要有吡虫啉、阿维菌素、高效氯氰菊酯等；天敌昆虫控制，豌豆蚜的捕食性天敌主要有瓢虫、草蛉、蜻和食蚜蝇等，而寄生性天敌研究较多的则为蚜茧蜂。田间调查发现，多异瓢虫是蚜虫主要的捕食性天敌之一，可在一定程度上减轻豌豆蚜的危害。

（二）地下害虫

危害小扁豆的地下害虫主要包括地老虎、线虫等，地老虎等取食接近地面的幼茎基部，咬断或咬伤幼苗致植株死亡。线虫病主要发生于须根及侧根上，切开根结有很小的乳白色线虫藏于其中，根结上生出的新根会再度染病，并形成根结状肿瘤，影响根系的吸收能力。

防治措施：毒饵诱杀，毒饵的制作方法是用 50％辛硫磷加入适量的水稀释，再加入炒香的麦麸、豆饼、谷子等饵料，饵料和药剂充分混匀；于小扁豆田中每间隔 3 m 挖浅坑放入毒饵并覆土，施用量为每公顷 22.5～37.5 kg；药液灌根，对苗后幼虫发生量大的地块，可采用药液灌根的方法防治，常用 50％辛硫磷乳油或敌百虫稀释浇灌根苗。

（三）豆象

豆象俗称斗牛、麦牛，对豆类植物危害相当惊人，可在短时间内将表面看起来完好的豆粒蛀空，还会降低种子的发芽力。豆象对小扁豆的危害通常是豆象到豆荚上产卵，幼虫钻进籽粒内部，小扁豆脱粒收获后进入仓库，豆象随之进入仓库进一步对籽粒进行危害。

防治措施：用 25％快杀磷乳油花期喷药；速灭杀丁乳油兑水喷雾；用磷化铝熏蒸小扁豆种子，杀死成虫及虫卵。

(四) 豆荚螟

豆荚螟是造成小扁豆减产的主要害虫之一，它主要以幼虫蛀入荚内蛀食豆粒，蛀孔处堆积很多虫粪，轻者把豆粒咬成缺刻孔道，重者把整个豆荚咬空。成虫昼伏夜出，白天多躲在豆株叶背、茎上或杂草上，傍晚开始活动，趋光性不强。成虫羽化后当日即能交尾，隔天就可产卵。每荚一般只产 1 粒卵，少数 2 粒以上，1 头幼虫一生可危害 1～3 个豆荚。

防治措施：喷施化学杀虫剂，可采用阿维菌素乳油、速灭杀丁乳油杀防治，每隔 7 d 喷施 1 次，可喷药 1～3 次；合理轮耕，在豆荚螟危害严重地区，应避免豆类作物多茬口混种及与豆科绿肥连作或邻作，最好采用大豆与水稻轮作或与玉米间作。

(五) 蓟马

蓟马是在豆科常见的害虫，危害症状是花朵变形、失色、叶上有白色条纹或白色斑点，被害的嫩叶、嫩枝变硬卷曲枯萎，植株生长缓慢，节间缩短。蓟马喜欢温暖、干旱的天气，湿度过大不能存活，当湿度达到 100％、温度达 31 ℃时，若虫全部死亡。因此蓟马对小扁豆的危害一般不严重。可清除田间杂草和残枝败叶，以消灭越冬成虫和若虫；加强肥水管理，促进植株健壮成长，增强抗病虫能力。注意观察，如害虫泛滥再用药。

防治措施：利用蓟马趋蓝色的习性，在田间设置蓝色粘板，诱杀成虫，注意粘虫板的悬挂高度，一般与作物持平；或选用阿维啶虫脒防治，并添加有机硅助剂，延长药物持效期。

三、田间主要杂草及其防除

小扁豆的植株较矮，如不能及时进行除草，产量损失很大。田间的主要草害，禾本科有稗草、狗尾草、画眉草等，藜科有藜、小藜、猪毛菜等，菊科有刺儿菜、大刺儿菜、蒲公英等，旋花科有田旋花等。在小扁豆生长发育前期的主要杂草是禾本科，后期主要是阔叶杂草。在播种后 30 d 和 60 d，各进行 1 次中耕除草，有利于小扁豆生长。

常见杂草的防除方法：禾本科杂草除草剂一般选用 10.8％精喹禾灵乳油、30 g/L 甲基二磺隆油悬浮剂、25％玉嘧磺隆悬浮剂、8％烟嘧磺隆悬浮剂等，阔叶杂草类的除草剂有 21％烟嘧磺隆、莠去津、快灭灵、75％百阔净、麦草畏、灭草松、二氯吡啶等。

复 习 思 考 题

1. 简述小扁豆的营养价值。
2. 如何进行小扁豆的栽培管理？
3. 简述小扁豆主要的病虫草害及其防治方法。
4. 简述小扁豆生长发育对环境条件的要求。

第八章 黑　　豆

第一节　概　　述

一、起源和分类

黑豆［*Glycine max*（L.）Merrill］又名黑大豆，是大豆的一种，在植物学分类学中属豆科蝶形花亚科。黑豆起源于我国，栽培历史悠久，《神农本草经》中就有关于黑豆的记载。黑豆按其花色、茸毛色的不同，可分为紫花白毛黑豆、紫花茶毛黑豆、白花白毛黑豆、白花茶毛黑豆；按其籽粒大小又可分为小粒种黑豆和大粒种黑豆。一般认为，小粒种黑豆品种是进化程度较低的类型，而大粒种黑豆品种的进化程度与大粒黄豆类型无异。

二、生产情况

我国黑豆资源丰富，为世界各国之首。目前，我国保存着 22 000 余份大豆品种资源；其中黑豆 2 980 份，数量仅次于黄豆。我国黑豆栽培于 27 个省份，大多分布在黄河流域。现在陕西、山西北部黄土高原地区仍以栽培小黑豆为主；大粒黑豆主要分布在东北和江南。

黑豆的籽粒大小差异很大，最小的如山西省的"吉县黑豆"，百粒重只有 4 g；最大的如江苏金坛的"黑蚕嘴豆"，百粒重达 37.4 g。黑豆有极小粒、小粒、中粒、中大粒、大粒、特大粒之分，但以小粒、中粒为主。黑豆的粒形各异，大多为长椭圆形，还有扁椭圆形、扁圆形、肾形和圆形。黑豆的子叶多数为黄色，占 96％以上；极少数为绿色，即所谓的黑皮青仁，这种黑豆营养价值与药用价值都很高，被称为药黑豆，是出口的好品种。

我国有许多名贵的黑豆品种，在传统黑豆出口品种中，浙江的"乌皮青仁黑豆""平湖元青豆"以及山西的"灰皮支黑豆"，在国际市场上享有很高的名誉，是我国宝贵的黑豆品种资源。有些黑豆品种具有特殊的抗逆性，在生产和育种上都有较高的应用价值。

三、经济价值

（一）营养成分

黑豆中蛋白质含量为 36％～40％，约相当于肉类含量的 2 倍、鸡蛋的 3 倍；富含 18 种氨基酸和 19 种脂肪，不饱和脂肪酸含量达 80％。此外，黑豆还含有较多的钙、磷、铁等矿物质和胡萝卜素，以及多种维生素。黑豆还含有其他豆类所不含的异黄酮和黄酮混合物，特别是黑色种皮含有多种色素和皂苷以及独特的活性物质，在食品开发中具有很大的潜力。

（二）药用方面的应用

黑豆是医药工业廉价而重要的原料。中医认为，黑豆和黑豆衣具有养血平肝、除热止汗、补肾补阴之功效。自古以来黑豆就被用来治病，历代各种医书中都记载有大量药方。宋代苏颂曾经提出黑豆的药用价值："大豆有黑白二种，黑者入药"。明代李时珍在《本草纲目》中也明确写道："大豆有黑、青、黄、白、斑数色，惟黑者入药"。黑豆有降血压、利尿、活血解毒等功效，还可以治疗少年白发、感冒、糖尿病、过敏性皮炎等疾病。黑豆中含有雌激素，常食用可治疗妇女病，还能预防乳腺癌。近代医药学研究发现，黑豆油可预防动脉硬化、胃肠溃疡、肠炎。黑豆的糖类主要是乳糖、蔗糖和纤维素，淀粉含量极小，是糖尿病患者的理想食品。

（三）饲料方面的应用

黑豆的茎叶、籽粒及其加工中的副产品可作为优质饲料，饲喂畜禽。有些农家黑豆品种的名称就直呼为马料豆。青绿的黑豆茎叶可直接用于饲喂，其营养价值不亚于苜蓿。青贮效果更好，尤其是与玉米青贮饲料混合饲喂。收获后的黑豆秸秆含蛋白质 5.7%，可消化率为 2.3%，其营养成分高于谷物秸秆，尤其是对于猪这样的家畜来说，其不能食用大量纤维素，如果以黑豆饼作为饲料，饲养效果更加理想。秸秆磨碎后制成颗粒饲料喂兔，饲养效果较好。黑豆籽粒中蛋白质、氨基酸、矿质元素及维生素含量丰富，是饲料工业中制作配合饲料、膨化饲料的重要原料。

第二节 生物学特性

一、植物学特征

（一）根

黑豆根系发达，属直根系，由主根、侧根和根毛组成。主根由种子的胚根发育而成，是根系形成的主体，向下垂直生长，深达 30～50 cm，有的可达 1 m 以上。主根产生的分支为侧根，侧根又继续分支，形成三四级侧根，水平生长可扩展到 40～60 cm，与相邻植株的侧根相遇后，即改变方向，弯曲向下生长。幼嫩根部密生根毛，通过根毛吸收土壤中的水分和养分。根的解剖构造分为表皮、皮层（内皮层及外皮层）、中柱（包括中柱鞘、维管束和髓）。根通过维管束将根毛吸收的水分和养分运送到植株的各个部位。

根系生长最适宜的土壤温度为 20～25 ℃，温度过高过低都不利于根系发育。黑豆根系生长规律是：苗期根系生长比地上部快 5～7 倍，分枝到开花期根系生长最旺盛，结荚期达到高峰，随后逐渐衰弱，种子形成时根系停止生长。

黑豆生长过程中根能分泌出一种物质，诱集根瘤菌于根毛附近。根瘤菌从根毛尖端侵入根部，根细胞受刺激后分裂加速，膨大为圆形根瘤，根瘤直径一般为 1～5 mm。黑豆苗期第 2 片单叶出现时，根瘤就开始形成，初为绿色，逐渐变为粉红色，最后为褐色。根瘤形成 15 d 后开始固氮，最初固氮能力很弱，开花期迅速增加，鼓粒期达到最旺盛阶段，约占总固氮量的 80%，成熟期固氮能力迅速降低。根瘤长成之前，根瘤菌与黑豆是寄生关系，不具备固氮能力，靠吸收根部营养而生活。不同品种黑豆根瘤固氮能力差异较大，东北的品种一般根瘤多而大，固氮能力强；小黑豆一般根瘤小而少，固氮能力较差。

充足的光照、适宜的二氧化碳浓度、土壤中良好的透气性、气温 20～25 ℃、土壤含水量为最大持水量的 60%～80% 对固氮最有利。磷是固氮菌生活的重要营养物质，增施磷肥可使固氮能力可提高 30% 以上。钙对根瘤菌的繁殖和结瘤有促进作用。硼能促进根瘤发育。钼是固氮酶的重要成分，在缺钼土壤里黑豆只能结瘤，根瘤不能固氮。土壤 pH 也是影响根瘤固氮的重要因素，中性或碱性环境比较适宜，pH 4.8～8.8 可保持根瘤菌的正常活力。

(二) 茎

黑豆的茎长多为 50～100 cm，差异很大，最矮只有 40 cm，最高达 180 cm（蔓生）。茎节数，少的品种一般仅 10 余节，多的品种达 25 节以上。分枝数也不等，多者达 8～10 个，也有独秆无分枝的。黑豆的幼茎有绿色和紫色之分，绿色的开白花，紫色的开紫花。成熟时茎色不一，有淡褐色、褐色、深褐色、紫色和绿色。茎上着生许多茸毛，有棕色和灰色两种。

黑豆茎的初生结构由表皮、皮层和中柱 3 部分组成。中柱由维管束和髓组成。每个维管束由韧皮部、形成层和初生木质部组成。茎的次生结构由外向内分别是：表皮、皮层、韧皮纤维、次生韧皮部、形成层、次生木质部、初生木质部和髓。茎起支撑和固定作用，其中中柱是植株体内的"运输通道"，根部吸收的水分和养分通过它运送到各个器官，叶部制造的营养物质也通过中柱输送到花、荚、籽粒中去。

根据主茎和分枝生长状况，把黑豆植株形态分为 4 种类型：直立型、半直立型、半蔓生型和蔓生型。

(三) 叶

黑豆是双子叶植物，其叶片有子叶、单叶和复叶之分。幼苗出土后首先展开的是 1 对肥厚的子叶，子叶受光照后生成叶绿素变为绿色，可以进行光合作用。从幼茎上长出的叶子最早是 2 片对立的单叶，是胚芽的原始叶，呈卵圆形，寿命也不长。之后再长出的叶子都是三出复叶，每个叶子由 3 片小叶组成，也有四出复叶或五出复叶现象。子叶、单叶都是对生，主茎和分枝上的复叶为互生。复叶由托叶、叶柄和叶片组成。

叶的形状因品种而异，有圆形、椭圆形、卵圆形、披针形之分。圆形和椭圆形的叶片一般较大，虽然受光面积大，但也容易造成冠层封顶，株间郁闭，影响光合作用。披针形叶透光性良好。黑豆品种中一般植株中部叶片较大，上部叶片较小，有利于株间透光。不同品种的叶形和大小，对光合作用强弱的影响不显著，但披针形叶有利于透光。

叶的解剖构造主要是 3 部分：表皮、叶肉和叶脉。表皮分上表皮和下表皮，都是 1 层细胞。表皮细胞表面有 1 层很薄的角质层，起保护作用。表皮上有茸毛和许多气孔。气孔由两个半月形保卫细胞围成，可进行气体交换，并具有蒸腾作用。

(四) 花

黑豆花很小，聚生在花轴上称为花序，花序着生在腋芽或顶端。花序在植物学上属于总状花序，分为长花、中长花和短花 3 种花序。1 个花序上许多花朵簇生在一起，称为花簇。黑豆的花朵分白花和紫花两种，每朵花都由苞片、花萼、花冠、雄蕊和雌蕊 5 部分组成。花的基部外层有 2 个苞片，起保护花芽的作用。花冠为蝴蝶状，是典型的蝶形花，5 个花瓣，形状不同，分旗瓣（1 枚）、翼瓣（2 枚）和龙骨瓣（2 枚）；雄蕊 10 枚，雌蕊 1 枚，雌蕊居中，雄蕊在外围呈圆筒形，有利于自花授粉。

(五) 荚

黑豆的荚果是胚珠受精后由子房发育而成的。成熟的荚果长为 2～6 cm，一般为 4 cm 左右；宽为 0.5～1.5 cm；呈弯镰形或扁平形，大多数是弯镰形。荚色有淡褐色、褐色、绿色和黑色，荚的表面有灰色或棕色茸毛，茸毛多少因品种而异。每荚有 2～3 个籽粒，或有 3～4 个籽粒，针形叶品种多为 4 粒荚。主茎最下部豆荚距地面的高度称为结荚高度，机械化收获要求结荚有一定高度，以 15 cm 为宜。大田生产中结荚高度与栽培密度有关，密植时结荚高度增加。豆荚成熟后有裂荚现象，东北地区的栽培品种不易裂荚；黄河流域和长江流域的许多品种容易裂荚，不适合机械化收获。成熟至收获期间，高温干燥或收获过晚，容易裂荚落粒，影响产量。

（六）种子

黑豆种子由胚珠发育而成。种子包括种皮、子叶和胚 3 个部分，是典型的双子叶无胚乳种子。种皮起保护作用，皮色分黑和乌黑 2 种。子叶有黄色和青色（即绿色）之分，青色子叶品种较少。种皮外侧凹陷处有明显的脐，种脐有褐色和黑色 2 种。种脐下方有 1 个小孔，称为种孔，种子发芽时胚根由种孔伸出。

黑豆种子形状有圆形、椭圆形、扁圆形、扁椭圆形、长椭圆形和肾形（猪腰形），以椭圆形为最多，占 36.6%；扁椭圆形、长椭圆形和肾形分别占 22.7%、20.7% 和 13.7%；圆形籽粒较少，这是长期自然选择和人工选择的结果。籽粒的大小，不同品种间的差距较大，极小粒品种的百粒重在 6 g 以下，特大粒品种的百粒重能达到 30 g 以上。

二、生长发育周期

黑豆的生育期通常是指从出苗到成熟所经历的天数。黑豆的生长发育，从种子萌发开始，经历出苗、幼苗生长、花芽分化、开花结荚、鼓粒成熟过程。

（一）发芽和出苗期

胚根首先从胚珠珠孔伸出，当胚根伸长到与种子等长时称为发芽。胚轴伸长，种皮脱落，子叶随下胚轴伸长露出土面，当子叶展开时称出为苗。

（二）幼苗期

从出苗到分枝出现这个时期为幼苗期。子叶出土展开后，幼茎继续伸长，经过 4～5 d，1 对原始真叶展开，这时幼苗已具有 2 个节，并形成了第 1 节间。

（三）花芽分化期

从花芽开始分化到花开放，称为花芽分化期，一般为 25～30 d。当出现 4～5 片复叶时，主茎下部开始发生分枝，同时分化花芽。

（四）开花结荚期

花蕾膨大到花朵开放需 3～4 d。从始花到终花为开花期，幼荚出现到拉板（形容豆荚伸长、加宽的过程）完成为结荚期。由于黑豆开花结荚是交错的，所以又将这两个时期统称开花结荚期。

（五）鼓粒成熟期

黑豆从开花到鼓粒阶段，没有明显的界限。在田间调查记载时，把豆荚中籽粒显著突起的植株达一半以上的日期称为鼓粒期。

三、生长发育对环境条件的要求

（一）光照

黑豆喜光，属短日照作物，对光照长短反应非常敏感。长日照的环境可促进其营养生长，而对生殖生长有抑制作用。在短日照条件下，有利于生殖生长，不利于营养生长。除光照长短外，光照强弱对黑豆生育也有很大影响。叶片光合作用的光饱和点为 $6 \times 10^4 \sim 7 \times 10^4$ lx，在达到光饱和点之前，叶片光合速率随光照度的增强而提高。光照不足会严重影响光合产物的形成和运转，引起花荚脱落，降低百粒重。

（二）水分

黑豆是需水量较大的作物，农民中有"旱谷涝豆"之说。水分是黑豆细胞重要组成部分，种子吸水量为自身质量的 $120\% \sim 130\%$ 时才能正常发芽。多数黑豆发芽吸水量比黄豆少 6%，早春播种，在相同条件下，黑豆出苗率比黄豆高 5.5%；深播情况下，出苗率比黄豆高 16.3%。

春播黑豆苗期比较耐旱，耗水较少，适当控制水分可促使根系深扎，有利于蹲苗。开花结荚期和鼓粒期耗水量最大，农谚说"干花湿荚，亩收石八""干荚湿花，有秆无瓜"。结荚鼓粒期是营养物质向籽粒运转的关键时期，需水量较多，水分供应不足时秕荚增多。开花时期如果阴雨连绵或者浇水过多，会引起徒长倒伏，花荚大量脱落。总体来说，黑豆产量与生长发育期间的田间耗水量关系十分密切，正常情况下，田间耗水量越多，产量越高。

（三）温度

黑豆是喜温作物，但对温度要求不太严格。不同地区栽培的不同类型品种所需求的积温大体是 $2\,400 \sim 3\,800\,℃$，我国从南到北都能满足这个需求，因此都能栽培黑豆。北方品种、早熟品种要求积温较少，南方品种、晚熟品种要求积温较多。

日平均温度为 $6 \sim 7\,℃$ 时，种子即可萌动发芽，但非常缓慢；$20\,℃$ 左右最为适宜种子萌发，播种后 $4 \sim 5$ d 就能出苗。夏播时气温高，出苗更快。幼苗有一定抗低温能力，遇到春寒天气，在 $-4\,℃$ 时只有轻微冻害。真叶出现后抗寒力显著减弱，在 $-2\,℃$ 时就出现冻害。开花期最适宜的温度，白天为 $22 \sim 29\,℃$，夜间为 $18 \sim 24\,℃$。低于 $16\,℃$ 或高于 $33\,℃$ 时，无花朵开放。籽粒形成期所需温度有所降低，为 $20 \sim 23\,℃$，这个时期如果温度过高，反而会造成落荚和籽粒不饱满。成熟期适宜温度为 $19 \sim 20\,℃$，低于 $14\,℃$ 时停止生长。

（四）土壤

黑豆对土壤条件要求不严格，尤其是小粒黑豆品种适应性更广。黑豆根系发育及根瘤菌活动要求土壤通气性、保水性良好。砂土通气性好但保水性差，黏土保水性好而通气性差，所以最理想的是砂壤土、黏壤土。土壤耕层紧实度对黑豆根系生长影响很大，土壤容重以 $1.0 \sim 1.4$ g/cm³ 为宜。

（五）养分

黑豆对营养物质需求的特点是：需要数量大，需肥种类多。有实验结果显示，每生产 100 kg 黑豆籽粒，从土壤中吸取氮 9.35 kg、磷 1.01 kg、钾 3.01 kg、钙 2.32 kg、镁 1.01 kg、硫 0.665 kg、铁 0.051 kg、锰 0.018 kg、锌 0.006 kg、铜 0.003 kg、硼 0.003 kg、钼 $0.000\,3$ kg。

四、抗 逆 性

古代农谚说："庄稼种黑，十年九得"，说明黑豆有较强的适应能力，小粒黑豆品种适应性更强。在一些不宜栽培谷类作物的地方，如山坡地、旱薄地、下湿盐碱地，栽培黑豆也能有一定收成。

（一）抗旱性

在各种大豆中黑豆抗旱性较强，尤其是小粒黑豆。全国现存大豆品种资源，经鉴定的抗旱资源中黑豆占 28.5％。北方代表性抗旱品种有陕西省的"佳县黑豆""耐阴黑豆"和"牛尾巴黑豆"，北京市的"怀柔黑豆"，山西省的"兴县圆黑豆""应县小黑豆"等。

（二）耐盐碱性

各种大豆最适宜在中性土壤上生长，酸性土壤次之，碱性土壤最差。一般来说，土壤 pH 为 5～8、总盐量低于 0.18％、氯化钠含量低于 0.03％时，黑豆生长良好。含盐量过高时，种子萌发和植株生长都会受到影响，植株高度变低，叶片变小。黑豆与黄豆相比，多数品种耐盐碱性更强。有人做过调查和试验，在较为严重的盐碱地上，黑豆出苗率为 37％，黄豆出苗率为 31.5％；硫酸钠含量为 4％时，黑豆出苗率为 79.19％，黄豆出苗率为 75.46％；当硫酸钠含量提高到 8％时，黑豆的出苗率仍为 44.98％，而黄豆出苗率下降到 7.18％。耐盐品种地域分布比较明显，以山东、辽宁及其他沿海、湖泊地区耐盐品种较多，例如山东省的"济阳大黑豆"，全生育期都表现出较强的耐盐性。

（三）耐寒性

大豆发芽对温度很敏感，出苗期不能低于 6 ℃；幼苗期低于 -5 ℃就会严重受冻。多数黑豆品种比较耐寒，在山西省太谷县适期播种（4 月 23 日）时，黄豆和黑豆都是 1～3 d 出苗，出苗率 100％。在提早播种（3 月 14 日）时，黑豆 3～4 d 出苗，出苗率为 94.93％；黄豆 3～6 d 出苗，出苗率为 83.99％。

（四）抗病性

农家黑豆品种多数抗病性较强，特别是小粒黑豆品种。总体而言，抗花叶病毒病的品种资源不多，抗灰斑病的较多，抗霜霉病的品种最多。研究东北三省 131 个黑豆品种的抗病性发现，有 108 个抗霜霉病，其中有 64 个属于高抗。既高抗灰斑病又高抗霜霉病的优良品种资源有吉林省的"安图黑豆"（百粒重为 10.1 g）和"龙黑粒大豆"（百粒重为 14.0 g）。

第三节　栽培技术

一、耕作制度

黑豆是一种不宜连作的作物，因此在栽培田块的选择上，要选择上一茬没有播种过豆类作物的地块，一旦连作，不仅病虫病害会增多，而且也会导致养分的匮缺和有毒物质的积累，最终导致品质的下降。黑豆在栽培中必须重视前茬的选择。禾谷类是栽培黑豆的良好前茬。生产实践表明，较好的轮作方式是：冬小麦→夏黑豆→冬小麦→夏杂粮。

二、选地和整地

黑豆的抗逆性较强，对于土壤的要求并不十分严格。栽培黑豆可以选择地势平坦、养分充足、透气较好的砂壤土，土壤 pH 在 5～8 范围内，生产中能做到旱能灌、涝能排。这类土壤对黑豆的生长最为有利。

黑豆整地一般分为秋整地和春整地两种。秋整地时，在前茬作物收获后，先用除茬机将根茬打碎，或人工将根茬刨除捡净，随后进行秋耕，耕深为 16～20 cm，耕后立即耙地，起垄并镇压。在未能进行秋整地的情况下，可在春季进行整地。春季整地宜早不宜晚，以顶浆打垄为宜。

整地应该做到"平、净、松、碎"。"平"即整平地面，减小耕层表面积，减少土壤与外界环境接触的面积，保证播种作业质量，出苗整齐，有利于实现苗全、苗齐、苗壮。"净"即土壤表面无残茬、无杂草、无土块，地表平整净洁。"松"即土壤松碎，耕层上实下虚，总孔隙度与孔隙度大小合理，土壤容重适宜，有利于好氧微生物活动和养分分解。"碎"即表土细碎，使上层下层的水、肥、气、热状况相互协调，提高土壤有效肥力的利用，为黑豆播种和生长发育提供良好的土壤条件。

三、品种选择和种子处理

在同样栽培条件下，播种精选的种子出苗迅速整齐，幼苗生长健壮，具有明显的增产作用。采用选粒机或人工精细挑选，剔除病粒、虫蛀粒、小粒、未熟粒、发霉粒及破瓣，根据所用品种的种皮色、脐色、粒形等特征，去除混杂粒，精选纯度应达到98%以上。农民选种的经验是"三要三不要"。"三要"是：要用同一品种，要种子整齐，要粒大饱满；"三不要"是：不要混杂种，不要虫蛀粒，不要秕粒。

根据当地病虫害发生特点，确定种子处理重点。如果地老虎、蛴螬等严重，则以防治地下害虫为主，用相当于种子量0.1%~0.5%的辛硫磷拌种，或用0.3%~0.4%的多菌丹（1:1）拌种。如病害严重，可用杀菌剂福美双或克菌丹（50%可湿性粉剂）拌种，防治灰斑病、霜霉病、紫斑病等。

四、播种技术

适期播种是黑豆生产的关键。播种时期应根据当地的气候、土壤条件、栽培方式和品种的生育期来确定。北方春大豆产区，在土壤含水量为20%、土层5~10 cm的日平均温度为8~10℃时播种较为适宜，一般在4月下旬到5月上旬播种。南方多期大豆产区，春播在3月下旬到4月上旬进行，夏播5月下旬到6月上旬进行，秋播在7月下旬到8月上旬进行。四季播种地区春播在2月下旬到3月上旬进行，夏播在5月下旬到6月上旬进行，秋播在7月进行，冬播在12月下旬到翌年1月上旬进行。

单位面积上的黑豆产量是由总株数和单株籽粒质量构成的。但随着总株数的增加（即密度加大），单株籽粒质量会逐渐下降。春季黑豆播种的适宜密度，土壤肥沃或栽培分枝性强的品种保苗 1.5×10^6 株/hm² 左右，土壤瘠薄或品种分枝性弱的品种保苗 2.7×10^6~3.0×10^6 株/hm²。夏季黑豆保苗 3.3×10^6~4.5×10^6 株/hm² 较为适宜；土壤瘠薄或品种分枝少的，应保苗 4.5×10^5 株/hm² 以上；蔓生性强的小黑豆，植株高大繁茂，保苗 3.0×10^6 株/hm² 左右。

五、施肥技术

（一）基肥

基肥应以农家肥为主。近年来，有机肥施用量逐年减少，特别是栽培大豆时更不重视。这一方面是因为有机肥源缺乏；另一方面是因为认识上有偏差，以为豆类作物需肥不多，又有根瘤菌固氮。其实根瘤菌固氮只能满足黑豆1/5~1/3的需求。各种农家肥（畜禽粪、堆肥、土杂肥等）被称为完全肥料，不仅养分全面，而且富含有机质，对改善土壤理化性状及微生物类群起着重要作用。

（二）种肥

种肥与播种同时施用。用粒状过磷酸钙随播种机施入，用量为 150～225 kg/hm^2。土壤贫瘠时，可配合少量氮肥，用硝铵 60～90 kg/hm^2。施用种肥时，要特别注意种子与肥料隔离，以免烧种、烧苗。

（三）追肥

土壤肥力较低、基肥不足或者苗期生长不良时，需要进行苗期追肥。结合中耕培土，每公顷追施尿素 60～75 kg、过磷酸钙 8～10 kg。开沟施入并立即培土。花期追肥是高产栽培的重要措施，在开花前或始花期进行，结合浇水每公顷追施尿素 60～75 kg 或硫酸铵 75～150 kg。黑豆叶片吸收养分能力很强，土壤养分供给不足时，也可进行叶面追肥。喷施叶面肥时既可单独喷洒 1 种肥料，又可将几种肥料混合喷洒。花期每公顷喷洒 0.2％硼砂溶液 750 kg，或喷洒 0.12％磷酸二氢钾溶液 600 kg，都有一定增产作用。

六、田间管理

黑豆被称为中耕作物，生育前期大部分地面裸露，土壤水分蒸发严重，又容易滋生杂草，雨后常造成土壤板结。所以结合中耕进行培土、除草是田间管理的一项重要措施。

黄淮海地区及长江流域大豆产区，多为人工作业，中耕、除草、培土同时完成。黑豆生长发育期间，一般中耕 2～3 次。第 1 次要早，在苗高 7～10 cm 进行。第 2 次中耕在苗高 15～20 cm 时进行。第 3 次在开花前期结束中耕，此次一定要细心培土。中耕深度掌握先浅、中深、后浅的原则。灌水后 3～5 d 或大雨过后及时中耕，防止土壤板结。

长期无降水或降水量小时进行灌溉，尤其是在黑豆结荚鼓粒期遇到高温少雨天气时，即出现"五日不雨一小旱，十日不雨一大旱"的短期干旱天气时，须及时灌溉。

南方多雨地区及北方下湿地还需注意防止涝害，建立排灌结合的农田水利工程，开设明渠或埋设地下排水管道，及时排除田间积水。

植物生长调节剂可以用来调控植物生长发育进程，使之协调发展，从而达到增产的目的。需要说明的是，这些都是辅助措施，不可盲目使用。多效唑是一种生长延缓剂，可促进植株横向生长，增加茎粗，矮化植株，延缓衰老，并能提高光合作用能力。三碘苯甲酸是一种高活性生长调节剂，具有抑制黑豆营养生长、增花增粒、促使主茎粗矮壮实的作用，并能促进早熟，在黑豆初花期到盛花期施用，每公顷用量为 45～75 g，可提高黑豆结荚率 20％。

七、收获和储藏

（一）收获

黑豆成熟时叶片脱落，呈现本品种固有的色泽，荚中籽粒与荚壁脱离，用手摇动植株有响声，籽粒归圆时为适宜收获期。收获要及时，若收获太早，由于籽粒没有完全变黑从而影响产量和品质，收获过晚时易炸荚落粒。收获应在上午进行，做到留低茬、放小铺、不漏枝。

（二）储藏

黑豆脱粒后，必须充分晾晒，使含水量达到 12% 左右再入库储藏，储藏温度应保持在 2～10℃。储藏过程中，应保持场地清洁、干燥、通风，种子不得与潮湿地面直接接触。

第四节 病虫草害及其防治

一、主要病害及其防治

（一）花叶病毒病

花叶病毒病在全国各黑豆产区普遍发生，为黑豆主要病害之一。黄河流域和长江流域发病较为严重。黑豆受害后产量减少，品质变劣。特别是顶芽枯型花叶病，发病严重时，会颗粒无收。花叶病毒感染的植株，叶、荚、豆粒或全株变形。病荚畸形，主要特征是无毛。病粒粗糙无光泽。

防治方法：栽培抗病品种；播种前严格选种，剔除带病毒种子；及时喷药防治蚜虫，特别是防治有翅飞蚜。

（二）细菌性斑点病

细菌性斑点病在我国东北、华北及南方很多地区都有发生，北方重于南方，尤其在冷凉阴湿条件下发病较多。其危害性：播种后烂种缺苗；植株早期落叶减产。细菌性斑点病主要危害叶片，也侵染幼苗、叶柄、豆荚和种子。叶上病斑起初为褪绿小斑点，以后扩大为多角形或不规则形褐斑，病斑背面常溢出白色菌液。

防治方法：实行轮作，减少病原；药剂防治，用甲基托布津或退菌特喷施。

（三）霜霉病

霜霉病在我国发生较普遍，东北和华北地区气候冷凉，发病较重；降水多的年份，病情加重，一般减产 6%～15%。发病成株叶片上呈圆形或不规则形黄绿色斑点，病斑逐渐变为褐色，散生或连生在一起。病叶背面有灰霉（病菌的孢子囊梗及孢子囊）。病斑连接成大斑块后，叶片干枯死亡。

防治方法：选用抗病和耐病品种；播种前严格选种，剔除带病种子，并用药剂进行拌种；建立无病留种田；选用 50% 辛硫磷乳油、3% 呋喃丹颗粒剂防治。

（四）锈病

锈病在我国有 23 个省份都有不同程度的发生，长江以南各地发生严重，为南方大豆产区重要病害。该病危害叶片，造成百粒重降低，流行年份可减产 10%～30%。锈病主要侵染叶片、叶柄和茎，染病部位初为红褐色小斑点，后病斑变成圆形或多角形，散生；夏孢子堆稍隆起，破裂后散出茶褐色粉末状夏孢子。锈病严重时叶片变黄、枯焦、脱落。

防治方法：严格管理，彻底拔除病株并深埋处理；采取综合性农业防治措施，深耕能深埋潜伏在残株落叶上越冬的病菌，减少翌年的侵染源；选用 35% 甲基硫环磷或 15% 铁灭克颗粒剂喷施。

（五）孢囊线虫病

孢囊线虫病是全世界大豆毁灭性病害，我国在长江以北大豆产区发生较重。孢囊线虫病在黑豆生长发育期间均可发生，侵染植株后主要危害根部，致使植株生长缓慢、矮小，新叶变黄。

防治方法：实行 3 年以上的轮作，同时前作不能选择带病原的寄主作物；种衣剂包衣；应用生物防治剂如大豆保根剂进行防治。

二、主要虫害及其防治

我国已发现危害黑豆的害虫 100 多种，发生普遍、对生产影响较大的有 10 余种。危害黑豆的地下害虫与其他作物相似，有蝼蛄、蛴螬等。苗期害虫有黑绒金龟甲、象甲类、二条叶甲、大豆根潜蝇、大豆蚜等。成株期危害的害虫有豆芫菁类、银纹夜蛾、豆天蛾、大豆卷叶螟、豆圆蜡等。结荚期危害的害虫有大豆食心虫、红蜘蛛等。现将生产上一些常见的主要害虫及防治技术介绍如下。

（一）蚜虫

蚜虫在全国各地均有发生，以东北三省及黄河中下游的山东、河北、河南、山西等地最为严重。蚜虫以成虫和若虫聚集在嫩叶、嫩枝上吸取汁液造成危害，黑豆受害严重时叶片卷缩，生长停滞，植株矮小，结荚稀少，百粒重降低。蚜虫是黑豆生长期的重要害虫，如不及时防治，常导致植株死亡，一般减产 20%～30%，甚至减产 50%以上。

防治方法：用苏云金芽孢杆菌悬浮剂连续喷施两次；用吡虫啉喷施。

（二）食心虫

食心虫在东北、华北、西北地区及长江流域普遍分布，在黑龙江、吉林、辽宁、河北、山东、山西等地较为严重。食心虫以幼虫蛀入豆荚内咬食豆粒，常年虫食率为 10%～20%，严重发生年份达 30%～40%，使黑豆产量和商品价值大大降低。

防治方法：选用早熟丰产、结荚期短的品种；释放黄赤眼蜂；20%硫磷粉剂喷施。

（三）豆荚螟

豆荚螟是我国南方和黄淮海地区的主要蛀荚害虫，分布在广东、广西、湖北、湖南、河南、山东、河北等地。豆荚螟的危害方式是以幼虫钻进荚内蛀食豆粒，一般蛀荚率为10%～30%，个别年份达 50%以上。

防治方法：合理轮作，避免与豆科作物连作或邻作；在成虫发生盛期和卵孵化盛期前喷洒农药，选用 50%硫磷乳剂或 50%杀螟松乳剂喷雾。

三、田间主要杂草及其防除

黑豆田杂草种类繁多，单子叶杂草有狗尾草、稗草、马唐、牛筋草、野燕麦、狗芽根等，双子叶杂草有苍耳、野苋菜、灰菜、田旋花、刺儿菜、苣荬菜等。在对这些杂草进行化学防除时，必须根据各种除草剂的特定杀草对象，正确选用。各种除草剂以喷雾方式使用，施药后要求混土的，要立即混土，一般混土深度，深混土为 2～5 cm，浅混土为 1～3 cm。播种前土壤处理可选用灭草猛、乙草胺与赛克津、广灭灵混用，播种后苗前土壤处理选用乙草胺、杜耳、广灭灵、赛克津。施用除草剂之前要仔细阅读使用说明书，一定要对草下药，严格掌握正确的施用量和施用方法。施用不当不仅防除效果不好，甚至会出现药害。

复 习 思 考 题

1. 简述黑豆的营养价值。
2. 简述黑豆生长发育对环境条件的要求。
3. 黑豆具有哪些抗逆性？
4. 黑豆田间管理过程中需要注意哪些问题？
5. 黑豆的主要病害有哪些？如何防治？

第九章 豇 豆

第一节 概 述

一、起源和进化

（一）分类

豇豆（*Vigna unguiculata* L.）属豆科（Leguminosae）蝶形花亚科（Papilionoideae）菜豆族（Phaseoleae）菜豆亚族（Phaseolinae）豇豆属（*Vigna* L.），又名豆角、线豆角、长豇豆、长豆、角豆、带豆、裙带豆、腰豆、黑脐豆等，为一年生草本自花授粉植物，染色体数 $2n=2x=22$。豇豆属（*Vigna*）约有 170 种，120 种在非洲（66 种为特有种），22 种在印度和东南亚（16 种为特有种），少数在美洲和澳大利亚。我国有 7 种。根据《中国植物志》，豇豆属在世界上有约 150 种，分布在热带地区。中国有 16 种和亚种、3 变种。

1. 按栽培分类

（1）长豇豆　长豇豆荚果长为 30～90 cm，嫩荚肉质肥厚，脆嫩，作为蔬菜栽培。

（2）短豇豆　短豇豆荚果长为 30 cm 以下，荚皮薄，纤维多。种子主要作粮食用，也可作菜用。

2. 按生长习性分类

（1）矮生品种　矮生品种一般株高为 50 cm，顶端形成花芽，早熟。

（2）半蔓生品种　半蔓生品种前期矮生，后期蔓生，蔓长为 100 cm 左右。

（3）蔓生品种　蔓生品种茎长为 2～3 m，晚熟，产量高。

3. 按荚果颜色分类

（1）青荚种　青荚种的叶片较小，较厚，色绿；较耐低温而不耐热，在春、秋两季栽培。荚果细长，呈深绿色，肉厚，豆粒小，不露籽，吃口脆性。

（2）白荚种　白荚种的叶片较大，较薄，浅绿色；对低温敏感，在夏、秋两季栽培。荚果较粗，呈淡绿或绿白色，肉薄，质地疏松，易露籽，吃口软糯。

（3）红荚种　红荚种的茎蔓和叶柄略带紫红色，嫩荚紫红色，耐热，一般夏季栽培。荚果为紫红色，粗短，肉质中等，易老，但富含黄酮类化合物。

（二）起源和进化

关于豇豆起源问题，不同研究者有不同的观点。一种观点认为普通豇豆的原产地为印度及其北方里海南部地域；还有一种观点认为栽培豇豆的起源有 2 个中心，一个是西非，另一个是印度次大陆。

普通豇豆亚种（*Vigna unguiculata* subsp. *unguiculata*）大约在 2 000 多年以前，与高粱、珍珠粟一起从非洲传到亚洲。存在于印度和非洲之间的商队航线也证明，豇豆是由非洲传到亚洲的。豇豆经海路传到印度，在梵文世代，已经有栽培，并有文字记载。豇豆在印度有 50 多个不同的名称，包括一个梵文名称。豇豆在印度的传播为积累基因的多样性提供了机会，从这些多样性基因型中，通过人们有意识的选择产生了作饲料用的短豇豆（*Vigna unguiculata* subsp. *cylindrica*）和菜用长豇豆（*Vigna unguiculata* subsp. *sesquipedalis*），虽然野生型豇豆不存在于从印度到中国南部和印度尼西亚的植物区系中，但该地区是豇豆品种多样化的一个重要次生中心。在印度的北部和南部发现了普通豇豆亚种（*Vigna unguiculata* subsp. *unguiculata*）和菜用长豇豆（*Vigna unguiculata* subsp. *sesquipedalis*）之间的中间类型，在北印度发现了普通豇豆亚种（*Vigna unguiculata* subsp. *unguiculata*）和 *Vigna unguiculata* subsp. *biflora* 的中间类型。这些变异表明，*Vigna unguiculata* subsp. *biflora* 和菜用长豇豆（*Vigna unguiculata* subsp. *sesquipedalis*）分别在印度和东南亚，通过强化的人工选择，由普通豇豆衍生而来。

在野生型豇豆驯化（演化）为栽培型的过程中，经历了多方面性状的改变，首先由多年生变为一年生；其次，由异交作物变为自交作物。在驯化的过程中野生豇豆逐渐失去其休眠特性，取而代之的是粒型豇豆和荚型豇豆。普遍认为栽培豇豆是由一年生野生型变种（半栽培型）演化而来。

二、生产情况

我国豇豆栽培面积为 3.7×10^5 hm^2，年产量达到 8.722×10^6 t（农业部，2008）。普通豇豆主要栽培于非洲各国、美国南部、南美洲和中东地区，以成熟籽粒作粮用和饲用，是人们获得蛋白质的主要来源；长豇豆是豆科豇豆属豇豆种中能形成长形豆荚的栽培种，主要分布在中国、印度、菲律宾、泰国等亚洲国家。在我国豇豆栽培地区极为广泛，南北跨越 28°纬度，东西跨越 50°经度，目前除西藏外，其他省份均有栽培。我国的豇豆品种主要有两大类：粒用的普通豇豆和菜用的长豇豆，而短豇豆很少，仅云南和广西有少量分布。普通豇豆的主要产区为河南、广西、山西、陕西、山东、安徽、内蒙古、湖北、河北及海南，长豇豆的主要产地为四川、湖南、山东、江苏、安徽、广西、浙江、福建、河北、辽宁及广东。

三、经济价值

（一）营养价值

豇豆是我国常见的作物，具有一定的营养价值：提供了易于消化吸收的优质蛋白质、适量的糖类及多种维生素、微量元素等；所含 B 族维生素能维持正常的消化腺分泌和胃肠道蠕动，抑制胆碱酶活性，可帮助消化，增进食欲；所含维生素 C 能促进抗体的合成，提高机体抗病毒能力；所含的磷脂有促进胰岛素分泌，参加糖代谢的作用，是糖尿病人的理想食品。豇豆的嫩豆荚和豆粒味道鲜美，食用方法多种多样。嫩豆荚可炒食，也可凉拌，还可用于腌泡、速冻、干制、罐头等加工。干种子还可以煮粥、制酱、制粉等。

（二）药用价值

豇豆还具有一定的药用价值。《本草纲目》中记载，豇豆味甘性平，能理中益气，补肾健胃，和五脏，止消渴。中医认为，豇豆有健脾肾、生津液的功效。豇豆不寒不燥，日常食用颇有益处。常食豇豆能帮助消化，对小儿消化不良症状有较好疗效，特别适合于老年人，尤其是食少腹胀、呕逆嗳气、脾胃虚弱者最宜食用。

第二节 生物学特性

一、植物学特征

豇豆的形态特征见图 9-1。

(一)根

豇豆的根系较发达，为直根系，由主根、侧根和根瘤等组成。主根明显而且发育良好，长为 80～100 cm。侧根长约为 80 cm，主要分布于15～30 cm 表土层内，延伸范围达 60～90 cm。根群主要分布在 15～18 cm 深的耕作层内，有较强的吸水和吸肥能力，比较耐旱和耐瘠薄土壤，为深根性作物，但根部容易木栓化，侧根稀疏，再生能力弱，需要重视根系的培育和保护。根上生有根瘤，一般情况下，主根上结瘤较多。豇豆的根瘤菌在豆类作物中属于不发达的一类，固氮能力较差。在栽培时要想获得高产，除选择肥沃土壤外，还要多施有机肥，并适当补施氮素肥料。

豇豆属耐热性作物，根系适温为 18～25 ℃，低于 15 ℃时生长速度明显变慢，13 ℃以下时停止生长。如果地温过低，会使植株生长受阻，并造成植株提早老化。豇豆根系对土壤的适应性广，可选用肥沃、排水良好、透气性好的土壤栽培，而过于黏重和低湿的土壤，则不利于根系的生长和根瘤的形成。

图 9-1　豇豆主要形态特征

1. 花枝　2. 花萼　3. 旗瓣　4. 翼瓣　5. 龙骨瓣　6. 雄蕊　7. 花柱　8. 荚果

（引自中国科学院植物研究所，1955）

(二)茎

豇豆的茎又称为蔓，表皮光滑或粗糙，一般为绿色，也有紫色的。有些品种在茎节的附近有紫红色的花斑纹。按茎的生长习性可分为蔓生型、缠绕型、半蔓型和直立型 4 种。蔓生型品种生长较弱，茎、枝细长，出现爬蔓，呈强度缠绕，匍匐地面；缠绕型品种耐寒性强，熟性早；半蔓生型品种生长较弱，茎、枝细长，出现轻度爬蔓和缠绕；直立型品种生长较健壮，茎秆直立向上。长豇豆多为蔓生型或缠绕型；普通豇豆和短豇豆的品种多具无限生长习性。蔓生型品种主蔓长达 2.5～3.0 m，按逆时针方向旋转缠绕支架向上生长，栽培中必须支架。豇豆蔓生型品种主蔓第 1 花序以下节位均可抽生较强的侧枝。直立型豇豆一般株高为 35～50 cm，茎长至 4～8 节后，顶端即形成花芽，并发生侧枝，成为分枝较多的枝丛，一般不需支架。半蔓生型品种的生长习性近似蔓性种，但茎蔓较短，也呈丛枝状，栽培时不需要支架，但必须及时摘心。

(三)叶

豇豆叶互生，第 1～2 片真叶为盾形、单叶、对生，呈淡绿色；第 3 片以后的真叶为三出复叶，由 3 片小叶组成。小叶呈长卵形或菱形，表面光滑，具有较厚的蜡质，为绿色或深绿色。复叶叶柄较长，基部长有 1 对小托叶。小托叶扁菱形到卵圆形，顶部极尖，也有披针形。小叶较大，一般长为 6.5～16 cm，宽为 4～11 cm。叶柄长可达 5～25 cm，叶柄与叶通常为深绿色，有的为紫色。叶柄有槽，少数突变体没有叶柄，只有小叶，小叶无小托叶。

(四) 花

豇豆的花为蝶形花。豇豆花序是几个单独的总状花序组成的复总状花序。一般每片叶的叶内有 3 个芽，通常仅中间的芽发育，或者形成无限生长的单轴枝，或者形成总状花序。有限生长型的豇豆在其主茎上有顶生花序和分枝。在 1 个节上可以有 1 个以上的花序，或者 1 个花序及 1 个退化的分枝。栽培豇豆自叶腋中生长出的花梗长为 15～20 cm，在花梗顶端开白色或紫红色的花，花成对互生。每个花序可生长多对花，但一般只有顶部 1～2 对发育。花着生于短花梗上，自花授粉，通常于早上开放，中午前后闭合，花色有白色、灰黄色、浅蓝色、紫色等。花开放后，花冠会很快凋谢和脱落。

(五) 果实

豇豆开花授粉受精后即长出荚果，荚果发育很快。长荚豇豆，开花后 2～3 周即可采收。豇豆荚扁平或圆筒形，种皮无粗毛，一个花梗上常结 2 荚，在古时豇豆称为豉，还有些地方称豆角。荚的长短因亚种、品种和水肥条件而不同。荚色有深绿、浅绿和紫红色，成熟后呈黄褐色，一般每荚含种子 8～20 粒。

豇豆种子多为肾形，也有球形或近椭圆形。种皮光滑，长豇豆的种皮有的有皱纹。种子大小变异多，种子长度为 0.5～1.2 cm。豇豆种粒颜色有白色、红色、红白色、紫色、黑色和黑白相间等。种脐明显，长约为 3 mm，为椭圆形或圆形。脐环色因类型（品种）和地区而变异。百粒重为 5～30 g。

二、生长发育周期

(一) 生育时期

豇豆的个体发育，以蔓性种来说，自播种至豆荚成熟或种子成熟，可分为以下 4 个生育时期。

1. 种子发芽期 从种子萌发至第 1 对真叶展开称为种子发芽期。该时期豇豆的子叶虽然出土，但不进行光合作用，靠种子中储藏的养分在发芽时分解使用，至第 1 对真叶展开时，便可进行光合作用，独立生活。

2. 幼苗期 自第 1 对真叶展开至具有 7～8 片复叶为幼苗期。幼苗期节间短，茎直立，根系也逐渐伸出。此后节间伸长，不能直立而缠绕生长，同时基部腋芽开始活动，便转入抽蔓期。

3. 抽蔓期 有 7～8 片复叶至植株现蕾为抽蔓期。这个时期主蔓迅速伸长，从基部开始，多数豇豆植株在第 1 对真叶及第 2～3 节的腋芽抽出侧蔓，根瘤也开始逐渐形成。

4. 开花结荚期 植株现蕾后至豆荚采收结束或种子成熟，一般需 50～60 d，从花开始分化至花器形成约需 25 d，现蕾至开花需 5～7 d，开花至商品豆荚采收，一般需 9～13 d，商品豆荚至豆荚生理成熟需 4～10 d，所需时间因品种和栽培季节而不同。

(二) 生育阶段

1. 营养生长阶段 营养生长阶段包括发芽期和幼苗期。种子发芽需要充足的水分，种子吸水萌发，胚根伸入土中，随着下胚轴伸长，子叶包着幼芽拱出地面。发芽所需水分为种子干物质量的 50%，水分不足时发芽迟缓，出苗慢，不整齐；水分过多时容易烂种、烂芽。在土壤水分、温度和氧气都适宜的条件下，此期 6～7 d。从第 1 对真叶开展至具有 7～8 片复叶（直立型品种到 3 片复叶展开，蔓生型品种则到开始抽蔓），适宜条件下，经历 30～50 d。此期以营养生长为主，生殖生长逐渐加强。

2. 营养生长与生殖生长并进阶段　营养生长与生殖生长并进阶段包括初花和抽蔓期。初花是抽蔓期结束的标志，植株节间明显伸长，生长旺盛，主蔓迅速伸长，侧蔓发生较快，根系迅速发展，根群基本形成，并着生大量根瘤。茎生长较快，花芽不断分化、发育，营养生长速度在初花期达到最大。抽蔓期也是花芽分化的重要时期，应注意保持较高温度、良好光照和适宜的土壤湿度。

3. 生殖生长阶段　生殖生长阶段是开花结荚期，也是形成产量的重要时期。该阶段一般为 50～60 d，因品种而异，少数品种可达 80～120 d。从开花到嫩荚采收大约为 15 d。这是植株以生殖生长为中心的阶段。这段时间内，开花结荚与茎叶生长同时进行，茎叶生长与开花结荚之间及花与花之间，均存在养分竞争，并对环境条件反应敏感。若营养生长不良，茎叶长势弱，则会因植株早衰而缩短开花结荚期；若植株生长过旺，则会延迟抽生花序，并减少花芽量或引起落花落荚。

三、生长发育对环境条件的要求

豇豆根系下扎深，耐旱，生长旺盛，比其他豆类作物更容易出现营养生长过旺的现象，而且豇豆在整个生长发育过程中，容易受环境条件的影响。

（一）温度

豇豆为耐热性作物，能耐高温，不耐霜冻，适宜的生长温度为 20～25 ℃，种子发芽的最低温度为 10～12 ℃。在 10 ℃以下时，根系吸收能力显著下降。豇豆开花期较适宜的生长温度为白天不超过 30 ℃，夜间不超过 18 ℃，应当避免幼苗徒长而导致的落花落荚现象。合理调控温度是提高豇豆结荚率的一条重要的途径。

（二）光照

豇豆对光照度要求比较高，在开花结荚期间，如果光线不足，会引起落花落荚。一般来说，短日照可以加速生长发育，提早成熟。豇豆对日照长短的反应分为 2 类，一类对日照长短要求不严格，这类品种在长日照和短日照季节都能正常发育生长，长豇豆品种多属于此类；另一类对日照长短要求比较严格，适宜在短日照季节栽培，如果在长日照条件下栽培，则引起茎蔓徒长，导致开花结荚迟。

（三）土壤水分

豇豆是耗水量中等的作物，具有较强的抗旱能力。土壤水分过多，易导致发芽率降低，烂根死苗和落花落荚，也不利于根瘤菌活动。土壤水分不足，会抑制生长发育，最终影响产量。豇豆整个生长发育期间的灌溉原则是浇好定植水、蔓长水和初花水，不可在盛花期浇水。

（四）土壤营养

栽培豇豆以排水良好、疏松肥沃的土壤最为理想。最适宜的土壤酸 pH 为 6.2～7.0。由于豇豆的根瘤菌远不如其他豆科植物，应适当增施氮肥和磷肥，以促进根瘤菌活动，增加其产量。

（五）矿质营养

豇豆一生中对大量元素的吸收表现为，以氮素最多、钾次之、磷最少。幼苗期应供应一定量的氮肥，以促使幼苗健壮生长和根瘤形成。磷肥能促进根瘤生长、分枝和籽粒发育，缺磷时叶片呈浅蓝绿色、无光泽，植株矮小，主茎下部分枝极少，花少，果荚成熟推迟。豇豆进入开花期对磷素的吸收迅速增加，开花后 15～16 d 达到高峰。

第三节 栽培技术

一、耕作制度

豇豆提倡轮作倒茬，连作会使病害增多，使籽粒品质差，抑制根瘤菌发育等。豇豆与非豆科作物的轮作一般为 3 年 1 轮。豇豆还适合与多种高秆作物进行间作、套种、混种、复种等栽培形式。

（一）单作和轮作倒茬

豇豆忌连作，连作时由于噬菌体的繁殖，抑制根瘤菌的发育；也使病虫害加剧，致使豇豆产量降低。因此应注意轮作倒茬。豇豆单作时，适宜与小麦、玉米、谷子、高粱、糜子、棉花、马铃薯、甘薯等作物倒茬轮作，轮作周期一般在 3 年以上，如果田间病虫害严重，轮作的间隔时间应该延长。在我国农村地区豇豆常被种在田埂、垄沟两旁和山坡等地方，这样既可以充分利用土地，又可以增收部分豇豆。豇豆最适宜的茬口是谷子、糜子、高粱、马铃薯等，还可与早稻、小麦和其他禾谷类作物复种，例如山西普通豇豆多为麦后复种。

（二）间作套种模式

豇豆喜光耐阴，叶片光合能力强，既可单作，也可间作、套种和混种。普通豇豆常与玉米、谷子、高粱、甘薯等作物间作、套种。间作、套种栽培模式既提高了土地复种指数，还充分利用光、热等自然资源，而且又较大限度地发挥了边行优势，并且较大幅度地提高了单位土地面积的经济效益，可以取得较好的效果。我国北方多为平畦栽培，畦宽为 1.2～1.5 m；南方为高畦，畦宽为 1.5～1.8 m（包括沟），沟深为 25～30 cm，以利于排水，每畦栽 2 行，便于插架采收。长豇豆也可与蒜、早甘蓝及多种瓜菜间套作，还可与夏玉米进行多种形式的间作。

二、选地和整地

豇豆对土壤的适应性广，但以富含有机质、排水良好、土层深厚、比较疏松的中性或微酸性壤土或砂壤土为佳。豇豆播种前应及时深耕和整地，改良土壤结构和其他理化特性，以提高土壤保持水肥的能力；疏通空气，为种子和幼苗提供比较好的土壤环境条件，以利子叶出土，达到苗全、苗壮。北方春播地区，要做到秋季深耕，播种前浅耕，细耕；南方要求及早耕整地。

豇豆根系入土较深，支根多，要求耕层深厚，有利于根系发育。前茬如果是休闲地块，可在头年秋季深翻，经过冬春晒垡，冻融交替使土壤结构疏松。播种前再浅耕、耙地、平整做畦。前茬作物收获后，立即清理茬口及枯枝落叶，及时翻耕，耕深在 20 cm 以上。耕后耙平，开出小畦和排水沟，达到旱能灌、涝能排。通常在我国北方雨水偏少，可做低畦或平畦直播；而在南方雨水偏多、土壤较板结地块，宜做高畦播种，以利排水。

三、品种选择和种子处理

（一）品种选择

豇豆在我国栽培历史悠久，品种资源丰富。按食用方式可分为粮用豇豆和菜用豇豆。一般的大田主要栽培品种为粮用豇豆，在豇豆栽培品种选择时，可选择优质、丰产、抗逆性强、抗病性好、商品性好、适应市场需要的豇豆品种。由于粮用豇豆荚果长度在 30 cm 以下，豆荚短粗稍弯、果皮薄，纤维多而硬，大多不能食用，主要采收种子作粮食用，种子可煮食或磨面用。例如可选用"中豇 1 号""中豇 2 号""中豇 3 号""苏豇 8 号"等。

（二）种子处理

为促进种子发芽及杀死附着在种皮上的虫卵、病菌，应采用高温消毒，即将精选的种子放在盆中用 80～90 ℃ 的热水迅速烫一下，随即加入冷水降温，保持水温 25～30 ℃，浸种 4～6 h，捞出晾晒后播种。由于豇豆的胚根对温度和湿度很敏感，所以只需浸种，一般播种前不再催芽。种子处理还可以用种衣剂，混合均匀后倒入种子中迅速搅拌，直到药液均匀分布，这种方法可有效预防苗期立枯病及其他土传真菌病害。

四、播种技术

（一）播种密度

豇豆长势较强，分枝多，营养面积较大，一般栽培密度为 7.5×10^4～1.5×10^5 株/hm^2。行距一般为 40～80 cm，株距为 10.0～33.3 cm。具体播种密度因品种、地区、播种期、利用目的而异。早熟品种、直立型品种或瘠薄地栽培时，栽培密度宜密，而晚熟品种或肥沃地栽培时，栽培密度宜稀，并且早播宜稀，迟播宜密。长豇豆常采用的栽培密度为行距 60 cm、株距 27～33 cm，每穴留苗 2～3 株。

（二）适时播种

在大田中露地长豇豆生产栽培的播种期，通常根据南北地区，划分出不同的播种时期。例如长江中下游地区 4—7 月均可播种，云南、贵州、福建等地可延至 8 月底 9 月初播种，云南西双版纳可延至 9 月底播种。豇豆在播种季节上宜早不宜迟，以争取有较长的适宜生长季节。播种前先浇水，保障底墒充足。播种时，每穴播 3～4 粒种子，覆土 2～3 cm。播种后保持白天 30 ℃ 左右、夜间 25 ℃ 左右，以促进幼苗出土。正常温度下播种后 7 d 发芽，10 d 左右出齐苗。此时豇豆的下胚轴对温度特别敏感，温度高必然引起植株徒长，因此应温度不能高，保持白天 20～25 ℃、夜间 14～16 ℃。定植前 7 d 左右开始低温炼苗。豇豆的苗龄短，子叶中又储藏着大量营养，苗期一般不追肥，但应加强水分管理，防止苗床过干过湿，土壤相对湿度应在 70% 左右。重点防治低温高湿引起的锈根病，以及蚜虫和根蛆。

（三）播种方法

豇豆的主要播种方法可以分为 4 种：条播、点播、撒播和移栽。不同用途豇豆的播种方法不同，收获种子的普通豇豆和菜用的长豇豆多用条播和点播，而用作饲料或绿肥的豇豆可撒播。条播是以机器或人工按一定的行距挖出播种沟，将种子均匀撒在播种沟内。点播为按规定的行株距开穴，每穴播种 3～5 粒，最后留苗 1～2 株。撒播是将种子均匀地撒到地里，覆土 2～3 cm。育苗移栽的可采用 5 cm×5 cm 塑料钵或纸钵，逐钵盛好营养土，每钵播种 2～3 粒，播种深度为 1～1.2 cm，播种后浇水增湿，盖上塑料薄膜，保湿保温，加强通风换气，防高温高湿徒长，培育壮苗。在播种大田豇豆，无论采用哪种方法，播种深度应以 4～6 cm 为宜，而且要精量播种。

五、营养和施肥

（一）肥料要求和施肥原则

豇豆一生所需氮素大部分可由自生的根瘤菌供给。因此豇豆的施用氮肥原则，应以基肥为主，追肥为辅。从需肥量来看，以磷肥最多，钾肥次之，氮肥最少。苗期绝对不可施用过多肥料，否则会造成茎叶徒长，推迟植株开花结荚。开花结荚以后，豇豆根瘤菌活动旺盛，固氮能力较强，增施一些磷钾肥，尤其是磷肥，以促进根瘤的生成，增强其固氮能力，能满足植株的需要，促使植株生长健壮，还促进豇豆开花和结实。氮磷钾配合施用，并适量施用微量元素肥料，可以防止后期早衰。

（二）施肥时期和施肥方法

1. 基肥 栽培豇豆应施足基肥，而基肥以施用腐熟的有机肥为主，配合施用适当配比的复合、混合肥料，例如 15 - 15 - 15 含硫复合肥。施用基肥时应根据土壤肥力确定施肥量。

2. 追肥 豇豆苗期以控为主，肥水管理宜轻。如果基肥施得少，地力较薄，幼苗长得弱，可施少量氮肥，促使幼苗生长。结荚后，结合浇水，开沟追施腐熟的有机肥 1.50 t/hm² 或 20 - 9 - 11 含硫复合、混合肥 75～120 kg/hm²，以后每采收 2 次豆荚追肥 1 次，施用尿素 75～150 kg/hm²、硫酸钾 75～120 kg/hm²，或追施 17 - 7 - 17 含硫复合肥 120～180 kg/hm²。

3. 其他 花荚期应及时追肥。一般在现蕾时、开花前结合浇水施 1 次腐熟的人粪尿或复合肥料，促使花蕾多而肥大。开花结荚以后，植株对养分和水分的需要大量增加，为弥补基肥的不足，可根据苗情和土壤肥力，追施 2～3 次肥水，以不断满足植株结荚的需要。除此之外，在生长盛期，根据豇豆的生长现状，适时用 0.3% 的磷酸二氢钾进行叶面施肥，可促进豇豆根瘤提早共生固氮。可用固氮菌剂拌种。

六、田间管理

（一）中耕

豇豆的行距较大，生长初期田间易滋生杂草，不利于植株生长。播种后遇降雨时，应及时破除板结，而且出苗后要及时中耕除草，松土保墒。从定植到开花需中耕 3～4 次，并且采用浅→深→浅的原则，以后视田间杂草及墒情进行中耕，中耕不宜过深，以免伤根。同时注意培土。植株封垄后不宜中耕。间套种时应随主栽作物进行中耕除草。

（二）灌溉和排涝

豇豆从播种至齐苗前不浇水，以防地温降低、湿度增大而造成烂种。育苗移栽期间，可在定植后浇少量定根水，以利于营养纸筒或营养土与大田土壤充分密接，利于缓苗。生长前期不浇水或少浇水。在持续高温干旱、土壤水分严重不足时，可适当浇水，促进植株根系与茎叶同时生长。进入开花结荚期的生长后期，豇豆要求有较高的土壤湿度和稍大的空气相对湿度，如果这时久旱不雨，又遇上干燥的冷风，容易引起落花、落荚。这时要适量浇水。浇水以沟灌为宜，水量适当，不能大水漫灌。豇豆进入结荚盛期尤其要勤灌水，经常保持土壤湿润，并隔1～2次浇水追1次肥，以促进豇豆植株生长和增加花荚数量。如果遇上连续阴雨天气，空气相对湿度及土壤水分均过大，不利于根系的生长，也不利于根瘤菌活动，容易引起落荚或导致烂根，这时应及时排水，做到雨过地干，地表不积水。

（三）搭架

豇豆蔓生品种单作时，在甩蔓期（即播种后约1个月）需搭架或利用高秆作物作支架。搭架以人字架为宜，有利于均匀受光。抽蔓后及时引蔓上架，使茎蔓均匀分布在架杆上，防止互相缠叠，使通风和透光不良。雨后或早晨，蔓叶组织内水分充足，此时引蔓容易折断，故引蔓宜在晴天下午进行。引蔓时按逆时针方向往架杆上缠绕，帮助茎蔓缠绕向上生长。现已选育出一些矮秆直立早熟新品种（系），例如普通豇豆品种"中豇1号"等的株高在50 cm以下，栽培不用搭架。

（四）整枝和打顶

为了调节营养生长，促进开花结荚，豇豆大面积单作时，可采取整枝打顶措施，主要技术有以下3项。

1. 抹侧芽　将主茎第1花序以下的侧芽全部抹去，以保证主蔓粗壮。

2. 打腰枝　主茎第1花序以上各节位上的侧枝，都应在早期留2～3叶摘心，促进侧枝上形成第1花序。第1盛果期后，在距植株顶部60～100 cm处的原开花节位上，还会再生侧枝，也应摘心保留荚侧花序。

3. 摘心　主蔓长15～20节、高度达2.0～2.3 m时，通过人工摘掉主蔓中心部位，促进下部枝侧花芽形成。

七、收获和储藏

（一）收获

1. 成熟和收获标准　一般对菜用豇豆来说，具体的采收标准为果荚已充分膨大，显现品种固有的色泽，而种子尚未膨大时进行收获。采收过早时产量低，若采收太迟时豆荚容易老化，且豇豆落花落荚严重。对于粮用豇豆来讲，影响产量的是籽粒的大小和数量，因此一般要等到豆荚饱满、颜色变黄、籽粒饱满、完全成熟、呈现该品种固有的颜色后开始收获。

2. 收获时期和方法　豇豆达到商品采收标准时应及时采收，这对防止植株早衰、促进多结荚起到十分重要的作用。豇豆在开花后10～12 d，即达到商品成熟期，可陆续采收。采收初期3～5 d采收1次，在结荚盛期宜隔天采收1次。采收应细致，力争不漏采。采收要保花，豇豆每个花序有2～5对花芽，能结荚2～4条。植株长势壮时可结荚6条。结荚由花轴顶端基部向顶部转移，为使上部花芽正常结荚，采收时要特别注意保护同花序上的花。采收时最好把荚果剪下，切忌用手扯拉，否则容易损伤同花序花朵，甚至把整个花序着花部位拉断，对产量造成影响。粮用豇豆一般在9月中下旬采收，应连株全部采收。连株全部采收以后，将豇豆秧上的豇豆全部摘下放入袋内。采收后，将豇豆放置在平整干燥的地上进行平铺晾晒。根据天气情况，一般晾晒3～4 d，等到豇豆荚大部分裂荚以后，即可进行脱粒。脱粒时，应用木棒敲打进行脱粒，敲打时应用力适中，不宜过重，以免敲碎豇豆籽粒，影响产量、品质。脱粒后把豇豆荚清理到一边。用筛子把豇豆籽粒中的杂质筛选出去。筛选后再用簸箕进行1次细选，保证豇豆的洁净度，并将去杂质后的籽粒装入袋中进行存放。

（二）储藏

豆象发生严重与否，与采收及储藏条件有很大关系。豇豆分批采收后先在阴凉处推开，晾干水分，应避免直接在烈日下暴晒，否则会导致种皮皱缩，影响发芽。然后置于阳光下晒透，勤翻动，晾晒 7~10 d，即可将豇豆籽粒晒干，晒干后的豇豆籽粒可熏蒸处理。例如在豇豆收获后（入库前），每 100 kg 豇豆用磷化铝 2 片（约 6 g），而且需要在室温条件下，密闭 3~5 d 再充分放风，这种方式杀虫效果好。也可拌药储藏，即入库前用 0.1%~0.2% 敌百虫喷雾，密闭 72 h 后，通风 24 h，并对仓库进行消毒。待种子含水量达到 8% 以下，再入库保存，并注意保持阴凉干燥，要经常注意库内温度和湿度的变化，检查产品的品质，还要防止害虫及鼠类的危害。

第四节　病虫草害及其防治

一、主要病害及其防治

（一）锈病

豇豆锈病主要危害叶片，严重时也危害叶柄和豆荚。

防治方法：采用清洁棚室，高温闷棚消毒；配方施肥；加强通风排湿，改善株行距间透光条件，可以预防和减轻锈病发生。发病初期，喷施 15% 三唑酮可湿性粉剂，或 15% 粉锈宁可湿性粉剂、40% 福星乳油，7~10 d 喷施 1 次，连续喷施 2~3 次。

（二）煤霉病

豇豆煤霉病又称为叶霉病，主要危害叶片、茎蔓及荚。豇豆煤霉病是近年来发生较为严重的叶部病害，各地均有发生。

防治方法：适当密植，通风透光；增施磷钾肥，提高植株抗病能力。发病初期喷施多菌灵，或 40% 多硫悬浮剂，7~10 d 施用 1 次，连续施用 2~3 次。

（三）白粉病

豇豆白粉病主要危害叶片，也可侵害茎蔓及荚果。

防治方法：发病初期喷洒 70% 甲基托布津可湿性粉剂，或 40% 瑞铜可湿性粉剂。

（四）病毒病

豇豆病毒病是发生较普遍且严重的病害。常见的有豇豆花叶病和豇豆黄花病。

防治方法：建立无病留种田，选用抗病品种，精选种子，培育壮苗，提高植株本身的抗病能力；实行轮作，避免重茬栽培；加强肥水管理，增施磷钾肥；病株、病叶及时清除烧毁，减少病源。发病之前或初期，采用波尔多液、50% 多菌灵可湿性粉剂药液或 50% 托布津可湿性粉剂药液进行防治。

（五）枯萎病

豇豆枯萎病是一种土传病害，一般从开花初期开始显症。

防治方法：选抗病品种；实行 3 年以上轮作换茬；种子做好消毒处理；播种前土壤用药水浇灌消毒处理；发病初期"上下灌"植株；喷雾时可加些喷施宝等叶面肥和 0.2% 洗衣粉。灌根时可单用药剂。防治豇豆枯萎病的用药种类很多，例如噁霉灵、DT 杀菌剂（琥珀酸铜）、羧酸磷铜（DTM，又称为百菌通）、双效灵、甲基立枯磷等。病叶要及时摘除，拿到田外深埋。病株严重时可拔出，株穴用生石灰消毒。

二、主要虫害及其防治

（一）豆荚螟

豆荚螟每年6—10月是幼虫危害期。成虫有趋光性，卵散产于嫩荚、花和叶柄上，初孵幼虫蛀入嫩荚或花取食，大龄幼虫蛀入豇豆内取食。幼虫有昼伏夜出及负趋光性，白天躲在花器、豆角或卷叶中，排出虫粪堵住蛀孔，除阴雨天、白天有零星出来活动外，一般在傍晚时开始从虫孔爬出来活动，至次日清晨终止外出活动。

防治措施：清除田间落花落荚，并摘除被害的卷叶和豆荚，以减少虫源；架设黑光灯，利用成虫趋光习性，进行诱杀。可选用5％锐劲特、40％的氰戊菊酯、2.5％溴氰菊酯等药剂，每隔10 d喷施1次进行防治。

（二）潜叶蝇

潜叶蝇以幼虫潜入叶内危害，蛀食叶肉仅留上下表皮，形成曲折隧道，影响植株生长。潜叶蝇主要危害豌豆、菜豆、豇豆、甘蓝、白菜、油菜、萝卜、莴苣、番茄、茄子、马铃薯等。

防治措施：采用粘虫板诱杀成虫。成虫主要在叶背面产卵，喷施药液要着重喷洒叶背面。幼虫危害开始时，选择兼具内吸性和触杀性杀虫剂防治，例如48％乐斯本乳油，连续喷施2~3次。

（三）红蜘蛛

豇豆上的红蜘蛛又称为豆叶螨，8—9月为盛发期。红蜘蛛吸食嫩叶，叶片被害后皱缩易落叶。

防治措施：注意虫情监测，发现有少量受害时，应及时摘除虫叶，并烧毁；当天气干旱时，要注意及时灌溉和施肥，促进植株生长，抑制红蜘蛛繁殖。使用选择性杀螨剂，在结荚期以前和豆荚收获以后喷施，重点在叶背面均匀喷雾。可喷施20％复方浏阳霉素乳油、1.8％阿维菌素乳油、15％哒螨灵乳油、20％螨克乳油等，注意轮换用药，提倡使用高效、低毒生物农药。

（四）蚜虫

蚜虫是豇豆主要虫害，又是豇豆病毒病的主要传毒媒介之一，在幼苗期开始至整个生长发育期均可危害。

防治方法：在蚜虫害发生初期，用40％乐果乳剂或40％氧乐果乳剂，重点喷叶背面，隔7~10 d喷1次，连续喷2~3次。

（五）豆象

豆象也是危害豇豆最严重的害虫。成虫在嫩荚上产卵，卵孵化后幼虫蛀食种子，将籽粒蛀成空壳，不能食用，严重影响种子发芽及其商品品质。

防治方法：可在花期喷杀虫剂；收获籽粒晒干后，采用药剂熏蒸。一般以磷化铝等熏蒸豆粒和储藏库，可杀虫兼杀卵。有的地方也采用沸水浸烫，用石灰缸或密封储藏等方法，也可达到一定的防治效果。

三、田间主要杂草及其防除

（一）化学防除

豇豆田水肥条件好时，杂草发生量大。杂草除与豇豆争肥、争水、争光，直接危害豇豆外，还是多种病虫的中间媒介和寄主，会加重豇豆病虫害的发生。化学除草可有效解决豇豆草害问题，保证豇豆正常生长，同时节省用工，减轻劳动强度，节本增效，已逐步成为杂草防除的主要方法。由于豇豆对除草剂较为敏感，许多除草剂都可能影响豇豆出苗，甚至出苗后逐渐死亡。因此在不同时期，应选择使用具有选择性强、对豇豆安全、除草效果好的除草剂。

1. 苗前除草 在豇豆播种后至出苗前，可选用33％二甲戊乐灵（施田补）、72％异丙甲草胺（都尔）或50％敌草胺等兑水对杂草茎叶进行喷雾。豇豆整个生长期禁用乙草胺。在豇豆生长期间防除禾本科杂草，可在禾本科杂草3～5叶期，选用45％精喹禾灵可湿性粉剂、20％烯吡啶乳油、15％精吡氟禾草灵乳油等兑水对杂草茎叶进行喷雾。

2. 苗后除草 若在豇豆生长期间防除禾本科杂草，可供选择的除草剂品种很多，例如精禾灵（精禾克）、精吡氟禾草灵（精稳杀得）、精噁唑禾草灵（威霸）、高效氟吡甲禾灵（高效盖草能）或吡喃草酮（快捕净）等，此类药剂对阔叶杂草无效，对豇豆安全。若防除阔叶型杂草，可在豇豆苗后1～3片复叶时，选用25％氟磺胺草醚水剂、48％苯达松、40％灭草松乳油等兑水对杂草茎叶进行喷雾。若在豇豆生长期间防除阔叶型杂草，则可供选择的除草剂品种非常少。氟磺胺草醚是具有高度选择性的除草剂，适宜应用于豆科作物田的苗后时期，能有效地防除豆科作物田阔叶杂草，对禾本科杂草也有一定防除效果。一般在豇豆苗后1～3片复叶，杂草1～3叶期时，用药液均匀喷施在杂草茎叶部位。

（二）物理防除

可利用物理因子和机械作用对豇豆田杂草的生长、发育、繁殖等进行干扰，减轻或避免其对豇豆的危害。物理因子包括温度、光、电、辐射能、激光等，机械作用包括人工去除、利用简单的器械装置进行阻隔等。在豇豆生长期，高温可抑制一些不耐高温的杂草萌发和生长。在豇豆播种前，可在拖拉机上安装火焰喷射器，进行全面除草后再播种豇豆，可以有效防除一年生杂草，但往往导致土壤中腐殖质含量下降，以及作物生长期间土壤中养分含量下降，因此火焰除草目前应用并不普遍，只作为一种特殊的除草方法，在特殊的条件下采用。

复 习 思 考 题

1. 豇豆的生长发育要经历哪几个生育时期？各个生育时期各有何特点？
2. 影响豇豆生长发育的主要环境条件有哪些？
3. 育苗前豇豆的种子应如何处理？
4. 如何对豇豆进行水肥调控？
5. 简述豇豆的主要病虫害及其防治技术（各举两例）。

第十章　高　　粱

第一节　概　　述

高粱（*Sorghum bicolor* L.）又称为蜀黍、芦粟、秫秫，为禾本科高粱属一年生草本植物，是人们栽培的重要谷类作物之一，已有 3 000 多年的栽培历史，是世界上栽培面积仅次于小麦、玉米、水稻、大麦的第 5 大谷类作物，同时也是全球农业生态系统中重要的粮食和饲料作物，还是我国传统酿造业的主要原料。高粱具有耐旱、耐涝、耐盐碱、耐瘠薄等特性，是边际性土地的先锋作物。高粱的营养价值很高，籽粒中含有人体所需的多种营养成分，对人体健康极为有益。

一、起源和进化

（一）分类

高粱广泛分布在世界各地，长期栽培过程中形成了许多的变种和类型。高粱属下分 5 个区组（section）：有柄高粱（Stiposorghum）、拟高粱（Parasorghum）、高粱（Sorghum）、异高粱（Heterosorghum）和藙柄高粱（Chaetosorghum），其染色体数目为 $2n=10$、20、30 或 40（Dewet，1978）。

1. 按栽培种类型分类　根据高粱的栽培种类型进行分类，中国高粱族内可分为以下 4 种类型。

（1）软壳型　软壳型高粱的内颖和外颖质地相同，外颖明显有脉，籽粒呈龟背状；植株不分枝或分枝力弱。

（2）双软壳型　双软壳型高粱的内颖和外颖均为纸质，外颖明显有脉；小穗呈披针状，籽粒为长圆形，包被紧。

（3）硬壳型　硬壳型高粱的内颖和外颖质地均为革质，外颖近尖端有脉；籽粒对称，裸露 1/3 或 1/2；植株分蘖中等或稍强。

（4）新疆型　新疆型高粱的颖壳为革质、具毛，籽粒对称，多为宽卵圆形，裸露大半，穗子多弯曲，紧穗。

2. 按用途分类　高粱根据用途可分为粒用高粱、糖用高粱、帚用高粱、饲用高粱和工艺用高粱 5 类。

（1）粒用高粱　粒用高粱以收获籽粒为主，植株分蘖性弱，穗密而短，茎髓含水较少，籽粒一般含淀粉 60%～70%、蛋白质 10% 左右，籽粒品质较佳。成熟时常因籽粒外露较易落粒，按其籽粒淀粉的性质不同可分为粳型与糯型。粒用高粱很少直接食用，因为含较多人体难以消化的醇溶性蛋白，且赖氨酸和色氨酸含量偏低；籽粒含鞣质，有涩味，所以目前除了少量用于煮饭、熬粥，更多的是用作饲料。在饲料中添加一定量的高粱可以增加牲畜的瘦肉比例，还可防治牲畜的肠道传染病。工业上，高粱还可以酿酒、制醋、生产酱油、生产味精、提取鞣质等。

（2）糖用高粱　糖用高粱又称为甜高粱，茎高、分蘖力强、茎内富含汁液，随着籽粒成熟汁液含糖量一般可达8%～19%；茎秆节间长；叶脉蜡质；籽粒小，品质欠佳。糖用高粱茎秆可作甜秆吃，也可用于榨汁熬糖，做成糖稀、片糖、红糖粉、白砂糖和制酒精等。

（3）帚用高粱　帚用高粱穗大而散，通常无穗轴或有极短的穗轴，侧枝发达而长，穗下垂，籽粒小并由护颖包被，不易脱落。

（4）饲用高粱　饲用高粱茎秆细，茎内多汁；分蘖力和再生力强，生长势旺盛；穗小，籽粒有稃，品质差；茎内多汁，含糖较高。饲用高粱主要用于青饲、青贮或干草。但应注意，高粱幼嫩的茎叶含有蜀黍苷，牲畜食后在胃内能形成有毒的氰氢酸，因此含蜀黍苷多的品种不宜作青饲。

（5）工艺用高粱　工艺高粱茎皮坚韧，有紫色和红色类型，是工艺编织的良好原料。

（二）起源

高粱是人类栽培的最古老作物之一，较早受到人工进化的影响，形成了较多的类型。因此，高粱属的起源与进化也相对复杂，尤其对中国高粱的起源问题，多年来一直说法不一。归纳起来，主要有外来说和中国起源说两种学说（官华忠等，2005）。

1. 外来说　外来说认为，高粱由非洲经印度传入中国。该学说认为，我国历史早期没有这种作物，最早见于晋代张华的《博物志》（3世纪）。早在1886年，Candelle和Doggett等认为高粱起源于非洲，在8—15世纪由东非经中东、南亚的印度，或丝绸之路传入我国；并提出第一次提到高粱的中国文献的日期是公元4世纪。Hagety（1941）指出在中国早期的文献中，高粱和黍的名称混淆不清。公元12世纪之前中国中北部已有广泛栽培高粱的记载。Burkill（1953）提出高粱是经古也门通道由非洲传入中国。Martin（1970）认为高粱于13世纪到达中国，然后逐步形成中国和日本的特殊高粱类型。对于外来说，我国学者也提出了类似看法。齐思和（1953）认为高粱大概是西南少数民族先行栽培，大约在晋朝以后中原才有，到了宋朝才普遍栽培。胡锡文（1959）肯定高粱是外来的，认为在先秦和两汉的文献中，既无蜀黍的记载也无高粱的叙述。Murdock（1959）认为，5 000年前居住于苏丹尼日尔河流域的爱丁人，已把具有一定食用品质的野生高粱引入栽培。Doggett（1963，1965）则认为，高粱兴于高加索的库什塔人，约在公元前3 000年迁入非洲东部，开始栽培野生高粱。Dewet（1967）则认为，西非黑人、班图黑人和阿拉伯人，分别对几内亚高粱、卡弗尔高粱和双色高粱的驯化做出了贡献。19世纪中期以后，非洲各类高粱传入美国，揭开了高粱演化史的新篇章。

2. 中国起源说　最早俄国植物学家Bretschneide根据中国高粱的独特性状和广泛用途，指出"高大之蜀黎为中国之原产"。Vaviov（1935）认为，中国是栽培植物最古老和最大的独立起源中心之一，并用高粱的汉语谐音Kaoliang代表中国高粱。朱绍新（1995）考证了东北高粱栽培历史，认为东北高粱栽培距今已有3 000余年历史。石玉学等（1995）指出，中国高粱起源于中国。范毓周（1997）根据考古发现认为，我国最早的高粱栽培可上溯至新石器时代，商、周时期继续栽培，两汉时期由中原传入东北。沈志忠（1999）结合考古发掘材料和甲骨文、金文等资料认为，我国有可能是高粱的原产地之一。

（三）进化

Doggett（1965）认为，高粱栽培种早在公元前6 000年前就已经存在于非洲。它是经

Sorghum bicolor arundinacea 亚种 Spontanea 类野生种中经分裂选择和驯化而形成的。Harlan 和 Dewet 的 5 个基本栽培族中，几内亚高粱与类芦苇高粱、双色高粱和都拉高粱与埃塞俄比亚高粱、卡佛尔高粱和顶尖高粱与轮生花序高粱分别有密切的关系。另一方面，Dewet 等的报告指出，从 Spontanea 类 17 个主要野生种的穗、小穗形态和野生高粱在非洲的分布来看，轮生花序高粱为高粱栽培种的祖先的可能性最大，其次是类芦苇高粱。另外，*Sorghum hewisonii*、*Sorghum elliotii*、*Sorghum niloticum*、*Sorghum sudanense* 起源于野生种和栽培种的天然杂交。Dewet 等没有谈到栽培种是经过怎样的进化过程形成的。

二、生产情况

（一）面积和产量

2011—2018 年，我国高粱栽培面积有一定波动，但总体呈现上升趋势。从统计数字看，2011 年高粱栽培面积仅 5.00×10^5 hm^2；2012 年高粱栽培面积有所增加，达到 6.23×10^5 hm^2，2013 年高粱栽培面积为 5.82×10^5 hm^2；2014 年高粱栽培面积又有所增加，达到 6.19×10^5 hm^2，2015 年，受进口冲击，高粱栽培面积明显下降，仅为 5.74×10^5 hm^2。2014—2015 年虽然大量进口高粱严重影响农民栽培效益和积极性，但是由于受国家调减镰刀弯地区玉米面积以及玉米价格调整等因素影响，高粱栽培面积增加较快，2016 年高粱栽培面积达 6.25×10^5 hm^2，基本与 2012 年持平；2017 年，由于高粱主产区春旱严重，实际收获面积为 6.34×10^5 hm^2。2018 年，高粱栽培面积有所增加，达到 7.2×10^5 hm^2。受各种因素影响，有一些面积未统计，所以实际高粱栽培面积要比统计数据高。虽然高粱栽培面积变化较大，但其在粮食作物栽培结构中所占的比重比较稳定，约为 0.35%。尽管高粱栽培区域不断被推向干旱、盐碱、瘠薄地区，但由于品种选育和栽培技术的提高，全国高粱平均单产仍稳中有升，由 4 099 kg/hm^2 提高到 4 791 kg/hm^2。总产量随播种面积变化，有一定波动，2018 年总产量最高，达到 3.45×10^6 t。

（二）分布

目前，高粱在我国的分布极广，几乎全国各地均有栽培。但主产区却很集中，集中在秦岭—黄河以北，特别是长城以北是我国高粱的主产区。由于高粱栽培区的气候、土壤、栽培制度的不同，栽培品种的多样性特点也不相同，故高粱的分布和生产带有明显的区域性，全国分为 4 个栽培区：春播早熟区、春播晚熟区、春夏兼播区和南方区。

1. 春播早熟区　春播早熟区包括黑龙江、吉林、内蒙古、河北省承德地区和张家口坝下地区、山西北部、陕西北部、宁夏干旱区、甘肃省中部与河西地区、新疆北部平原和盆地等。本区处于北纬 34°30′～48°50′，海拔为 300～1 000 m，年平均气温为 2.5～7.0 ℃，活动积温（≥10 ℃的积温）为 2 000～3 000 ℃，无霜期为 120～150 d，年降水量为 100～700 mm。生产品种以早熟和中早熟种为主，由于积温较低，高粱生产易受低温冷害的影响，应采取防低温、促早熟的技术措施。本区为一年一熟制，通常 5 月上中旬播种，9 月收获。

2. 春播晚熟区　春播晚熟区包括辽宁、河北、山西、陕西等的大部分地区，北京、天津、宁夏的黄灌区、甘肃东部和南部、新疆的南疆和东疆盆地等，是我国高粱主产区，单产水平较高。本区位于北纬 32°～41°47′，海拔为 3～2 000 m，年平均气温为 8.0～14.2 ℃，活动积温为 3 000～4 000 ℃，无霜期为 150～250 d，年降水量为 16.2～900 mm。本区基本上为一年一熟制，由于热量条件较好，栽培品种多采用晚熟品种。近年来，由于耕作制度改革，麦收后栽培夏播高粱，一年一熟改为二年三熟或一年二熟。

3. 春夏兼播区 春夏兼播区包括山东、江苏、河南、安徽、湖北、河北等的部分地区。本区位于北纬 $24°15'\sim38°15'$，海拔为 $24\sim3\,000$ m，年平均气温为 $14\sim17$ ℃，活动积温为 $4\,000\sim5\,000$ ℃，无霜期为 $200\sim280$ d，年降水量为 $600\sim1\,300$ mm。本区春播高粱与夏播高粱各占 1/2，春播高粱多分布在土质较为瘠薄的低洼盐碱地上，多采用中晚熟品种；夏播高粱主要分布在平肥地上，作为夏收作物的后茬，多采用生育期不超过 100 d 的早熟品种。栽培制度以一年二熟或二年三熟为主。

4. 南方区 南方区包括华中地区南部，以及华南、西南地区全部。本区位于北纬 $18°10'\sim30°10'$，海拔为 $400\sim1\,500$ m，年平均气温为 $16\sim22$ ℃，活动积温为 $5\,000\sim6\,000$ ℃，无霜期为 $240\sim365$ d，年降水量为 $1\,000\sim2\,000$ mm。南方高粱区分布地域广阔，多为零星栽培，栽培较多的省份有四川、贵州和湖南。本区采用的品种短日性很强，散穗型、糯性品种居多，大部分具分蘖性。本区的栽培制度为一年三熟。

（三）进出口情况

2011—2015 年，我国从小型的高粱进口国一跃成为全球主要的高粱进口国，2015 年高粱进口量占全球贸易总量的 2/3 以上。近年来高粱进口量激增，对我国农产品市场产生了巨大冲击。随着农业供给侧结构性改革的不断推进，2016 年以来，我国高粱进口量开始逐年下降。2016 年 5 月，我国取消玉米临储收购政策，实施玉米收储市场化收购和补贴的新机制，国内玉米价格下跌且供应充足，提升了玉米价格的国家竞争性，总体上抑制了国内玉米及替代饲用谷物的进口需求，2016 年和 2017 年我国高粱进口量持续下降，分别为 6.6×10^6 t 和 5.1×10^6 t，其中，2017 年比 2015 年进口量减少了 52.7%。

2018 年，我国高粱市场受政策影响较大，在中美贸易战的影响下，高粱进口量大幅下降。2018 年我国高粱总进口数量为 3.7×10^6 t，进口金额为 8.6×10^9 美元，比 2017 年分别减少 27.8% 和 16.4%。近年来，美国一直是我国最大的高粱供应商，2017 年美国高粱占据了 94% 的份额，2018 年我国高粱进口主要来源于美国和澳大利亚，进口高粱数量分别为 3.2×10^6 t 和 4.1×10^5 t，占进口总量的比重分别为 88.1% 和 11.8%，从法国、缅甸、阿根廷等其他国家和地区进口高粱仅为 6 500 t。

出口方面，2018 年中国高粱出口数量为 4.9×10^4 t，出口金额为 2.2×10^8 美元，比上年分别增长了 16.9% 和 17.9%。我国大陆高粱主要出口我国台湾省，占出口总量的 94.13%；出口韩国和日本的分别占出口量分别的 5.31% 和 0.24%，出口其他国家和地区的高粱仅占出口总量的 0.32%。

三、经济价值

（一）在国民经济中的地位

高粱是禾本科 C_4 植物，光合效率高，生物学产量和经济产量也较高，是我国最早栽培的禾谷类作物之一。我国高粱曾以食用为主，兼作饲用、糖用和工艺用。在北方一些农村至今仍食用高粱食品，东北地区习惯将高粱籽粒加工成高粱米食用；黄淮流域则喜欢将籽粒磨成面粉，做成各种风味面食；还有用糯高粱面粉制作的各式糕点。高粱是酿制白酒的主料，闻名中外的中国茅台、汾酒等 8 大高粱酒均是以高粱为主料酿制而成，以其色、香、味俱佳展现了我国酒文化的深厚底蕴。我国北方优质食用醋大都以高粱为原料酿制而成，例如山西老陈醋、黑龙江双城烤醋和熏醋、辽宁喀左陈醋等。我国食用醋具有质地浓稠、酸味醇厚、富有清香等特点，是重要的调味品。

高粱籽粒用作家畜和家禽的饲料时，其饲用价值与玉米相似。而且，由于高粱籽粒中含有鞣质，在配方饲料中加入 10%～15% 的高粱籽粒，可有效地预防幼畜、幼禽的白痢病。近年来糖用高粱和饲用高粱在生产上凸现出巨大的发展潜势，其茎叶作青贮饲料，或连同籽粒作青贮饲料，有很高的饲用价值。

糖用高粱茎秆中的糖经生物发酵转化成乙醇，乙醇可单独作汽车燃料，也可与汽油混合成为汽车燃料。糖用高粱是潜力较大的生物能源作物，每公顷可产茎秆 6.0×10^4～7.5×10^4 kg，产籽粒 4 500～6 000 kg，可转化乙醇 6 100 L。因此糖用高粱又称为高能作物。高粱浑身是宝，综合利用价值高。糖用高粱茎秆还可制糖、糖浆；高粱壳可用于提取生物色素；茎秆还可制作板材、造纸；高粱蜡粉加工成蜡质，具耐高温特性，可在航空器上应用。

（二）加工利用

1. 营养保健功能 高粱的营养价值与玉米近似，区别是高粱籽粒中的淀粉、蛋白质、铁的含量略高于玉米，而脂肪、维生素 A 的含量低于玉米。高粱籽粒中淀粉含量为 60%～70%；蛋白质含量为 9%～11%，其中约有 0.28% 的赖氨酸、0.11% 的甲硫氨酸、0.18% 的胱氨酸、0.10% 的色氨酸、0.37% 的精氨酸、0.24% 的组氨酸、1.42% 的亮氨酸、0.56% 的异亮氨酸、0.48% 的苯丙氨酸、0.30% 的苏氨酸、0.58% 的缬氨酸。粗蛋白含量，在高粱糠中达 10% 左右，在鲜高粱酒糟中为 9.3%，在鲜高粱渣中为 8.6% 左右。高粱秆及高粱壳的蛋白质含量较少，分别约为 3.2% 和 2.2%。高粱蛋白质含量略高于玉米，同样品质不佳，缺乏赖氨酸和色氨酸，蛋白质消化率低，原因是高粱醇溶蛋白的分子间交联较多，而且蛋白质与淀粉间存在很强的结合键，致使酶难以进行分解。高粱脂肪含量为 3%，略低于玉米，脂肪酸中饱和脂肪酸也略高。因此脂肪熔点也略高。高粱亚油酸含量也比玉米稍低。高粱加工的副产品中粗脂肪含量较高。风干高粱糠的粗脂肪含量为 9.5% 左右，鲜高粱糠的粗脂肪含量为 8.6% 左右，酒糟和醋渣中粗脂肪含量分别为 4.2% 和 3.5%；籽粒中粗脂肪的含量仅为 3.6% 左右，高粱秆和高粱壳中粗脂肪含量也较少。无氮浸出物包括淀粉和糖类，是饲用高粱中的主要成分，也是畜禽的主要能量来源，饲用高粱中无氮浸出物的含量为 17.4%～71.2%。高粱秆和高粱壳中的粗纤维较多，其含量分别为 23.8% 和 26.4% 左右。高粱淀粉含量与玉米相当，但高粱淀粉颗粒受蛋白质覆盖程度高，故淀粉的消化率低于玉米，有效能值相当于玉米的 90%～95%。高粱秆和高粱壳营养价值虽不及精料，但来源较多，价格低廉，能降低饲养成本。

高粱中钙、磷含量与玉米相当，磷为植酸磷，含量为 40%～70%；维生素 B_1、维生素 B_6 含量与玉米相同；泛酸、烟酸、生物素含量高于玉米，但烟酸和生物素的利用率低。据中央卫生研究院（1957）分析，每千克高粱籽粒中含有硫胺素（维生素 B_1）1.4 mg、核黄素（维生素 B_2）0.7 mg、尼克酸 6 mg。成熟前的高粱绿叶中粗蛋白的含量约为 13.5%，核黄素的含量也较丰富。高粱的籽粒和茎叶中都含有一定数量的胡萝卜素，尤其是作青饲或青贮时含量较高。鞣质属水溶性多酚化合物，具有强烈的苦涩味，影响适口性；还能与蛋白质和消化酶结合，影响蛋白质和氨基酸的利用率。

高粱有一定的药效，具有和胃、健脾、消积、温中、养厚、止泻的功效，适于消化不良、脾胃气虚、大便溏薄之人食用。高粱根也可入药，可平喘、利尿、止血。

2. 开发利用价值

（1）食品加工 高粱曾是我国北方地区的主要粮食作物之一。随着人民生活水平的提高，其食用的比例有所下降，但依然是部分地区不可缺少的调剂食品。随着现代加工技术的提高，高粱的加工食品也日益增多，例如高粱粥、高粱面包、高粱早餐食品、高粱糕点等。

（2）酿制白酒 高粱是生产白酒的主要原料。在我国，以高粱为原料蒸馏白酒生产已有700年的历史。高粱籽粒中除了含有酿酒所需的大量淀粉、适量的蛋白质及矿物质外，更主要的是高粱籽粒中含有一定量的鞣质。适量的鞣质对发酵过程中的有害微生物有一定的抑制作用，能提高出酒率。鞣质产生的丁香酸和丁香醛等香味物质，又能增加白酒的芳香风味。因此含有适量鞣质的高粱品种是酿制优质酒的佳料。近年来，随着人民生活水平的提高，酿酒工业迅速发展，对原料的需求量日益增多，酿酒原料是高粱的一个主要去向。另外，高粱也是酿制啤酒的主要原料。

（3）饲用 高粱作为家畜和家禽的饲料，其饲用价值与玉米相似，在饲料中添加一定量的高粱可以增加牲畜的瘦肉比例，还可防治牲畜的肠道传染病。饲草高粱，又称为高丹草，是食用高粱与苏丹草杂交而成的一种新型饲草，它集合了双亲的优点，既有高粱的抗旱、耐倒伏性、高产等特性，又有苏丹草的强分蘖性、抗病性、营养价值高、氰化物含量低、适口性好等特性，种间杂种优势强，为综合农艺性状优良的一年生饲料作物，在畜牧业发展中推广利用前景广阔。

（4）加工利用 糖用高粱的茎秆含有大量汁液和糖分，是近年来新兴的一种糖料作物、饲料作物和能源作物。当前，用糖用高粱生产酒精已引起全世界的重视，糖用高粱已成为一种新的绿色可再生的高效能源作物，酒精产量高达 6 100 L/hm²，糖用高粱茎秆生产乙醇比用粮食生产乙醇成本低 50% 以上。因此新的糖用高粱品种育成和应用，经加工转化，可获得大量乙醇，为汽车工业等提供优质能源，这将有效缓解能源危机，同时可以增加农民收入，具有良好的经济效益、社会效益和生态效益。工艺高粱的茎皮坚韧，有紫色和红色类型，是工艺编织的良好原料。有的高粱类型适于制作扫帚，穗柄较长者可制帘、盒等多种工艺品。高粱淀粉可用于食品工业、胶黏剂、伸展剂、填充剂、吸附剂。上文已述，高粱还可用来制糖、制醋、制板材、造纸。另外，也可以加工成麦芽制品、高粱饴糖等。

第二节 生物学特性

一、植物学特征

（一）根

高粱根系为须根系，由初生根、次生根和支持根组成。种子发芽时，首先长出的 1 条根是初生根。幼苗长出 3~4 片叶时，由地下茎节长出第 1 层次生根，以后由下而上陆续环生6~8 层；根系入土深度通常可达 100~150 cm，总根量可达 50~80 条；抽穗时，根系纵向伸长至 1.5~2.0 m，横向扩展达 0.6~1.2 m。抽穗前后至开花灌浆期，在靠近地面的地上1~3 茎节上各长出基层支持根（气生根），可吸收养分和水分，并有支持植株抗倒伏的作用。高粱根系发达，入土深广，其根细胞渗透压高，吸水吸肥能力强。高粱根的内皮层中有硅质沉淀，使根非常坚韧，能承受土壤缺水收缩产生的压力，因此高粱具有较强的抗旱能力。在孕穗阶段，根皮层薄壁细胞破坏死亡，形成通气的空腔，与叶鞘中的类似组织相连通，起到通气的作用，这是高粱耐涝的原因之一。

（二）茎

高粱茎秆绝大多数为直立的，呈圆筒形，表面光滑。高粱茎秆高度变化幅度很大，根据株高可将栽培品种分为高、中、矮 3 种类型。矮秆型高粱茎节数为 10～15 节，株高为 100～150 cm。中秆型高粱茎节数为 16～20 节，株高为 150～200 cm。高秆型高粱茎节数在 20 节或以上，株高在 200 cm 以上。高粱茎秆的粗细也因品种不同而不同，茎基部为 0.5～3.0 cm。高粱茎秆由节和节间组成，茎的地上部有伸长节间 10～18 节，地下部有 5～8 个不伸长的节间。高粱茎秆生长最快的时期是挑旗期至抽穗期，每昼夜可生长 6～15 cm，至开花期茎秆达到最大高度。高粱茎节的多少和茎节间的长度因品种和栽培条件而异。一般早熟品种有 10～15 节，中熟品种有 16～20 节，晚熟品种有 20 节以上，极晚熟品种有 30 节以上。同一品种因光照时间长短和栽培条件的变化，节数也有所不同，同一株上的各节间长度也不同，一般是基部节间短，越往上越长，最长的节间为着生高粱穗的穗柄。拔节后的节间表面覆盖着白色蜡粉，下部节间蜡粉更多，甚至可掩盖住茎秆固有的颜色。蜡粉是表皮细胞的分泌物，它既可减少体内水分蒸发，又可防止外部水分渗入，是高粱耐旱耐涝能力的重要生理特性之一。另外，茎的表皮由排列整齐的厚壁细胞组成，其外部硅质化、致密、坚硬、不透水，也增强了茎秆机械强度和抗旱、抗涝能力。

（三）叶

高粱叶片一般呈披针形或呈线状披针形，颜色有白色、绿色和暗绿色 3 种，由叶片、叶鞘及叶舌组成。叶的两面有单列或双列气孔，叶上有多排运动细胞，在干旱条件下，这些细胞能使叶片向内卷起以减少水分的散失。叶片在茎秆上的排列不完全一样，多数高粱的叶片为互生排列，叶鞘着生于茎节上，边缘重叠，几乎将节间完全包裹，这些叶鞘在茎节上交替环绕。叶鞘长度不同，为 15～35 cm。叶鞘光滑，有平行细脉，有 1 条脊，这是由于平行叶脉与主叶脉互相接近所致。拔节后叶鞘常有粉状蜡被，特别是上部叶鞘。当这种蜡被淀积很重时，叶鞘则表现出青白色。在与节连接的叶鞘基部上有 1 条带状白色短茸毛。叶鞘有防止雨水、病原菌、昆虫及尘埃危及茎秆和加固茎秆增加强度的作用。叶舌是叶片和叶鞘交接处的膜状薄片。叶舌较短小，为直立状突出物，长为 1～3 cm，起初透明，后变为膜质并裂开，上部的自由边缘有纤毛。抽穗开花期是高粱叶面积最大的时期，高产高粱群体最大叶面积指数为 4～5，形成高粱籽粒产量的光合产物主要来源于植株上部的 6 片叶。

（四）花

高粱的穗为圆锥花序，着生于穗柄的顶部。穗中间有一条明显的直立主轴，即穗轴。穗轴具棱，由 4～10 节组成，一般生长细茸毛。从穗柄长出一级枝梗，通常每节轮生长出 5～10 个。从一级枝梗再长出二级枝梗，有时还从二级枝梗上长出三级枝梗。小穗着生在二级枝梗和三级枝梗上。根据各级枝梗长短不同，软、硬和小穗着生疏密程度不同，还可将高粱穗分为紧穗、中紧穗、中散穗和散穗 4 种穗型。

高粱穗的分枝上成对着生小穗，其中一个是无柄小穗（可育的），另一个是有柄小穗（雄性可育或不育）。无柄小穗有 2 个颖片，形状有卵形、椭圆形、倒卵形等，颜色有红色、黄色、褐色、黑色、紫色、白色等，亮度多数发暗，少数有光泽。下方的颖片称为外颖，上方的颖片称为内颖，其长度几乎相等，但一般是外颖包着内颖的一小部分。有柄小穗位于无柄小穗的一侧，形状细长，常常只由 2 个颖壳组成，有时有稃。

无柄小穗里有两朵小花，上面的一朵花发育完好，为可育花；下面的不育，为退化花，形成一个宽的膜质、有缘毛的相当平的苞片。可育小花有外稃和内稃，均是膜质，外稃较大，内稃小而薄。在内稃和外稃之间有 3 枚雄蕊和 1 枚雌蕊。雄蕊由花丝和花药组成。花丝细长，顶端生有 2 裂 4 室筒状花药，花药中间由药隔相连。雌蕊由子房、花柱和柱头组成，居小花中间。子房上位，卵圆形，上侧方有 2 个长花柱，末端为羽毛状柱头，可分泌黏液以利授粉。

（五）果实

高粱籽粒习惯上称为种子，属颖果。成熟的种子其大小一般用千粒重（1 000 粒籽实的质量）来表示。千粒重在 20.0 g 以下者为极小粒品种，千粒重在 20.1～25.0 g 者为小粒品种，千粒重在 25.1～30.1 g 者为中粒品种，千粒重在 30.1～35.0 g 者为大粒品种，千粒重在 35.1 g 以上者为极大粒品种。成熟种子的结构可分为果皮、种皮、胚乳和胚 4 部分。果皮由子房壁发育而来，包括外果皮、中果皮和内果皮。种皮沉积的色素以花青素为主，其次是类胡萝卜素和叶绿素。一般淡色种子花青素很少或没有。种皮里还含有另一种多酚化合物鞣质。种皮里的鞣质既可以渗到果皮里使种子颜色加深也可渗入胚乳中使之发涩。胚乳中的淀粉分为直链淀粉和支链淀粉。直链淀粉能溶于水，支链淀粉不溶于水。一般粒用高粱品种直链淀粉与支链淀粉之比为 3∶1，称为粳型。蜡质型胚乳却几乎全由支链淀粉组成，也称为糯高粱。胚位于籽粒腹部的下端，稍隆起，呈青白半透明状，一般为淡黄色。

二、生长发育周期

高粱栽培品种的生育期一般为 100～150 d。极早熟品种的生育期在 100 d 或以下，早熟品种生育期为 100～115 d，中熟品种生育期为 116～130 d，晚熟品种生育期为 131～145 d，极晚熟品种生育期在 146 d 或以上。在高粱的整个生长发育期间根据植株外部形态和内部器官发育的状况，可分为苗期、拔节孕穗期、抽穗开花期和灌浆成熟期等几个主要生育时期。

（一）苗期

高粱从种子萌发到拔节前为苗期。通过休眠的种子，在适宜的温度、湿度条件下出苗。这个时期需要 25～30 d，要长出 8～12 片叶，是高粱营养生长期。

（二）拔节孕穗期

在拔节孕穗期，穗分化开始，植株由营养生长转入营养生长与生殖生长并进时期。从拔节至旗叶展开之前，需 30～40 d。

（三）抽穗开花期

旗叶展开（挑旗）后，穗从旗叶鞘抽出，称为抽穗。花序自上而下陆续开花。从抽穗到开花结束需 10～15 d。此时，全株的营养生长基本结束，生殖生长仍旺盛进行。

（四）灌浆成熟期

开花授粉后 2～3 d 籽粒即膨大，进入灌浆期，需经历 30～40 d。当种脐出现黑层、干物质积累终止时，即达到生理成熟。

高粱的整个生长发育过程，根据其生育特点，可划分为营养生长、营养生长与生殖生长并进、生殖生长 3 个阶段。高粱自种子发芽、生根、出叶到幼穗分化以前为营养生长阶段，该阶段形成了高粱的基本群体，是决定每公顷穗数的时期，同时也为穗大粒多奠定物质基础。从幼穗分化到抽穗开花，属于营养生长与生殖生长并进阶段，是决定每穗粒数的关键时期，并为争取千粒重奠定基础。抽穗开花到成熟是生殖生长阶段，是决定千粒重的关键时期。

三、生长发育对环境条件的要求

（一）温度

高粱在不同的生育时期对温度有不同的要求。播种到出苗，适宜温度为 20～30 ℃，温度低时出苗时间长，温度高、湿度适宜时出苗快，出苗整齐。当高粱在 6～7 ℃播种时，虽然也能出苗，但由于在土壤中时间长，种子易发生霉烂。

苗期如果温度下降到 10 ℃以下，高粱基本停止生长，如下降到 0 ℃以下则遭受冻害。一般出苗到拔节最适温度为 20～25 ℃。温度过低时幼苗生长缓慢而瘦小，温度过高时幼苗生长过快，提前拔节，不利于分蘖。特别是分蘖类型的品种，在分蘖时，不但要有适宜的温度，而且要求较大的温差，否则分蘖参差不齐，成熟不一致。

拔节到抽穗是高粱生长发育最旺盛的时期。这时要求温度为 25～30 ℃。如温度过高，植株发育过快，抽穗过早，会因发育不充分而影响产量。当温度高达 40 ℃以上时，易发生灼烧的现象，造成严重减产。温度过低，同样会影响高粱正常发育，推迟高粱的抽穗，发生闷苞现象，导致减产。高粱的开花期是生殖器官生理活动最强的时期，也是整个生长发育过程中要求温度最高的时期，一般要求 25～35 ℃。较高的温度有利于开花传粉。灌浆到成熟，要求较低的温度和较大的温差，以利于籽粒中营养物质的积累。但温度低于 20 ℃时，高粱延迟成熟，温度低于 1 ℃时，易遭受霜害，降低产量和品质。

（二）水分

高粱种子在吸收占自身质量 40%～50%的水分后，即能萌发，通常只要 20 mm 的降水量就能满足其需要。幼苗期由于生长缓慢，植株蒸发少，需要水分不多。

高粱生长发育最迅速的时期，是从拔节到抽穗，这个阶段需要的水分最多，是猛攻穗大粒多的关键时刻。高粱虽有抗旱能力，但拔节以后，气温高，生长快，蒸腾作用旺盛，抗旱能力减弱，同时地面水分蒸发量也增大。北方春播高粱这个时期的耗水量，占整个生长发育期间田间总耗水量的 54.2%，因此常感水分不足。特别是在加大密度、增施肥料的情况下，往往因水分不足而影响产量。如果干旱缺水，则会影响幼穗发育。

枝梗分化期缺水会使穗子变小，穗码稀疏。穗花分化期缺水，可使小穗小花分化数减少。性细胞形成期遭受干旱时，由于雌雄蕊发育不全，退化花增多，造成结实不良和造成卡脖旱。但此时降水过多，又会使枝梗小穗小花大量退化引起秃脖、秃尖和减产。开花期间也需足够的水分，但是连续降雨，对高粱开花传粉不利，往往因花粉破裂而不能授粉，造成大量瞎穗。

高粱灌浆成熟期间，由于茎叶制造和储存的养分大量向籽粒输送，仍需适当的水分，保持土壤水分在田间持水量的 70%左右比较适宜。

（三）光照

高粱为短日照作物，一般临界光周期为 12～13 h。高粱出苗后 10 d 左右用短日照处理，能加速花分化。因此高粱出苗后 10 d 左右的幼苗是光周期敏感时期，光照的长短直接影响到生长发育的快慢。

高粱生长发育受不同的光照时数的影响很大，与生长时间夜间温度有密切关系。在日温为 27～32 ℃，夜温为 21 ℃或以上时，一般高粱品种都能开花。在 12 h 光照条件下，各品种受温度的影响较大，温度高比温度低的开花早，例如日温 32 ℃时比 27 ℃时开花期提前15 d。在 14 h 的光照条件下，播种到开花期的天数显著推迟。

(四) 土壤

高粱对土壤的要求不严格，比较耐瘠薄，待熟化的生土地块、黏土、壤土、砂土均能栽培高粱，但以肥沃而疏松、排水良好的壤土地最理想。由于品种不同，高粱对土壤要求也有明显差异。高粱抗盐碱能力强，幼苗期在 20 cm 土层含盐量在 0.3%以下及氯离子含量在0.04%以下的环境中能良好生长，还有改良盐碱地的能力。

(五) 养分

高粱虽然是耐瘠薄作物，但增加肥料能大幅度提高产量，主要是氮、磷、钾。各时期对氮、磷、钾吸收状况如下。

1. 苗期对养分的要求　苗期一般不追肥。高秆品种及地力肥、底墒足、幼苗壮的地块要蹲苗。但瘦地弱苗则应酌施苗肥，以免生长过慢形成"老苗"。矮秆类型的杂交高粱和利用分蘖成穗的矮秆品种，苗期生长缓慢，后期不易倒伏，可在苗期适当追肥。

2. 幼穗分化时期对三要素的要求　枝梗分化、小穗小花分化和花粉母细胞减数分裂期对养分要求都很迫切。枝梗分化前追施拔节肥，可促进枝梗和小穗小花分化，增加小花数。花粉母细胞减数分裂前追挑旗肥，可减少小穗小花退化，有保花增粒作用。若枝梗分化和花粉母细胞减数分裂期氮素不足，会使枝梗和小穗小花数减少，不孕花增多。磷素不足时，幼苗根系不发达，生长发育缓慢。钾素不足时，茎秆软，易烂根，易倒伏。

3. 籽粒形成时期对养分的要求　高粱籽粒中积累的有机物质，一部分来自抽穗前体内储存的营养，大部分为抽穗后光合作用所制造。抽穗后的较大绿叶面积和较高的光合同化量，对提高千粒重与产量有重要作用。氮素充足，能够延长叶片寿命，保持最大叶面积指数的时间较长，有利于光合产物的增加和籽粒中干物质的积累。磷肥能促进糖类和含氮物质的运转，使籽粒饱满，千粒重增加，还可以提早成熟。钾肥能壮秆、防倒、提高品质。必须施用一定数量的厩肥作为基肥，并在生长期间进行追肥，或播种前早施、深施化肥。

四、抗 逆 性

(一) 抗旱性

高粱是典型的抗旱作物，根系发达，分布广，入土深，叶片、茎秆和根系的细胞均具有较高的弹性、黏度和渗透压，吸收水分的能力很强。出穗后高粱叶片水势可达 1.0～1.4 MPa（10～14 atm）或以上，高的可达 1.8 MPa，比玉米抗旱力高 1 倍左右。同时高粱茎叶表面上有一层白色的蜡质，叶片表面上气孔总面积较小，在空气干旱时又能自行卷缩，所以能减少水分的蒸发。此外，它还有一个特性，就是当水分缺乏时，植株呈休眠状态，而水分充足时又可恢复生长。因此高粱既能从土壤中获得较多的水分，又有节约用水的特性，所以它不仅能抵抗土壤干旱，同时能抵抗大气干旱。

(二) 抗涝性

高粱还具有很强的抗涝性。在生长发育后期，高粱的根茎叶部形成通气系统，抗涝能力尤其显著。在生长发育后期遇到连续降雨，积水时间较短时，只要不淹没穗部，对其生长发育和产量的影响都不大。长期积水，仍能获得一定的产量，而相同条件下的玉米、豆子则颗粒无收。

（三）抗盐性

盐碱土中的盐分以钠盐为主，包括钠（Na^+）、钙（Ca^{2+}）和镁（Mg^{2+}）3 种阳离子以及碳酸根（CO_3^{2-}）、碳酸氢根（HCO_3^-）、盐酸根（Cl^-）和硫酸根（SO_4^{2-}）4 种阴离子组成的 12 种盐。个别地区还分布少量硝酸盐盐土。在上述阳离子和阴离子中，Na^+ 和 Cl^- 所占比例较高。因而高粱的盐碱生理研究方面也多集中在 Na^+ 和 Cl^- 作用上。

高粱的抗盐碱能力受基因型、土壤盐分状况、生育时期等多种因素影响。一般在 15 cm 土壤深度内，全盐含量为 0.22％时，高粱根渗透压为 0.98 MPa（9.8 atm）时，生长正常；当全盐含量增加到 0.42％时，根渗透压达到 1.42 MPa（14.2 atm）时，生长开始受到抑制；当全盐含量增加到 0.56％时，根渗透压达 1.96 MPa（19.6 atm）时，生长受到严重抑制。高粱不同生育时期抗盐碱能力的表现也不一致，种子的萌发受盐碱浓度的影响很大。

第三节　栽培技术

高粱在长期栽培的过程中，形成了独特的栽培制度和栽培技术体系。随着生产条件的改善、栽培水平的提高和科学技术的发展，高粱栽培技术体系日臻优化和完善。

一、耕作制度

（一）轮作

高粱不宜连作（重茬），其原因有：①高粱需肥量大，吸肥多，对土壤结构破坏严重，使含水量降低；②高粱连作之后病虫害会加重。

高粱实行轮作可以增产，其原因在于：①轮作倒茬有利于均衡利用土壤养分，因为栽培高粱地力消耗较多，如不进行轮作倒茬，会造成耕层中某种元素缺乏，土壤肥力降低；②轮作倒茬能减轻病害；③实行轮作倒茬可减少落生高粱，而落生高粱与栽培的品种幼苗相似，但穗子散，成熟时易脱粒，连作时因其数量增多而降低栽培品种的产量。可采用高粱→谷子→大豆 3 年轮作制或高粱→谷子→大豆→玉米 4 年轮作制，并前茬未使用过长残效除草剂。高粱的前茬最好是大豆，其次是施肥较多的小麦、玉米和棉花。玉米混作大豆也是较好的茬口。

（二）间套作

1. 间作　与高粱实行间作的主要作物有谷子、大豆、甘薯等。

（1）高粱与谷子间作　这种间作形式在我国北方高粱产区应用较为普遍。行（垄）比为 1：3、1：6、3：6 或 6：6。

（2）高粱与大豆间作　这是高粱产区采用的一种最为普遍的间作方式，利用高度上的差异获得高产。其行比要根据以哪种作物为主要收获物来确定。

（3）高粱与甘薯间作　在甘薯产区的河南、山东、江苏等省常采用这种间作方式。一般的做法是每隔几行甘薯，在沟里种 1 行高粱。这种方式以收获甘薯为主，所以高粱的行数不多。

2. 套作　与高粱套种的主要有马铃薯、冬小麦、春小麦等。

（1）高粱与马铃薯套作　这是我国北方高粱产区常常采用的一种套种方式。其做法是先播种马铃薯，待马铃薯达生长发育中期时，套种高粱。其行比一般多采取2行高粱4行马铃薯。这种套种方式对两种作物都有利。前期，高粱生长缓慢，不妨碍马铃薯的生长。在马铃薯结薯期间，高粱植株有一定的遮阴作用，可降低地温，有利于马铃薯块茎的形成。当高粱达生长发育中期时，马铃薯已成熟收获了，其所占的空间高粱可充分利用，通风透光条件大为改善，有利于高粱的生长发育。因此这种套种方式的增产效果最显著。

（2）高粱与冬小麦、春小麦套种　在冬小麦产区的河北、河南、山东等地常采取高粱与冬小麦套种。即在麦收前的麦田畦埂两边各套种1行高粱，与冬小麦共同生长一段时间。待麦收后在小麦茬地上再播种夏大豆、夏玉米、夏谷子等矮秆作物。也可采用套种和移栽相结合的方式。这种方式复种指数高，高粱比例大，常为生产条件好、冬小麦产量高、劳力充足的生产单位所采用。具体做法是，麦收前在畦埂两侧套种高粱时播下种子，麦收后待高粱长至7～8片叶时，从畦埂上拔下健壮幼苗移栽于畦面上。

在北方春小麦产区可采取高粱与春小麦套种。早春3月，先播种春小麦1～2行；在4月末5月初播种2行高粱，此时春小麦已处于苗期。前期，高粱生长缓慢，不影响春小麦生长发育。当高粱长到9～10片叶时，春小麦处于灌浆成熟期。7月上中旬小麦收获后，其所占空间有利于高粱的通风透光，因此增产效果十分明显。

（三）复种

复种或复栽的复种指数高，达到提高单位面积产量的目的。高粱通常作为下茬作物，在冬小麦或春小麦收获后进行复种。复种的重要技术环节，一是要选好品种，选择适宜生育期的品种，既要充分利用所剩光热资源，又能保证正常成熟；二是要争时间，抢进度，尽快完成上茬收后的翻地、灭茬、施肥、耙压等工序，争取早播。

二、选地和整地

（一）选地

高粱最适土壤pH为6.2～8.0。一般茬口都可栽培高粱，但以大豆茬最好，其次是玉米、小麦、马铃薯、花生、谷子、荞麦及烟草等茬口。

（二）整地

为保证高粱全苗、壮苗，在播种前必须在秋季前茬作物收获后抓紧进行整地做垄，以利于蓄水保墒，延长土壤熟化时间，达到春墒秋保，春苗秋抓的目的。结合施有机肥，耕翻、耙压，要求耕翻深度在20～25 cm，有利于根深叶茂，植株健壮，获得高产。在秋翻整地后必须进行秋起垄，垄距以55～60 cm为宜。早春化冻后及时进行一次耙、压、耢相结合的保墒措施。

三、品种选择和种子处理

选择适应当地生态条件且经审定推广的优质、抗逆性强的高产品种，要选用达到国家二级标准以上的种子，种子纯度不低于95%，净度不低于98%，发芽率不低于80%，水分不能高于16%。

播种前要精选种子，剔除秕瘦粒、虫蛀粒。并选择晴朗天气，上午9:00以后将高粱种子摊铺在阳光充足、通风良好的地方进行晒种，以促进种子生理成熟，提高种子活力，并杀灭附着在种子表面的病原物，减少病虫害的发生。种子层厚度应在 3～5 cm，每天翻动 3～4 次，晾晒 2～3 d。晒种后用专用种衣剂进行种子包衣，防治黑穗病可用种子量 0.3％的 290 立克秀拌种；地下害虫严重的地块，可用 50％辛硫磷拌种。

四、播种技术

高粱是喜温作物，发芽的最低温度为 8～10 ℃，最适温度为 18～35 ℃，在连续低温、水分充足、通气不良的情况下极易粉种。一般应在 5～10 cm 地温稳定通过 12 ℃以上时播种。播种时要根据土壤墒情适墒或抢墒播种，土壤含水量在 15％～20％时播种为宜，一般在 4 月下旬至 5 月上旬播种。依据环境条件，播种至出苗一般需 3～10 d。高粱种子发芽的最适土壤含水量为田间最大持水量的 60％～70％。连续春旱会给高粱播种带来很大影响，尤其在没有灌溉设施的条件下，更需要准确把握播种时间。为提高播种效率，大规模种植地区可采用机械播种法进行播种。播种量为 350～400 g/hm²，行距为 55～60 cm，株距为 20～25 cm。因此适宜的播种期和播种量，是保证苗全、苗齐、苗壮的关键因素之一。

五、营养和施肥

高粱虽然是耐贫瘠的作物，但要获得高产，也必须满足养分的需求。特别是施用氮、磷肥料，一般可提高产量并促进其生长发育，提早抽穗成熟。除了施用氮肥和磷肥外，施用钾肥也有明显的增产效果。除氮、磷、钾外，高粱生长还需要多种营养元素，例如硼、锌、锰、硅等，但需要量甚微，一般土壤和农家肥中的含量足以供应，不必再专门施用。但近年来，有不少地区施用微量元素肥料后，产量也有所提高。

高粱生产常因后期低温、早霜而减产。适期、适量施肥，可促进高粱早熟。

高粱需肥较多。据分析，每生产 100 kg 高粱籽粒，需从土壤中吸收氮 2.6 kg、磷 1.36 kg、钾 3.06 kg，其比例约为 1∶0.5∶1.2。不同生育时期对养分吸收比例不同。根据不同生育时期对养分的需要，应采用配方施肥，播种前要施用基肥，播种时施用种肥，生长发育期间进行追肥。

（一）基肥

高粱基肥应以农家肥和磷肥为主，适当配合施用氮肥。综合各地经验，产量为 7 500～9 000 kg/hm² 时，需施农家肥 4 000～5 000 kg/hm²。在速效磷含量低的土壤上施磷肥，增产效果显著。平播或平播种后起垄栽培时，翻地前均匀撒施，然后通过翻地将肥料埋入耕层内。垄种的高粱，不便大量施用有机肥，可采用破垄夹肥的方法施基肥或在开沟时施肥，施猪杂粪 7 500～15 000 kg/hm²，施基肥时可混入全部磷、钾肥，一般每公顷混施磷酸氢二铵 112.5～150 kg、尿素 75 kg、氯化钾 75～150 kg。

（二）种肥

种肥以氮肥为主。一般情况下，每公顷施用硫酸铵或硝酸铵 45～75 kg，要做到深掩 5～8 cm，不要与种子接触。如果基肥施用充足，也可以不施种肥。

（三）追肥

拔节孕穗期是高粱需肥最多的时期。这个时期追肥效果显著，对促进幼穗分化、形成大穗、增加粒数有明显作用。一般每公顷追施纯氮 60～75 kg。

追肥可分 2 次进行，拔节初期和孕穗期各进行 1 次。第 1 次每公顷追施纯氮 37.5～

45 kg，约相当于 110 kg 硝酸铵或 100 kg 尿素；第 2 次每公顷追施纯氮 30～37.5 kg，相当于 90～110 kg 硝酸铵或 70～85 kg 尿素。有条件的还可在施氮同时，加施一些磷钾肥，可使茎秆粗壮，防止倒伏，籽粒饱满，以达到攻秆、攻穗、攻粒的目的。追肥最好结合灌溉或雨前进行，然后再进行中耕培土，这样能更好地发挥追肥的效果。

六、田间管理

高粱播种后，根据不同生育时期的特点，采取相应的管理措施，为高粱生长发育创造良好条件，对提高高粱产量和品质、获得丰产丰收具有重要意义。

（一）中耕除草

高粱在苗期一般进行 2 次中耕。第 1 次中耕可在出苗后结合定苗时进行，此次中耕浅铲细铲，深耥至犁底层不带土，以免压苗，并使垄沟内土层疏松。在拔节前进行第 2 次中耕，此时根尚未伸出行间，可以进行深铲松土，可少量带土，做到压草不压苗。拔节到抽穗阶段，可结合追肥、灌水进行 1～2 次中耕。

除草分人工除草和化学除草。化学除草要在播种后 3 d 进行，用莠去津 3.0～3.5 kg/hm² 兑水 400～500 kg/hm² 喷施。如果天气干旱，喷药 2 d 内喷 1 次清水，同时喷湿地面提高灭草功能。经除草、培土，可防止植株倒伏，促进根系的形成。

（二）施用植物生长调节剂

1. 喷施矮壮素　矮壮素具有控制高粱徒长、促进发育、提早成熟的作用。在高粱拔节初期喷施 0.1％矮壮素，用量为每公顷 1.2～1.5 kg。一般可提早成熟 3～8 d。

2. 喷施乙烯利　乙烯利是一种生长调节剂，具有促进早熟、防御低温冷害及提高产量的作用。在无霜期短、水肥充足的情况下，可于高粱挑旗时或灌浆初期用 1 000 mg/kg 乙烯利全株喷施或对穗局部喷施，效果明显，药液用量为 300～450 kg/hm²。

（三）灌溉和排涝

高粱苗期需水量少，一般适当干旱有利于蹲苗，除长期干旱外一般不需要灌水。拔节期需水量迅速增多，当土壤含水量低于田间持水量的 75％时，应及时灌溉。拔节孕穗期和抽穗开花期是高粱需水最敏感的时期，如遇干旱应及时灌溉，以免造成卡脖旱影响幼穗发育。

高粱虽然有耐涝的特点，但长期受涝会影响其正常生长发育，容易引起根系腐烂、茎叶早衰。因此在低洼易涝地区，必须做好排水防涝工作，以保证高产稳产。

（四）起垄

秋季起垄可以起到消灭杂草、增强田间通透性、调节土壤水分、提高地温，从而使籽粒饱满、促进早熟的作用。在无霜期短、易遭低温冷害的高粱产区，在灌浆期放秋垄，即用锄头锄垄的两侧同时拔掉杂草，增产效果显著。

七、收获和储藏

高粱不同的收获时期对于产量和籽粒品质均有影响。蜡熟末期是高粱籽粒中干物质含量达到最高值的时期，为适宜收获期。过早收获时籽粒不充实、粒小而轻、产量低。过晚收获时籽粒会因呼吸作用消耗干物质，使千粒重下降，并降低干物质产量。高粱怕遭霜害，如遇到霜害，种子发芽率降低甚至丧失发芽力，商品品质降低，因此适时收获是高粱增产保质的关键。

种子收获应根据种子田的大小、机械化程度的不同而采取相应措施。种子田面积小的可采用人工收获，最好在清晨有雾露时进行，以减少落粒损失。割后应立即搂集并捆成草束，尽快从田间运走，不要在种子田内摊晒堆垛。脱粒和干燥应在专用场院进行。用机器收获时，应在无雾或无露的晴朗、干燥天气进行。

种子收获后应立即风扬去杂，晒干晾透。高粱种子的干燥方法有自然干燥和人工干燥两种。自然干燥是利用日光曝晒、通风、摊晾等方法来降低种子的水分含量。一般分两个阶段进行：第 1 阶段是在收割以后，捆束在晒场上码成小垛，使其自然干燥，便于脱粒；第 2 阶段是脱粒后的种子在晒场上晾晒，直至种子的含水量符合储藏标准为止。人工干燥是利用各种干燥机进行，要求种子出机时的温度在 30～40 ℃。

种子干燥后，即可装袋入库储藏，一般种子库要有通风设施，注意防潮、防漏、防鼠，常温下种子保存 3～4 年仍可作为种用。低温储藏（－4 ℃）库种子保存 10～15 年仍可作为种用。

第四节　病虫草害及其防治

一、主要病害及其防治

在我国，普遍发生的高粱病害约有 10 多种，主要包括黑穗病害、条纹病、纹枯病等。

（一）黑穗病

高粱黑穗病有 3 种：坚黑穗病、散黑穗病和丝黑穗病，以丝黑穗病（乌米）危害为主。

1. 病理　病菌由土壤和种子传播，在高粱播种后种子萌发时，病菌的厚垣孢子也同时萌发侵入高粱幼芽里，伴随高粱生长，到高粱幼穗形成时穗部变成乌米。

2. 防治方法　预防高粱黑穗病，首先应选用抗病品种；其次是忌重茬，黑龙江省常年丝黑穗病的发病率 0.5%～2.0%，个别严重地块可达 30% 以上；最后是种子包衣或拌种，可在播种前 2 周进行包衣，目前用 40% 萎锈灵、10% 福美双包衣效果较好，也可用 25% 三唑酮可湿性粉剂，按种子质量的 0.3%～0.55% 拌入，防止丝黑穗病、散黑穗病效果很好。

（二）条纹病

1. 病理　条纹病主要发生在高粱叶片和叶鞘上，病斑着生于叶脉间，沿叶脉上下延伸成不规则条纹；无水渍状，通常为红色、紫色或棕色。条纹先出现在下部叶片上，以后逐渐向上部叶片蔓延。条纹的长度为 0.7～20.7 cm，最长可达 40 cm；宽仅 1～2 mm。几个病斑可以连接在一起，覆盖大部分叶片。条纹的两端呈钝形或延长成锯齿状。条纹上常出现大量细菌黏液或溢泌物，特别是在叶片的背面，黏液干涸后形成细小硬痂或鳞片，很易被雨水冲刷掉。

2. 防治方法　在温暖潮湿的地区，高粱条纹病容易发生危害。病原菌在种子上或土壤中病株残体上越冬，或在越冬寄主植物上越冬。翌年高粱幼苗长出后，利用风、雨、昆虫等传播到下部叶片，然后再侵染其他叶片或植株。因此处理前茬植株和病残枝叶、越冬寄主等可以有效地消灭菌源。同时，药剂拌种有助于减少病害。选用抗病品种、轮作倒茬等农艺措施也是有效的防治方法。

（三）纹枯病

1. 病理　纹枯病菌可以侵害叶片、叶鞘、茎秆、穗等部位。一般在高粱拔节后开始发病，以抽穗期前后发病最普遍。最初在接近地表的叶鞘上产生暗绿色水渍状边缘不清楚的小斑点，然后病斑逐渐扩大成椭圆形云纹状斑块。病斑中央呈绿色至灰褐色，边缘为紫红色。高温低湿时，病斑中央呈草黄色或灰白色，边缘为暗褐色。病斑多而大，常连接形成不规则云纹状斑块，引起叶鞘发黄枯死。叶片上的病斑与叶鞘上的相似，病情扩展慢时，外缘也褪黄成云纹状；扩散快时，呈墨绿色水渍状，叶片很快枯腐。茎秆受侵染后的初期症状与叶片相似，后期呈黄色，易折断，影响抽穗、灌浆和千粒重。穗部受害后，初期呈墨绿色，后变成灰褐色；严重时枝梗下垂，穗形变松散，穗色灰暗，籽粒秕小，整个穗明显抽缩。

2. 防治方法　秋收后及时深翻，将散落在田间的菌核清除；增施基肥，不过多、过晚偏施氮肥等，都能有效地控制病害蔓延。当病害发生时也可采用纹枯灵，或50%多菌灵可湿性粉剂，或70%甲基硫菌灵可湿性粉剂喷施1～2次进行化学防治，对控制病害蔓延有较好的效果。

二、主要虫害及其防治

危害高粱的害虫也有几十种。危害播种后种子和幼苗的有蝼蛄、蛴螬、地老虎等。食叶害虫有黏虫、蚜虫、高粱舟蛾、长椿象等。蛀茎害虫有芒蝇、高粱条螟、玉米螟等。食穗害虫有高粱摇蚊、棉铃虫、高粱穗隐斑螟、桃蛀螟等。食根害虫有高粱根蚜等。各地的高粱主要害虫因地而异，但是总体来说，蚜虫、玉米螟和黏虫是我国高粱3类主要害虫，发生普遍，危害严重。

（一）蚜虫

1. 危害　蚜虫俗称腻虫，为高粱爆发性、毁灭性害虫，多发于苗期和抽穗灌浆期，苗期发生危害较轻，中后期危害重。苗期多发于5月下旬至6月上旬，以成虫和幼虫群集于高粱心叶内危害，初呈点片状发生，中后期以成虫和幼虫群集在高粱中下部叶片背面刺吸危害，使受害叶片发红、焦枯，并逐渐向上部叶片蔓延直至穗部。与其他蚜虫比较，高粱蚜虫更喜吮食老一点的叶片，一般先危害下部叶片，以后逐渐蔓延到茎和上部叶片。成虫和幼虫以针状口器刺入叶片组织内吸食汁液，并排泄含糖量较高的蜜露。蚜虫危害可造成高粱叶片变红甚至枯萎，严重时茎秆弯曲变脆，不能抽穗，或勉强抽穗不能开花结实，最后导致植株死亡。

2. 防治方法　采用高效氯氰菊酯等药剂防治，效果较好。防治蚜虫宜早不宜迟，最好消灭在蚜窝期。

（二）玉米螟

1. 危害　玉米螟是世界性害虫，以幼虫危害，能危害的植物多达215种。幼虫可以危害高粱、玉米的任何部位，但主要是危害茎部。在高粱生长发育的后期玉米螟主要危害穗柄和茎秆，蛀入部位多在穗柄中部或茎节处，造成折穗和折茎。蛀孔外部茎秆和叶鞘出现红褐色，影响籽粒灌浆，使千粒重下降，造成减产。

2. 防治方法　药剂防治前必须做好预测预报。可利用黑光灯诱蛾或在田间查卵，以掌握产卵密度和羽化进度。调查100株高粱累计有卵块30块以上时，应进行防治。用50%对硫磷乳油加适量水，与经过筛选（20～60目）的煤渣或沙石颗粒25 kg混拌均匀制成颗粒剂，投放 60 kg/hm^2；也可用 25%甲萘威（西维因）可湿性粉剂配成颗粒剂使用。

生物防治可采取以蜂治螟、以菌治螟。利用赤眼蜂防治玉米螟时，应在田间百株高粱上有 1～2 个玉米螟卵块时放第 1 次蜂，防治第 1 代玉米螟。即由越冬待幼虫化蛹率达 20%～30%时，往后推算 11 d，为第 1 次放蜂适期。以后每隔 5 d 放 1 次蜂，连续放蜂 3 次。特别是在卵高峰期应放出大量赤眼蜂，一般放 2.25×10^5～4.5×10^5 头/hm^2。用含菌量 5×10^9～1×10^{11} 个/g 的白僵菌粉 0.5 kg，拌过筛的煤渣颗粒 5 kg，制成颗粒剂，于心叶中期施入心叶。早春封垛时，按每立方米的秸秆堆垛喷洒土法生产的白僵菌粉 100 g 防治越冬幼虫，均有良好效果。此外，利用 Bt 乳剂，制成颗粒剂撒施或与药剂混合喷雾。

在越冬幼虫化蛹、羽化以前，处理越冬寄主，消灭越冬虫源。常用的方法是秸秆铡碎沤肥或作燃料，应先烧危害重、越冬幼虫多的秸秆，后烧虫量少的秸秆。

（三）黏虫

1. 危害　黏虫又名夜盗虫，每年 5 月至 6 月初从关内远距离迁飞到黑龙江。迁入后即产卵，6 月 10 日前后孵化成幼虫，吃高粱叶片，5～6 龄进入暴食期。

2. 防治方法　防治要在幼虫 3 龄以前，才能收效显著。用 50%辛硫磷乳剂、20%速灭杀丁乳油或灭虫灵胶悬剂进行化学防治。

（四）金针虫

1. 危害　金针虫又名黄泥虫，成虫称为叩头虫。黑龙江局部地区发生较多的是细胸金针虫，沟金针虫次之。金针虫主要危害高粱种子和幼苗。

2. 防治方法　消灭金针虫的关键时期是在播种期。防治方法主要有：①用杂粮种衣剂红衣服（10%克百威、10%福美双）包衣。②用 50%辛硫磷或 48%地蛆灵拌种，药剂：水：种子为 1：30～40：400～500。种子拌药后，堆在一起闷种 3～4 h，晾干后播种。③施用毒土，用 48%地蛆天乳油或 50%辛硫磷乳油，加水稀释 10 倍，喷于 25～30 kg 细土上拌匀成毒土，拌匀后堆起闷 5 h，晾干，在播种时施入。④施 3%呋喃丹或 5%甲拌磷制成的颗粒剂，播种时施下。

三、田间主要杂草及其防除

危害高粱的杂草有数百种，它们在外形、生态、繁殖习性、危害特点以及对除草剂的敏感性等方面都不相同。因此草害的防除要根据杂草的种类以及当地栽培习惯灵活掌握。

（一）深耕

深耕是防除杂草的有效方法之一。大部分杂草的种子在土表 1 cm 内发芽良好，耕翻越深对杂草种子发芽越不利。例如看麦娘在 1～3 cm 内发芽良好，而 5 cm 以下则不能发芽。杂草繁殖系数相当大，1 株播娘蒿能产生 50 万粒种子，1 株马齿苋可产生 20 万粒种子。深耕可将大量杂草种子翻入深土中，使其不能发芽，有效减少杂草的危害。

（二）旋耕

播种前旋耕可有效地消灭大批土壤表层萌发的杂草，从而降低田间杂草发生的基数。旋耕同时可以消灭多年生宿根性杂草，例如狗牙根等，对较深层的宿根杂草的旋耕层内萌动的顶端优势，可进行破坏，推迟杂草危害高粱的时间，对培育壮苗有利。

（三）化学除草

苗前化学除草要在播种后的 3 d 进行，用莠去津兑水喷施，如果天气干旱要在喷药 2 d

内喷 1 次清水，喷湿地面深度 5 cm 左右以提高灭草功能。在阔叶杂草较多的地块，一般用 2,4 -滴丁酯在高粱苗高 3 cm 时喷施。针叶杂草须进行人工防除。

苗期化学除草是利用除草剂在作物和杂草体内代谢作用的不同生物化学过程来达到灭草保苗目的的。高粱出苗后 5~8 叶期，抗药力较强，使用除草剂较为安全，而 5 叶期前、8 叶期后对除草剂很敏感，故苗期化学除草一般 5~8 叶期进行，否则容易产生药害。所以应严格掌握喷药时间、浓度和品种。高粱出苗后 4~5 叶期，2,4 -滴丁酯乳油兑水喷雾，主要防除阔叶杂草和莎草科杂草，对禾本科杂草无效。

复 习 思 考 题

1. 高粱的分类有哪几种？分别是什么？
2. 高粱分布在我国有哪几个栽培区？分别是什么？
3. 高粱的开发利用价值有哪些？
4. 试述高粱生长发育对环境条件的要求。
5. 高粱的抗逆生理有哪些？
6. 简述高粱主要病虫害及其防治方法。

第十一章 糜 子

第一节 概 述

一、起源和分类

(一) 起源

糜子（*Panicum milaceum* L.）属于禾本科黍属（*Panicum*），又称为黍、稷和糜。在我国的栽培史中，糜子占有极其重要的地位。我国栽培糜子的区域分布较广，北从内蒙古海拉尔，南到海南的琼海，东从黑龙江的同江，西至新疆的哈巴河、喀什，几乎全国各省份都有栽培。关于糜子的起源问题学术界一直存在争议，主要有3种观点：第1种观点以著名博物学家林奈为代表，他们认为糜子的原生地在印度。第2种观点是德康多尔的研究结果，他认为糜子的原生地在埃及-阿拉伯地区，逐渐传至印度，再到中国。与此有相近观点的还有丹麦的古植物学家赫尔巴克。第3种观点是苏联学者瓦维洛夫通过研究来自各大洲近60个国家的数万份品种资源，提出了栽培植物起源中心说。他认为，中国是古代糜子初生基因中心，糜子从中国广泛地传播到整个欧洲。现在大多数的学者支持中国单一起源说，认为糜子起源于中国。糜子也是中国最早有文字记载的粮食作物之一，在西夏、明、清的地方志中均有糜的记述。

(二) 分类

糜子一般分为糯性和非糯性。我国包头、东胜、榆林、延安一线（东经110°）以东地区，主要栽培糯性糜子，越向东延伸糯性糜子栽培的数量越多，在辽宁、吉林和黑龙江几乎不种粳性糜子；该线以西地区，主要栽培粳性糜子，越向西延伸糯性糜子栽培的数量越少，在青海和新疆几乎不种糯性糜子。

二、生产情况

(一) 世界糜子栽培情况

虽然糜子在全世界的栽培面积较小，但是栽培区域遍及温带、热带等。2018年全球糜子栽培面积近 6×10^6 hm²，其中，俄罗斯的栽培面积最大，其次是乌克兰和中国。俄罗斯糜子的产量占世界总量的45%，平均单产为1 060.5 kg/hm²。近年来，随着人们对小杂粮认可度的提升和栽培技术的不断发展，糜子的栽培面积在亚洲、美洲、非洲、欧洲等地不断扩大，尤其在伊朗、印度、法国、美国等国家栽培面积增长迅速。

(二) 我国糜子生产

我国2018年糜子栽培面积为 5.33×10^5 hm² 左右，主要产区集中在黑龙江嫩江、吉林白城等地区。相关调查显示，我国糜子的平均单产为3 375 kg/hm²。我国生产的糜子一部分出口到日本、荷兰、德国、澳大利亚、美国、越南等39个国家和地区。2018年我国糜子的

出口量是 5.75×10^4 t，出口额 3.55×10^7 美元，平均每吨价格为 618 美元。其中白色糜子出口报价是每吨 510 美元，高品质的黄色糜子出口报价为每吨 $760 \sim 790$ 美元。2018 年，我国还从老挝、缅甸、荷兰、秘鲁等 21 个国家和地区进口糜子 2.41×10^4 t，进口额为 2.19×10^7 美元，平均每吨价格为 910 美元，进口价格明显高于出口价格。国内糜子价格的情况是粳性和糯性价格差异较大，糯性品种价格更高，每千克价格基本在 4 元左右，黄米面每千克价格为 $6 \sim 7$ 元；粳性品种每千克价格一般在 $2.5 \sim 3$ 元，黄米面每千克价格为 $5 \sim 6$ 元。糜子籽粒脱壳后形成黄米，进一步加工成黄米面。

（三）我国糜子种质资源情况

国家现代农业产业技术体系谷子高粱体系 2018 年年度报告总结，2018 年对 5 374 份糜子种质资源的抗病、抗旱、抗除草剂、耐低氮和光周期敏感等特性进行了鉴定，筛选出农艺性状较好，具有特殊优异性状的糜子资源 428 份，其中优质材料 39 份，高抗黑穗病材料 72 份，强抗旱材料 17 份，矮秆材料 35 份，抗除草剂材料 58 份，耐低氮材料 12 份，弱分蘖材料 2 份，光周期不敏感材料 4 份。矮秆抗倒伏育种得到充分重视，育成的"冀黍 3 号""陇糜 14"和"陇糜 15"3 个优质适合主食烹制的糜子新品种通过了第三方评价，"赤黍 9 号"进行企业转化，同时育成一批优质、矮秆、抗倒伏稳定品系。

三、经济价值

（一）营养价值

糜子的营养丰富，籽粒中富含有蛋白质、脂肪、氨基酸、维生素和矿质元素。有研究显示，糜子的出粉率能达到 85%，淀粉含量为 $67.6\% \sim 75.1\%$，蛋白质含量为 $8.6\% \sim 15.5\%$，脂肪含量为 $2.6\% \sim 6.9\%$，膳食纤维含量为 $3.5\% \sim 4.4\%$，灰分含量为 $1.3\% \sim 4.3\%$。糜子籽粒中蛋白质含量明显高于其他作物，还含有较多的膳食纤维，符合现代人的饮食要求；并且含有钾、镁、钙、磷等大量元素，其中磷、铁含量高于大米和小麦。

糜子蛋白质含量相当高，特别是糯性品种，含量高达 13%。与其他禾本科作物不同，糜子蛋白主要是清蛋白，占蛋白质总量的 14.73%；其次是谷蛋白和球蛋白，分别占蛋白质总量的 12.39% 和 5.65%。醇溶蛋白最少，仅占蛋白质总量的 2.56%。8 种人体必需氨基酸的总量高于小麦、大米、玉米，尤其是甲硫氨酸的含量，高达 30 mg/kg。但各氨基酸的含量相对不平衡，配合豆类一起食用可发挥蛋白质的互补作用。

糜子淀粉含量在 70% 左右，其中糯性品种为 67.6%，粳性品种为 72.5%。不同品种之间的淀粉含量相差较大，同一品种在不同区域栽培淀粉含量相差也较大。粳性品种中直链淀粉含量高，糯性品种几乎不含直链淀粉。糜子籽粒中脂肪平均含量平均为 3.08%，高于小麦和大米。其中有大量的不饱和脂肪酸，易于水解产生游离脂肪酸。存放时间过长时易发生氧化作用，会产生挥发性低分子羟基化合物，发出刺鼻气味，从而失去食用价值。此外，糜子还含有 4% 左右的膳食纤维和多种维生素（维生素 E、维生素 B_1、维生素 B_2、胡萝卜素），多食用糜子食品可预防胃肠道疾病及冠心病的发生。体外实验证实，糜子提取物对 HMG - Co 酶有显著的抑制作用，对这种酶的抑制可起到降血脂的作用。

（二）加工价值

1. 糖制品 糜子籽粒中含有大量的糖类，经过水解能产生大量的还原糖，可以加工成糖浆、麦芽糖。其加工成品区别于其他糖制品，具有香、脆、耐储存的特点。一般生产这类产品的都是传统个体小作坊，鉴于工艺等原因很难形成规模化的工厂生产。

2. 酿酒　糜子的籽粒是酿酒的好原料，所加工生产的糜子酒是中华传统名酒，酒味香醇。我国历史上就有相关记载，例如春秋时代就有"黎可制酒"。目前市面上以糜子为原料的名酒有山东即墨老酒、宁夏金糜子酒、北方各地的黄酒等。其中黄酒含有多种氨基酸和维生素，容易被人体吸收，营养价值和药用价值很高。

3. 提取色素　糜子籽粒的外壳有多种颜色，包括红色、黄色、褐色、白色、灰色等。经过一定的化学方法处理，可提取出各种色素，并且提取出的色素色泽鲜艳、易保存、不易降解，是优良的天然色素。这些色素对人体无毒无害，可用于食品、医疗、美容等行业。

4. 作饲料　糜子的籽粒及秸秆等均可以制成饲料。糜子籽粒营养丰富，并且易消化吸收，用于饲养猪及家禽，可提升猪肉的品质和提高禽类产蛋的效率。糜子脱粒后产生的米糠、颖壳及秕粒，也是家畜及家禽的好饲料。糜子秸秆中蛋白质的含量在 2.4%～3.9%，可作为青贮饲料，可以一年收割多次，晒干制成干草。

5. 生物农药　糜子可以作为生物农药的载体来生产防飞虱、叶蝉、蚜虫的无公害生物农药。

6. 其他　糜子的穗子脱粒后可制作笤帚，在 20 世纪 80 年代的东北比较常见，虽然现在逐渐被塑料笤帚取代，但还是占有一定的市场份额。糜子面可用来熟化各类动物毛皮，使皮面柔软光洁。用糜子制作的褥垫，具有良好的透气性，可预防褥疮。

第二节　生物学特性

一、植物学特征

(一) 根

糜子的根系为须根系，由种子根（胚根）、次生根（节根）和支持根组成。每条根的粗细差异不大，呈丛生状态。种子根是糜子种子胚中的幼根，在种子发芽过程中最先突破种皮。种子根是最早形成的根，因此称为初生根。初生根生长迅速，当地面叶片只有 3～4 片时种子根入土深度可达 40～50 cm，所以糜子幼苗抗旱性较强。生长在地下茎节上的根称为次生根，生长在地上茎节的根称为支持根或气生根。次生根是吸收水分和养分的主要器官，一般在出穗前形成，从基部开始依次向上可生出 3～7 层次生根，主茎次生根数为 20～50条，全株的次生根最多可达 100 条以上，其健壮程度直接影响糜子的最终产量。在初生根和次生根之间有一段根状茎，栽培上称为根茎。播种浅时根茎变短，播种深时根茎变长，根茎的这种自我调节功能可使节根位置处于较适宜的土层中。

糜子的根系入土较浅，一般入土深度为 80～100 cm，扩展范围为 100～150 cm，其中 0～20 cm 内的根系最多。有研究发现，糜子在 0～10 cm 土层中根系质量占全根质量的 79.6%。糜子的根系不仅可以吸收、运输养分和水分，还具有一定的合成功能。土壤的酸碱度、养分含量、水分含量、整地质量和种子的生活力强弱等因素对糜子根系的发育影响很大。

糜子的根尖长为 1～2 cm，是根生长、伸长和水分、养分吸收的主体，是初生组织发育的主要部位，该区域可分为根冠、分生区、伸长区和成熟区。对根尖进行解剖，由外向内依次分为表皮、皮层、内皮层、中柱鞘、韧皮部和木质部。与其他作物对比，糜子根系中的厚壁组织特别发达，而薄壁细胞较少。糜子根系的这种木质化结构有利于增强保水能力，减少水分的流失。木质化细胞壁含有大量的亲水胶体，能够在水势较低的土壤中吸收到水分。

（二）茎

糜子的茎是运输养分和水分的主要器官，同时也可以制造和储存养分。茎可以支撑叶片使之在空间均匀分布，便于吸收二氧化碳；同时可增加光合面积，有利于更好地进行光合作用。

糜子的茎可分为主茎、分蘖茎和分枝茎。一般情况下，单株有 1 个主茎和 1～3 个分蘖茎。主茎由胚芽发育而来，通常有 7～16 节，其中可见节 4～11 个，近基部节间短，中部节间较长，穗颈节最长。分蘖茎是由分蘖节上的腋芽发育而成的。分枝茎是地上部茎节上不定位长出的枝，它是在主茎圆锥花序出现后才生出。一般早熟品种分枝多，中晚熟品种分枝少。糜子的分蘖茎和分枝茎的数量与很多因素相关，主要是品种的类型以及土壤养分和栽培措施。一般植株可产生 1～5 个分蘖，在干旱条件下，单株分蘖数最多可达 20 个以上，但最终只有 1～3 个分蘖能发育成穗。同一株上的分枝成熟度并不一致，结实率较低，对于产量的提高没有实际意义，因此在生产上要适当控制分蘖和分枝。

糜子的茎为直立茎，茎的高矮因品种、栽培环境和栽培措施不同而差距较大。矮秆品种的株高一般为 30～40 cm，高秆品种的株高可达到 200 cm 以上。茎粗为 5～7 mm，茎壁厚为 1.5 mm 以上。糜子茎的颜色有绿色和紫色，茎秆表面着生绒毛，主要集中在中下部。这种特异性结构被认为是抗旱、抗风沙、抗病虫的重要性状。茎秆由若干节与节间组成，每个节上生长 1 片叶子，茎节数与叶片数量一致，一般是 7～16 节（片叶）；地下有 3～5 个茎节，且节间非常密集；地上有 5～11 个茎节。茎节的数量与品种类型、播种时间有关。

糜子拔节前幼苗的茎是实心的，成熟后秆逐渐转变为空心。茎由表皮、基本薄壁组织、维管束和髓部构成。糜子茎部维管束排列成 4 圈，其输导组织特别发达，因此在土壤干旱和气候干旱的条件下有更好的适应性。成熟茎的维管束为外韧型维管束，有 1 圈较小细胞组成的鞘，2 个大的后生导管形成 V 字形两臂，其尖部为 2～3 个大型原生导管，若出现空腔，维管束两端则无厚壁组织。

（三）叶

糜子是单子叶植物，叶子由叶片、叶鞘、叶舌和叶枕构成；叶互生，无叶耳。第 1 片真叶顶端稍钝而呈椭圆形，其余叶片为披针形。叶片上有明显的中脉和平行脉，由于中脉比支脉短，以致叶片边缘呈波浪形，但也有边缘是平直的。叶片的上下表皮有浓密的茸毛。叶鞘是叶片与茎的通道，在叶片的下方，包裹着茎，两缘重合部分为膜状，边缘着生浓密的茸毛。叶鞘起着保护茎秆及输导养分和水分的作用。叶舌是叶鞘和叶片结合处内侧的茸毛部分，能防止雨水、昆虫和病原菌物落入叶鞘内，也具有保护茎秆的作用。叶枕是叶鞘和叶片相接处外侧稍突起的部分，具有弹性和伸展性，以此来调节叶片的位置。

糜子叶片为绿色，叶色深浅略有不同，紫色花序品种的叶片通常会带一点紫色，其深浅程度会因品种不同略有区别。不同节位上的叶片大小、形状不同，初生的几片真叶叶片较小，长度约为 10 cm，宽度为 1.0～1.5 cm，初生叶片会随着生长发育进程逐渐脱落。后期生长的叶片一般较大，长为 10～40 cm，宽为 1.3～1.8 cm，这部分叶片一直成活到糜子成熟，对糜子产量具有重要作用。

糜子的叶片表皮由长形细胞、短形细胞、泡状细胞、表皮毛和气孔组成。上表皮的泡状细胞也称为运动细胞。运动细胞的细胞壁薄，液泡较大，起到控制叶面水分蒸腾的作用。在水分条件充足时，运动细胞吸水膨胀叶面保持平展状态；反之，当气候干旱水分不足时，运动细胞失水，体积缩小，使叶片向上卷曲成筒状，减小蒸腾面积，提高抗旱能力。

糜子叶片上下表皮都有气孔，但是数量不同。叶片上不仅有两个哑铃形的保卫细胞，还有一堆近似菱形的副卫细胞。气孔的开闭受保卫细胞膨压的影响，当保卫细胞膨压增高时，气孔张开；膨压降低时，气孔关闭。叶片维管束排列紧密，单个维管束较大。木质部有 2～3 个导管，呈 V 字形。

(四) 花

糜子的花序为圆锥花序，通常称为穗子，由主轴和许多分枝及小穗组成。主轴直立或弯向一侧，一般长为 15～50 cm，成熟后下垂。主轴上一级分枝呈螺旋形排列或基部轮生，分枝上部形成小穗，小穗结种子，一般每穗结种子 1 000～3 000 粒。分枝呈菱角形状，上部着生小枝小穗。糜子的分枝最多有 5 级，一级分枝 10～40 个。分枝的类型不同，有长有短，有的光滑，有的被茸毛。分枝与主轴的位置相对稳定。根据糜子花序分枝长度、紧密度、分枝角度和分枝基部的叶关节状结构的有无，可将糜子分为散穗型（*Panicum miliaceum* var. *effusum*）、侧穗型（*Panicum miliaceum* var. *contractum*）、密穗型（*Panicum miliaceum* var. *compactum*）3 种。侧穗型品种占 75% 以上，多栽培在相对干旱的地区。散穗型品种占 19%，一般分布在雨水充沛地区；密穗型品种仅占 6%，在我国比较少见，主要分布在热带地区（图 11-1 和表 11-1）。

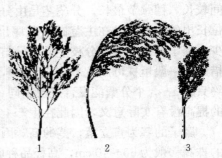

图 11-1 糜子穗形
1. 散穗型 2. 侧穗型 3. 密穗型
（引自柴岩，1999）

表 11-1 糜子穗形特点
（引自孙桂华等，2006）

类型	散穗型	侧穗型	密穗型
分枝与主轴角度	≥45°	<35°	<35°
分枝与主轴相对位置	多在周围，有的分枝细长，顶部向一方下垂	分枝在主茎的一侧	分枝在主轴的周围
主轴方向	直立或稍弯曲	弯曲	直立或略显弯曲
分枝长度	较长	长	短
花序密度	稀疏	较密	密集
分枝基部突起物	明显	不明显	没有

糜子花序颜色分为绿色和紫色，紫色花序的品种，其茎叶也常常带有紫色。我国糜子花序以绿色花序为主，大概占 80% 以上，主要分布在东北、西北及东南和华中地区；紫色花序的品种较少，仅占 19%，主要分布在自然条件较差的地区。

糜子的小穗呈卵状椭圆形，长为 4～5 mm，颖壳无毛。小穗有 3 部分组成：护颖、内外颖和数朵小花。护颖有 2 片，护颖内一般有 2 朵小花，一朵小花发育不完全，另一朵发育完全。雄蕊有 3 个花药，雌蕊有 2 个羽状柱头，3 个花药紧抱 2 个柱头。糜子的成熟花粉粒为圆球形，直径大约为 48 μm，开花顺序由顶端向基部开放，由穗主轴逐步向一级侧枝、二级侧枝过渡。

（五）种子

糜子的种子是由受精后的子房发育而成的果实。糜子的种子形状有球形、长圆形和卵圆形 3 种。种子粒长为 2.5～3.2 mm，宽为 2.0～2.6 mm，厚为 1.4～2.0 mm，千粒重为 3～10 g。籽粒颜色有白色、黄色、红色、灰色、褐色等。种子的结构包括皮层、胚和胚乳 3 部分。皮层包括果皮和种皮，其质量占种子总质量的 5%～7%。皮层和稃壳合称为皮壳，占籽粒总质量的 15%～20%，具有保护胚和胚乳的作用。胚是种子最重要的部分，由胚芽、胚轴、胚根和子叶 4 部分组成。胚乳由糊粉层和淀粉层组成，根据糜子胚乳所含淀粉的结构不同，分为粳性和糯性。

二、生长发育周期

糜子的一生泛指从种子萌发开始到新种子形成止的生长发育过程，也常称为一个生命周期。严格来说，它并不是一个生命周期，受精结束便是糜子新生命的开始。种子萌发只是一粒有生命的种子由休眠状态重新开始生命活动的过程。在生产上一般以种子播种为开端，萌发作为糜子生长发育的开始，种子成熟收获作为糜子生命周期的结束。田间调查一般将种子出苗至成熟经历的天数定为糜子的生育期，将播种后种子萌动至种子成熟经历的天数称为糜子的全生育期。

糜子是短生育期作物。特早熟品种生育期一般在 65 d 以下，早熟品种生育期一般为 66～80 d，中熟品种生育期为 81～95 d，晚熟品种生育期为 96～110 d，特晚熟品种生育期为 111 d 以上。生育期的长短除了由品种遗传特性决定外，还受栽培地区自然条件及田间管理质量等因素综合影响。生育期的长短是一个品种较为稳定的性状，但也随着环境条件的变化而有所变动。通常同一个品种，由于栽培地点不同以及播种期不同，生育期会有较大幅度的变动。有研究发现，糜子的生育期随播种时间的推迟而缩短，随播种期的提前而延长。糜子的全生育过程又可分为营养生长阶段、营养生长与生殖生长并进阶段及生殖生长阶段。从种子萌发到拔节开始，是糜子根、叶、分蘖等营养器官分化形成的营养生长阶段。从拔节开始到抽穗结束，是糜子茎、叶、穗、籽粒等营养器官和生殖器官形成的营养生长与生殖生长并进阶段。从抽穗结束到成熟是糜子开花、灌浆、成熟的生殖生长阶段。根据生产和科学研究的需要，把糜子的生育时期划分为：出苗期、三叶期、分蘖期、拔节期、孕穗期、抽穗期、开花期和成熟期。其中特别重要的时期是：出苗期、拔节期、抽穗期和成熟期 4 个时期。成熟期又可以细分为乳熟期、蜡熟期和完熟期。一个穗子的基部籽粒达到蜡熟，标志着单穗的成熟。

三、生长发育对环境条件的要求

（一）温度

1. 温度对糜子出苗的影响 糜子是喜温作物，各生育时期都需要较高的温度和一定的积温。在适宜的条件下，一昼夜即可发芽。在 20～25 ℃范围内随着温度的升高，种子的发芽势、发芽率逐渐提高；超过 25 ℃时，随温度的升高糜子发芽率逐渐下降；超过 40 ℃时，种子不能发芽。糜子发芽的最低温度为 8～10 ℃。在 8 ℃时糜子平均生长速度为 0.05 cm；当温度上升到 35 ℃时，日平均生长速度达 1.03 cm，生长速度比 8 ℃时提高 20 倍。

糜子的出苗日数会随地表温度升高而减少，温度过高也不利于糜子发芽和出苗，在 35 ℃以上的高温条件下，种子虽然可以发芽，但天气炎热，地表干燥易"烧芽"。

2. 温度对糜子生长的影响　不同温度对糜子各器官的分化生长有很大的影响，在一定的高温条件下可以促进糜子的根、茎、叶的生长，使营养生长和生殖生长加快。关于糜子生物学最低温度，形成营养器官为 10～11 ℃，形成繁殖器官为 12～15 ℃，开花为 16～19 ℃。植株在 35 ℃长得最高，根在 25 ℃长得最长，分蘖期最适温度为 15～20 ℃，也有资料显示为 18～22 ℃。开花最适温度为 24～30 ℃，籽粒灌浆以 20.7 ℃时速度最快。糜子有较强的耐热性，可以忍受 38 ℃左右的高温，超过 42 ℃生长发育会受到影响。糜子对于低温的反应：−2～−3 ℃严重受冻，−3～−4 ℃植株死亡。灌浆期遇到 −2～−3 ℃低温时易造成穗颈节冻死，对产量造成严重损失。冻害程度不仅与温度高低有关，还与低温的持续时间有关。

3. 积温对糜子产量的影响　糜子对热量的要求通常用积温来表示。综合前人在不同地域对不同糜子品种的活动积温研究，由播种到成熟的活动积温，早熟品种为 1 700～1 900 ℃，中熟品种为 1 900～2 100 ℃，晚熟品种为 2 100～2 230 ℃。糜子的活动积温变幅较大，不仅不同品种有差异，即使同一品种在不同年份或不同地区栽培也会有较大的变化，积温的积累会随着生育期内平均温度的降低而逐渐增高。在高海拔地区，由于海拔高度增加，而气温降低，糜子的生育期逐渐延长，积温趋于增加；反之，海拔降低则气温升高，生育期缩短而总积温减少。这个特点反映了糜子生育期随气温升高而缩短的喜温性。

（二）光照

1. 光周期效应　糜子是短日照作物，对日照时间的长短反应比较敏感，一般认为每日 13～14 h 是最适宜糜子生长发育的日照时间，日照时间延长时糜子迟熟，日照时间缩短时发育加速。光照可以调节糜子生长发育进程，短日照条件可以明显地促进生殖生长。糜子的光周期反应并不是贯穿整个生长发育过程，而是仅在其幼穗分化形成前的某些阶段，在光周期反应时期内满足短日照时长要求，即可进入幼穗分化时期。叶片是感受光的器官，出苗后即开始受光感应，故出苗至抽穗时期应是光照反应期。

2. 光照时间对生长发育的影响　缩短日照时间对糜子的生长发育和产量的影响较大。缩短日照不仅使生育期缩短，还会降低株高，叶片数减少，穗变短，花枝梗减少，会造成大幅减产。衡量糜子品种对短日照反应的敏感程度之一是最短抽穗期和最长抽穗期的差值，差值越大对短日照越敏感，发育要求的短日照条件越严格，适应栽培的区域范围越小；反之差值越小，对短日照反应越迟钝，适用栽培的区域范围越广。我国北方的糜子品种对日照长短的反应都较为敏感，因而对糜子品种的异地引种应慎重。异地品种通过 2～3 年引种鉴定证明适于当地栽培，才能逐渐扩大栽培面积。

3. 温度对糜子光周期的影响　糜子的光周期反应与温度有密切关系，不同品种均有其光周期反应的最适温度，当温度超过或低于某临界值时，将会促进或抑制光周期通过。低温对短日照的感应有抑制作用，在短日条件下，低温不仅抑制糜子的生长，而且也抑制糜子对短日照的感应，使光反应通过的时间延长，造成生长发育迟缓，延长生育期。

糜子的生育期是受光照和温度两因素共同作用的结果。由于糜子光周期特性受到温度的影响，从而在不同光温组合的环境中形成了感光和感温程度不同的品种，一般来源于高纬度或高海拔地区的糜子品种发育快慢、出苗至抽穗时间的长短，主要受控于感应自然光周期变化。

（三）水分

糜子是耐旱作物，但在关键时期对水分也非常敏感。糜子的抗旱性主要体现在生长发育前期，前期干旱一般对糜子的产量影响并不明显。农谚有"不怕旱苗，只怕旱籽""小苗旱个死，老来一包籽"，正是对糜子苗期抗旱能力的总结。糜子的种子发芽所需水分比一般谷类作物都少，对土壤墒情的要求也较低，土壤含水量在 11％的情况下能基本全苗，土壤含水量为田间持水量的 65％～75％时最适宜种子萌发。糜子在不同生育阶段对干旱的反应不同，3 叶期受旱减产 9％左右，拔节期受旱减产 24％，抽穗期受旱减产 55％，灌浆期受旱减产 69％，说明抽穗期和灌浆期是糜子对水分最敏感的时期。

（四）土壤

糜子是耐瘠作物，对土壤的适应能力较强，不同质地的土壤都可以栽培糜子。即便在新开垦的荒地上，其他作物不能适应，糜子也能很好地生长并获得较高产量。由于糜子的种子小，在黏性土壤上栽培容易造成土块压苗，导致出苗不整齐。糜子到生长发育后期根系活力弱，积水或土壤含水量过高，都不宜糜子的生长，影响产量。在低洼易涝地区栽培糜子，应开沟起垄注意排水。糜子具有一定的耐盐能力，相关研究表明，在黑龙江省土壤含盐量为 0.20％～0.25％、宁夏地区硫酸盐含量不超过 0.21％，糜子都能正常生长，在其他禾本科作物不能很好生长的盐碱地上也能够获得较高的产量。

第三节　栽培技术

一、耕作制度

糜子忌连作。农谚有"谷田必易岁""重茬糜，用手提"，形象说明连作的危害和轮作的重要性。由于糜子的茬口较差，长期连作会使土壤理化性质恶化，持续消耗土壤中的某些易缺养分，地力减退，加剧土壤养分与糜子生长需求之间的矛盾，同时也增加糜子黑穗病发生的概率。相关研究显示，糜子连作 4～5 年，其伴生性杂草野生糜子可达 20％。

豆类是糜子的理想前茬。研究显示，豆茬糜子可比重茬糜子增产 46.1％，高粱茬糜子增产 29.2％。豆茬中，黑豆茬比重茬糜子增产 2 倍以上，黄豆茬比重茬糜子增产 32％。豆科牧草和绿肥能增加土壤有机质含量，可提高土壤氮素营养及有效磷的含量，改善土壤理化性质，提高土壤对水肥气热的供应能力，降低盐土的盐分含量和碱土 pH，使之更适合于糜子生长，是糜子理想的前茬。我国各地自然条件不同，作物布局差异大，糜子的轮作方式多样。以宁夏为例，主要的糜子轮作方式是：糜子→荞麦→马铃薯；豆类→春小麦→糜子；春小麦→玉米→糜子→马铃薯；小麦→胡麻→糜子。

二、选地和整地

（一）选地

糜子对土壤有较强的适应性，除严重低洼易涝地、盐碱地外都可栽培，即使在新开垦的荒地上，其他作物不适应，而糜子也能生长良好。但要想获得高产，仍然以土层深厚、有机质较丰富的坡梁地为佳。虽然不同质地的土壤都能栽培糜子，但是由于糜子的种子小，幼苗顶土能力差，遇到黏性土壤、整地粗放时，容易造成土块压苗，出苗不整齐。另外，糜子发芽时仅长出 1 条幼根，而黏土结构紧密，扎根困难，加之糜子种子内含营养物质少，容易引起苗期营养匮乏，造成缺苗或死苗现象。砂性土壤结构松散，土温上升快，有利于糜子幼苗顶土生长，但后期易脱肥早衰，要加强肥料供应。糜子对播种地块土壤养分的需求是，0～30 cm 耕层土壤有机质含量为 10 g/kg，全氮含量为 0.4～0.8 g/kg，碱解氮含量为 50～80 mg/kg，速效磷含量为 5～14 mg/kg，速效钾含量不低于 100 mg/kg。

（二）整地

精细整地目的是消灭杂草和清洁地表，使土壤疏松平整，增加透气，为糜子发芽和出苗创造一个良好的环境。整地包括秋季整地和春季整地。

1. 秋季整地 秋季深耕对糜子有明显的增产作用，农谚有"深耕一寸胜过上粪"。秋季深耕可以熟化土壤，改良土壤理化结构，增强蓄水能力，并能加深耕作层，有利于根系下扎，扩大根系数量，增强吸收肥水能力，使植株生长健壮增加产量。深耕改土效果明显，但深度要因地制宜，一般情况下肥沃的旱地、黏土、表土含盐量高、土层较厚的地块以及雨水偏多、无风蚀的地区，翻耕宜深些，反之瘠薄瘦地、砂土地、心土含盐较多、土层较薄的地块应适当浅些。秋翻的深度以 20 cm 左右为宜，秋耕结合施肥效果更好。

2. 春季整地 我国糜子产区多在旱田栽培，并且播种季节多风，降水量少，而糜子因种子小，不宜深播，表土极易干燥，因此必须严格做好春季整地保墒工作才能保证糜子发芽出苗所需要的水分。春季气温升高，进入返浆期，土壤化冻，土壤水分沿着土壤毛细管不断蒸发丧失，因此当地表刚化冻时就要顶凌耙糖，切断土壤表层毛管，土块耙碎，弥合地表裂缝，防止水分蒸发。镇压是春耕整地的一项重要措施，镇压可以减少土壤大孔隙，增加毛管空隙，促进毛管水上升，与糖地结合还可在地面形成干土覆盖层，达到蓄水保墒的目的。镇压必须在土壤水分适宜时进行，当土壤水分过多或土壤过黏时不能进行镇压，否则会造成土壤板结。

三、品种选择和种子处理

对于糜子栽培品种的选择，应当选择适合当地气候条件、耕作制度和生产水平的品种，品种还应具有高产、优质的特点。首先，栽培品种应与当地光照条件、温度状况、雨季相吻合，与轮作制度相适应。其次，在土壤肥沃、栽培条件好的地区应选用喜肥水、茎秆粗壮、抗倒伏、增产潜力大的高产品种，在土壤肥力较差、干旱地区则选择耐瘠薄、抗旱抗逆性强的品种，总的原则就是扬长避短，使地尽其力，种尽其用。最后，认真分析本地区病虫害、自然灾害特点，选用具有针对性的抗逆品种，以达到丰产丰收的目的。

为了提高种子质量，在播种前要做好种子精选和处理工作。糜子种子的精选，首先在收获时进行田间穗选，挑选那些具有本品种特点、生长整齐、成熟一致、无病虫侵染的大穗保存好作为下年种子。对精选过的种子，特别是从外地调换的良种在播种前要做发芽试验，一般要求发芽率达到 90% 以上，如低于 90% 要酌情增加播种量。种子处理主要有晒种、浸种和拌种 3 种。

1. 晒种 晒种可以改善种皮的透气性和透水性，促进种子成熟，增强种子生活力和发芽力，还能借助阳光中的紫外线杀死一部分附着在种子表面的病菌，以减轻某些病害的发生。

2. 浸种　浸种能够促使糜子种子提早吸水，促进种子内部营养物质的分解转化，加速种子的发芽出苗，还能有效预防病虫害。

3. 拌种　药剂拌种是防治地下害虫和糜子黑穗病的有效措施，通过药物拌种对糜子黑穗病的防治效果在99%以上。

四、播种期和群体调控

（一）播种期

糜子的生育期较短，分蘖成穗高，但成熟很不一致。播种过早时气温低，日照长，使营养生长繁茂，分蘖增加，早熟而易遭受鸟害；播种过晚时气温过高，日照短，植株矮小、分蘖少、穗小粒少、产量不高。因此在生产中糜子应适时播种。

由于各地气候条件和耕作制度不同，因此各地播种期不能要求一致，总的播种原则是，根据不同品种的特性确定适宜播种期，晚熟品种可以适当早播，如播种过晚会导致生长发育后期遭遇低温和早霜，不能正常成熟或降低品质。早熟品种在不影响成熟和营养体生长的原则下，可适期晚播；复种品种要力争早播；无论哪一类品种都应将成熟期安排在早霜来临之前。地温稳定在12℃以上时，即可进行播种，出苗时终霜期已过。孕穗期、抽穗期应与当地雨季相吻合，以利于糜子开花结实灌浆。

我国糜子春播区的播种期一般在4月下旬至6月中旬，个别年份遇到干旱可推迟到7月上旬。宁夏地区单种糜子一般在5月中旬至6月中旬等雨抢墒播种，东北地区一般在5月初播种，山西北部地区一般在6月上旬栽培。

（二）播种密度

合理密植是糜子高产稳产的重要环节。合理密植要求根据土壤肥力、品种、种子发芽率、播种前整地质量、地下害虫危害程度等条件，创造一个合理的群体结构，使个体和群体都能得到充分发育。糜子是高光效作物，在合理密植的条件下，扩大了叶面积，提高了光能利用率，能发挥更大的增产作用。

在春播糜子区，黑龙江一般以中小穗品种为主，栽培密度为7.5×10^5株/hm²左右；吉林、辽宁多数属于中大穗品种，栽培密度相对小一些，吉林栽培"龙黍16"的适宜密度为4.6×10^5株/hm²；甘肃春播糜子一般留苗$6.00 \times 10^5 \sim 8.25 \times 10^5$株/hm²为宜。在夏播糜子区，由于生育期短、气温高、糜子生长发育过快，穗部一般较小，加之本区是我国小麦主要产区，土壤肥沃，采取矮秆早熟品种，高密度的栽培方式，依靠穗多来增加单位面积上的成粒数以达到高产。

（三）播种方法

糜子的播种方法主要有条播、撒播、垄播和穴播。

1. 条播　春糜子产区多数以条播为主，主要分为畜力牵引的耧播和犁播。耧播的行距各地不一致，大致可分为双腿耧和三腿耧，行距为33～40 cm或25～27 cm。耧播的优点是开沟不翻土，深浅一致，落粒均匀，出苗整齐，跑墒少。当春旱严重时，耧播易于全苗，并且比较省工省力，在各种地势条件下都可以播种。犁播是犁开沟手撒籽，然后覆土，是内蒙古、河北坝上、山西等地群众采用的另一种条播方式，行距一般是25～27 cm，播幅在

10 cm左右，播种均匀。犁播的缺点是开沟时容易造成大量跑墒，出苗不匀，易缺苗断垄；优点是糜子根系发育好，能防止倒伏，同时也能防涝，行距和播幅都较宽，既有利于合理密植，又保证了良好的通风透光条件。

2. 撒播　撒播是我国夏播糜子广泛使用的一种播种方式。夏播糜子属于抢时播种，为了省时省工多采用撒播方式，例如甘肃东部、陕西渭北等小麦主产区，在小麦收获后先耕地、随即撒播种子，然后进行耙糖盖籽。撒播无株行距之分，密度难以把握；田间群体结构不合理，通风透光不良，田间管理困难，一般产量较低；但可以提高土地的复种指数，充分利用资源。

3. 垄播　在我国东北地区糜子栽培多采用此种方法，垄上播种可分 2 行播和 3 行播，其中以垄上 2 行播种为好，播幅为 15～16 cm，小行行距为 5 cm。垄上分行播种的优点是通风透光好，能够提高地温，有利于糜子壮根壮苗，增产效果良好。

4. 穴播　穴播主要是结合机器铺膜，目前没有糜子专用的穴播机器，所以地膜穴播的播种使用玉米、小麦的穴播机改造而成，操作中很难做到精准播种而加大间苗工作量。

（四）播种深度

播种深度对糜子发芽出苗以及苗期生长影响很大。糜子籽粒胚乳中储藏的营养物质很少，播种太深时出苗晚，在出苗过程中易消耗大量的营养物质，使幼苗生长较弱，有时甚至苗不能出土，造成缺苗断垄。所以糜子以浅播为好，一般播种深度以 4～6 cm 为宜，播种后可稍加镇压。在干旱严重的地区播种深度可适当加深，但同时要注意加大播种量。

五、营养和施肥

（一）需肥规律

糜子和其他禾谷类作物一样，需要多种营养元素，其中需要最多的是氮、磷、钾，对氮、磷、钾的吸收速率一般是生长前期缓慢，吸肥量较少，生长中期吸收速度逐渐加快，吸肥量也逐渐增加并达到峰值。各元素具体的需求如下。

1. 氮肥　氮肥易于挥发、淋溶和被土壤微生物转化而大量损失，特别是糜子多在旱地栽培，播种追肥一般都是遇雨进行，会造成氮肥淋溶损失。氮肥施在地表或 3～5 cm 深处，气态损失最大，当施入 15 cm 深处，损失较小。根据中国科学院西北水土保持研究所在春小麦、糜子、谷子等作物上的研究结果，氮素化肥深施能够显著提高作物产量、用水效率及肥料利用率。糜子对氮的需要量比其他任何元素都多，氮是组成蛋白质、核酸和叶绿素的重要成分，对糜子的生长发育有重要作用。不同生育时期吸收氮的数量和速度是不同的。根据前人的研究，糜子在出苗至分蘖的过程中，氮的吸收非常缓慢，吸收量仅占氮总吸收量的4.46%，进入拔节期，氮的吸收量迅速增加，吸收量可达到总氮量的 24.96%，说明拔节至抽穗是糜子需氮的关键时期。灌浆及成熟期氮的吸收速度减慢，占总吸氮总量的 20.58%。

春播糜子的生长前期处于低温环境条件下，生长缓慢，吸收氮素的高峰出现较晚，也较平稳，所以春播糜子除施足基肥外，还要重视施种肥，才能满足糜子全生育期对氮素营养的需求。夏播糜子生育期短，生长发育过程中氮素的吸收高峰出现的时间比春播糜子早，且很集中，所以在施足基肥的同时，在拔节抽穗期要追施一定量的氮肥，才能满足糜子中后期生长对氮素的需求。

2. 磷肥　磷肥也是糜子必需的营养元素，是形成细胞原生质的重要元素。磷在有机体能量代谢中占重要地位，能促进氮素代谢和糖类的积累，增加籽粒饱满度，提高产量。我国大部分地区土壤缺磷素且氮磷比例失调，增施磷肥也是糜子高产的重要措施。糜子在灌浆期吸磷量最多，是糜子需磷的关键时期。

3. 钾肥 钾是细胞内多种酶的活化剂，可以加速酶的催化作用；加速糖类的合成和运输，使机械组织发达。足量的钾肥能增强糜子抗倒伏及抗病能力，并提高籽粒内淀粉含量。糜子各生育时期对钾的吸收量，在拔节期后迅速上升，抽穗期达最高值，灌浆至成熟期逐渐下降。

糜子各生育时期对氮、磷、钾的吸收量以抽穗至灌浆期最多，特别灌浆期需磷量明显增加，全生育期表现为以氮的吸收量最多，钾次之，磷最少。吸收氮、磷、钾的比例大致为6∶1∶3.5，因此糜子施肥必须以氮肥为主，相应配合磷钾肥。糜子各生育期吸肥比例情况见表11-2。

表11-2 陕西省榆林地区农业科学研究所糜子不同生育时期的吸肥比例

（引自封山海等，1998）

生育时期	出苗天数（d）	吸肥量（kg/hm²）			吸肥比例（N∶P∶K）
		N	P₂O₅	K₂O	
苗期	14	3.08	0.45	1.97	1∶0.15∶0.64
分蘖	22	8.23	1.20	5.42	1∶0.15∶0.66
拔节	29	20.64	3.29	14.79	1∶0.16∶0.72
抽穗	53	146.78	17.75	79.94	1∶0.12∶0.55
灌浆	80	177.71	40.20	95.20	1∶0.23∶0.54
成熟	97	184.81	53.53	103.65	1∶0.29∶0.56

（二）施肥方法

糜子虽然耐瘠薄，但想要获得高产就必须满足其对养分的需求，才能有利于形成发达的根系、健壮的植株，获得籽粒饱满的大穗。糜子栽培的地质多样，部分在山地，给施肥带来一定的困难。各地丰产经验证明，糜子施肥应掌握"基肥为主，种肥、追肥为辅""有机肥为主，化肥为辅"和"基肥、磷钾肥早施，追施化肥掌握时机"等原则。施肥量应根据产量指标、地力基础、肥料质量、肥料利用率、栽培密度、品种和当地气候特点以及栽培技术水平灵活掌握。糜子的施肥方法包括基肥、种肥和追肥3种方式。

1. 基肥 糜子施肥应以基肥为主，基肥以有机肥为主。用有机肥作基肥，不仅可以为糜子生长发育提供所需的各种养分，同时还能改善土壤结构，促进土壤熟化，提高地力。深耕施用有机肥，养分释放缓慢，促进根系发育，扩大根系吸收范围。我国糜子产区常用的有机肥主要有粪肥、厩肥、土杂肥、绿肥等。

2. 种肥 糜子栽培过程中施入种肥是一项重要的增产措施。糜子种子小，所含营养物质少，特别在春季播种的糜子，苗期土壤温度低，肥料分解慢，幼根吸收能力弱，这时如果能够及时施速效肥料，对促进幼苗根系发育、培育壮苗、获得高产都有重要的作用。种肥以氮素化肥为主，一般用硫酸铵37.5 kg/hm²或尿素15 kg/hm²或磷酸铵37.5～62.5 kg/hm²。糜子施用种肥虽然有显著的增产作用，但是使用不当会造成烧苗现象，导致缺苗断垄和减产。在施用种肥时需注意以下几点。

① 不宜选用腐蚀性或挥发性强的肥料作为种肥（例如碳酸氢铵等），要选用无腐蚀或腐蚀性小，分散性好的肥料（例如硫酸铵等）。

② 化肥作种肥时应严格控制用量，因化肥有效成分含量高，易溶解，用量过大，浓度过高，势必会发生烧苗现象。

③ 种肥应尽量不与种子接触，特别是尿素和硝酸铵，在机械播种时适合将肥料和种子分开播种或分层播种。

3. 追肥 追肥能弥补基肥和种肥的不足，满足糜子拔节孕穗和生长发育后期的养分需要，尤其是肥力极为不足或不施基肥的夏播糜子，追肥更为重要，追肥一般宜用尿素或其他速效氮肥。追肥时期、次数和数量应结合肥力基础、气候特点以及糜子长势确定。一般来说，追肥的最佳时期是抽穗前 15～20 d 的孕穗阶段，此时追肥增产效果最为明显。追肥量以纯氮 75 kg/hm² 左右为宜。在糜子生长发育后期，叶面喷施氮、磷、钾和多种微量元素的叶面肥，是经济有效的追肥方法，可以促进开花结实和籽粒灌浆饱满。

六、田间管理

（一）苗期管理

糜子从出土到拔节前为苗期阶段，该阶段管理的重点是保证出苗率，"控上促下"培育壮苗，壮苗的标准是根系发达，幼苗短壮茎粗，叶色深绿。

1. 保全苗 全苗是糜子丰产的基础，也是糜子苗期管理的关键。播种前要做好整地保墒、防治地下害虫等工作。播种后镇压是一项重要的保苗措施，除土壤湿度太大外，一般都要随种随镇压，其主要作用是破碎土块、压实土壤，使土壤耕层上虚下实接触种子，有利于地下水上升和种子吸水发芽。另外在旱情严重，墒情较差的情况下，要适当增加播种量；播种后遇到降水造成地表板结，应及时用耙破除硬壳以利出苗。如出现缺苗断垄应及时进行补种。

2. 蹲苗促壮 蹲苗促壮是根据糜子需水量较少、比较耐旱的特性和壮根壮苗的要求采取的有效措施。我国糜子产区大多干旱，糜子出苗后的干旱气候条件有利于蹲苗，即使有灌溉条件，苗期也不宜浇灌，以控制地上部生长，促进根系扎深，只要底墒好就能不断把根系引向深处，有利于形成粗壮而强大的根系。因此应在土壤上层缺墒而有底墒的情况下蹲苗，控上促下，培育壮苗。

3. 防灌耳、烧尖 糜子出苗如遇急雨，往往把泥浆灌入心叶，造成泥土淤苗，称为灌耳。为了防止灌耳，应根据地形，在糜子地挖几条排水沟，低洼积水处要及时排水。在土壤疏松、干旱而播种晚的地块，幼苗刚出土时，中午太阳暴晒温度高，幼苗易被灼伤或烧尖而造成死亡。要防止烧尖则必须做好保墒工作，增加土壤水分使土壤升温慢，同时要做好镇压提墒工作。

（二）定苗间苗

糜子播种量是留苗的数倍，出苗拥挤，植株细弱，早间苗有利于培养壮苗。但我国有些糜子产区无间苗习惯，这样形成了苗与苗之间争水、争肥、争光的矛盾，影响了幼苗的生长，难以形成壮苗。试验结果表明，糜子间苗能增产，间苗后能够给幼苗创造一个良好的生态环境，使其充分利用光照、热量、水分、空气、养分等，最终获得高产。播种密度较大时必须尽早间苗。糜子发芽时，仅长出 1 条幼根，3 叶期后近地表分蘖节长出次生根，随着叶龄的增多，次生根数逐渐增加，给间苗带来困难，不但费工还容易伤幼苗。因此糜子间苗要早，最好在 3～4 叶进行间苗。复种糜子由于生育期短，植株矮小，其高产主要靠主穗，一般不进行间苗或者只进行疏苗。

糜子定苗方式也与培育壮苗有密切关系，生产上常见的留苗方式有单株等距留苗、错株留苗、撮留苗 3 种。单株等距留苗方式，由于光照及营养条件均匀，容易普遍获得壮苗。采用宽窄行、宽幅条播、沟播和垄上分条播的，可以错株留苗，注意中间留苗比两边稀些，以利苗匀生长一致。撮留苗是大锄破苗或穴留苗，每穴 2～4 苗，穴距为 10 cm 左右。以主茎成穗为主的地区，留苗 $9.0 \times 10^5 \sim 1.2 \times 10^6$ 株/hm² 为宜，主茎、分蘖并重的地区留苗以 6×10^5 株/hm² 为宜

（三）中耕

中耕除草是糜子田间管理的一项重要措施。随着幼苗的生长，田间杂草也迅速生长，必须及早进行中耕除草。"锄头上三件宝，发苗、防旱又防涝""糜锄三遍，八米二糠"等农谚生动地说明了中耕除草的重要性。中耕除草可疏松土壤，增加土壤通透性，增强蓄水保墒能力，提高地温，促进幼苗生长。糜子幼苗生长慢，幼根不发达，易被杂草争夺养分水分，所以必须早锄细锄。盐碱地要早锄多锄，防止碱化。

在糜子全生育期，一般需要中耕除草 2～3 次。第 1 次中耕结合间苗、定苗进行，浅锄、碎土、清除杂草，严防土块压苗。第 2 次中耕在拔节期进行，在松土除草的同时去除弱苗。第 3 次中耕在封垄前进行，要进行垄上高培土，以促进根系发育，防止倒伏。

七、收获和储藏

糜子成熟期不一致，穗上部先成熟，中下部后成熟，并且主穗与分蘖穗的成熟相差也很大，糜子的落粒性较强，过晚收获时损失较大，适时收获不仅可以防止过度成熟引起的折腰，也可减少落粒损失，获得高产，一般在穗基部籽粒用指甲可以划破时收获。

糜子收获可以分为机械收获和人工收获，我国目前以人工收获为主。机械收获适用于大面积生产，其中又分为直接收获和分段收获。直接收获是用联合收获机一次性作业完成收割、脱粒、分离、清选、集秆、集糠、运粮等程序。分段收获是先用割晒机把糜子割倒，晾晒后再用脱谷机脱粒。人工收获分为用镰刀收获和折穗收获，镰刀收获最为普遍。先将糜子割倒，放到田间晾晒 2～3 d，然后捆成小捆运回晒场进行脱粒。折穗收获一般用于片选和穗选留种。脱粒后种子要进行清选和晾晒，当含水量低于 14% 时可入仓保存。

第四节 病虫草害及其防治

一、主要病害及其防治

（一）主要病害

1. 黑穗病 糜子黑穗病又称为黍黑穗病、黍小孢黑粉病，是我国糜子生产上最严重的病害，主要分布在北方产区，发病率为 5%～30%，严重时可达到 70% 左右，糜子发病后影响产量和品质。

黑穗病主要危害花序，典型症状是整个穗变成指状黑粉包，孢子堆包在叶鞘内，稍膨

大，后期突出体外。有的病穗因受病菌刺激而畸形，小花叶片化，卷曲成刺猬头状。温度和水分是影响糜子黑穗病的主要因素，幼苗阶段温度在13～17℃时，植株被感染的最多，温度达到20℃时发病较少；雨水较多的年份，发病率高。在糜子生长的整个生长发育时期均可发生黑穗病。黑穗病孢子堆大，传染性较强。

2. 红叶病　糜子红叶病又称为红矮、紫叶等，表现为植株红化或黄化，影响结实，是我国北部糜子产区普遍发生的病毒病，发病株率在0.2%～5.0%。苗期染病严重的枯死，轻的生长异常；抽穗前后染病的植株呈现紫红色或不正常黄色，穗变短，植株矮化，造成部分小穗或全株不实，少数早期死亡或抽不出穗。紫秆品种感病后叶片、叶鞘、穗部颖壳呈深紫色。黄秆类型感病后叶片和花呈不正常黄色，节间有缩短现象。糜子红叶病主要靠玉米蚜、麦长管蚜、麦二叉蚜传毒。

3. 黍瘟病　黍瘟病在我国各栽培区均有不同程度的发生，主要危害茎秆和叶鞘，被害处初生青褐色近圆形病斑，后期病斑扩展为圆形或梭形，边缘呈深褐色，中央为青灰色，潮湿时会产生灰色霉状物。黍瘟病菌随病草、病株残体和病种子越冬，成为翌年的初侵染源。

4. 花叶病毒病　糜子花叶病毒病在国内各产区均有发生。据陕西延安市农业科学研究所在陕北调查，糜子花叶病发生较多，发病率达9%～19%。发病叶片呈现扩展或局限为黄绿色花叶或斑驳花叶，植株染病后黄化矮小，苗期发病时全株枯死或抽穗不实。生长发育后期在个别叶片上发病时，不影响结实或全株秕粒。

5. 细菌性条纹病　糜子细菌性条纹病在我国各产区每年都会不同程度的发生，发病率可达20%～30%。该病还会对大麦、小麦、黑麦和燕麦造成损失。该病主要危害叶片，尤其是中下部叶片，一般在主脉附近呈现水渍状细而长的条斑。条斑宽为0.2～0.5 mm，有长1～15 mm的短条斑或3.5 cm或者更长的长条斑。条斑自叶片向下发展到叶鞘，茎上有时也会产生条斑，条斑愈合，呈褐色或透明。如遇连续高温多雨天气，感病品种出现嫩叶枯萎或顶端腐烂。

6. 根腐病　根腐病主要侵染幼苗的根部，引起死苗，多发生在幼苗的2～4叶期。发病初期病苗变黄色或深紫色，根部变褐色，短时间内便会枯萎死亡，严重时可造成缺苗断垄。

7. 灰斑病　灰斑病主要危害叶片，病斑呈长椭圆形或梭形至不规则形，长为4～13 mm，宽为2～3 mm，多发生在叶脉之间，中央呈灰褐色，边缘为暗褐色至红褐色，有时整块病斑呈暗绿色；病叶上生有灰黑色霉层，即病原菌的分生孢子梗和分生孢子。

8. 叶斑病　叶斑病主要危害叶片、叶鞘和苞叶。叶片染病先出现水渍状青灰色斑点，然后斑点沿叶脉向两端扩展，形成边缘暗褐色、中央淡褐色或青灰色的大斑。后期病斑常呈纵列，严重时病斑联合，叶片变黄枯死；潮湿时病斑上有大量灰黑色霉层；下部叶片先发病。

（二）防治措施

1. 选用抗病品种　选用抗病品种是防治糜子病害最经济有效的措施。适合本地栽培的品种中，选择栽培丰产、优质、抗病虫、抗逆性强的品种。同时注意品种的抗性表现和变化，抗性消失时应及时更换新品种。抗逆性比较好的品种有"陇糜4号""宁糜9号""榆糜2号"等。

2. 种子处理　播种前晒种，紫外线可消灭附着在种子上的病菌，并可促进种子后熟，提高种子的发芽率和发芽势。水选种子，即将种子放到55℃的温水中浸泡10 min，捞出秕粒和杂质，将沉底的种子捞出晒干后播种，该方法能杀死种子表面的线虫。药剂拌种是防治病害的最直接手段，黑穗病可用 2％立克秀可湿性粉剂拌种，也可用 10％多菌灵按种子干物质量的 0.5％拌种。

3. 合理轮作、科学施肥　连作会导致病虫害发生加剧，除进行种子处理外，最好的方法是轮作倒茬。一般 3～4 年轮作 1 次，可以减轻病害的发生。粪肥带菌地区播种时应避免种子与有机肥接触，尽量施用腐熟的有机肥。

4. 加强田间管理　苗期适时追施肥料，合理灌溉，及时排水，培育壮苗，保证糜子植株正常生长，能提高抗病能力。发现病株时要及时拔除，集中深埋或烧毁，并在周围喷洒相应的药剂进行防治。收获后应及时清洁田园，清除病残体及田边杂草。

5. 化学防治　在发病初期可选用 40％多·硫悬浮剂、50％苯菌灵可湿性粉剂、75％百菌清、70％代森锰锌可湿性粉剂喷雾防治。

二、主要虫害及其防治

（一）主要虫害

1. 地下害虫

（1）蝼蛄　蝼蛄俗称拉拉蛄、土狗子等。危害糜子田的蝼蛄主要是华北蝼蛄和东方蝼蛄。蝼蛄喜食刚发芽的种子，危害糜子根部和近地面的幼茎，导致幼苗生长不良，甚至干枯死亡。蝼蛄造成的损失较为严重，可导致成片田地缺苗。成虫和若虫在 4—11 月危害各种作物幼苗，春秋季节危害最严重。

（2）金针虫　金针虫俗称节节虫、铁丝虫、铜丝虫等，是叩头虫的幼虫，在旱作区有机质缺乏、土质疏松的粉砂壤土发生较为严重。金针虫主要危害作物根茎，幼苗受害后枯萎逐渐死亡。糜子产区主要有沟金针虫、细胸金针虫和褐纹金针虫。

（3）地老虎　地老虎俗称土蚕、切根虫、夜盗虫等，分布广泛，危害多种作物，幼虫取食植株幼苗，咬断或咬食幼苗根茎，使植株难以正常发育或导致植株死亡。地老虎主要分为小地老虎、大地老虎和黄地老虎 3 种。

2. 生长期害虫

（1）吸浆虫　糜子吸浆虫别名黍蚊、黍吸浆虫。幼虫危害糜子，蛀食尚未开花或正在开花授粉的糜子穗花器，造成子房不能正常授粉或不正常发育，形成空秕粒，用手挤破秕粒会压出红色的虫体组织浆液，受害小穗颖壳呈灰白色失水风干状。

（2）黏虫　黏虫别名夜盗虫、剃枝虫，俗称五彩虫、麦蚕等。黏虫属于多食性害虫，可取食麦、稻、黍、玉米等。幼虫食叶，大发生时可将作物叶片全部食光，造成毁灭性损失。因其聚集性、迁飞性、杂食性、暴食性，成为全国性重点防治的农业害虫。

（3）蚜虫　蚜虫又称为腻虫、蜜虫，是世界性农业害虫。蚜虫个体小、繁殖快，在糜子整个生育时期都可发生，以成虫、幼虫取食茎、叶和穗部，常群集于叶片、嫩茎、花蕾、顶芽等部位，刺吸汁液，使叶片皱缩、卷曲、畸形，严重时引起叶片枯萎，甚至植株死亡。

（4）飞蝗　飞蝗俗称蚂蚱，是糜子田最常见、危害最大的害虫。蝗虫的成虫和幼虫均咬食糜子叶、茎等部分，大暴发时可将植株吃得只剩光秆。飞蝗迁飞时遮天蔽日，蝗灾会造成绝产。

3. 储藏期害虫

（1）玉米象　玉米象俗称牛子、铁嘴等，是我国储粮的头号害虫；属于钻蛀性害虫，成虫食害糜子等禾谷类种子，幼虫只能在禾谷类种子内危害。玉米象主要危害储存 2～3 年的陈粮，储粮被玉米象咬食而造成许多碎粒及粉屑，玉米象危害后会造成粮食水分增高和发热，进而霉变。

（2）麦蛾　麦蛾幼虫蛀食糜粒，被害种粒质量平均损失 43.8%。该虫在仓库内及田间皆能繁殖造成危害。

（二）虫害防治措施

1. 地下害虫防治

（1）深翻耕　深耕 35 cm，可以破坏害虫生存和越冬的环境，减少翌年虫口密度。早春耙地，也可消灭部分虫源。

（2）灌水灭虫　在水资源丰富的地区，可通过灌水消灭一部分地下害虫。

（3）灯光诱杀　利用害虫的趋光性，在成虫盛发期，可采用黑光灯、频振式杀虫灯进行诱杀。

（4）毒饵诱杀　用 50% 辛硫磷加入适量的水将药剂稀释，与麦麸、豆饼、谷子等拌匀，在傍晚每隔 3 m 挖浅坑，放入毒饵覆土。

（5）药液灌根　在出苗或定苗后幼虫发生量大的地块，可采用药剂灌根的方法防治。常用 50% 辛硫磷乳油稀释液浇灌根苗。

（6）堆草诱杀　此法可用来防治金针虫，即在田间堆放小草堆，在草堆下放快杀灵乳油等少许。

2. 生长期害虫防治

（1）农业防治　彻底清理田间的杂草，它们有可能是害虫越冬的场所。所以结合整地，在翌年 4 月前，将田间周围杂草清理干净，可减少越冬的虫源和菌源。

（2）药剂防治　播种前可用 70% 吡虫啉拌种防治蚜虫。48% 乐斯本乳油对麦蚜防治效果较好。

（3）物理措施　诱杀成虫和卵，即利用黏虫在禾谷类作物叶片上产卵的习性，插糜草把或稻草把，可将糜草或稻草捆成 5～10 cm 粗的草把，每 5 d 更换 1 次新草把，火烧旧草把消灭虫卵。在成虫发生期，于田间安置杀虫灯，灯间距为 100 m，夜间开灯，诱杀成虫。

3. 储藏期害虫防治

（1）日光暴晒及过筛　糜子收获后，趁高温晴天将糜子摊平晾晒，趁热入仓，晒粮温度达到 45 ℃，持续 6 h，可杀死糜粒中的虫卵、幼虫和蛹。

（2）密闭保存　将晒干的糜子趁热入库，用不透气的容器密封，造成缺氧使麦蛾等窒息死亡。

（3）化学防治　使用磷化铝片剂熏蒸，每吨粮食仅需 3～7 片。

三、田间主要杂草及其防除

（一）杂草种类

危害糜子的田间杂草主要分为 3 类：禾本科杂草、阔叶杂草和莎草科杂草。禾本科杂草主要有马唐、狗尾草、野燕麦、稗草、野稷等。阔叶杂草主要有藜、灰绿藜、马齿苋、刺儿菜、苦荬菜、野豌豆、苍耳、荠菜等。莎草科杂草主要包括香附子和荆三棱。野糜子是糜子的伴生杂草，其危害最大，不仅影响糜子品质，还会与栽培品种杂交，造成品种退化。

（二）防除措施

1. 物理防除　物理防除包括机械除草和薄膜覆盖抑草等。薄膜覆盖地表抑制杂草生长的方式在生产中应用比较广泛。机械除草，适用于垄作糜子和宽行距的糜子栽培模式，通常采用垂直双圆盘除草部件，具有较好的除草效果。

2. 耕作措施　深耕对多年生杂草有显著的防除效果，糜子田常采用播种前整地、播种后耙地、苗期中耕起到控制前期杂草的目的。深翻可以消灭土壤深处的杂草根芽，耙地可以抑制地表杂草的生长。深耕→浅耕→浅耕或深耕与浅耕相结合的耕作法，可以使耕层中的杂草种子集中消除。轮作可减少杂草发生的密度，合理的轮作能有效减少土壤中的杂草种子数量，降低次年杂草危害。我国主要糜子产区的轮作方式一般是马铃薯→糜子、大豆→糜子和绿豆→糜子等。秸秆覆盖对杂草有一定的抑制作用，可在一定程度上降低杂草危害，尤其对糜子田早期生长的杂草有明显的抑制作用，其主要原理是秸秆覆盖的遮阴效果抑制了喜光杂草的生长。增加作物的栽培密度，减弱杂草对光照、温度和水分的竞争，通过作物群体和杂草间的竞争关系，达到合理控制杂草的目的。

3. 生物防除　从杂草病株上分离出病原菌，通过研发生产出微生物除草剂，可能具有一定的除草功效。这种生物农药对环境友好，且对糜子无药害。生物防除的热点是利用植物化感作用抑制杂草生长。

4. 化学防除

（1）禾本科杂草除草剂　10.8%精喹禾灵乳油能、40%扑乙乳油、40 g/L 烟嘧磺隆悬浮剂、57%苯唑草酮·二甲酚草胺乳油、6.9%骠马、8%甲基二磺隆油悬浮剂、25%玉嘧磺隆悬浮剂、8%烟嘧磺隆可分散油悬浮剂、70%氟唑磺隆水分散粒剂、3%世玛乳油都是较好的禾本科杂草除草剂。

（2）双子叶杂草除草剂　噻磺隆、2 甲 4 氯、莠去津、快灭灵、75%巨星、75%百阔净、麦草畏、灭草松、溴苯腈、二氯吡啶酸、氯脂磺草胺等都是较好的阔叶杂草除草剂。

（3）单双子叶杂草化学防除　40%乙阿混剂、50%乙草胺乳油、48%拉索乳油、50%禾宝乳油、50%乙草胺乳油、60.9%禾清、6.9%骠马等都是较好的单双子叶杂草除草剂。

复 习 思 考 题

1. 简述糜子的整地方式。
2. 简述糜子生长发育对环境条件的要求。
3. 糜子为什么可以作为抗灾作物？
4. 糜子的苗期管理应注意哪些方面？
5. 糜子草害的防治方法有哪些？

第十二章 谷 子

第一节 概 述

一、起源和分类

谷子 [*Setaria italic* (L.) Beaur] 又名粟，属禾本科黍族狗尾草属，古称粟，是我国主要栽培作物之一。谷子起源于我国，据对西安半坡遗址、磁山遗址、裴李岗遗址等出土的大量炭化谷子考证，谷子在我国有 5 000～8 000 年的栽培历史。又据谷子野生种遗传多样性研究结果，谷子遗传基因分为中国和欧洲两个基因库，并认为这两个基因库可能独立驯化的可能性，充实了谷子的起源和演化的论据。刘润堂等（1989）对国内外谷子同工酶分析结果表明，狗尾草与栽培谷子亲缘关系较近，是谷子近缘祖先；谷莠子与栽培谷子的亲缘关系最近，是谷子与狗尾草的中间类型。

世界各国所栽培的谷子，许多是由我国直接或间接传入的。据历史资料记载，谷子是在隋唐时期经西伯利亚传至欧洲各国的。

谷子类型的划分，常用的有以下几种：①依穗型、稃色、刚毛色、粒色等划分，例如龙爪谷、毛梁谷、青谷子、红谷子等；②依籽粒粳糯性划分，例如硬谷、红酒谷等；③依植株叶色、鞘色、分蘖多少划分，例如白秆谷、紫秆谷、青卡谷等；④依据生育期划分，分为早熟类型（春谷少于 110 d，夏谷为 70～80 d）、中熟类型（春谷为 110～125 d，夏谷为 81～90 d）和晚熟类型（春谷为 125 d 以上，夏谷为 90 d 以上）。

二、生产情况

（一）我国谷子生产特点

谷子分布于全国各地，集中在北纬 32°～48°，东经 108°～130°，在黑龙江、吉林、山西和河北栽培面积较大，在辽宁、河南、内蒙古、陕西、甘肃、山东、宁夏、新疆等降水较少的干旱半干旱省份也有栽培。

各地谷子生产目的不尽相同。谷子的籽实去壳后称为小米。小米属高营养食品，在很多地方被当作为主食。有些地方将小米粥作为产妇、病人的滋补食品。有的地方栽培谷子以产草为主，产谷为辅。

（二）我国谷子生产概况

我国谷子栽培面积占全国粮食栽培面积的 5%，在北方占粮食作物栽培面积的 10%～15%。我国谷子生产经验丰富，单位面积产量逐年提高，从 1995 年的 1 982 kg/hm² 提高到 2016 年的 2 669 kg/hm²。高产品种大量用于生产，杂种优势利用也在深入研究。近年来，全国谷子生产面积递减，2019 年谷子栽培面积为 $1.2×10^6$ hm²，比新中国成立初期（栽培面积为 $9×10^6$ hm²）降低了 86.7%。技术研究不断深入单产逐年增加。

（三）我国谷子栽培区划

我国谷子主要分布在北方干旱和半干旱地区，其中华北地区约占全国谷子栽培面积的60％，东北地区占25％，西北地区占12.9％。全国谷子产区可划分为以下4个栽培区。

1. 东北春谷区 本区包括黑龙江、吉林、辽宁和内蒙古东部，地处北纬40°～48°，海拔为20～400 m，无霜期为120～170 d，谷子生长期间的日照时数为14～15 h，年平均气温为2～8 ℃，年平均降水量为400～700 mm。耕作制度为一年一熟，谷子常与大豆、高粱、玉米轮作，栽培品种多为单秆、大穗、生长繁茂型品种。

2. 华北平原夏谷区 本区包括河南、河北、山东等地，地处北纬33°～39°的平原地区，海拔在50 m以下，地势平坦，无霜期为150～250 d，谷子生长期间的日照时数13～14 h，年平均气温为12～16 ℃，年平均降水量为400～900 mm；土质以褐色土为主。冬小麦收获后复种谷子。本区丘陵山地有少量的春谷栽培。栽培品种生育期短，植株矮、穗大、粒大。

3. 内蒙古高原春谷区 本区包括内蒙古、河北的张家口地区和山西的雁北地区。地处北纬40°48′～48°48′，海拔在1 500 m以上，土质以栗钙土为主。耕作制度为一年一熟，谷子与玉米、高粱、马铃薯轮作，栽培品种为生育期短、矮秆、大穗型品种。

4. 黄河中上游黄土高原春夏谷区 本区包括陕西、山西、宁夏、甘肃等地，地处北纬30°～40°，海拔为600～1 000 m，无霜期为150～200 d，谷子生长期间的日照时数为14 h左右，年平均气温为7～15 ℃，年降水量为350～600 mm，土质为棕钙土和褐色土。谷子以春播为主，在平川地区小麦收获后栽培夏谷，耕作制度为一年一熟或二年三熟。

三、经济价值

谷子在我国栽培面积不大，但集中在旱地。加之小米和谷草营养丰富、用途广泛，谷子耐旱、耐瘠、高产稳产，在旱地农业生产中占有十分重要的地位。

（一）营养丰富，用途广泛

小米中营养价值高，其蛋白质含量为7.5％～15.0％，脂肪含量平均为3.68％，均高于大米和面粉。小米中糖类含量为72.8％，维生素A含量为1.9 mg/kg，维生素B_1和维生素B_2含量分别为6.3 mg/kg和1.2 mg/kg，纤维素含量为1.6％。小米中钙、磷、铁、胡萝卜素、维生素等成分的含量也很丰富，而这些矿物质元素和维生素都是人体所不可缺少的。小米中所含的氨基酸也很丰富，特别是人体所必需的甲硫氨酸、色氨酸、赖氨酸、苏氨酸的含量均高于大米、玉米、小麦粉和高粱米，是一种很好的营养品。由于其营养价值高，大众常将其作为滋补品食用。

谷草、谷糠是家畜、家禽的好饲料。谷草含有丰富的蛋白质和钙、磷等物质，其中可消化蛋白质比麦秸、稻草高0.2％～0.6％，可消化养分总量比麦秸、稻草高9.2％～16.9％，饲料价值接近牧草。

（二）开发利用前途广

优质小米色泽金黄、香味浓郁、透明发亮，已作为高级营养滋补品进入市场。作为轻工原料，可酿酒、酿醋、制糖。小米还可入药，明代李时珍在《本草纲目》中指出："粟米气味咸，微寒无毒，主治养肾气，去脾胃中热。益气，陈者苦寒，治胃热消渴，利小便"。谷糠还是制造谷维素的原料。

(三) 抗旱性强

谷子是一种耐旱耐瘠的高产作物，因为谷子有发达的根系，能从土壤深层吸收水分；并且叶面积小，叶脉密度大，叶片细胞原生质胶体亲水性能好，胞液浓度高，保水能力强，蒸发量小。谷子的蒸腾系数小，对水分的利用效率高，在同样干旱条件下，比小麦、玉米等受害轻。我国北方干旱地区的气候条件很适合谷子生长，春季干旱少雨、有利于谷子出苗后扎根蹲苗；夏季雨水集中，有利于谷子孕穗期的营养生长和生殖生长，并能满足其对水分的大量需要；秋季天高气爽，温差大，有利于谷子灌浆，就是在降水量少的情况下，也能获得较好的收成。我国华北、西北黄土高原及东北西部干旱、半干旱的丘陵山坡旱地上均适宜栽培谷子。

第二节　生物学特性

一、植物学特征

谷子是单子叶植物，茎细直，茎秆常见的有白色和红色，中空有节；叶狭披针形，平行脉；花穗顶生，总状花序，下垂型；每穗结实数百粒至上千粒，籽实极小。谷子植株形态见图 12-1。

(一) 根

谷子的根系属须根系，由初生根、次生根和支持根组成。初生根也称为种子根，由胚根发育而成。种子根只有1条，入土后可长出许多纤细的分支。种子根入土较浅，主要集中在 20 cm 土层内，最深可达 40 cm 以上。初生根具有较强的抗旱能力，在苗期干旱条件下，只要种子根不被扯断，幼苗就不会旱死。次生根又称为永久根或地下节根，发生在茎基部各茎节上。从茎基部开始依次向上可生出 6～8 层节根，是谷子从土壤中吸取养分和水分的主要器官，次生根的健壮与否直接关系到谷子产量的高低。支持根又称为气根，着生在靠近地表面 1～2 节地上茎节上。在田间湿润或高培土情况下也可发生 3 层以上。支持根入土较浅，入土后分生侧根，能吸收养分和水分，起支持防倒的作用。

穗

颖果

小穗

图 12-1　谷子植株
（引自张履鹏，1986）

(二) 茎

谷子的茎由若干节和节间组成。茎直立，呈圆柱形，高为 60～150 cm，茎节数为 15～25 节，少数品种只有 10 节。基部 4～8 节密集，组成分蘖节。地上 6～17 节节间较长。节间伸长顺序由下而上依次进行。下部节间开始伸长称为拔节。初期茎秆伸长较慢，随着生长发育进程伸长加快，孕穗期生长最快，每日可达 5～7 cm，以后逐步减慢，开花期茎秆停止生长。

(三) 叶

谷子叶为长披针形。叶由叶片、叶舌、叶枕及叶鞘组成，无叶耳。一般主茎叶数为 15～

25 片，个别早熟品种只有 10 片。基部叶片较小，中部叶片较长，长为 20~60 cm，宽为 2~3 cm，上部叶片逐步变小。不同品种和不同栽培条件下，叶片数目及叶面积亦有变化。

（四）花

谷子的花分为上位花和下位花。上位花为完全花，下位花退化。完全花的外稃稍大，成熟后质硬而有光泽，颜色因品种而异。雄蕊 3 枚。雌蕊柱头呈羽毛状分叉，子房基部侧生 2 个浆片，开花时柱头和雄蕊伸出颖外，子房受精后结籽 1 粒。一般主穗开花期为 15 d 左右，分蘖穗开花期为 7~15 d。始花后 3~6 d 进入盛花期，开花适宜温度为 18~22 ℃，适宜相对湿度为 70%~90%。每日开花为两个高峰，以 6:00—8:00 和 21:00—22:00 开花数量最多，中午和下午开花很少或根本不开花。每朵小花开放时间为 70~140 min。

（五）穗

谷子的穗为顶生穗状圆锥花序，由穗轴、分枝、小穗、小花和刚毛组成。主轴粗壮，主轴上着生 1~3 级分枝。小穗着生在三级分枝上，小穗基部有刚毛 3~5 根。1 个谷穗有 60~150 个谷码。谷码多以螺旋形轮生在穗轴上，每轮有 3~4 个谷码。每个谷穗有小穗 3 000~10 000 个。由于穗轴各级枝梗的长短不一、数量不同以及穗轴顶端分叉的有无，形成了不同的穗型，例如纺锤型、圆筒型、棍棒型、分枝型等。

（六）种子

谷子的种子即谷粒，千粒重为 2.5~4.0 g；谷壳有黄色、白色、红色、乌色、黑色之分。生产上的栽培种多为黄谷或白谷。米粒颜色一般有黄色和白色 2 种，乌米很少，占的比例很小。这些不同特征也是区分品种的标志和某些性能的反映。

二、生长发育周期

谷子生长发育进程包括营养生长阶段、营养生长与生殖生长并进阶段和生殖生长阶段。根据不同生长阶段的特性可将谷子的生长发育时期分为种子萌发期、幼苗期、拔节孕穗期、抽穗灌浆期和籽粒形成期 5 个时期。

（一）种子萌发期

谷子种子在适宜的温度、水分和空气条件下即可萌动发芽。发芽时长出 1 条胚根，随后幼芽伸出。胚根上可以长出侧根，深入土壤最深可达 40 cm，吸收水分和养分，这种作用可持续到植株枯萎时。谷子的幼芽在胚芽鞘保护下出土，其顶土能力较弱。

种子发芽时需要水分不多，只需吸收相当于本身质量 25% 的水分。谷子发芽的最低的温度是 7~8 ℃，在 12~15 ℃时种子能正常发芽，而以 25 ℃发芽最快，发芽最高温度是 30 ℃。

（二）幼苗期

谷子从出苗到拔节为幼苗期，幼苗期生长的特点是以建成次生根系为主，地上部的生长很缓慢，株高平均每日只增长 0.21 cm，3 叶期到拔节平均每日增长 1.33 cm。

谷子幼苗期最适宜的温度为 20~22 ℃，低于 5 ℃时叶尖受冻。谷子苗期在每天 8~10 h 的短光照条件下，经过 10 d 就可以通过感光阶段。每天 14 h 以上光照就会显著延迟发育，使抽穗大为推迟。谷子苗期吸收养分的数量，在全生育期中所占的比重较小，磷对根系的发育有着良好的作用，并能调节对氮、钾的吸收和转运，特别是生长发育后期，籽粒充实所需磷肥，主要是前期吸收积累在植株内，后期转移到穗部再利用，因此施肥时应考虑这个特点，尽早供应磷肥。

（三）拔节孕穗期

当谷子全部茎节和叶原基形成后，茎基部第 1 个伸长节间开始伸长而进入拔节期。从出苗到拔节时间的长短，因品种及外界条件而异。同一品种在同一地区，播种愈晚，拔节愈提前，苗期相应缩短。谷子拔节孕穗期是营养生长和生殖生长并进时期，也是生长最快的时期。

谷子拔节时要求温度渐高，当平均气温为 22～25 ℃时生长较快。孕穗到抽穗期要求温度更高，以 25～35 ℃为宜。拔节孕穗期，谷子对水分的需求急剧增加，耗水量占全生育期耗水量的 43.9%。幼穗分化时期，营养器官也生长迅速，需要大量水分，是谷子一生中最不耐旱的时期。此时受旱将形成大量秕粒或造成秃尖而严重减产，故将这个时期称为谷子对水分需求的临界期。拔节孕穗期也是谷子大量吸收养分的时期。这个时期吸收的养分，一般占全生育期吸收养分总量的 2/3，甚至更多。特别是在小穗分化阶段，吸收大量氮、磷，出现第 1 个需肥高峰。

谷子穗分化期间，需要充足的光照，特别是穗分化后期，即在抽穗前 10～15 d，花粉母细胞形成四分体时，对光照度非常敏感，此时光照不足，会影响花粉粒的发育，降低结实率而形成大量秕粒。

（四）抽穗灌浆期

当穗分化完成后，开始抽穗，这时为幼穗分化后 30 d 左右。谷穗从开始露出到完全抽出，需 3～4 d。抽穗后 3～5 d 开始开花。全穗需 10～15 d 开花完毕。一个穗上开花顺序是穗中上部的花先开放，然后是中部和顶部的花开放，最后是穗基部的花开放。同一枝梗上的花是尖端的花先开放，基部的花后开放。

谷子开花时，鳞片吸水膨胀，内颖和外颖张开，一般是雌蕊柱头先伸出颖外，然后花药伸出开裂散粉。但也有花药伸出时即破裂的。种胚和颖果皮层各部分首先形成，而后籽粒开始向纵向伸长，然后向宽、厚方向生长。谷子的花粉一般能存活 2.5 h。谷子开花的当天即完成散粉受精过程。已经受精的子房开始发育。开花后 12～16 d 种子的大小即定型，不再增大。此时谷子的光合产物、根系吸收转化的养分开始向籽粒中输送，逐渐向籽粒建成期过渡。

抽穗灌浆期，谷子的生长发育中心是伸长增粗、完成开花受精及幼胚的发育过程，是开花结实的决定期。这个生育时期是谷子一生中对水分、养分吸收的高峰时期，要求温度最高，怕阴雨，怕干旱。栽培管理的主攻方向是以水调肥，促使抽穗齐，开花进程快，以充分满足谷子对水肥的要求。

（五）籽粒形成期

自籽粒灌浆开始到籽粒完全成熟，为籽粒形成期。籽粒形成期是籽粒品质的决定时期。籽粒形成期的时间长度，春谷为 35～40 d，夏谷为 30～35 d。籽粒形成期是经历时间最长的阶段。籽粒的质量和品质的形成，是这个时期的生长发育中心。此时绿色器官所制造的光合产物、根系吸收转化的营养物质的 60%～70% 都输入籽粒。茎秆、叶鞘中的储存物，也向籽粒中输送。籽粒产量的形成表现为开始灌浆时，水分含量剧增，籽粒的鲜物质量开始增长加快，灌浆后 10～15 d，籽粒干物质量即达 80% 左右，而后籽粒质量增加变缓，到完熟期方才稳定。

由于谷子在一个穗上的开花顺序，是由穗中上部开始，然后向两端扩展，一个谷码上开花也是由顶部向基部渐次进行，为此籽粒充实的过程也是顺序进行的。整个谷穗开花到成熟需要 40～45 d，灌浆后 10～12 d 内是决定产量的关键时期。谷子在这个生育时期，抗灾能力显著减弱，既不抗旱又不耐涝。

三、生长发育对环境条件的要求

（一）温度

谷子为喜温作物，全生育期以日平均 20 ℃气温为宜，完成生长发育所需＞10 ℃积温为 1 600～3 300 ℃。谷子在不同的生长发育阶段，对温度的要求各不相同。种子发芽的最低温度为 7～8 ℃，最适温度为 24～25 ℃。幼苗不耐低温，在 1～2 ℃时易受冻害，甚至死亡。从出苗至分蘖适宜的温度约为 20 ℃。拔节至抽穗是营养生长与生殖生长并进阶段，要求较高的温度，适宜温度为 22～25 ℃。从受精到籽粒成熟，需要充足的阳光，适宜温度为 20～22 ℃，阳光充足、昼夜温差较大的气候条件，有利于干物质积累。低于 20 ℃或高于 23 ℃，对灌浆不利，特别是在阴天、低温和多雨的情况下，成熟延迟，秕谷增多。

（二）水分

谷子抗旱性较强，能有效利用水分，其蒸腾系数小于玉米、高粱和小麦。谷子一生对水分需求一般为：苗期宜旱，中期宜湿，后期怕涝。谷子种子发芽需水较少，种子发芽最适宜的土壤含水量为田间持水量的 50%左右。苗期耐旱性很强，能忍受暂时的严重干旱，谷子生长前期需水量占全生育期总需水量的 20%左右。拔节至抽穗期是谷子需水量最多的时期，占全生育期总需水量的 55%左右，此时是获得穗大粒多的关键时期。在幼穗分化初期遇到干旱，会影响枝梗和小穗小花分化，减少小穗小花数目；穗分化后期，花粉母细胞减数分裂的四分体时期遇到干旱，则会使花粉发育不良或抽不出穗，产生大量空壳、秕谷。从受精到籽粒成熟阶段，需水量占全生育期总需水量的 25%左右，是决定千粒重和谷穗质量的关键时期。此时遇到干旱则影响灌浆，秕谷增多，严重减产。

（三）光照

谷子为喜光短日照作物，日照缩短可促进发育而提早抽穗，日照延长可延缓发育而抽穗期推迟。一般在出苗后 5～7 d 进入光照阶段，在 8～10 h 的短日照条件下，经过 10 d 即可完成光照阶段。在自然光照条件下，幼苗能正常生长，叶绿素含量高，干物质积累多。若光照不足，则会出现幼苗细弱而高，叶绿素含量和干物质积累减少。谷子生长发育中期如果日照缩短，会使穗分化速度加快，枝梗和小穗数减少；延长日照。会使穗分化速度转慢，枝梗和小穗数增多。四分体期需要较强的光照，光照弱会影响花粉的分化并降低其活力，增加空壳率。谷子生长发育后期需要充足的光照，因为籽粒的干物质积累有 92%来自后期的光合产物，8%来自抽穗前茎秆储藏的养分。

（四）土壤

谷子对土壤的要求不十分严格。无论是黑土、褐土、黄土，还是黏土、壤土、砂土等，几乎在所有的土壤上，谷子都能生长，但以土层深厚、结构良好、有机质含量较丰富的砂质壤土或黏质壤土最为适宜。通气不好、排水不良的土壤对谷子生长发育十分不利，例如在重黏土上，不易出苗，要注意保苗工作。特别是谷子生长发育后期，土壤水分过多时，容易伤根早衰。

谷子抗碱性较弱，不如黍子、棉花和高粱。在土壤含盐量达到 0.21%～0.41% 时，谷子生长即受抑制；在土壤含盐量达到 0.41%～0.52% 时，植株即受到严重抑制甚至死亡。谷子耐酸性虽不如黑麦、芝麻、荞麦、油菜等作物，但比小麦、大麦、大豆、豌豆等作物强。

土壤含盐量增加到 0.4% 时，发芽率即减少一半；当土壤含盐量增加到 0.5% 时，几乎不发芽。谷子在幼苗期间耐盐力更弱，当土壤含盐量增加到 0.2% 时，幼苗存活率为 84%，当土壤含盐量增加到 0.3% 时，幼苗存活率就下降为 56%。

（五）养分

氮、磷、钾、硫、钙、镁、铁、锰、硼、锌、铜、钼、氯等营养元素，无论在谷子体内含量多少，对谷子的生长发育都有不可代替的重要作用。缺少这些元素，谷子的正常生长发育就会受到一定影响，从而造成不同程度的减产。

1. 氮　氮是构成蛋白质、核酸、磷脂等物质的主要元素，从而参与细胞原生质、细胞核的形成，影响细胞的分裂和生长，与生命现象息息相关。氮也参与酶的合成，对植株体内各种生理代谢过程起着极其重要的作用。没有氮，植物体内一切生物化学过程都不能进行。谷子吸氮能力较强。土壤氮素不足时，植株体内蛋白质、核酸及叶绿素合成会受到阻碍，表现出植株矮小，叶片数量少，叶面积小，叶色黄绿，营养器官生长不良，发育加快，引起早衰而减产。土壤氮素供应充足时，植株体内蛋白质合成多，器官生长快，株高叶大，颜色葱绿，光合作用较强，干物质积累较多，产量高。

2. 磷　磷在植物体内大部分是以有机磷形式广泛存在于许多化合物中，许多生理过程都离不开磷。首先，磷是核酸、核苷酸的组成成分，核酸与蛋白质合成的核蛋白是原生质和细胞核的主要成分，与细胞分裂、植株生长有密切关系。其次，磷参与组成许多与代谢有关的化合物，为植物新陈代谢不可缺少的物质，例如它组成高能磷酸键化合物三磷酸腺苷（ATP）在能量传递中有重要作用。如果磷素缺乏，谷子体内糖类和蛋白质合成受到抑制，影响细胞分裂和生长的正常进行，茎叶的糖分也因缺磷而不能形成糖的磷酸酯，使运输到根系和籽粒的糖分减少，从而影响根系发育和籽粒灌浆成熟。同时，缺磷还会减弱谷子抗病能力。

3. 钾　谷子对钾素吸收能力强，体内含钾量较高。和氮、磷不同，钾在植物体内几乎完全是离子状态，或被原生质吸附，不参与任何有机分子的稳定结构，极其容易转移。钾离子是细胞内多种酶的活化剂，可以加速酶的催化作用，从而影响许多生理代谢过程。例如钾能促进糖类合成和转化，使谷子体内木质素、纤维素含量提高，茎秆坚韧，增强抗倒伏的能力。钾离子被原生质吸附，能增强原生质的水合作用，因而能提高细胞的保水能力，增强抗旱性，谷子抗旱性较高，与其吸钾能力强、体内含钾量较高有关。

4. 钙、镁和硫　在谷子体内，钙形成果胶钙，是构成细胞壁的重要组成成分。同时，钙还有减少原生质胶体分散性的作用，从而提高原生质的黏着性，对细胞分裂、细胞发育、糖类的转化和氮素代谢都有良好的影响。此外，钙还有解除其他元素的毒害作用，参与某些代谢活动。镁和钙一起与磷酸形成磷酸盐，在植物体内具有一定缓冲作用。缺镁时，叶绿素减少，光合作用降低，糖类代谢受阻，生长势减弱。所以谷子叶片一般含镁量较高。硫是重要的含硫氨基酸（半胱氨酸、甲硫氨酸等）的成分，对蛋白质合成有重要作用，如果缺硫，则影响叶绿素形成，大大缩短叶片寿命。

5. 微量元素 微量元素在植物体内，有的是某些酶的组成成分，例如铜、铁、铝等；有的是某些酶的活化剂，例如锌、锰等；有的与细胞膜透性有关，例如硼等；还有的参与叶绿素的组成，或者虽不是叶绿素的成分，但与叶绿素形成有关，缺乏时则容易形成缺绿症，例如锰、硼、铁等。因此微量元素对植株的光合作用、呼吸作用以及在复杂的物质代谢过程中都具有极其重要的作用。谷子的微量元素，虽然研究得较少，但就现有的报道，某些微量元素对谷子的作用是十分明显的。例如硼对谷子具有多方面的重要作用，一方面能促进谷子开花，提高花粉生活力，有利于受精作用；另一方面能增强谷子后期根系活力，提高叶片光合能力，促进体内物质运转，加快灌浆速度，从而减少秕谷，提高成粒率，收到明显的增产效果。

四、耐 旱 性

谷子的栽培区域主要集中在北方干旱、半干旱地区，谷子叶面积较小，叶片表皮细胞壁增厚，内含大量硅质，叶脉密集，气孔较多，谷子根系深而致密，吸收力强，此外，谷子蒸腾系数小，蒸腾效率高，因此谷子耐干旱，其水分利用效率远高于其他作物。

（一）谷子抗旱生理机制

为研究谷子抗旱机制，国内外科研人员对谷子萌发期、苗期、孕穗期等不同时期干旱胁迫下的形态指标、生理生化指标及光合指标等特性进行了研究。发现水分胁迫条件下谷子细胞膜透性增幅小，光合速率降幅小，叶水势较高，脯氨酸积累多，抗旱系数大，谷子抽穗期比灌浆期抗旱能力强。

植物激素在谷子响应干旱胁迫时起正向调节作用，例如内源油菜素内酯、脱落酸及吲哚乙酸信号转导在谷子干旱胁迫中起主要作用。通过对干旱条件下谷子不同生育时期形态指标和生理指标的测定，确定出千粒重、单穗质量、叶绿素含量（SPAD）和超氧化物歧化酶（SOD）活性为谷子孕穗期抗旱综合鉴定指标，而可溶性糖、丙二醛含量、超氧化物歧化酶和叶绿素含量值可作为谷子抗旱生理生化鉴定指标，为筛选高抗谷子品种及今后选育工作提供了理论依据和技术支撑。

（二）谷子抗旱分子机制

谷子抗旱分子机制方面，已经克隆到谷子 DnaJ 蛋白基因（*SiDnaJ*）、谷子干旱应答元件结合蛋白基因（*SiDREB*）、谷子 12 - 氧代植二烯酸还原酶基因（*SiOPRl*）、3 - 磷酸甘油醛脱氢酶基因（*GAPDH*）和谷子磷脂酶 D 基因（*SiPLDal*）的 cDNA 序列。DnaJ 蛋白在谷子抗旱调控途径中属于调节蛋白，是一类重要的分子伴侣，主要针对热休克蛋白 70（Hsp70）ATP 酶的活性进行调节，当细胞受到热休克、干旱等应激刺激时，Hsp70 - DnaJ 分子伴侣配对发挥作用，维持细胞正常存活，保护植株免于凋亡。谷子干旱应答元件结合蛋白（DREB）转录因子参与干旱胁迫的应答，介导非依赖脱落酸转导途径的渗透胁迫信号传递，可以与干旱应答元件（DRE）特异结合，激活一系列靶基因的表达，干旱应答元件结合蛋白转录因子在谷子抗旱反应中发挥着至关重要的作用。

谷子抗旱机制复杂，关于其抗旱分子机制的研究还处于起步阶段。通过对其抗旱机制在生理、基因组学、代谢组学和蛋白组学水平的深入研究，将会极大地促进谷子抗旱基因发掘，增强对谷子抗旱机制的认识。

第三节　栽培技术

一、选地和整地

(一) 选地

谷子栽培应选择土层深厚、疏松、透气性好、排水良好、保水力强的中性或弱碱性土壤，pH 以 6.5～7.5 为宜。谷子不宜重茬、迎茬，否则病害严重，特别是谷子白发病；杂草严重，谷地伴生的谷莠草多，易造成草荒；因谷子根系发达，吸肥力强，重茬、迎茬会大量消耗土壤中同一种营养要素，造成歇地，致使土壤养分失调。因此必须进行合理轮作倒茬，以调节土壤养分，及时恢复地力，减少病虫草害。谷子的前茬作物以豆类、油菜最好，马铃薯、甘薯、小麦、玉米、高粱等作物也是较好的茬口。

(二) 整地

秋深耕，有利于谷子根系发育，改良土壤结构，增强保水能力；加深耕层，以利于谷子根系下扎，扩大根系数量和吸收范围，增强根系吸收肥水能力，使植株生长健壮，从而提高产量。秋整地时可采用耕翻、旋耕和深松与耙耕相结合的耕作体制，耕翻的深度为 20～22 cm，旋耕深度为 15～16 cm，深松的深度为 20～25 cm。秋翻地土壤适宜含水量为 25%～30%，有条件的可进行翻旋结合，翻二旋一（连翻 2 年，旋耕 1 年）。

春整地在土壤化冻 15～20 cm 时，顶浆耕翻，并做到翻、耙、压等作业环节紧密结合，碎土保墒，使耕层土壤达到疏松、上平下碎的状态。并在播种前，进行镇压提墒，以利谷子发芽出苗。

二、品种选择和种子处理

(一) 品种选择

根据当地生态类型和气候条件，因地制宜选择优质高产、抗逆性强、熟期适宜的优质品种。种子纯度和净度 98% 以上，发芽率大于 90%，含水量在 14% 以下。现阶段大面积推广的品种有"赤谷 10 号""晋谷 22""张杂谷 3 号""龙谷 29""公矮 5 号""嫩选 17""黏谷 1 号"等。

(二) 种子处理

谷子播种前进行种子处理。种子处理有筛选、水选、晒种、药剂拌种等。

1. 筛选　通过簸、筛和风力清选，获得粒大、饱满、整齐一致的种子。

2. 水选　将种子倒入清水中并搅拌，除去漂浮在水面上轻而小的种子，沉在水底粒大饱满的种子晾干后供播种用。也可用 10%～15% 盐水选种，将杂质漂去，再用清水冲洗两次洗净盐分，晾干后就可用于播种。水选还可除去种子表面的病菌孢子。

3. 晒种　播种前 10 d 左右，选择晴朗天气将种子翻晒 2～3 d，能提高种子的发芽率和发芽势，以促进苗全、苗壮。

4. 药剂拌种　用瑞毒霉可湿性粉剂按种子质量的 0.3% 拌种，可防白发病；用种子质量的 0.2%～0.3% 的锈宁可湿性粉剂或多菌灵可湿性粉剂拌种，可防黑穗病。

此外，种子包衣，有防治地下害虫和增加肥效的功效。

三、播种技术

（一）播种日期

适期播种是保证谷子高产稳产的重要措施之一。我国谷子产区自然条件和耕作制度差别很大，加上品种类型繁多，因而播种期差别较大。春谷一般以 5 月上旬至 6 月上旬播种为宜，当 5 cm 地温稳定在 7~8 ℃时即可播种，墒情好的地块要适时早播。夏谷主要是冬小麦收获后播种，应力争早播。秋谷主要分布在南方各地，一般在立秋前后下种，育苗移栽的秋谷应在前茬收获的 20~30 d 前播种，以便适期移栽。

早熟品种类型，随播种期的延迟，穗粒数、千粒重、茎秆质量有增加的趋势。中熟品种适当早播，穗粒数、穗粒质量、千粒重、茎秆质量均较高。晚熟型品种，早播时穗粒数、穗粒质量和千粒重均较高。因而晚熟品种应争取早播，中熟品种可稍迟，早熟品种宜适当晚播，使谷子生长发育各阶段与外界条件有较好的配合。

（二）播种量

根据谷子品种特性、气候和土壤墒情，确定适宜的播种量，创建一个合理的群体结构，使叶面积指数大小适宜，并保持一个合理的发展状态，增加群体干物质积累量，进而实现高产。春谷播种量一般为 7.5 kg/hm^2 左右，夏谷播种量约为 9.0 kg/hm^2。一般行距在 42~45 cm，晚熟、稿秆、大穗、分蘖多的品种宜稀，反之，宜密。穗子直立、株型紧凑的品种，可适当密植；反之，叶片披垂、株型松散的品种，密度要适当小。播种深度为 3~5 cm，播种后覆土 2~3 cm。株距为 4.5~5.0 cm，一般保苗数为 3.0×10^5~4.5×10^5 株/hm^2。

（三）机械播种

采用机械垄上条播，沟深为 3~4 cm，播种深度为 3 cm 左右，覆土厚为 2~3 cm，播种后及时镇压。播种方法可采用垄上双条播、单条播或穴播。垄上双条播时垄距为 110 cm，条距为 30 cm；单条播时垄距为 65~70 cm；穴播时穴距为 9~12 cm，每穴 3~5 株。在特别干旱年份，往往因缺墒不能及时播种，可选择早熟品种；采用坐水播种技术；在无墒条件下先行播种，播种后喷灌或等雨出苗。

四、施肥技术

基肥在播种前结合整地施入，可施入腐熟的农家肥 20~40 t/hm^2、氮肥（N）30~50 kg/hm^2、磷肥（P_2O_5）85~105 kg/hm^2、钾肥（K_2O）40~65 kg/hm^2。追肥增产作用最大的时期是抽穗前 15~20 d 的孕穗阶段，追施氮 30~50 kg/hm^2。在谷子生长发育后期，叶面喷施磷肥和微量元素肥料，可以促进开花结实和籽粒饱满。

五、田间管理

（一）中耕除草

谷子的中耕大多在幼苗期、拔节期和孕穗期进行，一般进行 3 次。第 1 次中耕在苗期结合间苗、定苗进行，兼有松土和除草双重作用。中耕掌握浅锄、细碎土块、清除杂草的技术。第 2 次中耕在拔节期（11~13 片叶时）进行，此次中耕前应进行一次清垄，将垄上的杂草、谷莠子、杂株、残株、病株、虫株、弱小株及过多的分蘖，彻底拔出。有灌溉条件的地方应结合追肥灌水进行，中耕要深，一般深度要求 7~10 cm，同时进行少量培土。第 3

次中耕在孕穗期（封行前）进行，中耕深度一般以 4～5 cm 为宜，结合追肥、灌水进行。第3 次中耕除松土、清除杂草和病苗弱苗外，同时进行高培土，以促进植株基部茎节气生根的发生，防止倒伏。

（二）灌溉

谷子一生对水分需求可概括为苗期宜旱，需水较少；中期喜湿，需水量较大；后期需水相对减少但怕旱。谷子苗期除特别干旱外，一般不宜浇水。

六、收获和储藏

（一）收获时期

适期收获是保证谷子高产的重要环节。谷子适宜收获期应根据不同地区的具体条件和品种来确定，一般以蜡熟末期或完熟期收获最好，即植株下部叶片枯黄、上部叶片为绿黄色、穗为黄色、籽粒变硬、含水量为 18％～20％时收获。收获过早时，籽粒不饱满，谷粒含水量高，出谷率低，产量和品质下降；收获推迟时，纤维素分解，茎秆干枯，穗码脆弱易断，落粒严重。谷子有明显的后熟作用。收获后适当堆放，使其穗部朝外，堆放 3～5 d 即可切穗，晾晒脱粒。

（二）机械收获

在谷子完熟期，利用稻麦脱粒机收获。霜后谷子水分降至 16％时进行直收，严防谷子捂堆现象发生，及时倒堆，降低水分，严防温度过高产生着色米而影响谷子品质。

（三）储藏

谷子脱粒后，去掉杂质。水分应控制在 14％以下，无微生物感染，方可入仓。仓内温度应控制在 15 ℃以下，能够满足储粮防潮、气密、隔热的要求。在谷子储藏期间，要注意降低温度和水分，抑制谷子呼吸作用，减少微生物的侵害。谷子的储藏方法有两种：①干燥储藏，在干燥、通风、低温情况下，谷子可以长期保存不变质；②密闭储藏，将储藏用具及谷子进行干燥，使干燥的谷粒处于与外界环境条件隔绝的情况下进行保存。

第四节　病虫草害及其防治

一、主要病害及其防治

（一）白发病

1. 症状　本病为系统性伤害，病菌自幼芽或幼蘖入侵后，在谷子各生育阶段和不同器官上连续表现出不同的症状。刚萌发的种子受害可造成芽死。幼苗及 3～4 片叶时发病，叶片上发生不规则的条斑，潮湿时叶背面生出灰白色霜霉状物，称为灰背。苗高 0.6 cm 左右发病，新生叶片上条斑连片发生，使心叶不能展开，全叶呈白色，卷筒直立向上，称为白头；受害的心叶组织破裂后形成一把细丝，以后发白，略卷曲，呈发丝状，即为白发。病势进展较迟的病株，抽出畸形穗，内外颖变形呈小叶状，称为看谷老，又称刺猬头。

2. 防治方法　选用抗病品种，建立无病留种田；播种前可采用清水洗种选种去除秕粒；实行 3 年以上合理轮作倒茬，轮作的作物可选择经济类作物、薯类作物、杂粮杂豆等。谷子播种前 1～2 d，选用甲霜灵种子处理干粉剂按种子质量 0.2％～0.3％的药量进行拌种，加少许清水先将药剂稀释，然后充分翻拌，待种子均匀着药后，倒出后放在干净的塑料布上摊开，置于通风处晾干，播种。

（二）线虫病

1. 症状 "倒青"是谷子线虫病的俗称，是由线虫侵染谷穗造成的。它的发生与品种、气候、耕作方式密切相关。谷子线虫病病株较健株矮，上部节间和穗颈稍短，叶片和叶鞘苍绿色，较脆。病穗色深，小花不开花，不发育，或开花后子房、花丝萎缩不结实，颖片张开，形成有光泽的尖形秕粒，穗小直立。受害轻的植株，虽结实，但籽粒不饱满，紧靠主轴的粒颖片浅褐色，外表症状不明显。

2. 防治方法 因地制宜选用抗病、耐病品种；实行轮作，适期早播；秕粒、谷糠煮熟作饲料，防止病秕粒掉落田间和混入肥料中扩散传病；选留无病种子并进行种子处理；进行种子消毒，可以用 55～57 ℃温水浸种 10 min，立即取出放入冷水中翻动 2～3 min，然后晾干播种；拔除病株。

（三）黑穗病

1. 症状 谷子黑穗病也称为乌霉病、黑疸。受害症状主要表现在穗部，病穗初为灰绿色，后期变为灰色，穗直立，不下垂；病粒较大，呈卵圆形，内部充满黑褐色粉末，外包灰膜，不易破裂；株高略低。

2. 防治方法 选留无病种子是最简单易行且有效的防治方法。种子处理可选用拌种双可湿性粉剂或戊唑醇悬浮种衣剂，按种子质量 0.2%～0.3%的药量进行拌种。

（四）谷瘟病

1. 症状 谷瘟病发生在叶片上，病斑初为青褐色、椭圆形，以后发展为梭形。病斑边缘为深褐色，中央呈青灰色，周边有黄色晕圈。天气潮湿时，病斑表面密生灰色霉（分生孢子），后期几个病斑常结合一起形成不规则大斑，严重时叶尖开始干枯。发生在叶鞘、茎节、穗颈、穗轴上的病斑为圆形，呈黑褐色，以后纵向蔓延而呈梭形。

2. 防治方法 栽培抗病品种，加强田间栽培管理。田间初见叶瘟病斑时，选用三环唑可湿性粉剂或烯肟戊唑醇悬浮剂兑水均匀喷雾。田间出现发病中心或出现急性型病斑时应立即防治，施药后 7～10 d 后若病情仍在发展，应再施药 1 次。为了预防穗瘟，在齐穗期可进行 1 次药剂防治。

（五）锈病

1. 症状 谷子锈病在叶片、叶鞘上均能发生。病斑为浓褐色椭圆形小点，散生，有时排列成条，表皮破裂后散出黄褐色锈状物，即夏孢子。病斑多时整个叶片变成黄褐色并枯死。叶片接近枯死时，在叶鞘上散生灰褐色椭圆形小斑点，即冬孢子堆。一般在 7 月末 8 月初谷子抽穗初期发病，在高温、多雨时易于发生，特别是在大雾之后发病严重。

2. 防治方法 栽培抗病品种，合理密植，少施氮肥，增施磷、钾肥，加强田间管理，提高植株抗病力。田间病叶率 1%～5%时选用三唑酮乳油或烯唑醇均匀喷雾，间隔 7～10 d 再防治 1 次。

二、主要虫害及其防治

（一）地下害虫

谷子主要地下害虫有蝼蛄、网目拟地甲等。

防治方法：以辛硫磷拌煮熟的谷子制成毒谷，在播种时撒入播种沟，以减少地下害虫对谷种和根系的危害。

（二）蛀茎害虫

谷子蛀茎害虫有栗灰螟（钻心虫）、玉米螟、栗茎跳甲虫、栗芒蝇等。

防治方法：选用相应的抗病品种；秋冬谷田中耕，改变害虫的越冬环境；冬春消灭田间和地边杂草，及时处理谷子残株，减少越冬虫源；及时拔除谷子田间虫株、枯心苗，以防幼虫转株危害；在生长期可用毒土诱杀栗茎跳甲虫；以赤眼蜂（卵寄生）防治栗螟和玉米螟也有较好效果。

（三）食叶害虫

谷子食叶害虫主要有黏虫和栗磷斑叶甲。

防治方法：黏虫的防治以药剂防治低龄幼虫为主，以黏虫散等粉剂配制毒土，顺垄撒施效果较好；也可在幼虫 2～3 龄期，以晶体敌百虫喷雾；辅助措施以田间草把诱集成虫和卵块，集中销毁，减少危害。栗磷斑叶甲的防治以除草减少虫源、早播避过幼虫的主要危害期为主。

（四）吸汁害虫

谷子吸汁害虫有栗小缘椿象和蚜虫。

防治方法：栗小缘椿象的防治以选用抗虫品种为主，蚜虫的防治以药剂为主。

三、田间主要杂草及其防除

（一）杂草类型

谷子田杂草的种类很多，大部分旱田作物的田间杂草，在谷子田中几乎均可见到。谷子田杂草发生的种类和数量常因地区、土壤类型、地势等条件的不同而异。例如河南洛阳的谷子田杂草中单子叶的有马唐、牛筋草、狗尾草等，双子叶的以苋菜、木槿为主。而东北地区谷子田单子叶杂草以莠子、稗、狗尾草为主，双子叶杂草以苋菜、灰菜、龙葵等为主。各地谷子田杂草发生危害严重的有谷莠子、狗尾草、稗子、马唐等单子叶杂草，有苋菜、灰菜、龙葵、藜等双子叶类杂草，还有问荆、刺儿菜等多年生杂草。

（二）杂草防除

1. 合理进行土壤耕作　合理的土壤耕作是防除田间杂草的基本措施。前作收获后进行浅耕灭茬，给杂草种子创造良好的发芽条件，而深耕又可将发芽的杂草种子深埋于地下，使其窒息死亡。许多杂草在谷子播种前即已出苗，谷子播种前耕翻土地可将杂草幼苗翻出或切断其地下茎。同时应将翻出的杂草及地下茎收集起来，及时清出田外并集中销毁。合理的土壤耕作，一般指秋耕和播种前耕作，秋耕又包括浅耕灭茬和深耕。

2. 轮作倒茬　谷子忌连作，其重要原因之一是连作后易滋生杂草。采用轮作倒茬是防除谷子田杂草的一种基本方法。

3. 化学除草　谷子田化学除草可选用谷友（单嘧磺隆）为苗前除草剂，于谷子播种后、出苗前均匀喷施于地表。谷友可以作为谷田除草剂单独使用，适用于所有谷子品种。

（1）苗前封闭除草　谷子播种后 2～3 d 选晴朗无风天气进行全田封闭除草，喷施谷友，均匀喷于土壤表面。此时若墒情适宜，对单子叶杂草和双子叶杂草都具有良好的防除效果；当土壤干旱时，杂草防除效果较差；而当遇到连阴雨时，容易使谷苗产生药害。

（2）苗后茎叶除草 出苗后谷子 3～4 叶期可选用谷友除草剂兑水喷雾。

复 习 思 考 题

1. 我国谷子栽培共分为哪几个栽培区？

2. 谷子有哪几个生长发育时期？

3. 简述谷子对养分的需求规律。

4. 简述谷子抗旱的生理机制。

5. 简述谷子对温度的要求。

6. 谷子中耕有何作用？怎样进行中耕管理？

第十三章 大 麦

大麦是禾本科（Gramineae）小麦族（Triticeae）大麦属（*Hordeum*）的一年生或越年生草本植物，英文名称为 barley。大麦属约有 30 种，有栽培价值的只有普通大麦（*Hordeum vulgare* L.）1 种。按籽粒上稃的有无，可将大麦分为皮大麦和裸大麦。裸大麦俗称元麦、米麦或青稞。大麦在世界谷类作物中播种面积仅次于小麦、水稻和玉米。

第一节 概 述

一、起源和进化

大麦是人类栽培的远古作物之一，其栽培起源于东亚和西南亚的古文明地区，后来传至欧洲，17 世纪初传到美洲，以六棱大麦为主。我国大麦栽培历史悠久，始于 5 000 年前新石器时代中期的古羌族。公元前 3 世纪的《吕氏春秋·任地篇》中记载有"孟夏之昔，杀三叶而获大麦"，开始有大麦这一名称。西汉以前全国各地均有大麦栽培，公元前 6 世纪 30 年代的《齐民要术》和南宋嘉泰年间的《会稽志》等书中，就有关于大麦的原始分类、栽培技术和利用经验的记载。

（一）分类

大麦属植物约有 30 种，但多数为野草。一般认为，中国栽培的大麦都属于普通大麦 1 种，该种可以分为以下 3 个亚种。

1. 二棱大麦 二棱大麦［*Hordeum vulgare* subsp. *distichon*（L.）Koern.］的三联小穗中仅中间小穗结实，侧小穗全部不结实，穗型扁平，籽粒大而整齐。

2. 中间型大麦 中间型大麦（*Hordeum vulgare* subsp. *intermedium* Koern.）的三联小穗的中间小穗正常结实，侧小穗部分结实。

3. 多棱大麦 多棱大麦［*Hordeum vulgare* subsp. *vulgare*（L.）Koern.］的三联小穗的 3 个小穗均结实，按侧小穗排列位置的特征（节片的长短和小穗着生紧密程度），又可分为六棱大麦和四棱大麦。六棱大麦的三联小穗的各小穗与穗轴等距离着生，穗的横切面呈六角形，穗轴节间一般较短，着粒密，籽粒小而整齐。四棱大麦的三联小穗的中间小穗贴近穗轴，籽粒较大；两侧小穗靠近中间小穗，籽粒较瘦小，穗横切面呈四角形；穗型比六棱大麦稀疏，籽粒大小不均匀。

生产实践中把每个亚种按照籽粒与稃壳的粘连情况，又划分为皮大麦和裸大麦 2 个变种群，因此共有二棱皮大麦、二棱裸大麦、多棱皮大麦、多棱裸大麦、中间型皮大麦和中间型裸大麦 6 个变种群。每个变种群再按小穗着生密度、护颖宽窄、芒形和芒性、穗和芒的颜色、籽粒颜色、侧小穗的缺失性和育性等划分若干变种。栽培的皮大麦变种有 *Hordeum vulgare* var. *pallidum*（浅色型，多棱、疏穗、长锯齿芒）、*Hordeum vulgare* var. *parallelum*

（长方型，多棱、密穗、长锯齿芒）、*Hordeum vulgare* var. *ricetens*（浅色光芒型，多棱、疏穗、长光芒）、*Hordeum vulgare* var. *pyramidatum*（尖塔型，多棱、极密穗、长锯齿芒）、*Hordeum vulgare* var. *nutans*（弯穗型，二棱、疏穗、长锯齿芒）、*Hordeum vulgare* var. *rectum*（直穗型，二棱、密穗、长锯齿芒）。生产上以多棱亚种裸大麦栽培为主。

（二）起源

根据野生大麦的分布和考古发现，大多学者认为二棱大麦（*Hordeum distichon*）和弯穗大麦（*Hordeum nutans*）起源于近东地区，并延伸到中东一些国家；而栽培六棱大麦（*Hordeum hexastichon*）起源于中国青海、西藏和四川的西部地区。除了近东中心和中国中心外，还有其他的起源中心学说。

（三）进化

我国栽培大麦与近缘野生大麦属 1 个种，它们之间的遗传规律也完全吻合。主要性状遗传学研究认为，我国栽培大麦是从野生二棱大麦经过若干中间类型进化而来的，其中以从野生二棱大麦到栽培六棱大麦的进化体系比较完整：*Hordeum spontaneum* → *Hordeum spontaneum* var. *ischnatherum* → *Hordeum spontaneum* var. *proskowetzii* → *Hordeum lagunculiforme* → *Hordeum agriocrithon* → *Hordeum agriocrithon* var. *nudiagriocrithon* → *Hordeum vulgare*。

二、生产情况

（一）世界大麦生产概况

大麦适应性很广，自南纬 50° 到北纬 70°、自海拔 $1 \sim 2$ m 到海拔 4 750 m 均有分布。2019 年全世界大麦总产量约为 1.56×10^9 t，其中欧洲联盟和俄罗斯产量最高，分别占全球大麦总产量的 40.7% 和 13.1%。巴西、阿根廷、乌克兰是重要的大麦生产国和出口国。此外，阿尔及利亚、澳大利亚、加拿大也是重要的大麦出口国家。

（二）我国大麦生产概况

我国大麦栽培面积在 20 世纪初叶曾达到 8.0×10^6 hm² 以上，但从国家统计局调查数据来看，我国大麦栽培面积呈下降趋势，2018 年的栽培面积为 2.62×10^5 hm²。我国生产的大麦主要用于酿造啤酒和作为饲料。我国是全球大麦最大进口国，2012—2015 年大麦进口数量迅速攀升，2015 年大麦进口量达到 1.07×10^7 t，2016 年骤降至 5.00×10^6 t，2018 年进口量为 6.82×10^6 t，2019 进口量为 5.93×10^6 t。

（三）生态区划

我国大麦分布地域辽阔，南起广东、海南，北至黑龙江，东起台湾省和东南沿海岛屿，西至新疆和青藏高原，栽培大麦的最高线在海拔 4 750 m。1986 年中国农业科学院作物品种资源研究所将全国大麦栽培划分为 3 个大区 12 个生态区（表 13-1）。

表 13-1　我国大麦生态区划

主区	生态区	地　域
裸大麦区	Ⅰ. 青藏高原裸大麦区	本区位于青藏高原，包括西藏、青海、甘肃的甘南、四川的阿坝和甘孜及云南的迪庆

（续）

主区	生态区	地　　　　域
春大麦区	Ⅱ.东北平原春大麦区	本区包括黑龙江、吉林、辽宁省大部分地区（除辽南沿海地区）、内蒙古东部的呼伦贝尔、兴安和哲里木3个盟
	Ⅲ.晋冀北部春大麦区	本区包括河北省石德线以北（也包括北京、天津）和山西省的晋城、高平、沁水、临汾、河津以北、长城以南地区，辽宁省南部沿海地区
	Ⅳ.西北春大麦区	本区包括宁夏全区，陕北的安塞、志丹和吴旗及榆林，甘肃的定西、武威、张掖、兰州和临夏
	Ⅴ.内蒙古高原春大麦区	本区包括内蒙古中部和西部、河北省张家口坝上和承德
	Ⅵ.新疆干旱荒漠春大麦区	本区包括新疆和甘肃省酒泉
冬大麦区	Ⅶ.黄淮冬大麦区	本区包括山东、江苏苏北总灌渠以北，安徽淮河以北，河北石德线以南，河南除信阳外全部，山西临汾以南，陕西安塞以南和关中，甘肃的陇东和陇南
	Ⅷ.秦巴山区冬大麦区	本区包括陕西南部、四川广元和南江、甘肃武都一部分
	Ⅸ.长江中下游冬大麦区	本区是我国大麦主产区，包括江苏省苏北总灌渠以南、上海、浙江除温州外全部、湖南省除湘西外全部、湖北全省、江西除赣南外全部、安徽除淮北外全部
	Ⅹ.四川盆地冬大麦区	本区包括除广元、南江、阿坝、甘孜、凉山外的四川省全部
	Ⅺ.西南高原冬大麦区	本区包括贵州全省、云南除迪庆外全部、四川的凉山、湖南湘西
	Ⅻ.华南冬大麦区	本区包括福建、广东、广西、海南、台湾、浙江的温州、江西的赣州

三、经济价值

（一）营养成分

大麦营养成分十分丰富，富含蛋白质、脂肪、糖类、纤维素和半纤维素，在干籽粒中，淀粉含量为 36.3%～68.0%，平均为 55.0%；蛋白质含量为 6.4%～24.4%，平均为 13.1%。大麦籽粒、啤酒麦芽中均富含氨基酸，在查明的 19 种氨基酸中赖氨酸的含量很高，为 0.28%～0.75%，明显高于小麦（0.30%～0.35%）、水稻（0.25%～0.30%）、玉米（0.25%～0.32%）和谷子（0.28%～0.33%）。

大麦籽粒中脂肪含量为 1.7%～4.6%。亚油酸含量占脂肪酸含量的 54.3%（麦芽中占 61.8%），油酸含量占 32.8%，亚麻酸的含量很低。大麦籽粒中富含维生素，1 kg 大麦籽粒中含硫胺素 2.1～6.7 mg、核黄素 0.8～2.2 mg、吡哆素 3.1～4.4 mg、烟酸 52.0～98.1 mg、泛酸 2.9～6.2 mg。此外，大麦籽粒还含有维生素 A、维生素 C、维生素 E、维生素 K 和叶酸、胆碱等。

大麦籽粒中还含有多种酶，主要有酯酶、淀粉酶、纤维素酶、蛋白酶、氧化还原酶、甘油磷酸酶和核酸酶；含有铁、铜、钙、磷、硒、锌等 20 多种微量元素。

（二）保健功能

大麦的营养价值已被古今医学界所公认，并被广泛应用。据我国古医书记载，大麦籽粒做饭或煮粥具有多种医疗和保健功能。现代生物化学、药理学、临床学对大麦营养成分、提取物及其药理的研究成果，证明了古人对大麦食疗效应的认识和实践是科学的。大麦籽粒中富含的纤维素高于其他粮食，医学证明它能促进肠的蠕动，具有治疗便秘和利于降低胆固醇、预防肠癌的作用。大麦粗蛋白中的赖氨酸含量明显高于其他作物，有增进智力、促进骨骼发育的功能；色氨酸的含量也高于玉米、水稻、小麦等粮食，可预防贫血和毛发脱落。亚油酸、油酸含量与燕麦相近，具有降脂作用。籽粒中所含的微量元素也高于其他粮食。日本学者研究认为，以大麦幼苗为原料制成的天然绿色食品麦绿素，对 20 余种常见病均有显著疗效。

（三）国内外加工现状

大麦的综合利用价值非常高，其中，裸大麦主要供食用，皮大麦主要是酿造和饲用。

1. 食用　大麦在一些国家和地区是人们的主要口粮。例如土耳其、伊拉克、埃塞俄比亚、蒙古等国家大麦都是重要的粮食。我国西藏地区人们食用的糌粑就是裸大麦（青稞）炒熟后磨粉制成的，是藏民的主要食粮。以大麦为原料可制成多种食品，例如大麦米、珍珠米、通心粉、麦片面包、大麦片、糖浆、咖啡代用品、麦乳精、麦芽糖、饴糖、酱、醋、麦绿素、麦汁饮料等。特别是蛋白质和含油率高的大颗粒大麦可以制成营养价值很高的大麦米，在可消化方面仅次于荞麦和大米。

2. 酿造用　大麦是酿制啤酒和酒精的主要原料，在啤酒酿造中有不可替代的作用。啤酒含有易被人体吸收的低分子氨基酸、B 族维生素、烟酸胺等丰富营养成分，有"液体面包"之美誉，是风靡全球的特优保健饮品。

3. 饲用　大麦含有蛋白质、可消化蛋白质和多种氨基酸，其含量明显高于玉米，麦芽、啤酒糟等。大麦还含有丰富的维生素和微量元素，特别是对家畜生长发育具有重要作用的烟酸，其含量显著高于玉米。因此大麦在饲料中占有重要地位，是对玉米饲料的有益补充。

4. 综合利用　在医药上，可用大麦制作酒精、酵母酶、核苷酸、乳酸钙、药用麦芽等。在纺织业上，大麦芽的浸出物富含淀粉酶，在布匹脱浆上被广泛应用，还可加深纺织品的染色度和提高润色效果。在核工业上，可用大麦提制重水，用重水可获取重氢，重氢是产生原子核反应的重要原料。大麦的茎秆经加工后，可以造纸、编织工艺品、做玩具、编造多种装饰品。

第二节　生物学特性

一、植物学特征

从分类角度看，大麦（*Hordeum vulgare* L.）包括栽培大麦和近缘野生大麦。对人类有直接经济利益的是栽培大麦，尤其是对食用和啤酒酿造有较高价值的六棱大麦和二棱大麦，因此本节以其为重点介绍大麦的形态结构。

（一）根

大麦的根系为须根系，主要由初生根系和次生根系组成。初生根系由初生根和初生不定根发育而成，因其在种子内已发生或依赖于种子营养而发生，故又称为种子根。次生根系是由次生不定根发育而成，着生于近地表的基部茎节上，故又称为茎节根。

1. 种子根　大麦种子萌芽时，吸水膨胀，胚体长大，胚根鞘突破种皮露出。在长度不到 2 mm 时，胚根穿过胚根鞘，发育为大麦的第 1 条根，称为初生根，又称为主根。几乎在初生根伸出的同时，在初生根以上的胚轴基部两侧，出现第 1 对具有明显根鞘的幼根。随着胚轴的延伸和幼根的伸长，又产生第2对，以至第3对幼根。但后来的幼根较细弱，着生方位和排列次序已很不规则，有时也并非成对。因此把这种直接从胚轴上生出的根称为初生不定根。种子根的数目一般为5~6条，多则7~8条，少则只有3条。种子根数目的多少与种子的大小、饱满程度以及萌发条件密切相关。一般在第1片真叶出完后，就不再有种子根新生萌发。种子根是垂直往下生长的，深度可达1 m以上。根系的分布受发育时期、土质和水分条件的影响。

2. 次生不定根　大麦分蘖期前后，在近地面的茎节周围长出次生不定根。次生不定根初为白色，粗壮，直径为0.8~1.2 mm，生有根毛，不分支。随着次生不定根的伸长，逐渐产生支根，但幼期的支根数量远少于种子根。次生不定根多数沿水平方向或倾斜角度扩展，少数向竖直方向的纵深发展。向水平方向或倾斜角度扩展的次生不定根的支根茂密细长，主要分布在0~20 cm的土层内，可占根系全部质量的2/3以上，成为根系吸收土壤水分和营养的主体。向纵深方向发展的次生不定根的支根数量较少，与下向的种子根交织在一起，一般下扎深度达1 m以上。次生不定根生长最繁盛的时期是开花期，在土壤中分布直径可达80 cm以上。大麦根系的发育分布情况，因品种、地区的差异而不同，例如适于湿润土壤的大麦趋于致密的浅根系，适于干旱土壤的大麦趋于稀疏的深根系。

（二）茎

茎与根同属于轴性器官，起源于胚，由胚轴上端的茎枝原基发育而来。茎发育的初期是增添新叶和扩大茎轴，随后分化形成节和节间，由于节和节间的加粗增长，形成了完整的地上茎。茎的每个节上着生1枚叶片，叶腋处生有腋芽，地上茎节的腋芽不明显，地下茎节的腋芽常发育为分蘖。大麦属密穗型分蘖，在条件良好的情况下，可发生多个、多次分蘖，且分蘖出的新茎其形态和结构与主茎类似。大麦的株高为60~150 cm，地上部的伸长节间为5~7节，当第1节露出地面2.5 cm时，即为拔节。大麦基部节间比小麦基部节间长，因此茎秆更弱，栽培过程中要注意防倒伏。

成熟的大麦茎呈圆筒形，表面光滑或带有浅狭的纵沟，由节和节间组成，节间空心，节实心。茎节数因品种而异，为9~13个，多者可达16个。一般生育期长的品种节数多，反之节数少。在幼苗期，基部1节或2~3节密集于分蘖节上，从分蘖节的叶腋处生出分蘖，从分蘖的基部生出不定根。分蘖的茎未伸长前，形成新的分蘖。节间自下向上逐渐伸长，相邻节间重叠式生长，地下茎的节间不伸长，只有地上的4~7个节间伸长。近地面的基部第1节间最短，长度为3~5 cm，个别可达8 cm；与穗相接的最上1个节间最长，长度为20~40 cm，个别可达50 cm；其余各节间长度约为上下邻接的节间长度的平均值，少数高秆品种例外。拔节期茎的伸长主要靠基部节间的伸长；抽穗期茎的伸长，主要靠上部节间的伸长；抽穗后茎的伸长，是靠最后1个节间的伸长；到开花期，茎的伸长才基本停止。

（三）蘖

分蘖是大麦的特性之一，分蘖多少与品种特性、气温高低及栽培管理措施密切相关。肥力条件适宜、光照充足时，2~4 ℃低温下就能分蘖，但分蘖很慢。分蘖适宜温度为13~18 ℃，温度再高，分蘖又减慢，所以适期播种非常重要。一般冬性品种分蘖力强，春性品种分蘖力弱；二棱大麦比四棱大麦和六棱大麦分蘖力强。同一品种在低肥或高密度的情况下，可以形成独秆植株；在早播、足肥、稀植的条件下形成大量分蘖。籽粒大的幼苗初生根多，长势健壮，分蘖力强，反之则分蘖力弱。播种后覆土太厚时，幼苗细弱，分蘖力弱；覆土太薄时，分蘖节处在干土层中，影响分蘖发生。分蘖最适的土壤含水量为田间持水量的70％，水分不足时，分蘖减少，甚至不分蘖。在生产上选用分蘖力强的品种，采取适时播种、施足基肥和早施速效肥等措施，能促进分蘖发生，实现多穗高产。但分蘖过多时，群体过大，往往造成早期郁闭，通风透光不良，茎秆细弱，倒伏而减产；或因前期分蘖过多，后期脱肥早衰，分蘖大量死亡，产量不高。所以要按照大麦分蘖发生和成穗的规律，因地、因时、因品种进行合理密植，并采用适当的促控措施调节群体结构，达到穗多、穗大、千粒重高、产量高。

（四）叶

叶是茎秆的组成部分，发生于茎的顶端分生组织，其原基位于茎尖下侧，依靠细胞的分裂和增大，最后发育成为具有叶鞘和叶片的完整叶。叶鞘位于叶的下部，完全包裹着茎，基部膨大部分为叶节，叶片位于叶鞘上方，扁平狭长而无柄，中脉明显。在叶鞘与叶片的连接处有膜质的叶舌，叶片基部两侧有发达的叶耳。在麦类作物中，大麦幼苗的叶片最宽，叶色最淡，叶耳、叶舌最大，叶耳上无绒毛。每生长 1 片叶需 60 ℃左右的有效积温。由于叶鞘较短，上下相邻两叶重叠生长，叶片抽出较快。

大麦同其他禾本科作物一样，具有多种类型的叶片（包括变态叶），例如营养生长阶段出现的胚根鞘、根鞘、胚芽鞘、营养叶、先出叶；生殖生长阶段出现的颖、稃、浆片、盾片，甚至包括雄蕊的花药和雌蕊的子房壁、珠被，通常把这些具有共同叶性来源的器官统称为叶性器官。营养叶是叶性器官中常见而重要的叶形式，在大麦一生中持续的时间最长，从营养生长到生殖生长，基本跨越整个生活史。但每个单片叶都有一定的寿命，经历发生、成长和衰老等时期。通常位于植株基部的叶发生较早，衰亡也早，中部和上部的叶发生较迟，衰亡也迟。一般苗期基部的叶片主要对长根、分蘖和壮苗起作用；植株中部的叶片主要对壮秆、大穗起作用；植株顶部的叶片主要影响灌浆和千粒重。因此要提高大麦产量，必须自始至终要有健壮的营养叶。先出叶也是一种叶性器官，这种叶性器官为分蘖上的第 1 片叶，外形似胚芽鞘，也呈筒状，具有 2 条可见的脉，故又称为分蘖鞘。先出叶长为 2～4 cm，下部无色，上部浅绿色，表面粗糙，尖端有营养叶穿经口。先出叶以其扁平侧面靠近主茎，当分蘖长粗时，便沿上部裂缝自行向下破裂，最后皱缩而枯死。

（五）花

大麦花序为穗状花序，着生于茎秆顶部，呈柱状或扁平状，长为 5～10 cm（不包括芒），宽为 10～16 mm，嫩时绿色，成熟后一般为浅黄色。花序是由中央的花序轴和两侧的小穗组成的。花序轴坚韧、挺直，由 15～35 个小节片连接而成。小节片外观扁平，略呈长方形，上端宽而厚，下端窄而薄，有时基部钝圆而呈弧形；小节片横切面呈中部厚、边缘薄的梭形。通常，小节片的扁平面光洁无毛，而两侧边缘却密被短茸毛。茸毛多为白色，沿侧缘指向上方。各节片上下头尾相接，确保小穗沿穗轴两侧交互排列。小穗通常 3 枚并排着生于每个节片的顶部，特称三联小穗。三联小穗的中间小穗可育，侧生小穗可育或不育。侧生小穗不育者，花序扁平呈二棱，为二棱大麦；侧生小穗可育者，花序呈柱状多棱，常为六棱大麦或四棱大麦。

花着生在颖片的内侧，是小穗上适应于生殖的变态短枝。大麦的花是由 1 枚外稃、1 枚内稃、2 枚浆片、3 枚雄蕊和 1 枚雌蕊组成。雄蕊分花丝和花药 2 部分，雌蕊分子房、花柱和柱头 3 个部分。在雌蕊的子房壁内着生胚珠，珠被包裹珠心。

（六）籽实

大麦一般在穗未完全抽出就已开花授粉，也有抽穗后随即开花的。一般四棱大麦和二棱弯穗型大麦开花时内稃和外稃开放，而六棱大麦和二棱直穗型大麦因鳞片不发达，内稃和外稃不开放，多闭稃授粉。受精后子房膨大，籽粒各部分迅速形成，经 10～15 d 麦粒长度达到最大，进入灌浆成熟期。灌浆成熟过程分为 3 个时期，一般乳熟期为 15～20 d，蜡熟期为 5～10 d，最后是完熟期。成熟时的千粒重，二棱大麦为 35～40 g，四棱大麦为 30～40 g，六棱大麦为 25～35 g。

大麦的籽实为颖果，中间宽，两端较尖。籽实与内稃和外稃紧密黏合难以分开的称为有稃大麦（或称为皮大麦）；籽实与内稃和外稃在成熟时很容易分离的称为裸大麦（或称为元麦、米大麦、青稞）。一般颖壳和果皮占籽粒总干物质量的 10％左右，胚占干物质量的 3％左右，淀粉胚乳、糊粉层和种皮占 87％左右。成熟后的大麦籽粒外围的颖壳由 4 层细胞组成，果皮由子房壁发育而成，从外向内由 3 层不同排列形式的细胞组成；种皮由 2 层薄壁细胞组成，第 1 层是透明的，第 2 层含有色素，使整个籽粒具有光泽。颖壳和皮层的主要作用是保护胚和胚乳，防止病菌的侵害。大麦的胚乳由外胚乳、糊粉层和淀粉胚乳 3 部分组成。

二、生长发育周期

（一）阶段发育

大麦从种子萌发到新种子形成的过程中，根据器官形成的顺序，可分为幼苗期、分蘖期、拔节孕穗期和结实成熟期等 4 个生育阶段，春大麦的生育期为 60～140 d，冬大麦的生育期为 160～250 d，同一品种生育期的长短又因纬度、海拔及播种期等因素的变化而略有不同。大麦的阶段发育特性与小麦相似，即典型的冬性品种需要低温春化和长日照才能发育。

1. 春化阶段　春化阶段又称为感温阶段。大麦在种子发芽以后，必须经过一定时期较低的温度条件才能抽穗结实，这个阶段称为春化阶段。根据通过春化阶段对温度高低和时间长短要求的不同，可将大麦品种分成 3 种基本类型：①冬性品种，一般需要在 0～8 ℃下，经过 20～45 d 才能完成春化；②春性品种，在 10～25 ℃时，经过 5～10 d 就能完成春化；③半冬性品种则介于两者之间。大麦各类品种的春化阶段特性，是长期自然选择和人工选择的结果，是各地生态类型的具体表现，不同类型的品种在幼苗的生长习性和姿态上均有一定的差别，例如在东北、西北和青藏高原播种的春大麦就是典型的春性品种。

在满足春化温度条件下，以 2～4 ℃较为适宜，低于 0 ℃春化阶段进行缓慢，高温不利于春化阶段的通过。种子含水量低于 45％时，胚的生长停止，春化阶段也不能通过。胚乳饱满、营养充分、幼苗生长健壮，有利于春化阶段的通过。短日照有利于春化阶段通过，而长日照由于往往伴随着温度升高，所以会延缓春化阶段的通过。大麦春化阶段通过后，生理上发生显著变化：蒸腾强度提高，细胞持水力降低，水分代谢加强，叶绿素含量增加，干物质积累速度提高，呼吸强度提高，酶活力增强，抗寒力下降。大麦幼苗在通过春化阶段后若保持持续低温，仍能保持其耐寒力；如果通过春化阶段后气温升高，生长加速，则耐寒力降低，若再遇低温则易遭冻害，所以长江流域冬大麦区的春性大麦品种不能过早播种。

2. 光照阶段　通过春化阶段后，就进入光照阶段，又称为感光阶段。大麦是长日照作物，日照时间越长，通过光照时间越快，抽穗成熟越早；如果缩短光照时间，则延迟发育。一般品种在 10～12 h 或以上的日照长度下，经过 15～16 d，短的经过 8～10 d，即可通过光照阶段。北方冬大麦区品种多为冬性品种，一般在春季气温较高、日照较长的条件下通过光照阶段，所以对日长反应比较敏感，缩短日照就会延迟抽穗；而在南方各地的地方品种，多为春性类型，对光照反应迟钝，光照阶段也短，多表现为早熟。东北、西北及青藏高原的春性品种，由于长期在长日照的条件下驯化，对光照反应敏感，对长日照要求严格。

影响光照阶段通过的因素很多，除日照长短外，光照度也影响光照阶段的通过，弱光条件下，光合强度降低、营养状况差，使光照阶段通过受阻。红光（长波光）可以促进光照阶段的通过，蓝紫光（短波光）延长光照阶段的通过。光照阶段最适宜的温度为 20 ℃，低于 10 ℃或高于 25 ℃，则光照阶段通过缓慢。在一定范围内，水分不足会加速光照阶段的通过，但严重缺水会延迟光照阶段的通过。氮肥施用过多，会延长光照阶段，而磷肥可以促进光照阶段的通过。

3. 阶段发育的应用　阶段发育反映了植物个体发育的各个阶段对外界条件的要求，这些要求是在复杂的综合环境条件下，在漫长的系统发育的过程中形成的，受温度、光照等生态因素的支配，而地理纬度和海拔高度是光温资源的集中体现，所以大麦品种分布有一定地域性。一般说来，北方冬大麦区的品种，冬性较强，对长日照反应敏感；而南方冬麦区的大麦品种，多为春性品种，对低温和光照要求不敏感，成熟较早；而高纬度地区的春麦区，大麦多春播，品种春性强，对光照反应敏感。因此北方冬性品种引到南方栽培，因气温高、日照短而发育缓慢从而推迟成熟；反之，南方品种引种到北方秋播时，冻害严重，常造成减产。另外，根据阶段发育特点，还可以更好地了解品种特性，有利于进行合理栽培。例如春性品种早播有利于春化，能快速进入光照阶段，但若遇低温，会出现严重冻害。半冬性品种、冬性品种以及对长日照敏感的品种在适期早播的情况下，因较高的气温而不利于春化，要到气温下降后才能逐渐通过春化，到翌年春季日照延长后再通过光照阶段，这样有利于麦苗安全越冬和抵御早春低温危害。

（二）穗分化

大麦的穗为穗状花序，每个穗轴节片上着生 3 个小穗（三联小穗），每个小穗仅有 1 朵小花；小穗轴位于籽粒腹沟内，连接在每个穗轴节的顶端，已退化成为刺状，称为基刺；颖片细长，并退化成刺状物。多数品种的芒呈帽状的钩芒，芒的光合能力很强，光合速率是叶片的 5～7 倍。因此芒对大麦籽粒成熟阶段营养物质的充实有显著作用。

大麦的穗分化开始得早，进程快，在叶龄为 1～2 叶时生长锥即开始伸长。大麦幼穗分化是个连续的过程，以幼穗形态特征和穗部各器官的出现先后，把穗的分化过程划分为生长锥伸长期、单棱期、二棱期、三联小穗分化期、内外颖分化期、雌雄蕊分化期、药隔形成期、雌蕊柱头二裂分叉期、雌蕊柱头毛状突起期共 9 个阶段。穗分化经历时间较长，当中部小穗进入雌雄蕊分化期时，顶部小穗仍在分化苞原基，直到中部小穗进入药隔形成期至减数分裂期前后，顶端小穗的苞原基才开始萎缩退化。此时多棱大麦的侧小穗继续分化器官，而二棱大麦侧小穗开始退化。

1. 生长锥伸长期　茎顶端生长点伸长，即生长锥的长度显著大于宽度时为生长锥伸长期。在生长锥伸长过程中，叶原基尚未分化完毕，在生长锥上出现苞原基，进入单棱期之后，叶原基数目才不再增加。

2. 单棱期　在单棱期，生长锥继续伸长，伸长速度加快，生长锥的基部、剑叶原基上方出现环状突起，即苞原基。苞原基所在部位，就是穗轴节片。生长锥由下向上、连续不断地分化形成数量较多的苞原基和穗轴节片，因而小穗数目也多。

3. 二棱期 在幼穗中部最早发生的苞原基发育速度减慢时，在苞原基的上方首先出现二次棱状突起，这就是小穗原基突起。这时在幼穗上可同时见到苞原基和小穗原基叠在一起的棱状体，故称为二棱期。由于小穗原基不断发育增大，苞原基逐步停止发育，最后小穗原基挤压并掩盖了苞原基，因此苞原基消失，小穗原基最先出现于幼穗中部，而后出现在上部和下部。适期播种的大麦，不论是冬性品种、半冬性品种还是春性品种，小穗原基分化期均于冬前分蘖盛期出现。

4. 三联小穗分化期 小穗原基进一步发育，体积迅速膨大隆起，在隆起部位，逐渐分化出现 3 个峰状突起。从正面观察，这 3 个隆起突出部分似笔架状，这就是并列着生的 3 个小穗原基，称为三联小穗。三联小穗分化期的时间很短，一般仅为 7～10 d，大约在越冬期间出现。

5. 内外颖分化期 在三联小穗原基每个突起的基部两侧各出现 1 个小突起，即护颖原基。护颖分化期很短，几乎与外颖原基同时出现，在两个护颖原基中间出现 1 个棱状半月形状突起，称为外颖原基。在外颖原基的中央有 1 个圆形隆起，即花器原基。在内外颖分化期，基部第 1 节间开始进入生理拔节期，大麦苗处在越冬末期至返青初期。这时二棱大麦侧小穗的发育开始有不同程度的停滞，并逐渐落后于中间小穗。

6. 雌雄蕊分化期 幼穗进一步发育，在小穗内颖和外颖之间出现 3 枚小球状的雄蕊原基，接着在其中间露出 1 枚略呈扁圆状的雌蕊原基。此时内颖原基明显可见，与外颖原基相对突出。二棱大麦在雌雄蕊分化盛期，其三联小穗两旁的侧小穗几乎停止发育，趋向退化。

7. 药隔形成期 雄蕊原基分化形成后，发育加快，体积逐渐增大，呈圆球状。接着在每个圆球上发生纵向凹陷，形成药隔。药隔形成后，花药迅速伸长，形状由圆球形变成方柱形，并进一步发育，分成 4 室，即 4 个花粉囊。与此同时，雌蕊柱头也突起，植株群体进入拔节期，分蘖基本停止，第 1 节间将定长，小穗开始向两极分化，二棱大麦的侧小穗明显退化。侧小穗退化时内部器官分化多数处于雌雄蕊分化阶段，也有处在药隔形成初期的，花药呈短方柱形状。

8. 雌蕊柱头二裂分叉期 药隔形成后，雄蕊花药进一步纵向分室，形成 4 个花粉囊（小孢子囊），在花粉囊内形成花粉母细胞（小孢子母细胞）。这时雌蕊柱头突出，并分叉成二裂状。

9. 雌蕊柱头毛状突起期 此期，在柱头上开始出现刺状突起，接着呈刚毛状突起，随着柱头的伸长，逐步变成羽毛状突起。与此同时，雄蕊的花粉母细胞进行减数分裂，产生二分体，再经过有丝分裂，产生四分体。接着四分体散开，发育成幼年花粉粒，而后经过单核花粉、二核花粉而发育成为成熟的花粉粒。

三、生长发育对环境条件的要求

(一) 温度

种子发芽最低温度为 1～2 ℃，最适温度为 20 ℃，最高温度为 28～30 ℃。一般春大麦在 4 ℃时播种，而其他条件满足的情况下 5～7 d 即可萌发，播种到出苗需有效积温 100 ℃。春大麦前期营养生长阶段的最适温度为 10～15 ℃，抽穗期的最适温度为 17～18 ℃。冬大麦在 18～20 ℃条件下 72 h 种子即可萌发，在 10 ℃条件下晚播发芽不齐；成熟期间以不低于

17~18 ℃为宜，高于25 ℃时易早衰，千粒重降低。

(二) 水分

在土壤含水量达到田间持水量的60％～80％时大麦种子才可顺利发芽。含水量低于田间持水量的50％时，则发芽困难。每形成1 kg大麦干物质需水310～350 kg。在种子萌发过程中，当种子吸水达本身质量的一半时开始发芽。幼苗初期植株需水较少；从苗期到抽穗期水分需求不断增加；孕穗至抽穗阶段需水量达高峰；乳熟期缺水会引起茎叶干缩，籽粒中淀粉形成终止，籽粒大小和整齐度降低，蛋白质含量提高，降低啤酒大麦制啤品质。因此一般啤酒大麦只有在充分保证植株水分供应的情况下才能获得良好的籽粒品质。但是生长发育后期雨水过多、日照不足，会使籽粒色泽变暗，甚至发生赤霉病、白粉病等病害，降低籽粒的品质。

(三) 土壤

大麦约60％的根量分布在耕作层，深厚的耕作层可以为大麦根系发育创造有利条件。高产大麦田应土地平整、土壤pH为6～7。土壤pH小于5.5时就会发生酸害，根系发育不良，叶片发黄，分蘖很少或无分蘖。要求耕作层深度为20 cm左右，孔隙度为50％～55％，土壤容重为1.2～1.3 g/cm³。适宜栽培大麦的土壤有机质含量为2％～3％，全氮含量为0.1％～0.2％，碱解氮含量为200 mg/kg左右，速效磷含量为8 mg/kg以上，并含有其他必需的微量元素。

(四) 养分

大麦生长发育必需的营养元素有碳、氢、氧、氮、磷、钾、镁、钙、硫、铁、锰、铜、锌、硼、钼、氯等。一般每生产100 kg大麦籽粒需要吸收氮2.45～2.85 kg、磷0.49～0.86 kg、钾1.49～2.30 kg。不同品种由于需肥特性不同，吸收三要素的数量也有差异。春大麦由于生育期短，吸收土壤养分快，至拔节期就已吸收了50％左右的氮及40％左右的磷和钾，到抽穗期已吸收80％～90％的养分，因此从春大麦生长初期开始就要保证养分供应。

四、农业气象灾害

大麦在各个生长发育阶段中，由于遇到不良的外界条件或不当的栽培管理，会引起冻害、湿害等各种生理障碍，这些生理障碍都是非侵染性危害，会给大麦生产造成损失。

(一) 冻害

大麦抗寒力较弱，南方冬大麦区品种大多为春性品种，部分为半冬性品种，在越冬期和早春遇到低温时，容易发生冻害。在冰冻以前，如气温骤然下降，麦苗没有经过低温锻炼，就容易受冻，甚至死亡。大麦低温及冻害在苗期主要表现为心叶及其下方1～2片叶叶尖、叶缘发白，以后转为枯焦，叶片上端呈橙黄色，冻害较重的叶片呈水渍状，以后萎蔫并逐渐枯黄。拔节后各器官加速生长，植株含水量较高，抗寒力降低，分化的幼穗伸出地面后失去土壤的保护，遇到低温，易使幼穗受冻，受冻的常为主茎或大的分蘖。

受冻的幼穗呈水渍状，或萎缩变形，细胞解体而不透明。幼穗受冻的单茎常呈枯心苗状，未露尖的叶片均和幼穗一起冻死，已展开的叶则无明显冻害，或呈不同程度的冻斑。幼穗受冻死亡率与低温来临时幼穗所处的发育时期有关，愈处于发育的后期，幼穗受冻死亡率愈高。

（二）湿害

长江中游大麦区，大麦生长发育期间雨水过多，分布不均；稻麦复种轮作地区，麦田平坦低洼，排水不良，地下水位高，常常发生不同程度的湿害。发生湿害时毛管饱和区上升，浸及根系密集层，使根系长期处于缺氧环境而活力衰退，影响水分和养分的正常吸收。土壤水分过高时还会产生大量还原性物质，毒害根系，造成烂根死亡。大麦苗期发生湿害时，次生根减少，初生根伸展受抑制，麦苗分蘖力弱，苗瘦叶黄，造成僵苗。拔节抽穗期发生湿害时，根量少、下扎浅、活力衰退，地上部黄叶增多、茎秆细弱、无效分蘖增加，穗小、粒少。灌浆成熟期发生湿害时，会造成根系早衰，灌浆期缩短，千粒重降低。

空壳是抽穗后小穗未受精结实而形成的。未受精的小穗由于子房横向膨大，使颖壳张开，数天后子房干瘪，内颖和外颖重新闭合。抽穗后内颖和外颖张开的小穗如进行人工授粉多数都能结实，这说明未受精的小穗子房发育是正常的，空壳是授精不良造成的。空壳在二棱大麦中较为普遍，正常年份占总小穗的5%～10%，气候不良时达到10%～20%，个别田块甚至高达50%以上，空壳率高的麦穗千粒重虽有所增加，但不足以弥补粒数减少对产量的损失。

不同品种对不良气候的敏感程度不同，一般多棱大麦空壳率较低，二棱大麦中春性强耐寒性差的品种遇到低温侵袭会增加空壳率。抽穗前后如遇到短暂低温影响不大，但出现连续低温时，则造成花药受害，授粉不良，空壳率增加。抽穗散粉期如遇上连续阴雨的天气，常使花粉发育不良，正常花粉粒减少，空壳率增加。

第三节　栽培技术

一、耕作制度

大麦对多数土壤传染的病害有较强的抵抗力，是大多数农作物的良好前作。我国大麦栽培历史悠久，加之地域广阔，生产条件差异很大，大麦的栽培方式多种多样（以下，→代表轮作，—代表复种，＋代表间作，∽代表套种，×代表混作）。

（一）冬大麦区

1. 黄淮冬大麦区　黄淮冬大麦区的大部分地区适宜一年二熟或二年三熟。大麦夏收后复种的下茬作物大多为棉花、水稻、夏玉米、夏甘薯、大豆、芝麻等作物。例如冬大麦∽夏作物（玉米、谷子、甘薯等）→冬大麦∽夏作物；春杂粮→冬大麦∽夏作物；春烟→冬大麦—大豆或玉米→小麦—大豆或绿豆→大麦—夏烟（皖）；春烟→冬大麦—玉米或大豆→冬大麦—甘薯（豫）；冬大麦—夏烟→冬小麦—夏烟（鲁）；春烟→冬小麦—甘薯→冬大麦—谷子（或休闲）→春烟。

2. 长江中下游冬大麦区　长江中下游冬大麦区是我国大麦主产区之一。例如大麦（或小麦）—水稻→油菜—水稻；大麦—早稻—晚稻→油菜—早稻—晚稻（浙江、湖南、江苏南部、上海等）；大麦∽早大豆—晚稻→油菜—双季稻；大麦∽玉米—晚稻；大麦∽棉花→蚕豆（大麦）∽玉米＋红小豆＋大豆；大麦＋蚕豆∽棉花→大麦∽早玉米∽甘薯；春玉米＋花生→大麦∽花生。

3. 四川盆地冬大麦区　四川盆地冬大麦区水田以大麦—中稻一年二熟制模式为主。旱地栽培模式有大麦—棉花；大麦—玉米—甘薯；大麦—花生＋玉米；大麦—甘薯（或高粱）等。

4. 云贵高原冬大麦区　贵州冬大麦主要栽培方式是在一年二熟地区采用水稻—大麦（油菜或绿肥）；玉米—大麦（油菜或绿肥）。在一年三熟地区采用旱地玉米—大麦—甘薯；水稻—水稻—大麦。云南冬大麦主要栽培方式是水稻→大麦；烤烟∽大豆→大麦；果园地间套大麦等。

（二）春大麦区

1. 黑龙江春大麦区　黑龙江春大麦多为旱地栽培方式，以大麦→玉米→大豆为主，其次是大麦→甜菜→大麦→大豆。

2. 内蒙古春大麦区　呼伦贝尔市（包括兴安盟）是我国新兴的啤酒大麦产地，其大麦主要栽培方式：油菜→大麦→马铃薯；马铃薯（或亚麻）→大麦→大麦；休闲（或油菜）→大麦→大麦。内蒙古高原西部冬麦区多采用休闲→大麦→荞麦→胡麻（油用亚麻）。

3. 宁夏春大麦区　近年来宁夏春大麦主要为啤酒大麦，主要模式是：大麦→水稻→大麦→水稻；大麦→根类蔬菜→大麦；大麦→甜菜→大麦→糜子或豆类。

4. 甘肃春大麦区　甘肃春大麦区我国重要的啤酒大麦产区。在定西市以西地区的前茬作物是甜菜（或油菜、豆类、玉米）；甘南一年一熟制裸大麦区采用青稞→豌豆（或油菜、马铃薯、豆类）。

5. 新疆春大麦区　新疆春大麦区主要采用的栽培方式是：大麦→棉花→大麦；大麦→玉米→油菜；休闲→大麦→豌豆。

二、选地和整地

大麦对土壤的适应性虽较强，但要达到优质高产，必须创造一个水分、肥料、空气、热量相互协调的土壤环境，以满足生长发育的需要。大麦所接茬口一般都是秋收作物，收后秋整地。目前，秋整地主要有3种措施：旋耕深松、平翻、耙茬。旋耕深松的地块土质疏松，蓄水保墒能力强，幼苗出土后，根系入土深，抗旱能力强，有利于大麦增产。平翻整地即在上一年土壤封冻前进行翻地，然后将土块耙碎、耢平。耙茬是比较省工省力、低成本的耕作措施，但耙茬整地的地块土壤保水能力差，不抗涝，而且土壤疏松层浅，不利于根部生长，抗旱性差。

三、种子处理

大麦播种前，种子处理包括晒种、精选、拌种、浸种等主要准备工作，为壮苗奠定基础。

（一）晒种和精选

晒种可改善种皮透性，播种后吸水膨胀快，促进酶的活动，激发种子活力，提高发芽率和出苗率。一般在播种前摊晒 2～3 d。晒干的种子需进行风选和筛选，最好选用精选机进行。

（二）拌种和浸种

拌种是在大麦播种前将种子拌上药剂，是防治病虫害的一种方法。根据采用药剂的不同，通常有以下几种方式：

1. 生物拌种剂 采用生物防治杀菌剂（简称生防菌）。当生防菌通过拌种附着在大麦种子表面时，可杀死寄生于种子表面的真菌；生防菌也可随水分进入大麦幼芽内，杀死寄生于幼芽内的真菌。随水分进入大麦植株体内后，可长时间生存，只要植株表面受到真菌侵害时，便随时杀死寄生的有害真菌，所以生防菌防治病害具有长效性，特别是对抽穗期以后叶片及穗部发生的真菌病害有较好的防治效果，例如大麦条纹病、网斑病、根腐病、黑穗病等。生防菌除含有真菌寄生菌外，还含有促生菌、固氮菌、解磷菌、解钾菌，起到促进根系生长和养分吸收的作用。

2. 立克秀拌种剂 2％立克秀可湿性粉剂是防治大麦病害较好的化学药剂。它对大麦条纹病、网斑病、根腐病和黑穗病的苗期病害防治效果达 90％以上，但对拔节期以后发生的病害则没有防治效果。

3. 烯唑醇或三唑醇药剂 在西北大麦区，为防止大麦条纹病，可使用烯唑醇或 15％三唑醇，以种子质量 0.1％～0.3％的比例拌种。

4. 浸种 浸种催芽是将种子放入水中浸泡 24 h 后捞出，在保湿情况下，保温 16～20 ℃，待种子露白后播种。浸种催芽播种比干籽播种提早 3～8 d 出苗，提早 2～3 d 分蘖，有一定的增产作用。但在盐碱地或干旱地区一般不宜采用。也可用微量元素如硼、锌、锰等浸种或拌种，均有一定的增产效果。

四、播种技术

（一）播种期

播种期是决定大麦产量和品质的主导因素。一般春大麦在 4 ℃条件下播种，其他条件满足情况下，种子萌发需 5～7 d，从播种到出苗需 100 ℃左右的有效积温；冬大麦在 18～20 ℃条件下播种，72 h 内 95％的种子即可萌发；在 10 ℃条件下晚播发芽不齐。冬大麦越冬期间的抗寒性不如冬小麦，积温略高的地区可以适当早播，而积温低的地区适当晚播。如错过高产播种期，播种越晚，越易受高温影响，幼苗徒长，根系入土浅，不抗旱，易倒伏，分蘖成穗低，穗粒数少，经济产量低。在黑龙江东部大麦产区，适宜播种期为 4 月 25 日至 5 月 5 日，在生产中应结合品种的生育期和其他特性来选择适宜的播种期。在适宜播种期范围内，应尽量创造条件进行早播，早播的优点在于：根系入土深，抗旱、吸肥吸水能力强；分蘖成穗率高；幼穗分化早，能形成大穗，增产幅度大；成熟期提前，有利于雨季来临前收获，籽粒色泽好、品质优。

（二）播种量

大麦具有分蘖多、茎秆弱的特点，播种量不宜过大，否则会造成倒伏、粒小、减产；而播种量过小会使无效分蘖过多，主穗和分蘖穗的差异造成熟期不一致，从而影响收获质量。另外，密度过大会造成千粒重小、容重低、蛋白质含量高、整粒率低，从而影响籽粒品质。一般来说，适宜的田间保苗密度，多棱大麦为 3.8×10^{6}～4.0×10^{6} 株/hm²，二棱大麦为 4.0×10^{6}～4.5×10^{6} 株/hm²。在相同播种量情况下，田间分布（尤其是行距）也会影响大麦的产量，采用较低密度和窄行距播种的方式，相应地增加植株个体在空间的分布面积，减少植株个体间的竞争，有利于高产。

（三）播种技术

大麦正常播种深度应在 4～5 cm，覆土过深造成出苗慢，苗生长弱；覆土过浅时，如遇春季风大、干旱，易出现芽干、出苗率低的现象。所以大麦播种深度要适当，并且播种后及时镇压保墒，确保出苗达到"匀、壮、齐、全"的要求。

五、营养和施肥

（一）营养特性

大麦是一种快速吸收营养、生长发育较快的作物。在生长前期（即出苗到拔节）对营养需求十分迫切。在抽穗前要吸收一生中 3/4 的氮素、近 1/2 的磷素和 3/5 的钾素。拔节后营养吸收逐渐减少。在始花期以前，大麦已从土壤中吸收 80%～85% 的养分。

（二）需肥规律

大麦合理施肥的总原则是既要充分满足全生育期所需要的营养元素，又要重点保证大麦分蘖期和拔节孕穗期两个吸肥高峰的需要。

有的学者依据黑龙江不同土壤类型所做的肥料试验结果，归纳出不同土壤类型需要的施肥量（kg/hm²），黑土：N 60 kg、P_2O_5 60～120 kg、K_2O 60～120 kg；暗棕壤：N 60～90 kg、P_2O_5 90 kg、K_2O 90 kg；草甸土：N 60～90 kg、P_2O_5 90～120 kg、K_2O 60～90 kg；白浆土：N 60～90 kg、P_2O_5 72～120 kg、K_2O 60～95 kg。另有研究表明，适当增施磷肥可以提高大麦的千粒重和产量，降低啤酒大麦籽粒中的蛋白质含量，改善啤酒大麦品质。

（三）施肥技术

施肥方法上，应在大麦生长发育前期重点促壮苗，争多穗；中期平稳生长，防倒伏；后期适当追肥，防早衰，争千粒重，即以"前促、中稳、后补"为原则。

施肥时期的确定用叶龄作指标较为合适。决定大麦穗数的有效叶龄期为 6/0 叶期（总叶数为 13 叶以上的品种）和 5/0 叶期（总叶数为 11～12 叶的品种）。决定大麦粒数的有效叶龄期，多棱品种为 8/0～9/0 叶期，二棱品种为 7/0～8/0 叶期。因此增施穗肥必须在决定大麦穗数的有效叶龄期，即 5/0～6/0 叶期前施（分蘖）；增施粒肥必须在决定粒数的有效叶龄期，多棱品种为 8/0～9/0 叶期，二棱品种为 7/0～8/0 叶期（孕穗）。

根据大麦不同生长阶段的需肥特点和肥料种类，使用不同的施肥方法。注意有机肥与无机肥结合，用地与养地相结合。综合各地的大麦高产实践，施用的氮肥中有机肥与氮素化肥（按纯氮总量计）的比例一般为 4∶6 或 3∶7。我国北方春大麦区土壤养分的特点是氮和磷含量低，钾含量高，生产啤酒大麦时特别要注意增施氮肥和磷肥，并注意氮、磷比例。追肥与灌溉相结合，追肥次数不宜过多，春大麦在 2～3 叶期结合灌溉追施氮肥，促进分蘖发生。

六、田间管理

（一）压青苗

经过秋季平翻和深松的地块在春季播种大麦后，应在大麦 3 叶期进行压青苗，以利于保墒和促进分蘖，并增加茎秆强度防止倒伏。在 3 叶期结合压青苗喷施 2,4-滴异辛酯进行化学除草。

（二）灌溉

在有条件的情况下，大麦生长发育期间，应在 3 叶期和扬花期各灌溉 1 次，3 叶期灌溉有利于提高分蘖成穗率；扬花期灌溉有利于结实、灌浆，提高千粒重而增产，并能降低蛋白质含量，提高籽粒品质。

（三）防倒伏

大麦茎秆强度弱，播种过密或施肥过大时容易倒伏。应通过播种量、施肥等进行调控，也可以喷洒防倒伏药剂，例如多效唑、麦壮灵等，防倒效果较好，抽穗前 1～3 d 喷洒麦壮灵 300～380 mL/hm²，可使大麦株高降低 10～20 cm，千粒重提高 1～3 g，增产 10％～15％，尤其对多棱大麦效果更好。

七、收获和储藏

大麦收获质量的好坏不但影响产量，而且对籽粒品质影响更大。

（一）收获时期

实践证明，在籽粒蜡熟末期进行割晒效果较好。此时期麦粒的干物质积累达到最大值，茎秆尚有韧性，机械收获时麦穗不易断落。籽粒进入蜡熟期以后，含水量下降，颜色由黄绿色变为黄色，胚乳由面筋状变为蜡质状，籽粒可以用手指掐断，挤出蜡状的胚乳。这时茎秆、麦穗和上部叶片均呈黄色，下部叶片枯黄发脆，籽粒腹沟略青，蜡状胚乳已较硬，此时为割晒的适宜期。

蜡熟期以后为完熟期，一般在蜡熟末期后 3～5 d。在完熟期，千粒重比蜡熟末期降低 0.5 g 左右，但籽粒的含水量降到 20％以下，脱粒时籽粒不易破碎，发芽率高，有时还表现出蛋白质含量降低。综合考虑，最佳收获方法应在完熟初期进行机械直接收获。

（二）机械收获

大麦籽粒带有颖壳，脱粒时颖壳易损伤，称为破皮。破皮的大麦籽粒对酿造不利，所以当啤酒大麦收获时应根据籽粒含水量调整收获机械或脱粒机械的滚筒转速。当籽粒含水量在 30％左右时，滚筒转速应控制在 520 r/min 左右；籽粒含水量在 25％左右时，转速应控制在 600 r/min 左右；含水量低于 20％时，转速可控制在 600～700 r/min。

（三）晾晒

无论是割晒，还是直接收获，当籽粒运到晒场时应首先进行风选，除去混入籽粒中的秸秆和其他杂物。因为这些杂物的含水量高于籽粒，不及时除去会吸水变潮，从而导致籽粒颜色变深。另外，风选还有利于降低籽粒温度。风选后摊晒或机械烘干，不能长时间堆积，更不能过夜堆积，因为大麦籽粒散热快，含水量越高，散热越快，如堆积超过 2 h，则籽粒堆中底部的籽粒会发热，造成籽粒颜色加深并降低发芽率。

（四）储存

当大麦籽粒含水量降至 13％以下时，可进行清选、加工、装袋、入库。待大麦晒干后，有条件的情况下应先除芒，然后用 2.5 mm 长筛孔筛片清选干净后装袋入库。入库应在早晨或晚间低温时进行，不应在中午温度较高时进行。否则，温度高会引起种子受损，降低发芽率。

第四节 病虫草害及其防治

一、主要病害及其防治

(一)黄矮病

染黄矮病后的大麦植株叶片尖部开始变黄,向叶的下部扩散,植株生长缓慢,最后叶片整个变黄,花不孕,有效分蘖减少,结实率和千粒重降低,严重影响产量。该病主要是由大麦黄矮病毒(BYDV)引起的一种病毒病害,是以蚜虫为介体循环传播的。大麦黄矮病毒能侵染大多数禾本科植物,例如小麦、大麦、黑麦、玉米、水稻,危害程度高,被称为禾谷类作物的黄瘟。此病的发生和蚜虫的消长规律是一致的,而病害的发生、流行和蚜虫的消长又受气候条件的影响,其中,温度是黄矮病发生早晚、轻重的决定因素。

防治方法:选育抗病品种;减少病毒传播者,深埋消灭禾本科杂草和作物残茬;及时防治蚜虫,用敌杀死喷雾防治。

(二)条纹病

大麦条纹病也称为条斑病,只危害大麦,是大麦的重要病害之一。其症状表现最为明显的部位是叶片和叶鞘。发病初期大麦苗的幼叶上有淡黄色小条纹;以后随叶片长大,小条纹状病斑逐渐扩展;到分蘖以后,小条状病斑沿叶脉扩大成与叶脉平行的大条斑,颜色也逐渐由黄色变成褐色;到拔节抽穗时,条纹上形成大量灰黑色绒状霉,病叶会沿叶脉纵向裂开、干枯;病株不能抽穗而枯死,或造成畸形穗,籽粒干瘪,产量下降。该病由种子传播,病原是半知菌类,病菌可在种子中存活2年,全株均可受害。

防治方法:用1%石灰水浸种2~3 d,捞出晾晒后播种;或在发病初期用多菌灵可湿性粉剂进行喷洒。

(三)赤霉病

大麦自苗期至穗期均可受赤霉病危害,产生苗枯、基腐、秆腐、穗腐等症状,以穗腐发生最为普遍,危害也最大。穗腐发生在大麦开花前后,籽粒乳熟期发病最重,发病初期在个别小穗基部或颖壳上出现水渍状淡褐色小病斑,然后病斑逐渐扩展至小穗变枯黄色,并蔓延至周围小穗。发病初期如遇阴雨或田间湿度过大时,在颖壳合缝处和小穗基部甚至穗轴上均产生粉红色霉层(病原菌的分生孢子和分生孢子座)。麦穗成熟时,在粉红色霉层处着生蓝紫色或紫黑色颗粒(病菌的子囊壳)。发病小穗的籽粒皱缩、空秕,表面出现白色或粉红色霉层。在一个麦穗上,多是少数小穗先发病,然后迅速扩展到穗轴,使病部呈褐色坏死,影响养分和水分运输,致使上部无病小穗枯死。

防治方法:选育、应用抗病品种;在大麦抽穗扬花期预测预报基础上,选用多菌灵、甲基托布津等进行药剂防治。

(四)白粉病

大麦白粉病主要危害叶片,严重时也可危害叶鞘、茎秆和穗颖。发病初期先在叶面上产生褪绿的黄色小点,然后黄色小点逐渐扩大成圆形或椭圆形,同时上面产生白色粉状霉层(分生孢子堆)。一般叶片正面病斑多于背面,下部叶片病斑多于上部叶片。后期霉层增厚,逐渐变为灰白色或灰褐色,最后霉层中产生黑色小点(病菌闭囊壳)。发病严重时,叶面上病斑连片，叶片逐渐枯死。发病植株易倒伏，麦粒瘪小，从而使产量降低。大麦白粉病是由麦类白粉菌引起的，是一种常见病害，在潮湿、高肥水地区易发生。

防治方法：选育、应用抗病品种；合理密植；降低田间湿度。在发病初期采用多菌灵、粉锈宁、甲基托布津等进行药剂防治。

二、主要虫害及其防治

（一）麦蚜

大麦麦蚜的防治以麦二叉蚜和麦长管蚜为重点，特别要重视黄矮病发生地区的治蚜防病工作。麦二叉蚜比麦长管蚜的耐寒力强，发育的最低温度为 $0\sim1.5$ ℃，$5\sim10$ ℃能大量繁殖，冬季中午天暖时，仍能爬上大麦苗取食。

药剂防治：辛硫磷乳油药剂拌种。秋季齐苗后 15 d 左右，蚜虫迁入基本结束，当蚜株率达到 5%、百株蚜量达到 10 头左右时喷药防治；春季冬大麦返青后拔节前，蚜株率达到 2%、百株蚜量达到 5 头以上时喷药防治；抽穗灌浆阶段百株蚜量在 500 头左右时，可用乐果乳油或敌敌畏喷洒。

（二）麦秆蝇

麦秆蝇（又称为麦钻心虫、麦蛆）分布在我国中部、西北和华北地区，以幼虫危害大麦苗的心叶和嫩茎，使大麦在分蘖拔节期形成枯心，抽穗期形成白穗。

药剂防治：在成虫羽化盛期喷施敌百虫粉剂或乐果乳油 $2\sim3$ 次。

（三）黏虫

黏虫（又称为夜盗虫、五色虫）是一种暴食性害虫，危害严重时能将大麦叶、嫩茎吃光，将穗部咬断，致使大麦严重减产。黏虫属迁飞性害虫，防治应根据其迁飞危害规律和各地区互为虫源基地的关系，采用控制危害与大力消灭虫源相结合的防治策略。

药剂防治：用敌百虫粉剂在幼虫低龄期撒施。对高龄幼虫可用晶体敌百虫或灭幼脲中量、低量喷雾。

（四）草地螟

草地螟属杂食性、暴发性害虫，若干年为 1 个周期，每个周期少者发生 1 年，多者发生 $3\sim4$ 年。草地螟在东北和华北地区 1 年发生 $2\sim3$ 代，以幼虫和蛹越冬。幼虫共有 5 龄，1 龄幼虫在叶背面啃食叶肉，$2\sim3$ 龄幼虫群集于叶心；$4\sim5$ 龄幼虫为暴食期，可昼夜取食，吃光原地食料后，群体转移。老熟幼虫钻入土中做茧，以成蛹越冬。

药剂防治：当田间草地螟有 5%～10% 达到 3 龄、40%～50% 进入 2 龄、其余处于 1 龄时，采用敌敌畏乳油或敌百虫晶体、溴氰菊酯乳油、速灭杀丁进行药剂防治，既可杀死现有的草地螟，又可杀死未来 7 d 以内将孵化的草地螟。

三、田间主要杂草及其防除

大麦田易发生杂草危害和品种混杂，因此应将防除杂草和防止品种混杂贯穿于大麦生产的全过程中。野燕麦可用燕麦畏于播种前进行土壤处理，草害严重时可选用 64% 野燕枯，在野燕麦 $3\sim5$ 叶时喷洒。阔叶杂草多的地块可施用 2,4-滴异辛酯或百草敌防除。双子叶杂草与单子叶杂草同时严重发生的地块，可将野燕枯药剂和 2,4-滴异辛酯或百草敌药剂混合施用，一次喷雾防除。对野燕麦较多的田块，可采取轮作等综合农艺措施，以减轻杂草的危害。

复 习 思 考 题

1. 简述我国大麦栽培区划。
2. 什么是大麦的阶段发育？阶段发育理论在大麦生产实践中有哪些应用？
3. 大麦种子萌发和出苗的条件有哪些？
4. 大麦生长期内对土壤环境有哪些要求？
5. 在大麦播种前如何进行种子处理？
6. 大麦的田间管理和储藏应注意哪些问题？

第十四章 燕 麦

第一节 概 述

一、起源和分类

（一）起源

燕麦是世界栽培范围最广泛的作物之一，在全世界各大洲的 42 个国家栽培，在世界粮食作物总产量中居第 5 位。燕麦主产区是北半球的温带地区，包括欧洲、中美洲、北美洲和亚洲东部，还有南半球的大洋洲。欧洲燕麦栽培最多的国家有俄罗斯、波兰、乌克兰、芬兰等，中美洲和北美洲燕麦栽培最多的国家为美国和加拿大，大洋洲的澳大利亚栽培燕麦，亚洲燕麦主要分布在中国。

世界各国栽培的燕麦以带稃型为主，常被称为皮燕麦，其中最主要的是栽培燕麦（*Avena sativa*），其次是东方燕麦（*Avena orientalis*）、地中海燕麦（*Avena byzantina*），绝大多数用作饲料。我国栽培的燕麦以裸粒型为主，常被称为大粒裸燕麦（*Avena nuda*），其籽实全部作为食用。

关于燕麦的起源，至今虽无出土文物的考证，多数学者一致认为裸燕麦起源于中国。燕麦在我国的栽培历史悠久，据《史记》记载，《司马相如列传》在追述战国轶事中提到的"薪"，按孟康（三国广宗人，魏明帝时任弘农守）的注释："薪，禾也，似燕麦"。因为"薪"属于禾的范畴，因此与稻、秫、菰、粱一样，同属于大宗栽培作物。由此可见，我国裸燕麦的栽培历史至少已有 2 100 年之久。据罗马史学家普林尼（23—79）记载，欧洲栽培燕麦的可靠历史是公元前 1 世纪。因此我国燕麦的栽培史略早于世界其他国家。

由于地域文化的差异，裸燕麦我国的不同地区有不同的称谓，在华北地区称为莜麦，在西北地区称为玉麦，在西南地区称为燕麦或莜麦，在东北地区称为铃铛麦。燕麦在不同历史年代的称谓迥异，根据《中国农业遗产选集》记载，历史上中国燕麦的异名更多，《尔雅·释草》（公元前 476—公元前 221 年）中的"蘥"即燕麦，《穆天子传》称为"埜草"，《黄帝内经》（春秋战国）称为"迦师"或"阿师"，《史记》（公元前 104—公元前 96）称为"薪"，《广志》称为"枏草"，《唐本草》称为"草稻麦"，《庶物异名》称为"错麦"，《植物名实图考》及晚清以后的地方志称为"油麦"。"莜麦"一词始见于 1830 年的《瑟榭丛谈》。

（二）分类

燕麦属于被子植物门单子叶植物纲禾本目禾本科燕麦族燕麦属。燕麦属现有 25 种，分为 2 个类型、3 个种群。2 个类型是皮燕麦类和裸燕麦类，皮燕麦有 23 种，裸燕麦有 2 种。3 个种群是二倍体种群、四倍体种群和六倍体种群，其中二倍体种群有 11 种，四倍体种群有 7 种，六倍体种群有 7 种。25 个燕麦种在种群内的分布情况如表 14-1 所示。

表 14 - 1　按染色体基数进行分类的燕麦种类

(引自任长忠，2013)

二倍体 (n=7)	四倍体 (n=14)	六倍体 (n=21)
短燕麦 (Avena brevis)	细燕麦 (Avena barbata)	野红燕麦 (Avena sterilis)
沙漠燕麦 (Avena wiestii)	阿比西尼亚燕麦 (Avena abyssinica)	普通栽培燕麦 (Avena sativa)
砂燕麦 (Avena strigosa)	威士野燕麦 (Avena wiestii)	地中海燕麦 (Avena byzantina)
小粒裸燕麦 (Avena nudibrevis)	瓦维洛夫燕麦 (Avena vaviloviana)	普通野燕麦 (Avena fatua)
不完全燕麦 (Avena cluda)	大燕麦 (Avena magna)	大粒裸燕麦 (Avena nuda)
长毛燕麦 (Avena pilosa)	墨菲燕麦 (Avena murphy)	东方燕麦 (Avena orientalis)
长颖燕麦 (Avena longiglumis)	大西洋燕麦 (Avena atlantica)	南野燕麦 (Avena ludoyiciana)
偏肥燕麦 (Avena ventricosa)		
加拿大燕麦 (Avena canariensis)		
大马士革燕麦 (Avena damascena)		
匍匐燕麦 (Avena prostrata)		

在生产上大面积栽培的只有 2~3 种，主要是皮燕麦类的普通栽培燕麦 (Avena sativa) 和裸燕麦类的大粒裸燕麦 (Avena nuda)，另外还有东方燕麦 (Avena orientalis)、地中海燕麦 (Avena byzantina) 等。普通栽培燕麦 (Avena sativa) 通常称为皮燕麦，属六倍体 (n=21)，是世界上栽培面积最大、分布范围最广的燕麦种，占世界燕麦栽培面积的 80% 以上；大粒裸燕麦通常称为裸燕麦，也属于六倍体群体 (n=21)，是我国燕麦的主栽种和传统作物。

二、栽培区划

燕麦主要分布在我国的华北、西北和西南地区，产地之间因自然环境、地理位置因素相差悬殊，又因栽培制度、品种类型以及生产中存在的问题，形成了明显的生态区域。我国燕麦的栽培区域划分为 2 个主区、4 个亚区，作为制订燕麦栽培措施的依据。

(一) 北方春性燕麦区

1. 华北早熟燕麦亚区　本亚区包括内蒙古土默川平原、山西的大同盆地和忻定盆地。本区地势平坦，海拔高度在 1 000 m 左右；土壤类型为石灰性冲积土、栗钙土，肥力较高，年降水量为 300~400 mm，7—8 月降水量占全年降水量的 50% 以上，年际、月际变幅大；年平均温度为 4~6 ℃，7 月平均温度为 23 ℃左右，6—7 月最高气温可以达到 35 ℃。燕麦生长发育前期低温干旱，后期常遇到高温逼熟，对于籽粒灌浆、成熟有一定影响。因此这个地区的燕麦播种期一般在 4 月上中旬，收获期在 7 月中下旬，以便利用早春的返浆水达到出苗整齐的目的，利用夏季适温避免青枯早衰。

本亚区内的燕麦品种春性表现较强，分蘖力、抗寒、抗旱性均较强，植株较矮，小穗与小花数量少，千粒重为 16~20 g，全生育期为 90 d 左右。

2. 北方中晚熟燕麦亚区　本亚区包括新疆中西部、甘肃的贺兰山和六盘山南麓的定西和临夏、青海省的湟水和黄河流域的山区、陕西秦岭北麓的榆林和延安、宁夏的固原（六盘山北麓）、内蒙古的阴山南北、山西的晋西北高原及太行山和吕梁山地区、河北的坝上、北京市的燕山地区、黑龙江的大兴安岭和小兴安岭南麓。

本亚区的地形极为复杂,海拔为 500～1 700 m,土壤类型为森林黑钙土、草甸栗钙土至淡栗钙土,肥力差异极大。由于受大气环流的影响,夏秋雨季来自太平洋的季风到达本区已经成为强弩之末,冬春雨季又受到蒙古高原气压的影响,因此本区干旱、多风、春旱频繁,年降水量为 300～450 mm,年际、月际变幅更大,常年 6—8 月的降水量占全年降水量的 70% 左右,此时气候湿润,与燕麦需水盛期相吻合。本区年平均温度为 2.5～6.0 ℃,太阳辐射能为 334～397 kJ/cm^2,全年日照时数为 2 500～3 000 h,≥10 ℃ 的有效积温为 1 500～2 400 ℃,能满足燕麦对光、热、水的要求。本亚区的燕麦品种又可以分为以下 3 种类型。

(1)丘陵山区旱地中晚熟种 这是最主要的燕麦品种类型,其特点是:苗期发育缓慢,分蘖力极强,在 6 月底或 7 月初之前长期匍匐,拔节期不明显;7 月上中旬进入雨季或雨水较多的时期,迅速拔节,有候雨习性。这种类型燕麦品种的植株高大、茎秆软弱、叶狭长而下垂、籽粒较大,千粒重为 22～25 g。生产实践中一般在 5 月中下旬(立夏至小满,或小满之后)栽培,8 月下旬或 9 月上旬(处暑至白露,或白露之后)收割,全生育期为 95～110 d。

(2)丘陵山区旱地早熟种 这个类型是常用的备荒品种,一般性状与丘陵山区旱地中晚熟种类型相似,差异就在于植株低矮、匍匐期长、灌浆期极其迅速,千粒重在 20 g 以下,生育期为 80～85 d。

(3)滩川旱地中熟种 由于栽培在地下水位较高、土壤肥力高的地带,其中部分地区还可以引洪灌溉。因此这个类型的品种苗期半直立或直立,叶片较短而宽,叶色为黄绿色或深绿色,植株较高大,茎秆较坚硬,圆锥花序较大,结实性良好,耐水肥,抗倒伏能力稍强。这个类型通常在 5 月上中旬(立夏之后)播种,8 月中旬前(处暑)收获,全生育期为 90～95 d。

(二)南方弱冬性燕麦区

1. 西南高山晚熟燕麦亚区 本亚区主要分布在云南、贵州、四川的大凉山和小凉山、四川北部的甘孜和阿坝、云南高黎贡山等区域、海拔为 2 000～3 000 m 的高山地带。本亚区燕麦在生长发育期间经由 3 个不同温度阶段:从播种期之后,逐渐由高温走向低温;在幼苗阶段长期处于低温、短日照条件之下,最低温度一般可以达到 −10 ℃;直到翌年初,温度急剧回升,昼夜温差不大,光照强。总体来看,这个地区属于冷凉地区,年平均温度为 5 ℃,年降水量为 1 000 mm 左右,整个生长发育过程中光照严重不足。第 1 年 10 月中下旬栽培,翌年 6 月中下旬或 7 月初成熟,全生育期为 220～240 d。因此本亚区品种的生态类型的特征是抗寒性强,抗旱性也较强,抗倒伏能力差,抗落粒性较差;其生长特征是:叶细长、淡绿色,幼苗长期匍匐,分蘖力极强,植株高大而茎秆软弱,穗轴上轮层多、铃铛多,小穗、小花发育较好,但因后期遇高温逼熟或光呼吸消耗大而千粒重较低,一般为 15 g 左右,少数品种为 12～14 g,个别品种小于 10 g。

2. 西南平坝晚熟燕麦亚区 本亚区包括云南、贵州、四川的大凉山和小凉山的平坝地区,气候条件与西南高山晚熟燕麦亚区相近,由于土壤肥沃,耕作管理较细致,水利条件较好,气候较湿润,是西南燕麦的高产区。

本亚区的燕麦品种特点是:植株高大,茎秆较坚硬,苗期发育较缓慢,但匍匐时期较短,叶较宽大,叶色深绿,旗叶稍直立,圆锥花序较大,小穗小花结实较好,灌浆期略长,千粒重为 17 g 左右。传统的栽培是第 1 年 10 月中下旬播种,翌年 5 月下旬或 6 月上旬成熟,全生育期为 200～220 d。

三、经济价值

（一）营养价值

燕麦是营养价值极高的禾谷类作物之一，从营养成分上分析，蛋白质含量，裸燕麦为15.5%，皮燕麦为13.7%；脂肪含量较高，裸燕麦为6.4%，皮燕麦为6.2%；亚油酸含量占不饱和脂肪的比例较大，裸燕麦为42.4%，皮燕麦为40.2%。另外，燕麦籽粒中还含有维生素 B_1、维生素 B_2、尼克酸等有益成分。燕麦的营养价值指标受生态环境和品种类型的影响而存在差异。同一地区不同品种的指标间存在显著差异（表14-2）。

表 14-2 不同品种燕麦籽粒的营养指标

（引自赵桂琴，2016）

品种	粗蛋白含量（%）	粗脂肪含量（%）	酸性洗涤纤维含量（%）	粗灰分含量（%）	钙含量（%）	磷含量（%）	β-葡聚糖含量（%）
"白燕7号"	12.94	5.58	4.95	3.94	0.40	0.45	4.78
"陇燕1号"	13.36	4.65	3.98	3.26	0.33	0.43	3.39
"陇燕2号"	11.31	6.52	5.55	3.68	0.37	0.43	4.35
"陇燕3号"	13.19	7.02	3.54	3.92	0.28	0.48	3.61
"青引2号"	12.92	5.29	5.79	4.11	0.37	0.42	3.64
"黄燕麦"	12.81	5.84	5.52	4.22	0.35	0.38	3.32
"甜燕麦"	14.39	4.16	4.39	4.53	0.40	0.44	4.14
"丹麦444"	12.74	5.71	4.85	4.13	0.38	0.49	3.80

燕麦适宜在冷凉地区栽培，干旱炎热对燕麦灌浆过程和籽粒品质影响较大。有学者针对8个主栽品种在甘肃不同生态区域栽培的燕麦籽粒品质指标分析结果表明，不同地区之间的差异非常明显，总体而言，阴凉地区的燕麦籽粒营养品质较优。

（二）保健作用

有些不饱和脂肪酸（例如亚油酸）在人体内不能自我合成，必须从食物中摄取，称为必需脂肪酸。植物脂肪中的亚油酸、亚麻酸都有降低血脂、疏通脉络的功效。燕麦籽粒中亚油酸含量占脂肪酸含量的38.1%～52.0%，即占籽粒质量的2.0%～3.0%。燕麦富含多种维生素和其他谷类所没有的皂苷，皂苷是人参中的功效成分，具有软化血管、抗衰老的功效。谷类作物中只有燕麦含有皂苷，微量的皂苷可与纤维素结合，吸收胆汁酸，促进肝脏胆固醇转变为胆汁而排出体外，从而降低血液中的胆固醇含量。燕麦籽粒中膳食纤维含量较高，一般为3%～5%，膳食纤维被证实可降低血液中胆固醇和血糖的含量，具有防止动脉硬化的功效。

（三）经济价值

优质燕麦草营养丰富，富含蛋白质、维生素、矿物质等营养成分。根据2018年中国畜牧业协会发布的中国燕麦干草质量分级最新标准，我国燕麦干草产品主要分为A型和B型两个类型，其中A型燕麦干草的特点是含有8%以上的粗蛋白质，B型燕麦草的特点是含有15%以上的水溶性糖类。

近年来，我国进口的燕麦草全部来自澳大利亚。从近几年进口燕麦草平均到岸价格走势来看，由于受澳大利亚干旱的影响，燕麦草供给短缺而导致价格上涨，自2019年3月起，进口燕麦草平均到岸价已超过首蓿价格，出于成本考虑，2018年和2019年我国牧场进口燕麦用量有所减少。

近年来，我国牧草需求量、进口量居高不下，2019 年我国燕麦草进口数量达 2.4×10^5 t，同比下降 17.9%，燕麦草进口金额为 8.6×10^7 美元，同比增长了 8.3%。2020 年 1—2 月我国燕麦草进口数量达 5.23×10^5 t，比 2019 年同期增长了 40.5%，燕麦草进口金额同比增长了 48.1%。

在我国北方草原牧区和农牧交错区大力发展燕麦饲草产业，一方面可以满足畜牧业发展的需求，促进当地畜牧业的发展；另一方面，减轻草原放牧压力，使退化草原得以恢复，发挥其生态服务功能。随着抗旱、抗盐碱、抗寒等燕麦专用品种的培育，燕麦草在退化草地恢复、沙化和盐碱化土地治理中的应用前景将更加广阔。

（四）其他用途

燕麦还可以用于酿造啤酒和威士忌，著名的苏格兰威士忌酒就有用燕麦酿造的。燕麦秸秆是优质的造纸原料，其纸张的拉力和光泽度与新闻纸媲美。燕麦稃壳中含有多缩戊糖，是制造糠醛的原料，用于石油化工业。

第二节　生物学特性

燕麦属于禾本科燕麦属（*Avena*）一年生草本植物。按照外稃性状可以分为带稃型（皮燕麦，外稃革质，紧包籽粒）和裸燕麦型（裸燕麦，外稃膜质，籽粒与内外稃分离）。

一、植物学特征

燕麦（*Avena nuda* L.）的外部形态可分为根、茎、叶、穗、花和果实等 6 个部分。

（一）根

燕麦根系属于须根系。燕麦根分为初生根和次生根。燕麦种子萌发后，即出现 3～5 条初生根，初生根又称为种子根，初生根外面着生许多纤细的根毛，其寿命可维持 2 个月，它的作用是吸收土壤中的水分和养分，供应幼苗生长发育。燕麦的初生根有较强的抗旱能力，在 5～10 cm 的土层中，含水量降到 5% 时，初生根仍可正常生长。

燕麦种子萌发时，胚根首先露出，白色有光泽。胚根出现之后，有 1 对侧生根（初生根）生出，不久再生出另 1 对侧生根，这些根都属于种子根。

燕麦的次生根着生于分蘖节。幼苗进入分蘖期，在土壤温度适宜的条件下，分蘖节便会产生次生根，次生根比初生根粗壮。燕麦的根系一般密集分布于地表下 10～30 cm 的耕作层中，最深可达 2 m。

（二）茎

燕麦的茎中空而圆，茎秆的节数、节间的长度以及茎秆的粗细，依品种和外界条件的差异而发生变化。株高在 60～150 cm，单粒点播时株高可以达到 200 cm 以上。

茎分为地上茎和地下茎，一般燕麦品种地上茎为 4～6 节，个别品种有 3 节，节数多的品种有 8～9 节，甚至更多。节数的多少与品种生育期有关，生育短的品种节数少，生育期长的品种节数多。节数的多少还与光周期的长短有关，在长日照条件下节数少，而在短日照条件下节数多。每个茎的节数长短不同，基部茎节短，茎节长度由下而上依次增大，穗下节的长度最长。茎节的长短与品种特性有关，也与栽培条件、光照和通风状况有关，生育期长、植株高的品种茎节较长，生育期短、植株矮的品种茎节短；水肥充足、光照时间短，通风透光差的情况下，茎节较长，反之则短。茎秆的直径因品种和栽培条件而异，一般为 3～5 mm，茎壁的厚度为 0.2～0.4 mm，髓腔直径为 2～4 mm。茎秆是燕麦的营养输送和支撑器官。因此茎秆的质量与抗倒伏能力有关，一般是茎秆壁厚、纤维化程度高、有韧性的品种不易折断，抗倒伏能力较强；反之，茎秆的抗倒伏能力弱。

（三）叶

燕麦的叶呈披针形，由叶鞘、叶舌、叶枕和叶片组成。叶片扁平质软、粗糙，边缘基部有时疏生纤毛。叶鞘包围着茎秆较松弛，于基部闭合，一般外部有毛。一般品种的叶数多为 5～8 片，个别的叶片数可达 9～10 片，甚至更多。

叶片的颜色自深绿色到淡绿色，因品种不同而呈现深绿色、绿色、黄绿色。叶片挺直或下披，叶片有长而狭的类型，也有短而宽的类型，叶长为 25 cm，宽为 13～30 mm。一般说来，叶的宽窄、长短、色泽和蜡质层的厚薄会受到环境条件的影响，但这些性状仍属燕麦品种的遗传性状。通常情况下，旗叶的着生姿态、下部叶鞘上茸毛的多少、倒 2 叶边缘茸毛的多少等特征都可作为鉴定品种差异的依据。燕麦的叶舌发达，为膜质而呈白色，长度约为 3 mm，顶端边缘呈锯齿状。燕麦叶片无叶耳，这是区别于其他麦类作物的重要特征。

（四）穗

燕麦的穗为圆锥花序或复总状花序，由穗轴和各级穗分枝组成。根据穗分枝与穗轴的着生状态，分为侧散型、中间型和周散型 3 种穗型，穗基部分枝多，愈往上愈少，分枝交互排列（图 14-1）。

穗轴实际是茎节的变异和延伸，由茎和节组成，节上着生多个枝梗，形成轮层（图 14-2）。穗轴上一般具有 4～7 个轮层，每个轮层上着生许多穗分枝，着生在穗轴上的分枝为一级分枝，着生在一级分枝上的分枝为二级分枝，依次类推。枝梗有角棱，呈刺状、粗糙、坚韧、无毛，常弯曲下垂。穗分枝与穗轴之间构成的角度，通常是区别品种的依据之一。多数品种的穗轴与穗分枝成锐角，少数呈水平状，有的甚至呈钝角。轮层与轮层之间距离的大小、分

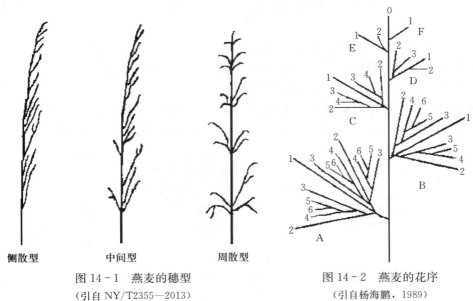

图 14-1　燕麦的穗型
（引自 NY/T2355—2013）

图 14-2　燕麦的花序
（引自杨海鹏，1989）

枝数量多少、长短，除取决于品种固有特性外，因栽培条件不同也会发生变化。

燕麦的小穗（俗称铃铛）着生在各级穗分枝的顶端。小穗由小穗枝梗、护颖（2 枚）、内稃、外稃、芒（有芒、无芒）和小花所组成（图 14-3）。护颖为膜质，两个护颖通常等长。外稃膜质，先端通常二裂，第 1 朵花外稃长为 20～25 mm，无芒或具有长为 1～2 cm 的芒，芒细弱而直立。内稃呈膜质，短于外稃。

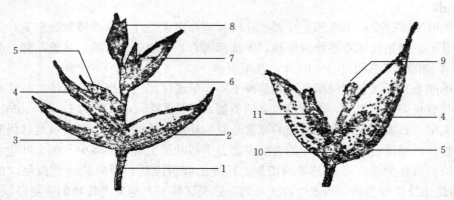

图 14-3 燕麦小穗和花

1. 小穗枝梗 2. 第 1 护颖 3. 第 2 护颖 4. 第 1 朵小花外稃 5. 第 1 朵小花内稃 6. 第 2 朵花外稃 7. 第 2 朵花内稃 8. 退化花 9. 花药 10. 子房 11. 柱头

（引自杨海鹏，1989）

根据燕麦小穗中小花数量及小花柄的长短，小穗分为 3 种类型：鞭炮型、串铃型和纺锤型（图 14-4）。燕麦的小穗枝梗细长而柔软，致小穗呈下垂状态。小穗数目的多少，随品种及幼穗分化阶段外界环境条件不同而有很大差别，一般每穗有 15～40 个小穗，有时达到 150 个以上。

图 14-4 燕麦的小穗类型

1. 鞭炮型 2. 串铃型 3. 纺锤型

（引自杨海鹏，1989）

（五）花

燕麦的小花由护颖、内稃、外稃、雌蕊和雄蕊组成，内稃和外稃为膜质，内有雄蕊 3 枚、雌蕊 1 枚。雌蕊为单子房，二裂柱头呈羽毛状，子房被茸毛包着，子房两侧有鳞片 2 枚（图 14-5）。燕麦每个小穗着生 3～7 朵小花，有时更多，但通常结实小花只有 2～3 朵，有的多达 4～6 朵，其变化随着品种和栽培条件不同而

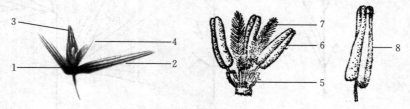

图 14-5 燕麦的花

1. 下位护颖 2. 上位护颖 3. 外稃 4. 内稃 5. 鳞片 6. 雄蕊 7. 雌蕊 8. 开裂的花药

（引自杨海鹏，1989）

分利用地力和光能；在高水肥地块，注意控制植株生长过旺、分蘖过多，减少田间郁闭，防止倒伏减产；在有灌溉条件的地块，提早播种，可延长生育期，增加光照时数，有利于光合物质积累，从而提高单位面积产量。

（三）水分

燕麦是需水较多的作物，燕麦种子吸收自身质量 65％的水分才可萌发，比大麦（50％）、小麦（55％）所需的水分都要多。燕麦的耗水量也比大麦、小麦高，现有研究表明，几种麦类作物的蒸腾系数，燕麦为 593，小麦为 513，大麦为 534，燕麦仍是耗水量较高的作物。

（四）养分

据研究，生产 100 kg 燕麦籽粒需要从土壤中吸收 N $1.8\sim2.0$ kg、P_2O_5 $0.8\sim0.9$ kg、K_2O $1.1\sim1.2$ kg；生产 $200\sim250$ kg 燕麦籽粒需吸收 N $8\sim9$ kg，P_2O_5 $3.5\sim4.0$ kg，$N:P=2.2:1$。

在燕麦一生中，不同发育阶段对氮素需求量不同，出苗至分蘖阶段，燕麦植株较小，需氮量较少。分蘖至抽穗阶段，随着燕麦茎叶迅速生长，需氮量迅速增加，此时氮肥供应充足，有利于燕麦生长发育。抽穗后需氮量减少，如施用氮素过多，容易造成贪青晚熟。

在燕麦生长发育前期，磷能促进根系和分蘖的生长发育，后期能促进籽粒饱满和提前成熟。缺磷会使燕麦幼苗瘦弱，生长缓慢。磷还可以促进燕麦植株对氮素的吸收利用，氮磷配合施用，比单施氮或单施磷的增产效果都明显。试验证明，磷肥施用效果与土壤中的速效磷含量有关，土壤中速效磷含量在 15 mg/kg 以下，速效氮和速效磷的比值在 2 以上时，施磷肥的效果显著；当速效磷的含量高于 15 mg/kg，而氮磷比值在 2 以下时，施用磷肥效果往往不显著。

钾素在调节植物气孔开闭和维持细胞膨压方面有专一性功能。钾能促使植株茎秆健壮，增强植株抗倒伏能力。燕麦缺钾时，表现为植株矮小，植株下部叶片发黄，植株软弱，抗病、抗倒伏能力差。

第三节 栽培技术

一、耕作制度

（一）间作

目前，我国不同燕麦产区依据燕麦用途来确定耕作方式。冯晓敏等（2015）研究了豆科与燕麦间作体系中作物产量优势的光合机制，间作体系均明显优于单作，其中燕麦与花生的间作体系显著促进了燕麦的生长发育，大豆与燕麦间作体系对燕麦和大豆均有一定促进作用。燕麦与豆科作物间作可以提高肥料利用效率。不施氮或施氮量较低时，燕麦与绿豆间作通过种间氮营养互补机制在不降低产量同时，可以获得较高土地当量比、生物产量及氮积累量。

（二）轮作

根据我国燕麦主产区的不同自然条件，作物种类和各作物所占比重不同，以燕麦为主体，遵照用地养地相结合的原则，选择豆茬、马铃薯茬、绿肥茬等，避免重茬或迎茬，前茬可以根据当地栽培的作物（多数为小麦、马铃薯、荞麦、胡麻、青贮玉米）进行选择。燕麦耐贫瘠、抗逆性强，对于前茬要求不严，但以马铃薯、麦类、豆科作物为佳。燕麦轮作方式很多，试验研究和生产实践证明，燕麦与豆科作物轮作的增产效果显著。生产中主要的轮作模式有小麦→马铃薯→燕麦→胡麻；小麦→燕麦→胡麻；小麦→豌豆→燕麦→胡麻。

（三）复种

合理复种有利于提高光能、热量资源、水资源、耕地资源等的利用效率。任长忠（2010）在吉林白城市两季燕麦栽培技术研究表明，早熟燕麦品种（"白燕8号"）在吉林白城地区可以实现两季双熟栽培，"坝莜3号"夏茬复种"白燕2号"（晚熟＋中熟）模式的经济产量与草产量均为最高，"白燕8号"夏茬复种"坝莜3号"（早熟＋晚熟）模式的经济产量较低，但草产量最高。于海峰等（2009）在内蒙古呼和浩特开展的复种燕麦草试验结果表明，复种燕麦草产量达到 1.5×10^4 kg/hm^2，从籽粒产量看，"内农大莜1号"产量达到 3.8×10^3 kg/hm^2，比对照增产 26.3%～67.7%，饲草和籽粒营养成分比饲用玉米高。

二、选地和整地

（一）选地

燕麦的适应性虽广，但要获得高产必须创造良好的土壤条件，以满足燕麦生长发育的需要。高产燕麦田对土壤条件的要求可以概况为以下3点。

1. 土壤养分丰富　根据各地燕麦高产田的分析，土壤有机质含量多在 1.0% 以上，全氮含量在 0.1% 以上，速效磷含量在 20 mg/kg 以上，速效钾含量在 50 mg/kg 以上。

2. 耕作层深厚　耕作层是燕麦根系集中生长的地方，57% 的根系分布在 0～20 cm 的土层中，23% 的根系分布在 20～40 cm 的土层中，17% 的根系分布在 40～100 cm 的土层中。高产田要求耕作层土壤深厚而疏松。我国燕麦栽培区因长期浅耕，耕作层下部形成了一个土壤坚实、物理性状不良的犁底层，保水保肥性差，不利于根系下扎。

3. 酸碱度适宜　当土壤 pH 在 7.0 以上时，就会发生碱害，根系发育不良，叶片发黄，分蘖减少，甚至没有分蘖，产量大幅度降低。当碱性特别严重时，会造成绝收。燕麦适宜在偏酸性的土壤环境中栽培，pH 以 5.5～6.5 为宜。

（二）整地

整地是作物播种或移栽前一系列耕地整理措施的总称，是作物栽培管理中最基础的环节。整地措施主要是通过平翻、深松、耙耱、镇压等机械作业措施，为燕麦创造良好的土壤耕层构造、土壤团粒结构和表层状态，增强土壤蓄水性，加速土壤熟化，使土壤状态达到地表平整、土壤颗粒均匀，使得水分、肥料、空气、热量等相互协调配合，提高土壤有效肥力，为燕麦植株生长发育提供适宜的土壤条件。

1. 秋整地　深耕可以显著提高燕麦的籽粒产量。秋季作物收获后进行深翻，翻耕深度为 25～30 cm，之后耙耱平整。深耕耱平的耕层可储蓄更多的秋季降水，以增加土壤水分含量，为翌年春季所用，秋冬季蓄水充足可以提高春季燕麦种子的发芽率及成活率。

"秋整地、秋施肥"已经成为黑龙江和内蒙古东北部地区广泛采用的耕作措施，秋整地不但可以增加秸秆还田利用率，还可以增强土壤蓄水保墒能力，改善土壤理化性质，确保及时播种，有利于减少风蚀，促进燕麦穗发育，燕麦的株高、穗长、小穗数以及根系总量等指标都有明显提高，增产效果显著。秋整地、秋施肥可以提前为燕麦创造良好的春季播种条件，在有灌溉条件的地区，应该结合秋整地进行秋冬灌溉，以增加土壤的蓄水量。

2. 春整地 土壤温度是植物生长的重要因素，土壤温度过高或过低都不利于作物的生长发育。春耕宜早不宜迟，耕地时间越早，耕层土壤接纳雨水越多，土壤含水量也会越高，越能满足燕麦生长发育对水分的需求。早春气温上升快，耕层土壤水分下降迅速，需要耙糖后进一步结合镇压作业，碾碎大土块，弥合地表上层的土壤空隙，减少水汽蒸发；同时，镇压作业还能增强耕层土壤的毛管作用，促进冻融交替作用的水分沿土壤毛管上升，从而增加耕层的土壤水分，有利于燕麦种子吸水萌发。一般情况下，春季整地适宜在北方高寒地区，因前茬收获较晚而来不及进行秋整地，这种情况下，也可以采取旋耕耙糖、随即播种镇压的整地方式，可以大幅度减少耕层的水分损失。

3. 保护性耕作 相关研究指出，燕麦免耕栽培技术的核心是"一早三改"，即：选用早熟品种、改秋耕为免耕、改早播为晚播、改稀植为密植。华北地区的试验表明，采用免耕并在 6 月中旬晚播，可使燕麦需水高峰期与当地雨季吻合，籽粒产量提高 15%～20%。晚播在选用品种时，需选择早熟品种，该项技术模式适用于河北坝上地区，以及同一生态类型的内蒙古、山西等地。西北地区也可采用免耕技术，但因降水量和雨季的不同，播种期应因地制宜，适当地进行调整。

三、品种选择和种子处理

(一) 品种选择

燕麦的品种选择要依据不同生态地区的气候因素、栽培制度、耕作管理水平等因素来确定。对于高寒山区，由于无霜期短、气温偏低，要选择生育期短的燕麦品种；在干旱、半干旱地区，燕麦生产十年九旱，尤其是苗期的春旱较为严重，影响燕麦的正常播种和苗期发育，选择早熟品种是解决极端干旱年份燕麦生产的重要条件，例如"白燕 8 号"。

李刚（2011）在大同的试验研究表明，第 1 季栽培早熟燕麦品种或饲用燕麦，收获后增加一季饲草的复种栽培方式是可行的。第 2 季作物生长发育后期，作物生长明显放缓，因此燕麦—燕麦饲草两茬作物结合，第 1 季应选择生育期在 75 d 以下的农家品种，以保证第 2 季作物及早播种、正常收获。

(二) 种子处理

1. 常规处理 播种前应该进行种子精选，剔除小粒、秕粒、虫粒和杂质，选择粒大、饱满的燕麦籽粒作为种子。对于精选后的燕麦种子，需要选择晴天，将精选好的种子摊晒 2～3 d。晒种可以促进种子后熟，迅速通过休眠期；同时，利用阳光中的紫外线杀死种皮上的病菌；晒种可提高种子温度及种子内部酶活性，促进燕麦种子提早萌发，促进苗齐苗壮。晒种后的燕麦种子需要做发芽试验、计算播种量。

2. 化学调控 在进行种衣剂拌种之前，通常应用植物生长调节剂进行种子处理。可采用赤霉素（GA_3）浸种，有利于提高种子内储藏物质的转化率，提高种子的发芽率、发芽势。赤霉素还可以打破种子休眠，适宜浓度为 10～250 mg/kg，浸种时间一般为 12～24 h，浸种过程中每 3～4 h 搅拌 1 次，浸种完毕后捞出晾干，即可播种。或采用浓度为 0.10%～0.25% 的黄腐酸浸种 12～24 h，也可提高种子内酶的活性，从而提高种子的发芽率。此外，脱落酸（ABA）可以调控植物种子的休眠和萌发。

3. 药剂拌种 在播种前 5～7 d，可选用拌种霜、多菌灵、甲基托布津拌种，用药量为种子质量的 0.1%～0.3%，可防治燕麦坚黑穗病。拌种时做到药量准确，拌种混匀后摊开晾干。此外，也可采用种衣剂包衣措施提高燕麦种子活性和抗性。

四、播种技术

(一) 适期播种

适期播种是影响燕麦产量的关键性因素。播种期过早时，常因其需水关键期与降水高峰期不吻合而大幅度减产；播种期过晚时，高温对穗分化造成不利影响，不孕小穗数增加而导致产量降低。一般情况下，燕麦在 2～4 ℃时即可发芽，而幼苗的耐低温能力更强，可耐 -4～-3 ℃的低温；高温抑制燕麦的生长发育，当温度超过 35 ℃时即出现早衰枯死现象。

燕麦应适期早播，在土壤含水量达到 10% 以上、地温稳定在 5 ℃时即可播种。播种期根据气候特点、地理条件和栽培目的等因素来确定。以收获籽粒为目的时，在海拔 900～1 000 m 的地区，适宜播种期为 3 月下旬至 4 月中旬；在海拔大于 1 500 m 的地带，适宜 5 月中下旬播种。一般情况下，在 6 月播种，应该选择早熟品种，可以安全成熟，但是产量会降低。

(二) 群体调控

栽培密度是燕麦群体调控的主要因素，栽培密度主要影响燕麦的生长速度、穗分化进程和经济产量。燕麦的分蘖数量、穗粒数、穗籽粒质量均随播种量的增加而逐渐下降。随着栽培密度增加，燕麦的单株分蘖数量和分蘖成穗率降低；单位面积上的有效穗数随着栽培密度增加而增多，但是在密度过大时会导致穗形变小、穗粒数减少，加剧穗数与穗籽粒质量、千粒重之间的矛盾，造成减产；合理的播种量和栽培行距是燕麦获得高产的关键措施之一。

在中等肥力的土壤上，适宜的燕麦群体密度为 $6.0×10^6$～$6.8×10^6$ 株$/hm^2$。不同燕麦品种其栽培密度也不尽相同；栽培密度及其与品种的互作对穗数和穗粒数影响显著；另外，播种密度与播种期早晚有关，在一定播种期范围内，播种量随着播种期推迟而适量增大。

五、营养和施肥

合理施肥应按照植物营养的原理和作物营养学特性，结合气候、土壤、栽培技术等因素综合考虑。尤其不同地区之间的农田土壤营养状况有很大差异。在播种之前，应该根据不同地区、不同品种的需要来进行科学配方施肥，以避免不必要的浪费。施肥要遵循"用养结合""需求"和"经济" 3 个原则。燕麦生长发育过程中，需要从环境中摄取大量的矿质元素。每形成 100 kg 燕麦籽粒，需要吸收 N 3.0 kg、P_2O_5 1.0 kg、K_2O 2.5 kg，全生育期以氮肥为主，磷、钾肥配合。

按照施肥时期和方法，可以分为基肥、种肥和追肥 3 类施肥方法。

1. 基肥 在内蒙古东北部和黑龙江，通常将氮肥的 2/3、全部的磷肥和钾肥作为基肥施用。

2. 种肥 黄桂莲等（2012）在山西西北部高寒地区的研究结果中，以磷酸二铵、尿素作为种肥（N 150 kg$/hm^2$、P_2O_5 150 kg$/hm^2$），增产效果显著。在内蒙古阴山北麓地区，如果有机肥作为基肥，一般每公顷种肥施用 N 和 P_2O_5 分别为 60 kg 和 22.5 kg，N：P 约为 3：1；如果条件不具备或其他原因未施基肥，一般每公顷施用 N、P_2O_5 和 K_2O 分别为

60 kg、22.5～44.5 kg 和 75 kg。

3. 追肥　分蘖期和拔节期是燕麦需肥的关键期，在基肥和种肥施足的情况下，可以不追肥，因为在肥水条件好的情况下，追肥易造成燕麦倒伏。在未施基肥、只施用种肥的情况下，土壤质地为壤土或黏壤土时，也可不追肥；在内蒙古燕麦主产区，土壤质地为保水保肥性差的砂壤土，每公顷追施 N 和 K_2O 分别为 60 kg 和 75 kg；在河北燕麦主产区，每公顷追施 N 50～70 kg。

六、田间管理

（一）灌溉

水分是影响作物生长发育的重要环境因子。燕麦需水量随生育阶段不同而变化，旱作条件下，降水量远远低于蒸发量，大多数年份，自然降水难以为燕麦生长发育提供足够的水分，需要进行补充灌溉。

燕麦对水分反应敏感，尤其是在开花期和灌浆期。在燕麦一生中，不同生育时期对水分的需求量不同。在燕麦整个生长发育期时内，苗期的耗水量占 9%，分蘖至抽穗期的耗水量占 70%，灌浆期至成熟期占 20%。燕麦从拔节开始，需水量迅速增加，拔节至抽穗期是燕麦需水的关键期，抽穗前 12～15 d 是燕麦需水的临界期，此时干旱将会导致燕麦的大幅度减产。牛瑞明（2000）在河北的张北地区研究燕麦不同生育时期对水分敏感性的研究结果表明，燕麦对水分最敏感的时期是孕穗期，在此阶段水分供应是否充足对燕麦生长发育和产量影响最大。拔节期和抽穗期灌水 2 次可以显著增加燕麦的干物质积累量，提高干物质转移效率。

（二）杂草防除

1. 杂草种类　燕麦田中杂草大多是一年生杂草，主要以阔叶杂草为主，我国甘肃、青海等西部地区主要的阔叶杂草种类有：猪毛菜、牦牛儿苗、藜、黄花蒿、反枝苋、打碗花、卷茎蓼、麦家公、田旋花、艾蒿、萹蓄、野胡萝卜、牛繁缕和野荞麦等；我国高寒地区的阔叶杂草种类有：婆婆纳、刺儿菜、酸模叶蓼、播娘蒿、猪殃殃、节裂角茴香、香薷、野油菜、苍耳、蒲公英等；禾本科杂草主要有野燕麦、狗尾草、野稷、雀麦等。

2. 杂草防治　可采用田普（二甲戊灵）进行苗前除草。原则上草害重、土壤黏重、整地不平或有机质含量高于 2%、期望药效更长的地块需用高剂量，反之则使用低剂量。东北地区用量为 2.2 L/hm²，新疆地区用量为 1.6～2.2 L/hm²，南方地区应为 1.2～1.6 L/hm²。

使用 40% 立清乳油（有效成分是辛酰溴苯腈、二甲四氯异辛酯）进行苗后除草。在燕麦苗期、拔节期进行叶面喷施，每公顷施药量为 1.2～1.5 L，兑水 450 kg 均匀喷雾。一般在燕麦出苗期至拔节期前，阔叶杂草基本出齐后，选择晴好无大风天气施药；施药 6 h 内如有降雨则需补施。立清可与骠马、苯磺隆、异丙隆、使它隆等混用，以扩大杀草谱，提高综合防除效果。

七、收获和储藏

对于饲用燕麦的收获，现有研究表明，灌浆至乳熟期是收获燕麦青干草的最佳刈割期，可以达到饲用燕麦高产优质的目的。另外，不同的环境条件对燕麦草产量和品质影响较大。气候冷凉地区燕麦草产量和粗蛋白产量较高，适宜进行燕麦饲草生产，且灌浆期是收获高产优质干草的最佳时期。干旱地区燕麦籽粒产量较低，而且由于气候干旱，即使有灌溉条件，青干草产量也显著低于冷凉地区。陈红等（2003）对燕麦的刈割试验表明，在不施肥条件下，分蘖期轻度刈割有利于燕麦植株的补偿作用，拔节期重度刈割以及重复刈割影响植株生长。另有研究指出，1 年内刈割 2 次与刈割 1 次相比，前者的鲜草产量、干草产量以及单位面积粗蛋白产量显著低。

对于收获籽粒的燕麦群体，当燕麦植株进入蜡熟期时，燕麦穗部由绿转黄，穗中上部籽粒变硬，籽粒表现出正常大小和色泽时即可收获。使用稻麦联合收获机收割，为了减少收获损失，收割最好在午后进行。收获后的籽粒应及时晾晒，避免因晾晒不及时而造成发霉和变质。当燕麦籽粒含水量降至 12.5％以下时，即可将籽粒装袋储藏。

燕麦籽粒的储藏方法有常规储藏、低温储藏、缺氧储藏和设施储藏。常规储藏需要注重籽粒干燥、通风与密闭的合理运用以及鼠、虫害的防除等工作；籽粒储藏期间，需要根据具体情况采取通风或密闭，在大气相对湿度小于 70％、外界温度低于籽粒堆内温度 5 ℃时，通风对降低籽粒堆内温度、降低籽粒含水量、减少霉菌生长有利。低温储藏可以延缓燕麦籽粒衰老、延长储藏时间，一般在 15 ℃以下时，仓库害虫停止活动，霉菌繁殖较慢；该方法缺点是对仓库的隔热保冷条件要求较高。缺氧储藏要求氧气浓度下降至 2％左右，先进的做法是将籽实堆内的空气抽尽，再充入惰性气体，例如 N_2 或 CO_2 等。设施储藏在我国的应用通常使用彩钢板库房或普通库房，一般要求防湿、防潮、防热并密闭。为了防止燕麦籽实吸湿回潮，要求库房内相对湿度低于 65％，燕麦籽粒水分接近安全水分（12.5％）。库房温度超过 30 ℃时，燕麦籽粒易陈化，并遭虫害；低于 15 ℃可延缓衰老，避免虫害。夏季要求储藏温度不超过 30 ℃，其他季节要控制在 20 ℃以内。

第四节　病虫害及其防治

一、主要病害及其防治

目前，世界上有记录的燕麦病害有 50 余种，我国燕麦病害主要有 18 种，其中危害较重的有黑穗病、白粉病、叶斑病、锈病、条斑病、红叶病等。黑穗病主要分布在华北和西北燕麦产区，严重时可造成 30％～50％的产量损失；白粉病主要分布在西南、西北和华北地区；叶斑病在全国燕麦产区均有发生，在内蒙古、河北等地发生严重；锈病主要分布在东北和华北的部分地区；燕麦红叶病主要分布于西北和华北等比较干旱、蚜虫危害较大的地区。

（一）坚黑穗病

1. 主要症状　燕麦坚黑穗病是我国北方燕麦栽培区的常见病害，由燕麦坚黑粉菌引起，主要发生在抽穗期，病株、健株抽出时间趋于一致；染病燕麦籽粒的胚和颖片被毁坏，其内充满黑褐色粉末状厚坦孢子，其外具坚实不易破损的污黑色膜；厚坦孢子黏结较坚实不易分散，收获时仍呈坚硬块状，故称为坚黑穗病。

2. 防治方法

（1）农业防治　选用抗病品种，实行 3 年以上轮作，以减少土壤中的病菌数量，是防治坚黑穗病的重要措施。播种前或收获后，清除田间及四周杂草，集中烧毁或沤肥；深翻地灭茬、晒土，促使病残体分解，减少病源；选用排灌方便的地块；大雨或大雪过后及时清理沟渠，防止湿气滞留，降低田间湿度；合理密植，增加田间通风透光度；提倡施用充分腐熟的农家肥，不用未腐熟肥料；增施磷钾肥；重施基肥、有机肥有利于减轻病害；抽穗后发现病株及时拔除、集中烧毁。

（2）生物防治 用80%抗菌剂402水剂浸种24 h，捞出晾干后即可播种。

（3）化学防治 药剂拌种是防治坚黑穗病的有效手段，用种子质量0.1%～0.2%的立克秀、种子质量0.2%～0.3%的25%三唑醇、50%多菌灵或70%甲基托布津拌种；或用种子质量0.5%的50%福美双拌种，充分拌匀后在阴凉处风干后待播。

（二）散黑穗病

1. 主要症状 散黑穗病在我国西北、东北等地燕麦产区均有发生，但发病程度不及坚黑穗病。燕麦散黑穗病的病株矮小，仅仅是健株的1/3～1/2，抽穗期提前，病状始见于花器，染病后子房膨大，患病穗的种子充满黑粉，外被一层灰膜包裹，后期灰色膜破裂，散出黑褐色的厚坦孢子粉末。

2. 防治方法

（1）农业防治 散黑穗病的农业防治方法与坚黑穗病的农业防治方法相同。

（2）化学防治 将40%甲醛（福尔马林）稀释成1%溶液，或用50%多菌灵、50%福美双、70%甲基托布津拌种，充分混匀后用塑料布闷种5 h后阴干待播。

（三）白粉病

1. 主要症状 燕麦白粉病在我国燕麦产区均有分布，燕麦生长期间空气湿度大、栽培密度大的地区易发病，主要发生在叶和叶鞘上，叶的正面较多，叶背、茎及花器也可发生，病部初期出现1～2 mm的白色霉点，后逐渐扩大为近圆形至椭圆形白霉斑，霉斑表面有一层白粉，后期霉层成污褐色并产生黑色小点，即闭囊壳。

2. 防治方法

（1）农业防治 选择抗病品种，播种前尽量消灭自生麦苗或田边禾本科杂草，消灭初侵病源；提倡施用酵素菌沤制的堆肥或腐熟的有机肥，采用配方施肥技术，适当增施磷钾肥；根据品种特性和地力合理密植，注意田间通风透光。

（2）化学防治 可用25%三唑酮可湿性粉剂拌种。在燕麦抗病品种少的地区，于拔节期至开花期，当病叶率达10%以上时，喷施15%三唑酮乳油或40%福星乳油，每隔7 d喷1次，连续喷施2～3次。

（四）叶斑病

1. 主要症状 燕麦叶斑病分布于全国燕麦栽培区，对产量影响很大。叶斑病又称为条纹叶枯病，主要危害叶片和叶鞘，发病初期病斑呈水浸状，为灰绿色，大小为1～2 mm×0.5～1.2 mm，后渐变为浅褐色至红褐色，边缘呈紫色。病斑四周有一圈较宽的黄色晕圈，后期病斑继续扩展达7～25 mm×2～4 mm，呈现不规则形条斑，严重时病斑融合成片，从叶尖向下干枯。

2. 防治方法

（1）农业防治 通过清除秸秆，减少病原菌数量。

（2）生物防治 用80%的402水剂浸种24 h后，捞出晾干即可播种。

（3）化学防治 选用40%多菌灵、50%福美双、70%甲基托布津拌种；也可以在发病期间用50%多菌灵、50%苯菌灵可湿性粉剂喷雾。

（五）锈病

1. 主要症状　燕麦锈病包括冠锈、秆锈和条锈 3 种，我国以燕麦秆锈病为主，主要分布在华北和东北一带，其他地区很少发生。该病主要发生在燕麦生长的中后期，病斑着生在叶、叶鞘及茎秆上。发病初期，叶片上产生橙黄色椭圆形小斑，后病斑扩展并出现稍隆起的小疮包，即夏孢子堆。当孢子堆上的包被破裂后，散发出夏孢子。后期燕麦近枯黄时，在夏孢子堆基础上产生黑色的、表皮不破裂的冬孢子堆。

2. 防治方法

（1）农业防治　选用抗锈病高产品种；消灭病株残体，清除田间杂草寄主；实行轮作倒茬，避免连作；加强栽培管理，多中耕，增强植株抗病能力；合理施肥，防止徒长、贪青晚熟，多施磷钾肥促进早熟。

（2）化学防治　发病后及时喷药防治，选用 25% 三唑酮、12.5% 速保利可湿性粉剂兑水喷雾；或使用 25% 三唑醇可湿性粉剂拌种。

（六）细菌性条斑病

1. 主要症状　燕麦细菌性条斑病主要分布在北方燕麦栽培区，河北、内蒙古、山西等地多有发生。病斑为浅褐色或红褐色条状，沿叶脉扩展。连作地、管理粗放、肥力不足时易发病；地势低洼、排水不良及氮肥施用过多或过迟，植株柔嫩时易发病。

2. 防治方法

（1）农业防治　燕麦细菌性条斑病的农业防治与燕麦坚黑穗病的农业防治方法相同。

（2）生物防治　用 80% 的 402 水剂浸种 24 h 后，捞出晾干即可播种。

（3）化学防治　采用 20% 龙克菌悬浮液，或 47% 加瑞农可湿性粉剂、72% 农用硫酸链霉素可溶性粉剂、90% 新植霉素可溶性粉剂兑水喷雾。

（七）红叶病

1. 主要症状　燕麦红叶病是一种由大麦黄矮病毒（BYDV）引起的病毒性病害，广泛分布于全国燕麦栽培区，是我国燕麦栽培区重要的病害。植株染病后一般叶片先表现症状，叶部受害后，先自叶尖或叶缘开始，呈现紫红色或红色，逐渐向下扩展成红绿相间的条纹或斑驳，病叶变厚、变硬。后期叶片呈橘红色，叶鞘呈紫色，病株有不同程度的矮化现象，病株表现十分明显。

2. 防治方法

（1）农业防治　主要是通过选择抗性强的品种，例如"白燕 2 号""白燕 7 号""陇燕 3 号"等；在播种前，清除田间及四周杂草，集中烧毁或沤肥；深翻地灭茬，减少病原和虫源；与非禾本科作物轮作，施用腐熟的有机肥；适当增施磷钾肥，加强田间管理，增强植株抗病力；做好蚜虫的防治，阻断害虫传毒，高温干旱时应灌水，以提高田间湿度，减轻蚜虫危害与病毒传播。

（2）化学防治　主要在播种前用内吸剂浸种或用内吸剂制成的颗粒拌种，可使用种子质量 0.5% 的灭蚜松拌种；也可使用 60% 吡虫啉悬浮种衣剂按种子质量的 0.3% 进行种子包衣。

二、主要虫害及其防治

我国已知危害麦类作物的害虫有 100 多种，对生产影响较大的害虫约 20 种。与其他麦类作物相比，燕麦害虫种类较少且危害程度较低。

（一）黏虫

1. 监测预报　一般于 5 月中旬开始设置监测预报点，放置诱杀器，诱杀液按红糖 30%、醋 40%、酒 10%、水 20% 的配比，放在诱杀器之中，每天清晨检查诱到的总蛾数、雌雄比例、产卵情况，当一台诱杀器内在连续 3 d 内诱到 100 只成虫时，立即发出警报。

2. 药剂防治　在幼虫 3 龄之前要及时进行喷药防治，可用 80% 敌敌畏，或 25% 喹硫磷、5% 卡死克乳油、茴蒿素杀虫剂防治。幼虫龄期增加时，用药量及浓度要相应增加。

（二）土蝗

1. 监测预报　必须在经常发生蝗灾的老蝗区设立监测预报点，加强观测，长期坚持"查卵""查蝻""查成虫"的"三查"工作，准确掌握、预报土蝗的动向，为防治工作提供依据。

2. 药剂防治　幼蝻躲在向阳山坡活动，跳跃力不强，抗药能力弱，要采取随出土随防治的办法，消灭在幼蝻阶段。如果这一环节没有做好，可在幼蝻进入农田之前，在农田与荒坡之间设置施药带，宽度一般为 2~4 m，常采用的是乙酰甲胺磷 75% 可湿性粉剂喷洒，施药时稀释 1 000~2 000 倍。也可使用马拉硫磷、敌敌畏超低容量喷雾防治土蝗成虫。

（三）草地螟

1. 农业防治　可以采取秋整地、清除田间杂草等寄主，以减少虫源数量。

2. 化学防治　要在 3 龄幼虫达到 15~20 头/m² 时进行化学防治，可使用 40% 乐果，或 40% 辛硫磷、4.5% 高效氯氰菊酯喷雾。

（四）地下害虫

地下害虫多在播种后和幼苗期危害，主要危害燕麦的种子和幼苗，常因地下害虫的危害造成缺苗断垄，严重时毁种重播。燕麦没有专一性地下害虫，危害燕麦的害虫都属于麦类、禾谷类的杂食性害虫，主要有金针虫、蛴螬、蝼蛄和地老虎。

1. 农业防治　对地老虎的诱杀与防治黏虫的办法相同；蛴螬、蝼蛄可用灯光诱杀。

2. 化学防治　用 50% 辛硫磷乳油拌种，防治效果可达 90% 以上，药效可维持 2~3 个月。

复 习 思 考 题

1. 简述温度对燕麦生长发育的影响。
2. 燕麦叶片结构特点是什么？如何应用于品种间的区分？
3. 秋整地的注意事项及对燕麦生产的好处有哪些？
4. 简述燕麦播种前种子处理的注意事项。
5. 简述燕麦的收获方式和安全储藏的方式。
6. 简述燕麦杂草防除过程中的注意事项。

第十五章 荞 麦

荞麦是蓼科（Polygonaceae）荞麦属（*Fagopyrum*）的双子叶植物，又名乌麦、花麦、三角麦、荞子，英文名称 buckwheat。目前全世界发现的荞麦共有 23 种、2 亚种和 3 变种，几乎遍及所有栽培有粒用作物的国家，其中，中国、俄罗斯、日本、韩国、尼泊尔、乌克兰、法国、美国、加拿大、波兰、巴西、澳大利亚、斯洛文尼亚等国栽培面积较大。作为荞麦的起源中心，我国已有千年的荞麦栽培历史，荞麦栽培种在我国主要有甜荞（*Fagopyrum esculentum* Moenth）和苦荞 [*Fagopyrum tataricum*（L.）Gaerth] 两种。

第一节 概 述

一、起源和进化

从 18 世纪中叶开始，人们对荞麦的起源、进化和分类研究开始表现出了浓厚的研究兴趣，他们通过植物形态学、生殖生物学、考古学、现代生物技术等方面对荞麦的起源问题进行了系统深入的调查研究，分析了荞麦分布、原生境和系统演化史。多数研究发现，我国西南部的云南、贵州、四川、西藏等地是荞麦的起源中心。考古学家发掘的文化古迹表明，在东汉和西汉，我国就开始栽培荞麦，栽培荞麦的历史已有 2 000 多年。

（一）分类

国际上对荞麦属（*Fagopyrum*）的分类地位存有争议，目前大多数学者认为，荞麦属与广义蓼属有显著不同，因此荞麦属应独立成属，即被子植物门（Angiospermae）双子叶植物纲（Dicotyledones）蓼目（Polygonales）蓼科（Polygonaceae）荞麦属（*Fagopyrum* Mill.）。

自 1913 年 Gross 首次对我国的野生荞麦进行了系统分类之后，很多荞麦分类学家提出了自己的观点。由于长期以来各学者对荞麦属特征和分类地位认识不同，荞麦属内种类的划分不尽相同。近年来，我国科学家在我国西南地区相继发现了 7 个荞麦属的新种，日本学者也在该地区发现了 8 个新种、2 亚种。基于早期分类以及国内外学者的最新研究，我国分布的荞麦属最新分类可归纳为 25 种、2 亚种和 2 变种（表 15 - 1），其中栽培荞麦种有 2 个：甜荞（*Fagopyrum esculentum* Moench）和苦荞 [*Fagopyrum tataricum*（L.）Gaertn]。

表 15 - 1 我国分布的荞麦属物种、亚种和变种分类表

（引自赵钢，2015）

序号	种	亚种和变种
1	*Fagopyrum esculentum* Moench.（甜荞）	*Fagopyrum esculentum* subsp. *ancestrale* Ohnishi（甜荞祖先种）
2	*Fagopyrum tataricum* Gaertn.（苦荞）	*Fagopyrum tataricum* subsp. *potanini* Batalin（苦荞祖先种）

（续）

序号	种	亚种和变种
3	*Fagopyrum callianthum* Ohnishi	
4	*Fagopyrum capillatum* Ohnishi	
5	*Fagopyrum caudatum*（Sam.）A. J. Li（尾叶野荞）	
6	*Fagopyrum crispatifolium* J. L. Liu（皱叶野荞）	
7	*Fagopyrum cymosum*（Trev.）Meisn.（金荞）	
8	*Fagopyrum densovillosum* J. L. Liu（密毛野荞）	
9	*Fagopyrum gilesii*（Hemsl.）Hedberg（岩野荞）	
10	*Fagopyrum gracilipedoides* Ohsako et Ohnishi（纤梗野荞）	
11	*Fagopyrum gracilipes*（Hemsl.）Dammer ex Diels.（细柄野荞）	*Fagopyrum gracilipes* var. *odontopterm*（Gross）Sam.（齿翅野荞麦）
12	*Fagopyrum homotropicum* Ohnishi	
13	*Fagopyrum jinshaense* Ohsako et Ohnishi（金沙野荞）	
14	*Fagopyrum leptopodum*（Diels.）Hedberg（小野荞）	*Fagopyrum leptopodum* var. *grossii*（Levl.）Sam.（疏穗小野荞麦）
15	*Fagopyrum liangshanensis* J. L. Liu（凉山野荞）	
16	*Fagopyrum lineare*（Sam.）Haraldson（线叶野荞）	
17	*Fagopyrum macrocarpum* Ohsako et Ohnishi	
18	*Fagopyrum megaspartanium* Q-F Chen（大野荞）	
19	*Fagopyrum pleioramosum* Ohnishi	
20	*Fagopyrum pilus* Q-F Chen（毛野荞）	
21	*Fagopyrum polychromofolium* A. H. Wang，M. Z. Xia，J. L Liu et P. Yang（花叶野荞）	
22	*Fagopyrum rubifolium* Ohsako et Ohnishi	
23	*Fagopyrum statice*（Tevl.）H. Gross（抽葶野荞）	
24	*Fagopyrum urophyllum*（Bur. et Fr.）H. Gross（硬枝万年荞）	
25	*Fagopyrum zuogongense* Q-F Chen（左贡野荞）	

（二）起源

关于荞麦属植物的起源中心，国内外学者均持有不同观点。瑞士植物分类学家 Candall（1883）认为，栽培荞麦起源于我国北部或西伯利亚。Tsuji 等（2000）研究认为苦荞可能起源于云南西北或西藏东部。也有人认为甜荞起源于我国西南的温暖地区，例如云南和四川，而苦荞则起源于我国西南的较冷凉地区，例如西藏。

（三）进化

关于栽培荞麦的祖先种问题，到目前为止主要有 4 种观点。第 1 种观点认为：多年生花柱异长的金荞是栽培荞麦（甜荞和苦荞）的祖先，而且金荞、甜荞和苦荞在分类学上关系较近。第 2 种观点认为：金荞和甜荞中花柱异长和发育良好的蜜腺等特征，应该是进化特征，并且认为可能存在花柱同长的原始种，甜荞和苦荞由该原始种进化而来。第 3 种观点认为：

金荞、甜荞和苦荞亲缘性较远，金荞不是栽培荞麦的祖先，而野生的甜荞则可能是。Chen（1999a，1999b）利用形态学、生殖生物学和染色体分析等研究手段对采自贵州、云南、西藏和四川的大粒组荞麦进行了系统学分析，认为大野荞可能是栽培甜荞的祖先种，毛野荞可能是栽培苦荞的祖先种（第4种观点）。

二、生产情况

（一）世界荞麦生产概况

荞麦属小宗作物，但分布较广，在欧洲和亚洲一些国家，特别是在食物构成中蛋白质匮缺的发展中国家和以素食为主的亚洲国家是重要的粮食作物。联合国粮食及农业组织对荞麦的统计数据显示，目前全世界甜荞栽培总面积为 $7.0 \times 10^6 \sim 8.0 \times 10^6$ hm^2，总产量为 $5.0 \times 10^6 \sim 6.0 \times 10^6$ t。其中甜荞主产国是俄罗斯、中国、乌克兰、波兰、法国、加拿大和美国。我国是世界第一大荞麦出口国，主要出口到日本、俄罗斯、法国、荷兰、韩国、朝鲜及南亚、西亚等国家和地区。

近年来国际市场荞麦的需求呈上升趋势。在欧洲、东南亚等部分国家及美国、日本、韩国等发达国家，荞麦及其产品市场行情好。各国的进出口情况波动较大。中国、美国、俄罗斯、荷兰、波兰、加拿大、比利时、坦桑尼亚、埃及、拉脱维亚等国家是世界荞麦的主要出口国，出口量占到世界荞麦年均总出口量的90%以上。日本是荞麦的主要消费国和原料进口量第一的国家，法国、意大利、荷兰、美国、比利时、立陶宛、波兰和津巴布韦也是世界荞麦的进口大国。

（二）我国荞麦生产概况

近年来，我国荞麦每年栽培面积约为 7.0×10^5 hm^2，荞麦总产量为 $6.0 \times 10^5 \sim 7.0 \times 10^5$ t。其中，内蒙古栽培面积最大（以甜荞为主）；其次是甘肃（甜荞与苦荞面积比约为3:1）、四川（以苦荞为主）、贵州（甜荞与苦荞面积比约为1:1）。苦荞多属自产自用，仅有10%左右进入市场，商品率极低。目前，甜荞推广品种为异花授粉作物，主要靠昆虫传粉，结实率只有8%~15%，生产水平较低，一般单产在 $1.5 \times 10^3 \sim 2.0 \times 10^3$ kg/hm^2，最高单产为 2.5×10^3 kg/hm^2。苦荞为自花授粉作物，生产水平较甜荞高，一般单产在 2.5×10^3 kg/hm^2 左右，最高单产为 3.0×10^3 kg/hm^2。

我国荞麦产业集群可以分为西北区（陕西、甘肃、宁夏、内蒙古和山西）和西南区（云南、贵州、四川和西藏），加工能力约 4.5×10^5 t。其中西北区企业以甜荞加工为主，西南区企业则以苦荞加工为主。荞麦的传统加工利用基本以荞麦粉为原料加工成风俗食品，口感风味地域性强，产品不易商品化，消费区域受到限制。近年来，荞麦的加工主要在于全荞粉和活性功能成分的应用，荞麦加工产品的商品化、市场化程度有了大幅度的提高。与此同时，人们也开始从荞麦中提取生物类黄酮（例如槲皮素、芦丁、茨菲醇等）功能成分用于深加工，制成牙膏、生物类黄酮口服液等产品，主要有苦荞胶囊、荞麦抗癌药品、苦荞冲剂等。据初步统计，已有上千种荞麦产品在市场上销售。

荞麦是我国重要的出口农产品，出口量占全国荞麦总产量的20%左右。年出口甜荞原粮 $8.0 \times 10^4 \sim 1.5 \times 10^5$ t，出口荞麦米 $4 \times 10^4 \sim 5 \times 10^4$ t。苦荞也有一定数量出口，主要是苦荞米。从整体而言，我国荞麦的产业化发展水平还较低。

（三）我国荞麦的分布

我国甜荞资源丰富，分布范围广阔，从北纬 20° 的中热带到北纬 50° 的中温带，南北跨 30° 纬度，由东经 80° 到东经 132° 东西跨 52° 经度，主要分布在内蒙古、山西、陕西、甘肃、湖北、宁夏等省份，大部分分布于黄土高原。主产区相对集中，其中面积较大的是内蒙古后山白花甜荞产区、内蒙古东部白花甜荞产区和陕甘宁红花甜荞产区。

苦荞的栽培面积较小，主要分布在云南、四川、西藏、贵州、青海等省份的黄土高原、高寒地区，苦荞主产区既是荞麦的起源中心地，也是荞麦的集中产区。甜荞和苦荞以秦岭—淮河一线作为分界线，荞麦自身的生物学特性和秦岭—淮河一线的自然条件及当地的耕作制度决定了甜荞和苦荞的这种分布特点。苦荞抗逆性和适应性强，栽培苦荞多分布在海拔 2 000 m 以上的地区，高的可达 3 500 m（云南），最高达 4 400 m（西藏），野生苦荞分布可达 4 900 m。

（四）我国荞麦栽培区划

林汝法等将全国荞麦栽培生态区划分为 4 个大区：北方春荞麦区、北方夏荞麦区、南方秋冬荞麦区和西南高原春秋荞麦区。

1. 北方春荞麦区　本区包括长城沿线及以北的高原和山区，包括黑龙江西北部大兴安岭山地、大兴安岭岭东、北安和克拜丘陵农业区，吉林白城，辽宁阜新、朝阳和铁岭山区，内蒙古乌兰察布、包头和大青山，河北承德和张家口，山西西北部，陕西榆林和延安，宁夏固原和宁南，甘肃定西和武威，以及青海东部。本区地多人少，耕作粗放，栽培作物以甜荞、燕麦、糜子、马铃薯等为主，辅以其他小宗粮豆，是我国甜荞主要产区，甜荞栽培面积占全国甜荞栽培总面积的 80%～90%。耕作制度为一年一熟，5 月下旬至 6 月上旬春播。

2. 北方夏荞麦区　本区以黄河流域为中心，北起燕山沿长城一线，与北方春荞麦区毗邻，南以秦岭—淮河为界，西至黄土高原西侧，东濒黄海，北部与北方冬小麦区吻合，还包括黄淮海平原大部分地区及晋南、关中、陇东、辽东半岛等地。本区人多地少，耕作较为精细，是我国冬小麦的主要产区，甜荞是小麦后茬，一般 6—7 月播种，甜荞栽培面积占全国甜荞栽培总面积的 10%～15%。本区盛行二年三熟，水浇地及黄河以南可一年二熟，高原山地间一年一熟。

3. 南方秋冬荞麦区　本区包括淮河以南，长江中下游的江苏、浙江、安徽、江西、湖北、湖南的平原、丘陵水田和岭南山地及其以东的福建、广东、广西大部、台湾、云南南部高原、海南等地。本区地域广阔，气候温暖，无霜期长，雨水充足，作物以水稻为主，甜荞为水稻的后作，多零星栽培，栽培面积极少。甜荞一般在 8—9 月或 11 月播种。

4. 西南高原春秋荞麦区　本区包括青藏高原、甘肃南部、云贵高原、川鄂湘黔边境山地丘陵和秦巴山区南麓。本区地多劳动力少，耕作粗放，栽培作物以荞麦、燕麦、马铃薯等为主，辅以其他小宗粮豆。低海拔河谷平坝区为二年三熟制地区，甜荞多秋播，一般在 6—7 月播种。西南高原春秋荞麦区也是苦荞主产区，苦荞一般一年一作，适宜春播；在低海拔的河谷平坝地区为二年二熟制，适合秋播。西北、西南、湘鄂等苦荞生产区，大多适宜栽培秋荞，这是高原生态环境与抗逆性强、适应性广的苦荞生物学特性有机结合的结果，是我国及世界的苦荞主产区。苦荞多生长于海拔 2 000～3 000 m 的丘陵、盆地、沟谷或山顶坡地上，全年无霜期为 150～210 d，年平均气温为 7～15 ℃，年降水量为 900～1 300 mm，是苦荞最适宜的生态环境。

三、经济价值

(一) 营养成分

荞麦被誉为"五谷之王"，营养价值居所有粮食作物之首，无论是甜荞还是苦荞，无论是果实还是茎、叶、花，其营养价值都很高。蛋白质、脂肪、维生素、微量元素含量普遍高于水稻、小麦和玉米，还含有其他禾谷类粮食所没有的叶绿素、维生素 P（芦丁）。

(二) 功能

1. 营养功能 苦荞含 19 种氨基酸，人体必需的 8 种氨基酸齐全且丰富，含有对儿童生长发育有重要作用的组氨酸和精氨酸。由于荞麦的营养物质含量丰富，因此它对人体有极大的保健作用，对许多疾病有明显的辅助防治效果。

2. 医用功能 《本草纲目》对荞麦即有记载，现代临床医学观察也表明，荞麦中的某些黄酮成分具有抗菌、消炎、止咳、平喘、祛痰的作用。因此荞麦还有"消炎粮食"之美称。

3. 文化功能 苦荞文化是彝族文明的重要组成部分。苦荞是凉山彝族的传统粮食作物，在当地人的文化观念中具有无可替代的地位。此外，荞麦花多姿多彩，除了白色外，还有绿色、黄绿色、玫瑰色、红色、紫红色，具有很高的观赏价值。

(三) 加工现状

荞麦是当今世界上集营养、保健和医疗于一体的天然保健食品之一。以荞麦为主要原料研发的药品、食品和轻化工类产品不断见于市场，颇受青睐，为荞麦资源的加工利用开拓了有效途径，荞麦及其深加工产品的开发前景十分广阔。

目前荞麦的加工利用主要有两类，一类是以荞麦粉为主要原料，直接加工成各种食品。由于普通荞麦粉黏度大，加工性能差，且口感粗糙，所以加工食用很不方便。我国荞麦面制品中荞麦含量基本为 20%～40%，但由于口感较差，使得荞麦在日常饮食中难以发挥其营养功能。随着荞麦开发利用的深入，出现了第二类加工方法，即利用挤压膨化工艺使荞麦面粉中的淀粉降解，淀粉分子氢键断裂而发生糊化，导致可溶性膳食纤维比例的增加，使得口感变得细腻；同时蛋白质在挤压膨化过程中变性，可消化率明显提高，且蛋白质的品质得以改善。经过膨化的荞麦面粉的黏性、水溶性有很大改善，可在其中添加部分马铃薯淀粉、生大豆粉、谷朊粉、膨化粉和变性淀粉，在荞麦加工发酵食品时添加淀粉酶，能形成密实的面筋网络，具有足够的产气力和持气力。

在韩国、朝鲜等地十分盛行荞麦冷面；日本的长野县、山梨县都是多山地区，自古就有食用荞麦的习惯，荞麦面、打糕、荞麦苗是最常见的荞麦食品；美国的商场里都可以购买到用荞麦做成的面包和其他面食；法国人常将荞麦面粉制作成黑面包或煎饼；波兰人习惯直接用未磨的去皮荞麦籽粒做粥；俄罗斯人常用发酵的荞麦面做馅饼。我国传统荞麦加工利用基本以产区居民的风俗食品为主，例如凉粉、灌肠、饸饹、猫耳朵、趄面、荞丝、荞粑等，口感风味地域性强，但产品商品化率不高，消费区域受到一定的限制。现代荞麦加工利用主要集中于全麦粉和活性功能成分的应用，开发了诸如苦荞挂面、方便面、糕点及苦荞黄酒、苦荞茶、苦荞方便羹疗效粉、苦荞提取物等许多新产品，加工产品的商品化、市场化程度有了大幅度的提高。随着研究的不断深入，荞麦（苦荞）的营养保健功能越来越为世人所关注，对苦荞深加工产品品质、数量提出了更高的要求。

第二节 生物学特性

一、植物学特征

荞麦与其他粮食作物不同，不属于禾本科，是双子叶的蓼科荞麦属植物，甜荞（普通荞）和苦荞（鞑靼荞）作为荞麦属的两个主要栽培种，其生物学特征不同。

（一）根

荞麦的根系为直根系，有 1 条较粗大、垂直向下生长的主根，其上长有侧根和根毛。荞麦的主根垂直向下生长，最初呈白色、肉质，随着根的生长、伸长，逐渐老化，质地较坚硬，颜色变为褐色或黑褐色。主根上着生侧根，侧根较细，生长迅速，分布在主根周围的土壤中。一般主根上可产生 50～100 条侧根。侧根不断分化，又产生较小的侧根，构成了较大的次生根系，增加了根的吸收面积。侧根在荞麦的一生中可不断产生，吸收水分和养分的能力很强。荞麦的主根形成层和木栓形成层活动可分别产生次生维管组织和周皮，即次生生长，使根的直径增粗。但一年生的荞麦主根次生生长时间不长，生长能力也不强，增粗不明显。根据主根和侧根的发育强度，初生根系可分为 4 种类型：①粗长型，主根粗长并有发达的侧根；②粗短型，主根粗短，侧根较发达；③细长型，主根细长，侧根发育较弱；④细弱型，主根细短，侧根发育较弱。以粗长型最好，具有这类初生根系的荞麦品种，出苗整齐，出苗率高，幼苗健壮。

荞麦在潮湿、多雨、适宜的温度条件下容易形成不定根。不定根主要发生在靠近地表的主茎上，但分枝上也可产生。有的不定根和地面平行生长，随后伸入土壤中发育成支持根。荞麦不定根数量随品种和环境因素不同而变化，一般为几十条，多的为几百条。

荞麦的根系为浅根系，入土深度只有 30～50 cm，侧根分布于 10～20 cm 的土层中，其中又以离地表 20 cm 内土层的根系最多。荞麦的主根可深入土层 50 cm 以下，与土壤疏松程度有关，在疏松土壤中甚至可达 100 cm 以下。但整个根系在植株周围分布的宽度较小，宽度不到深度的一半。

荞麦根生长过程表现为慢→快→慢的基本规律，即开花前根生长缓慢，积累的同化物质少；以后根生长速度逐渐加快，积累同化产物的量迅速增加；随后根的生长速度减慢以至停止，植株进入成熟期时，根生长停止，根中部分储藏营养物质通过茎秆转移到籽粒中，根细胞逐渐衰老死亡，根的干物质量有所减少。

（二）茎

荞麦茎多为直立，部分多年生野生种的茎基部分枝呈匍匐状。茎表面光滑，无毛或具细茸毛，截面呈圆形而稍有棱角，幼嫩时实心，成熟时呈空腔。茎高为 0.6～1.5 m，在旱坡地上只长到 0.4～0.7 m，在肥沃土壤上则可长至 1.5 m 以上，最高可达 3.0 m。茎粗一般为 0.4～0.6 cm。甜荞茎表皮常含花青素，使茎的向阳面呈红色或暗红色。苦荞茎表皮细胞通常不含花青素而呈绿色，少数品种因含有花青素而呈红色。茎可形成分枝，通常有 2～10 个分枝。株高、主茎节数、主茎分枝数，受种、品种、生长环境、营养状况的影响而不同。

主茎一般有 8～10 个节间，在适宜条件下可达 13 个以上。茎节膨大而有茸毛，茎节将主茎和分枝分隔成节间，节间长度和粗细取决于其在茎上的位置。一般来说，茎中部节间最长，向上、向下两端节间长度逐渐缩短，植株上部由茎节间逐渐过渡到花序的节间。因长势不同，从茎节叶腋处长出分枝，在主茎节上的侧生旁枝为一级分枝，在一级分枝的叶腋处长出的分枝为二级分枝，在良好的栽培条件下，还可以在二级分枝上长出三级分枝。

荞麦的茎分为 3 个部分。第 1 个部分为茎的基部（从胚根到子叶的节），这部分可形成不定根（茎生根）。茎的这部分长度既取决于播种的深度，又取决于苗的密度。种子覆土较深和幼苗较密的情况下，茎基部的长度就增加。第 2 个部分为分枝区（从子叶节到开始出现果枝），它的长度取决于植株的分枝强度，分枝越强，分枝区的长度就越长。茎的第 3 个部分只形成果枝（从最初出现的果枝直至茎顶），在茎的顶部这些果枝形成顶端花序，为荞麦的结实区。

甜荞苗期茎嫩绿色，随着植株的生长，茎内花青素也在积聚，由绿色渐变为紫红色，成熟后为红褐色。甜荞节间向叶面形成纵向凹陷，苦荞节间表面较扁平或微凹。由于主茎和分枝间颜色的变化有早有晚，所以在田间常常是红绿相间。

（三）叶

荞麦的叶有子叶、真叶和花序上的苞叶 3 种形态。子叶出土时对生于子叶节上，呈圆形，具网状脉，出土后因光合作用由黄色逐渐转为绿色。苦荞子叶较小，呈绿色；甜荞子叶较大，呈红褐色。有些品种的表皮细胞中含有花青素，微带紫红色。

真叶为三角形或卵状三角形、戟形、线形。苦荞叶片顶端极尖，基部为心形；甜荞叶片顶端渐尖，基部为心形或箭形。真叶包括托叶、叶柄和叶片 3 个部分。托叶合生如鞘，顶端偏斜，随着植株的生长，位于植株下部的托叶鞘逐渐衰老变成蜡黄状。中下部叶叶柄较长，上部叶叶柄渐短，至顶部则几乎无叶柄。叶柄在茎上的排列、角度及叶柄的长短，可使一株上的叶片不致互相遮阴，以利充分接受阳光。叶柄的上侧有凹沟，凹沟内和凹沟边缘有短茸毛，其他部分光滑。单叶互生，稍有角裂，全缘，有掌状网脉。叶片为浅绿色至深绿色，叶脉处常常带花青素而呈紫红色。

在荞麦的花序上着生鞘状的苞片，这种苞片为叶的变态。苞片很小，长为 2~3 mm，片状半圆筒形，基部较宽，从基部向上逐渐倾斜成尖形，呈绿色，被微毛。苞片具有保护幼小花蕾的功能。

甜荞和苦荞叶形态有明显差异。甜荞叶片近肾形，两侧极不对称，其长径为 1.4~2.0 cm，横径为 2~3 cm。苦荞叶片略呈圆形，两侧稍不对称，长径为 1.2~1.8 cm，横径为 1.5~2.5 cm。荞麦叶的芦丁含量是籽粒的 6~10 倍，因此对荞麦叶的开发利用越来越受到重视。

（四）花

荞麦花序为有限花序和无限花序的混生花序，顶生或腋生。花序为螺旋状聚伞花序，呈总状、圆锥状或伞房状，簇生于花序轴或分枝的花序轴上。花序从叶腋处抽出，每个叶腋处可抽出 1~3 个花序，单株有效花序数的多少因品种和栽培条件而不同。苦荞花序数一般为20~50 个，多的可达 100 个以上，甜荞单株花序数略少于苦荞。单株有效花序数和单株籽粒产量呈正相关。花序的花轴上密生鞘状苞片，在花轴上呈螺旋状排列，每个苞片内着生2~4 朵不同长度花梗的花。每个花序上有 20~25 朵花开放，一个花序的每日开花数为 0~3朵。在主茎上的花序开花 4~6 d 后，一级分枝上的花序才开花，二级分枝上花序的开花时间更晚些。在开花盛期，植株每天能开花 20～40 朵，多者甚至可达到 70 朵以上。荞麦开花期很长，约占整个生育期的 2/3，苦荞一般单株累计开花可达 800～2 000 朵，甜荞单株开花累计为 300～1 000 朵。

一般来说，荞麦的花多为两性花，但也有少量单性花存在，这类单性花大都没有雌蕊，或雌蕊已退化为一个痕迹，但雄蕊发育正常。单性花在甜荞的长柱头花和短柱头花中都有发现。甜荞花为白色、粉色或红色，分长柱头花、短柱头花、雌雄蕊等长花，在同一植株上只有 1 种花型，且一般以长柱头花居多，导致其自交不育。苦荞的花一般为绿色或黄绿色，其柱头与雄蕊等长，为严格的自花授粉。

（五）果实

荞麦属（*Fagopyrum*）果实为瘦果，具 1 枚种子，花被宿存。果实呈三棱锥状或卵圆三棱锥状，中部或中下部膨大；表面光滑具光泽，或粗糙无光泽，具网状纹饰、条纹纹饰或瘤状颗粒纹饰。甜荞果实为三角状卵形；棱角较锐，果皮光滑；常呈棕褐色或棕黑色；千粒重为 15～37 g；易于脱壳。苦荞果实呈锥形卵状；果上有 3 棱 3 沟，棱圆钝，仅在果实的上部较锐利，棱上有波状突起；果皮较粗糙；果皮的颜色因品种不同而有褐色、灰色、棕色、黑色等，有的还带花纹；千粒重为 12～24 g；脱壳比较困难。

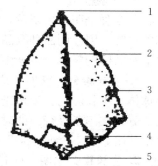

图 15-1　苦荞种子外形
1. 发芽口　2. 种沟　3. 果皮
4. 宿萼　5. 果脐
（引自赵钢，2015）

果皮内部包含有与果实形状类似的种子。从荞麦种子的横断面观察，主要由果皮、种皮、胚和胚乳组成。种皮占种子总质量的 15%～20%；胚乳占 65%；胚和糊粉层占 19%。胚的横切面为 S 形，有子叶 2 枚，折叠于胚乳中。胚乳包括糊粉层及淀粉组织，胚乳的结构是异质的，胚乳最外层为糊粉层，直接位于种皮之下，排列较紧密、整齐，厚为 15～24 μm，大部分为双层细胞，在果柄的一端可有 3～4 层细胞。糊粉层细胞有大而呈圆形或椭圆形的细胞核，细胞内不含有淀粉，而含有大量蛋白质、脂肪、维生素和糊粉粒。糊粉层以内为淀粉胚乳，其细胞结构与糊粉层有明显的不同，细胞较大、壁薄、纵切面和横切面呈多边形，其中充满淀粉粒。淀粉粒多呈多边形，体积很小，大部分构成复合淀粉粒。在淀粉胚乳中含淀粉细胞是从中心部位向四周呈放射形排列的，紧接糊粉层的含淀粉细胞要比中部的稍小。整个淀粉胚乳结构疏松，不透明。

二、生长发育周期

（一）生育阶段

荞麦在我国分布范围很广，从南到北、从东到西均有栽培。因此生育期（播种至种子成熟的天数）的长短因品种各不相同，有 60 d 即可成熟的早熟品种，也有需 120 d 以上才可成熟的晚熟品种。荞麦是生育期较短的作物，生长发育的速度较快，一般早熟品种 60～70 d 即可成熟，中熟品种生育期为 71～90 d，晚熟品种生育期为 91～120 d。生产上多用中熟品种。生育期的长短除受品种固有遗传特性决定外，同时还受栽培地区光温自然条件及栽培条件的综合影响，即便同一品种，由于栽培地区不同，其生育期也不相同。

根据植株外观形态变化，将荞麦的生长发育过程划分为 7 个生育时期：播种期、出苗期、分枝期、现蕾期、开花期、结实期和成熟期。其中，出苗期是指群体中70%以上植株出苗的日期；分枝期、现蕾期和开花期分别指群体中50%以上植株第1次分枝、现蕾和开花的日期；成熟期指群体中70%以上植株籽粒变硬、呈现本品种特征的日期。

荞麦的全生长发育过程可划分为营养生长阶段、营养生长与生殖生长并进阶段、生殖生长阶段。从种子萌发开始到第1花序形成，是荞麦根、茎、叶等营养器官分化形成的营养生长阶段。从第1花序形成到孕蕾、开花为营养生长与生殖生长并进阶段。从开花到种子成熟是以生殖生长为主、营养生长为辅的生殖生长阶段。荞麦具有无限生长习性，只要温、光及营养条件适宜，新的花序不断形成，不断开放，故在同一植株上，存在着发育程度极不一致的花序和果实。

（二）穗分化

荞麦种子萌发出苗后，经过较短的一段营养生长，即进行花序的分化，花序开始分化时期的早晚，因不同品种及品种类型而不同，但在分化表现、器官形成的顺序和延续时间的长短上有共同的规律。根据生长锥形态上的差异，可以将穗分化过程分为以下几个时期。

1. 生长锥分化前期 这个时期尚属营养生长阶段，生长锥还没有分化，为无色光滑的半球体。生长锥的长度短于宽度。这时是叶原基分化，决定叶数的时期。在生长锥基部叶原基的分化在不断进行。此时幼苗的2片子叶已充分展开，体积也增大了几倍，但第1片真叶尚未伸出。

2. 生长锥分化期 此时生长锥略有伸长，其长度与宽度差别很小或者长度比宽度略大，不同于禾本科作物的生长锥明显伸长，而是呈略长的半球形，生长锥分化的显著特征是体积较显著地膨大。外部形态特征是第1片叶已伸出，半展开或已全展开（甜荞第1片叶尚未展开）。

3. 花序原基分化期 此时膨大的生长锥相继产生2～3个突起的花序原基。花序原基逐渐增大，并向上逐渐生长和发展，形成花序原始体。在花序原基生长的同时，其基部周围出现半球状小突起，形似叶原基，这就是苞片原基。苞片原基的产生从花序原基的基部开始，随着花序原基的生长，逐步由下而上呈螺旋状在花序原基上出现。此时，第1片真叶已展开，第2片真叶尚未完全展开。

4. 小花原基分化期 此时苞片原基腋内形成小突起，为小花原基。开始只有1个小花原基，随着苞片原基的生长，在第1个小花原基的侧下方又形成第2个小花原基，以后在第2个小花原基的侧下方又形成第3个小花原基。上下2个小花原基分化的间隔时间为1～3 d。1个苞片内有几个小花原基，如果营养充足，可以不断分化出多个小花原基。在小花原基分化的同时，苞片不断伸长，逐渐将腋内的几个小花原基覆盖。此期荞麦的外部形态大约是第2片真叶展开，第3片真叶尚未伸出或半展开。

5. 雌雄蕊分化期 在小花原基的分化发育过程中，逐渐形成花萼原基，花萼原基中央的光滑突起上产生几个乳头状突起，即雄蕊花药原基，花药原基中央出现雌蕊原基。花萼原基迅速长大，合拢在雄蕊顶端。与此同时，雄蕊分化为花药花丝，原来的花药原基纵裂，形成花药。此期荞麦的第3片真叶已展开。

6. 雌雄蕊形成期 在此阶段花被接近发育完全，花丝逐渐伸长，花药中开始形成花粉粒。雌蕊的花柱逐渐伸长，成三歧，形成3个柱头。子房接近瓶状，体积增大，胚珠分化，胚囊中卵器逐渐成熟。此期荞麦品种的花序即将伸出，第4片或第5片真叶已伸出。

三、生长发育对环境条件的要求

(一) 温度

荞麦种子发芽的最适宜温度为 25 ℃。一般甜荞发芽要求的温度比苦荞高, 苦荞种子在 7~8 ℃即可萌发; 10~11 ℃条件下苦荞的出苗率可达到 80%~90%, 而甜荞仅有 40%~50%; 12~14 ℃时甜荞种子发芽率达到 80%~90%。田间条件下荞麦种子发芽出苗的最适温度为 15~20 ℃, 30 ℃以上高温条件下, 种子虽可萌动发芽, 但胚轴生长缓慢并很快枯萎, 不能出苗。适温下播种后 4~5 d 就能整齐出苗。荞麦喜温畏寒, 抗寒能力较弱, 不能忍受低温, 幼苗受霜冻即枯萎。当气温在 10 ℃以下时, 荞麦生长极为缓慢, 长势弱。不同生育阶段对低温的耐受力不同, 荞麦受冻死亡的温度, 苗期为 0~4 ℃, 现蕾期为 0~2 ℃, 开花期为 -2~0 ℃。

出苗期到现蕾期需要达到一定的积温, 不同品种对温度的敏感性不同。甜荞在现蕾开花前要求温度在 16 ℃以上, 开花至籽粒形成期以 18~25 ℃最为适宜。苦荞对温度的适应性较强, 平均气温在 12~13 ℃就能正常开花结实。在荞麦结实期间, 湿润而昼夜温差大的气候, 有利于籽粒发育和产量提高, 而气温低于 15 ℃或高于 30 ℃的干燥天气, 或经常性雨雾天气均不利于开花授粉和结实。荞麦种间或品种间在不同温度条件下感温特性差异较大。

荞麦是喜温作物, 对热量要求较高, 对活动积温的要求不同, 北方夏荞麦区的品种由播种到成熟需要 ≥10 ℃的积温 880 ℃, 晚熟品种需为 1 300 ℃; 北方春荞麦区, 荞麦生长发育期间需积温为 1 200~1 600 ℃。荞麦的生育期会随气温的升高而缩短。

(二) 光照

荞麦是短日照作物, 但对短日照要求不严, 在长日照和短日照条件下都能生长发育并形成果实。一般来说, 荞麦品种的短日性依其原产地由南向北逐渐减弱。从出苗到开花的生长发育前期, 宜在长日照条件下生长发育; 从开花到成熟的生长发育后期, 宜在短日照条件下生长发育。长日照促进植株营养生长, 短日照促进花果发育。同一品种春播开花迟, 生育期长; 夏秋播开花早, 生育期短。不同品种对日照长度的反应不同, 晚熟品种比早熟品种反应敏感。荞麦是喜光作物, 对光照度的反应比其他禾谷类作物敏感。幼苗期光照不足时植株瘦弱; 开花、结实期光照不足, 会引起花果脱落, 结实率低, 产量下降。

(三) 水分

荞麦是喜湿作物, 每形成 1 kg 干物质消耗 450~630 kg 水, 一生中需水 760~840 m³, 比其他作物耗水多, 但根系入土较浅, 抗旱能力较弱。荞麦的耗水量在各个生育阶段也不同。种子发芽需消耗种子质量 40%~50% 的水分, 水分不足会影响发芽和出苗。现蕾后植株体积增大, 耗水剧增, 在开花结实期的土壤含水量不能低于田间持水量的 80%。这个时期耗水量是出苗到开花期耗水量的 2 倍。开花结实到成熟期耗水占荞麦整个生长发育阶段耗水量的 80%~90%, 较多的降水和较高的空气湿度对结实有利, 要求空气湿度在 70%~80%。当空气相对湿度在 30%~40% 或以下, 且有热风时, 会引起植株萎蔫, 花和子房及形成的果实也会脱落。荞麦在多雾、阴雨连绵的气候条件下, 授粉结实也会受到影响。需水临界期是出苗后 17~25 d, 即花粉母细胞四分体形成期, 如果在开花期间遇到干旱、高温, 则授粉受影响, 花蜜分泌量也少。

（四）养分

植物的受精作用既是遗传物质的传递过程又是生理生化物质的转化过程，需要消耗大量的能量．要保证有足够的营养物质供应。而籽粒的形成更需要大量的养分，以合成胚和胚乳的基本成分蛋白质、淀粉等。在一定范围内，荞麦株高、产量与施氮量呈正相关，但氮肥施用过多容易引起倒伏。荞麦吸收磷、钾较多，磷、钾可以促进光合产物的合成、运输、积累和能量代谢，使荞麦体内合成过程能正常进行。锌、锰、铜、硼等微量元素在植物的受精结实过程中有着重要的作用。因此对于微量元素缺乏的土壤，施用微量元素后，荞麦受精结实率提高，产量显著增加。

四、农业气象灾害

（一）干旱

根系是荞麦吸水的主要器官。但由于荞麦根系较短，入土深度只有 $30 \sim 50$ cm，侧根数一般在 30 条左右，吸收水分的能力较差，不耐旱。荞麦生产面临的干旱主要有大气干旱和土壤干旱。大气干旱主要是由于气温高而相对湿度小，导致蒸腾过于旺盛，叶片的蒸腾量超过根系的吸水量而破坏作物体内的水分平衡，使植株发生萎蔫，光合作用降低。若土壤的水分含量充足，大气干旱造成的萎蔫则是暂时的，荞麦能恢复正常生长。土壤干旱主要是由于土壤水分不足，导致根系吸收不到足够的水分，如不及时降雨或灌溉，会造成根毛死亡甚至根系干涸，地上叶片严重萎蔫，直至植株死亡。通过合理的技术措施可以增强荞麦的抗旱性，例如深松、种子处理、增施有机肥和磷钾肥、施用抗旱剂增强土壤的持水性。

（二）冷害

荞麦的冷害，主要表现在倒春寒影响荞麦苗生长，以及早霜或寒露风使荞麦不能成熟。我国的东北、西北、华北等地冷害时有发生。西南区在荞麦生产中主要防止倒春寒的危害，一般调整合适的播种期即可达到目的。在西北区，以 5—9 月 $\geqslant 10 \, ℃$ 的积温较常年少 40 ℃以上，以及年平均温度较常年低 $0.5 \sim 1.0 \, ℃$ 即为冷害年份，一般冷害 2～3 年一遇，严重冷害 5 年一遇。冷害对荞麦产量会造成影响，特别是高寒地区，早霜严重影响荞麦的产量，严重时使荞麦绝收。

第三节　栽培技术

一、耕作制度

（一）轮作

荞麦对茬口要求较低，大多数作物均可作为前茬，但荞麦的前茬最好选择豆类、薯类，其次为谷子、玉米和麦类作物，较差的是胡麻、油菜、甜菜等作物。在北方春荞麦区，一般为一年一熟，5 月下旬到 6 月上旬春播，形成玉米（谷子）→豆类（薯类）→荞麦或油葵→燕麦→荞麦等栽培方式，这个地区的栽培作物主要以荞麦、燕麦和马铃薯等喜冷凉作物为主，辅以其他小宗粮豆。北方夏荞麦区一般采用二年三熟或一年二熟，高寒山区一年一熟，该地区的荞麦主要为小麦后茬，平原在 7—8 月复种甜荞，高寒山区 5—6 月春播苦荞。南方秋冬荞麦区采用白露至立冬期间 60 d 左右空隙，建立了春粮→杂交水稻制种→荞麦的模式。西南高原春秋荞麦区为一年一熟，春播荞麦，形成燕麦→马铃薯→燕麦→荞麦的轮作体系，该地区根据海拔的不同，选择栽培春荞麦、夏荞麦或秋荞麦。

（二）间套作

荞麦由于生育期短，与其他作物间作较为理想，全国较多地区都有荞麦间作的生产习惯，根据不同地区栽培作物的不同，采取的间作模式存在一定的差异，栽培和收获的时间也各不相同。例如在陕西，用糜黍与荞麦间作，在保证糜黍产量的同时，可增收 1 季荞麦。在云南迪庆一季春播栽培区采用荞麦、马铃薯间作模式，在提高光能利用率的同时，降低马铃薯晚疫病发生概率。间作极大地丰富了荞麦的栽培模式，在采用间作时应尽量不选择植株过于高大的作物，避免因遮挡而影响荞麦的产量。另外，间作时荞麦栽培密度应适当降低，改善田间通风透光条件，有利于获得荞麦高产。

二、选地和整地

（一）选地

荞麦对土壤的要求并不十分严格，大部分的土壤类型均可栽培，但最适宜的仍是壤土、砂壤土等土层深厚、结构良好、有机质含量较高、质地松软的土壤。由于主要栽培于高寒山区，大多地区土壤比较贫瘠，长期适宜的环境条件使荞麦能比较经济地利用其他作物不能很好地生长的瘠薄土壤。但是通气不好、排水不良的土壤对荞麦的生长发育极为不利，需要注意排水。荞麦与大多数作物比较而言较为耐酸，碱性过强时荞麦生长容易受到抑制，荞麦最适宜的土壤 pH 为 6～7。

（二）北方春荞麦区耕作技术

北方春荞麦区位于我国北部，属于干旱半干旱地区。东北及内蒙古东南部多采用宽垄及宽垄双行播种，西部多窄行条播。荞麦多在风沙、干旱薄地、轮荒地上栽培，生产条件恶劣，耕作粗放，春种秋收，单位面积产量较低。干旱是荞麦生产的主要威胁，春季常因土壤干旱而不能按时播种，或墒情不好而使荞麦缺苗断垄。应该早秋深耕，早春顶凌耙糖，播种前浅耕耙糖保墒，最大限度地接纳自然降水和保蓄地下水。因此秋耕蓄水和春耕保墒，是本区荞麦耕作的主体技术。

内蒙古阴山以北丘陵区和河北坝上地区，多在 8 月底 9 月初作物收获后早秋深耕，耕深为 15～20 cm，耕后耙耢，春季再浅耕、耙糖。内蒙古库伦旗、敖汉旗、奈曼旗、翁牛特旗，辽宁阜新和彰武，吉林白城等地区，一般是春季先做垄后播种，垄高为 15～16 cm。陕西榆林和延安，宁夏固原和银南，山西雁北和忻州，甘肃平凉、定西和庆阳，一般在 9 月中下旬前茬作物收获之后，开始耕作，耕深为 20 cm 左右，耕后不耙糖，翌年春季再次浅耕时才耙糖。

（三）北方夏荞麦区耕作技术

北方夏荞麦区以黄河流域为中心，多习惯于窄行条播，作为倒茬复种作物，播种处在"争时"的紧迫时期，一般在前茬作物收获后，无充裕时间精耕细耙，整地质量差，严重缺苗断垄。因此荞麦播种前耕作，根据具体情况浅耕灭茬，打碎土块，消灭杂草，保蓄水分，争取早播、全苗、根系发育良好。河北中南部、北京半山区一般是先灭茬后耙耕，再播种。甘肃平凉和定西、陕西常武和蒲城等，由于时间和墒情的原因，一般是在小麦收获后，立即翻耕灭茬，并轻翻地表，将种子翻入土表，然后耙平地面。

（四）南方秋冬荞麦区耕作技术

南方秋冬荞麦区的荞麦栽培分布范围较广，自然条件不同，而荞麦又作为秋季或冬季填闲作物栽培，因此耕作的时间、方式和机具差别很大。一般不深耕，只结合播种进行浅耕。荞麦作为水稻或者玉米、花生、大豆等后作时，于前茬作物收获后土壤干湿适度时翻耕，精细整地。

（五）西南高原春秋荞麦区耕作技术

西南高原春秋荞麦区在山地丘陵和秦巴山区南麓采用一年一熟的春播，在低海拔的河谷平坝地区为二年三熟制秋播。四川凉山、贵州威宁、云南宁蒗和永胜等地荞麦耕作层过浅，尤其是高寒山区缺水少肥的"火山荞"地，秋季不深耕，只在春季浅耕1次。西南高原地区苦荞产区地处云贵高原，多为高山，雾大、气温低，因此前作收获后深耕，耕深为20～25 cm，以利用晚秋余热使植物秸秆、根叶及早腐烂，促进土壤熟化。第2次整地在播种前10～15 d的春季进行。西南苦荞第1次耕地一般在11月中下旬至12月上中旬进行。耕后一般不进行耙糖，通过冬季晒垡，干湿交替，以利于土块破碎，待翌年春天进行1～2次耕翻地后播种。

三、品种选择和种子处理

荞麦品种根据来源分为育成品种和地方品种；根据染色体倍性，分为二倍体品种和多倍体品种。目前生产上的荞麦品种主要是二倍体品种，少数为同源四倍体荞麦品种。例如由山西省种子公司从日本引进的日本荞麦、由山西省农业科学院选育"黑丰1号"（苦荞麦）、由陕西榆林选育的"榆荞3号"、由四川凉山彝族自治州昭觉农业科学研究所选育的"川荞1号"。

目前在荞麦生产上，由于品种混杂退化，致使荞麦单株结籽稀少，单产低。因此播种前进行种子精选很重要，如果种子不纯、不净、不饱满、发芽率低，将会严重影响出苗率。当年种子发芽率高，隔年种子发芽率低；温度26 ℃时晒种1 d可提高发芽率3%。此外，也可探索使用等离子体、高压静电场、超声波、植物生长调节剂、烯效唑、过氧化氢（H_2O_2）、聚乙二醇（PEG）等物理或化学方法种子处理技术提高荞麦种子活力。

防治荞麦地下虫害，可用辛硫磷乳油拌种，也可采用其他拌种剂和种衣剂及时进行种子包衣。防治立枯病可用多菌灵可湿性粉剂、五氯硝基苯粉剂拌种。荞麦用杀虫剂拌种后，一般堆闷2～3 h，最多5～6 h，待药剂被种子吸收以后即播种。如果当地荞麦苗期虫害发生很轻，病害发生较重，只用杀菌剂拌种即可，不必使用杀虫剂；如果病虫害混合发生，既要用杀虫剂拌种，还要用杀菌剂拌种；如果地下害虫发生较重，靠药剂拌种可能达不到预期的防治效果，应采取土壤处理的办法防治荞麦虫害。

四、播种技术

（一）适宜播种期

我国幅员辽阔，各地自然条件差异较大，因此荞麦的播种期不一致，华北地区6月中下旬播种，华中地区8月上中旬播种，华南地区9月中旬播种。内蒙古阴山以北丘陵地区因为无霜期短，荞麦的播种适期是5月下旬至6月上旬；内蒙古阴山以南丘陵地区从5月中旬至6月中旬都是荞麦的播种适期。但在生产实践中，播种受到降雨的影响，常常等雨播种或播种后等雨。确定荞麦适宜播种期的原则是花果生长与雨热同步,霜前成熟。青饲荞麦从春季到秋季均可播种。

(二)播种方法

荞麦的播种方法,有撒播和条播。一般地块,撒播出苗不整齐,田间植株分布不匀且不便于管理,因而产量不高,故以条播为好。为使荞麦株间通风透光,增加分枝和花果数,宜采用宽行栽培,同时有利于田间管理、中耕除草。内蒙古西部地区条播行距以 30~40 cm 为宜,东部地区行距以 40~50 cm 为宜。垄向以南北向为好。播种深度一般以 3~5 cm 为宜,播种后镇压,以利种子发芽出苗。

(三)播种量

高肥水地块,甜荞播种量一般为 60 kg/hm²,保苗 1.2×10^6~1.5×10^6 株/hm²;苦荞播种量为 30~45 kg/hm²,保苗 7.5×10^5~1.2×10^6 株/hm²。一般肥力较高的地块,适当稀植,依靠分枝提高单株产量来获得高产;肥力较低的土地应适当密植,依靠群体优势来获得产量。墒情良好的土地应适量播种;墒情不好的土地应适当增加播种量。种子的千粒重高时,播种量适当增加,反之,应少些。高秆、多枝、晚熟品种,播种量适当减少;矮秆、早熟、大粒品种,播种量适当增加。

五、营养和施肥

(一)需肥规律

荞麦是一种需肥较多的作物,每生产 100 kg 荞麦籽粒,需要从土壤中吸收氮 4.01~4.05 kg、磷 1.66~2.22 kg、钾 5.21~8.18 kg,吸收比例为 1:0.41~0.45:1.30~2.02。

荞麦吸收氮、磷、钾的基本规律是一致的,且吸收氮、磷、钾的比例相对较稳定。据戴庆林对荞麦吸肥规律的研究,氮、磷、钾吸收比例除苗期磷比较高之外,整个生长发育期基本保持在 1:0.36~0.45:1.76。在生产水平较低时,要注意施磷,反之,在生产水平较高时,要注意适当增施氮肥。

(二)施肥技术

施肥应以"基肥为主、种肥为辅、追肥为补","有机肥为主、无机肥为辅"。施用量应根据地力基础、产量指标、肥料质量、栽培密度、品种和当地气候特点科学掌握。

1. 基肥 基肥一般以有机肥为主,也可配合施用无机肥。基肥一般应占总施肥量的 50%~60%。目前用作基肥的无机肥有过磷酸钙、钙镁磷肥、磷酸二铵、硝酸钙、尿素和磷酸氢钙。过磷酸钙、钙镁磷肥作基肥最好与有机肥混合沤制后施用。磷酸二铵、硝酸铵、尿素和磷酸氢钙作基肥可结合秋深耕或早春耕作时施入,也可在播种前深施,以提高肥料利用率。

2. 种肥 种肥能弥补基肥的不足,以满足荞麦生长发育初期对养分的需要,并能促进根系发育。常用作种肥的无机肥料有过磷酸钙、钙镁磷肥、磷酸二铵、硝酸铵、尿素等。栽培荞麦一般以施 50 kg/hm² 磷肥作种肥为宜。

3. 追肥 追肥应视地力和苗情而定。地力差,基肥和种肥不足的,出苗后 20~25 d,封垄前必须追肥;苗情长势健壮的可不追或少追,弱苗应早追苗肥。追肥一般宜用尿素等速效氮肥,以 40~60 kg/hm² 为宜。此外,结合土壤情况,适当选用硼、锰、锌、钼、铜等微量元素肥料进行根外追肥,也有增产效果。

六、田间管理

(一)出苗期田间管理

荞麦田块要求能够一次全苗，做到壮苗早发。出苗期田间管理的重点是中耕除草。一般荞麦田中耕在第 1 片真叶出现后进行，可以结合中耕进行疏苗间苗，提高群体的整齐度和壮苗率。中耕次数与土壤状况有关，第 1 次中耕后 10～15 d 进行第 2 次中耕，一般春荞麦需要中耕 2～3 次，夏荞麦和秋荞麦中耕 1～2 次即可。荞麦中后期已封垄，杂草在遮蔽下死亡，可不必再中耕。

可采用选择性除草剂进行化学除草。田间以禾本科杂草为主的田块，可在荞麦出苗前选用禾耐斯、地乐胺、金都尔、精禾草克、拿捕净等进行土壤封闭。田间单子叶杂草和双子叶杂草混合发生时，可在出苗前选用地乐胺、地乐胺＋禾耐斯（或金都尔）等进行土壤封闭。荞麦出苗后使用阔草清＋高盖、虎威＋威霸（或精喹禾灵）等进行防治。对于以地下茎繁殖为主的多年生杂草，可用异噁草松＋虎威（或灭草松）在杂草 3～5 叶期进行防治。

(二)现蕾开花期田间管理

荞麦现蕾开花期营养器官和生殖器官同时迅速生长发育，是决定粒数的关键时期。现蕾开花期田间管理的主要任务是防止倒伏和防治病虫害。对生长过旺有倒伏倾向的荞麦田，喷施 100～200 mg/kg 多效唑溶液或 75 mg/L 烯效唑溶液。开花期如遇干旱还应及时进行灌溉。

(三)开花至成熟期田间管理

荞麦开花后生长中心转移至籽粒，是最后决定粒数和千粒重的重要时期，这个时期田间管理的主要任务是养根护叶，辅助授粉，防止早衰和贪青，保持较高的光合效率，力争高产。甜荞是异花授粉作物，结实率低，在同样的条件下低于自花授粉的苦荞。提高甜荞结实率较好的方法是进行辅助授粉。荞麦开花前 2～3 d，进行蜂媒授粉，或在荞麦盛花期每隔2～3 d，于 9:00—11:00 采用人工辅助授粉。

七、收获和储藏

荞麦为具有无限结实习性的植物，花期为 30～35 d，边开花边结实，落粒性强，一般落粒损失可达 20%～40%。由于植株上下部开花结实的时间不一，成熟不整齐，一般当下部有 70% 以上成熟、上部仍有少量花朵开放时收获。最好在阴雨天或湿度大的清晨至上午11:00前进行，可采用自走履带式谷物收割机进行机械收获。选择晴天脱粒、清选和晾晒或烘干，待籽粒含水量降至 13% 以下入库储藏。

第四节　病虫草害及其防治

一、主要病害及其防治

(一)立枯病

立枯病是荞麦苗期的主要病害，俗称腰折病，一般在出苗后 15 d 最易发生，常引起缺苗断垄。荞麦种子萌发尚未出土时被侵染，变黄褐色腐烂；幼苗出土后更易染病，首先在茎基部出现红褐色水渍状病斑，病部组织凹陷，幼苗萎蔫倒伏枯死。

防治方法：在生产上进行合理轮作、清洁田间，以减少病菌来源；培育壮苗、加强田间管理，以增强植株的抗病能力。也可采用多菌灵可湿性粉剂或五氯硝基苯粉剂拌种。幼苗在低温多雨的情况下发病较重，可用65%代森锌可湿性粉剂、复方多菌灵胶悬剂等喷雾防治。

（二）轮纹病

荞麦轮纹病主要侵害叶片和茎秆，发病叶片中间产生圆锥形或近圆形暗淡褐色病斑，直径为2～10 mm，有同心轮纹，病斑中间有黑色小点（病菌的分生孢子器）。茎秆受害后，病斑呈梭形、红褐色，死后变为黑色，上生有黑褐色小斑。受害严重时，常造成叶片早期脱落，是荞麦主要病害之一。

防治方法：收获后将病残株及其枝叶收集烧毁，以减少越冬菌源。采取早中耕、早疏苗、破除土壤板结等有利于植株健壮生长的措施，增强植株的抗病能力。采用温水浸种，或在发病初期喷洒多菌灵胶悬剂溶液防止病害蔓延。

（三）病毒病

荞麦病毒病与蚜虫的发生密切相关，蚜虫是该病的传播媒介，受侵染的植株出现矮化、卷叶、萎缩等症状，叶缘周围有灼烧状。

防治方法：可结合防治蚜虫进行防治；喷施叶面肥增强植株抗病性，减轻病毒病危害。

（四）菌核病

荞麦菌核病危害种子，用手轻轻捻压受害种子，棱角部位容易分裂，籽粒内部呈黑色。

防治方法：播种前用10%盐水选种，采用扑海因可湿性粉剂或多菌灵、速克灵在初花期和盛花期分别喷雾防治。

（五）霜霉病

受害叶片正面可见不规则的失绿病斑，无明显边缘界限，背面是浅灰色霜霉状物。感病严重时叶片卷曲枯黄，最后枯死，导致叶片脱落。

防治方法：收获后清除田间的病残植株，减少次年的侵染源。可用五氯硝基苯可湿性粉剂或敌克松粉剂进行拌种，或在植株发病初期用瑞毒霉、百菌清可湿性粉剂等进行田间喷雾防治。

二、主要虫害及其防治

（一）荞麦钩翅蛾

荞麦钩翅蛾属鳞翅目钩蛾科，是仅危害荞麦叶、花、果实的专食性害虫。此虫在陕西延安及宁夏固原和隆德等地1年发生1代，以蛹越冬，羽化盛期为7月中旬，成虫寿命为10～15 d，羽化后马上交尾，成虫有趋光性。卵产于叶片背面，数十粒至百余粒排列成块，上覆有白色长毛，卵期为7～10 d。幼虫期为25～28 d，共5龄，老熟后入土化蛹。

防治方法：在幼虫3龄以前，用Bt粉剂或高效氯氰菊酯乳油、甲氰菊酯乳油进行喷雾防治。

（二）黏虫

黏虫属鳞翅目夜蛾科，俗称五花虫，是危害荞麦、豆类和禾谷类等作物的暴食性害虫。成虫具有远距离迁飞的特性，随着季节的变化南北往返迁飞危害。黏虫1年发生多代，第1代黏虫严重危害春播荞麦，第2代黏虫严重危害夏播荞麦，第3代黏虫则严重危害秋播荞麦。

防治方法：防治黏虫的关键是做好预测预报。防治幼虫于3龄以前，采用晶体敌百虫或敌敌畏乳油于黄昏喷雾防治，或用晶体敌百虫和红糖、酒、醋、水混合成毒饵于黄昏撒在植株叶上毒饵诱杀。提倡使用苏云金芽孢杆菌粉或灭幼脲喷雾防治。

（三）草地螟

草地螟属鳞翅目螟蛾科，是杂食性、暴食性害虫，除危害荞麦叶、花和果实外，还危害豆类、马铃薯、甜菜、谷子等多种作物。成虫有趋光性，飞翔能力较弱，寿命为5～7 d。幼虫共计5龄，4龄后活动剧烈，嚼食叶肉，残留表皮，约15 d后老熟幼虫入土做茧化蛹越冬。

防治方法：可灯光诱杀，或采用辉丰快克乳油、快杀灵乳油、功夫乳油、晶体敌百虫溶液化学防治。

（四）蚜虫

蚜虫属半翅目蚜科，又称为蜜虫、腻虫等，为刺吸式口器的害虫，刺吸式口器可以传播病毒病，分泌的蜜露还会招来蚂蚁危害。

防治方法：人工饲养、适时释放瓢虫、草蛉等天敌，或用蚜霉菌等进行生物防治；可利用涂有黄色和胶液的纸板或塑料板，诱杀有翅蚜虫；采用银白色锡纸反光拒栖迁飞的蚜虫；也可采用吡虫啉、啶虫脒等药剂进行化学防治。

三、田间主要杂草及其防除

荞麦的生产多处于管理粗放、广种薄收状态，杂草危害在一定程度上已成为影响荞麦产量的重要因素之一。据不完全统计，荞麦田中杂草种类有22科59种。随着农业生产的发展和耕作制度的变化，荞麦田杂草的发生也出现了很多变化。农田水肥不断提高，杂草滋生蔓延的速度也不断加快，生长量大。荞麦田杂草防控应遵循"预防为主，综合防除"的策略，把杂草控制在不足以造成危害的水平。

（一）农业防除

通过加强栽培措施管理，创造有利于农作物生长而不利于杂草生长的生境。主要措施有以下几个。

1. 轮作倒茬　通过与不同的作物轮作倒茬，可以改变杂草的适生环境，创造不利于杂草生长的条件，从而控制杂草的发生。

2. 精耕细作　采取深浅耕作相结合的耕作方式，既控制荞麦田杂草，又省工省时。播种前浅耕10 cm左右，可促使表层土中的杂草种子集中萌发，化学除草效果好。在多年生杂草重发区，冬前深翻，使杂草地下根茎暴露在地表面而被冻死或晒死。常年精耕细作的田块多年生杂草较少发生。

3. 施用充分腐熟的农家肥　农家堆肥中常混有许多杂草种子，因此肥料必须经过高温腐熟，以杀死杂草种子，充分发挥肥效。

4. 合理密植　荞麦栽培密度小时，杂草量多。随着密度加大杂草受到控制，杂草量变少，荞麦产量较高，同时植株也比较健壮。密度再加大后，杂草量较少，但荞麦的个体生长受到影响，植株纤细，易倒伏，产量受到影响。综合考虑荞麦的生物学性状和经济性状，合理密植既要控制杂草，又要荞麦健壮，增加产量。

5. 人工或机械除草　可在荞麦出苗后 5~7 cm 时和开花封垄前分别进行人工除草 1 次；也可在封垄前机械除草，以苗压草。

（二）化学防除

1. 播种后苗前除草　荞麦播种后苗前除草，可以将杂草防除于萌芽期和造成危害之前。由于早期控制了杂草，可以推迟或减少中耕次数；同时，播种出苗前田间没有作物，施药较为方便，便于机械化操作；荞麦尚未出土，可选择的苗前除草剂对荞麦较为安全，除草剂成本也较低。但是除草剂使用剂量与防除效果受土壤质地、有机质含量、土壤 pH 的影响。施药后遇降水可能将某些除草剂淋溶到荞麦种子上而产生药害。金都尔可有效防除荞麦田间杂草，且能增加产量。荞麦田禁止使用田普、氟乐灵等除草剂。

2. 苗期除草　荞麦苗期除草，即在荞麦苗 2~3 叶期喷施除草剂，受土壤类型、土壤湿度的影响较小，根据杂草种类、密度施药，针对性较强。在苗后只能喷施针对禾本科杂草的除草剂，目前还没有适宜在荞麦苗期使用的针对阔叶杂草的除草剂。荞麦田可使用精禾草克防除禾本科杂草，而且可增加产量。盖草能、扑草净对荞麦田杂草的防除效果较差，不能用于荞麦田除草。荞麦田苗期禁止使用的除草剂有一遍净、莠去津、豆轻闲、双草除、烟嘧磺隆、玉乐宝、玉草克、使它隆、立清乳油、苯磺隆、2 甲 4 氯等。

复 习 思 考 题

1. 简述荞麦的分类。
2. 简述我国荞麦的栽培区划。
3. 荞麦的根系类型是什么？
4. 简述荞麦穗的分化过程。
5. 如何确定荞麦的合适播种期？
6. 荞麦的主要病害有哪些？

第十六章 藜　麦

第一节　概　述

一、起源和分类

（一）起源

1797 年，德国植物学家和药剂师 C. L. Willdenow 首次描述了四倍体藜麦。藜麦原产于南美洲安第斯山地区，主要分布在南美洲的秘鲁、玻利维亚、厄瓜多尔和智利等国，迄今已有 8 000 年的栽培历史。

藜麦在南美洲的栽培区域广，自哥伦比亚（北纬 2°）到智利（南纬 47°），从安第斯山高海拔 4 000 m 区域至南纬海平面。藜麦对特定地理区域的适应，产生了 5 个与多样性亚中心相关的主要生态区域，它们在分枝形态和对降水量（年降水量 2 000 mm 至 150 mm 的干旱区）的适应性不同。这些生态区域包括：安第斯山脉峡谷藜麦区（哥伦比亚、厄瓜多尔和秘鲁）、高原藜麦区（秘鲁、玻利维亚）、央葛斯地区藜麦区（玻利维亚亚热带雨林）、Salares 盐滩藜麦区（玻利维亚、智利北部和阿根廷）和海岸藜麦区（智利中南部从低地至海平面的地区）。Fuentes 等（2012）认为藜麦的传播扩散起始于提提喀喀湖，且有分子标记所揭示的遗传数据支持。

20 世纪以来，欧洲的英国、法国、意大利、土耳其、摩洛哥和希腊，非洲的马里和肯尼亚，北美洲的美国和加拿大，以及亚洲的印度和中国等国家均开展了藜麦的引种和试种。

20 世纪 60 年代中国农业科学院作物育种栽培研究所引进了藜麦资源，但未开展相关研究。1988 年，西藏农牧学院对从玻利维亚引进的 3 份藜麦材料开展了引种观察试验。20 世纪 90 年代初，西藏开展了大量藜麦生物学特性评价、栽培育种技术及病虫害研究等工作。直至 2008 年，藜麦才在山西进行规模化栽培。2014 年以来，全国多个省份开始较大面积栽培藜麦，其中，栽培面积较大的省份有山西、吉林、青海、甘肃、河北等，栽培面积曾达到 3 333 hm²。2015 年，山西的藜麦栽培面积曾达到 1 500 hm²。

（二）分类

藜麦（*Chenopodium quinoa* Willd.）又称为藜谷、南美藜、昆诺阿藜，属于藜科（Chenopodiaceae）藜属（*Chenopodium*）一年生自花授粉的四倍体植物（$2n=4x=36$）。

藜麦包括驯化品种和野生种（*Chenopodium quinoa* subsp. *milleanum* 或 *Chenopodium quinoa* subsp. *melanospermum*），在整个安第斯地区，多个基因库冷藏室保存的藜麦品种有 2 500 种以上。根据纬度和海拔分布，将藜麦分为 5 种生态类型：山谷型（valley type）（晚熟，株高在 150 cm 以上，栽培在海拔 2 000～3 000 m 地区）、阿尔蒂普拉诺高原型（Altiplano type）（耐严霜和干旱，栽培于秘鲁与玻利维亚交界处的提提喀喀湖附近）、萨拉型

（Salar type）（耐盐碱，栽培于玻利维亚高原的平原地区）、海平面型（sea level type）（通常植株较矮，为 100 cm 左右，有少数茎和谷粒，原产于智利南部）、亚热带型（subtropical type）（谷粒白色或黄色，产于玻利维亚的安第斯山谷）。

二、生产情况

1992—2012 年的 21 年间，全球藜麦贸易额由 70 万美元增加到 1.11 亿美元，年均增长速率达 28.8％。1992—1996 年的 5 年间，世界藜麦总量的 56％出口到了美国；而在 2008—2012 年的 5 年间，世界藜麦产量增加了约 2.12 倍，美国仍然保持着 56％的进口总量，美国市场对藜麦的需求强劲。

秘鲁国家统计局的数据显示，2015 年 1—5 月世界两大藜麦主产国秘鲁和玻利维亚的藜麦出口量分别为 12 454 t 和 9 248 t，出口总值分别为 5 220 万美元和 4 710 万美元，两国藜麦出口单价约为 4.58 美元每千克。在美国亚马孙购物网站上，藜麦的销售价格普遍在 25 美元每千克以上，且多为有机食品。

目前，我国藜麦原粮的每千克收购价格为 10～12 元，经加工后的藜麦米售价差异较大，为每千克 30～200 元。作为藜麦的主要消费国，美国的藜麦产品销售形式多样，电子商务和线下实体店同步发展。我国藜麦产品销售多以电子商务为主。

三、经济价值

藜麦胚乳占种子的 68％，富含膳食纤维、多种维生素、蛋白质和不饱和脂肪酸，可用其代替小麦粉制作面包。用 25％～50％藜麦粉代替小麦粉制作的面包，提高了面包中膳食纤维、矿物质、蛋白质及健康脂肪的含量，从而提高了面包的营养价值，降低了面包中的植酸盐含量。另外，藜麦粉蛋白质含量与牛奶相当，因此也可作为婴幼儿的日常辅食。

周海涛等（2014）的研究表明，藜麦中天冬氨酸、赖氨酸和精氨酸占总氨基酸的比例远高于小麦、大麦等常见谷物，可与小麦、稻米等主食搭配食用。藜麦属于易熟易消化食品，有淡淡的坚果清香或人参香，口感独特，可以做成藜麦小米粥、藜麦大米粥、白面藜麦饼等，还可以加工成藜麦饮料、藜麦八宝粥、藜麦挂面等，还可用藜麦酿酒等。

藜麦中含有多种化学活性成分，例如酚类和黄酮类化合物，具有抗菌、抗氧化、消炎、抗癌等多种药理活性，因此可对其进行药用开发，作为抗癌辅助药物等。藜麦不含麸质，可供麸质过敏人群食用。藜麦秸秆富含多种营养物质，其粗蛋白含量与玉米秸秆相当，是优质的蛋白质饲料，其副产品是饲喂家畜、家禽的精饲料。Francis 等（2002）研究发现，用藜麦秸秆作为动物饲料，可以有效促进营养吸收，从而加快生长。

藜麦的营养价值超过传统的粮食，是一种营养全面、蛋白质组分合理的碱性食物。藜麦的蛋白质含量在 16％左右，高于水稻和玉米，与小麦相当。作为一种藜科植物，藜麦的蛋白质含量与牛肉相当，其品质也不亚于肉源蛋白和奶源蛋白。藜麦所含氨基酸种类丰富，含有人类所必需的 8 种氨基酸，特别是富集多数作物所没有的赖氨酸，并且含有种类丰富且含量较高的矿物元素，以及多种人体正常代谢所需要的维生素，不含胆固醇与麸质，糖含量、脂肪含量和热量都处于较低水平，适合各类人群，尤其是孕妇及婴幼儿的理想食物，市场需求潜力巨大。

由于藜麦具有独特、丰富的营养价值，养育了印加民族，古代印加人称藜麦为"粮食之母"。美国国家航空航天局（NASA）和联合国粮食及农业组织（FAO）研究认为，藜麦的营养价值在动物界和植物界具有不可替代性，是唯一含有完全蛋白质的植物性食物。藜麦在欧美等发达国家风靡数年，已经成为一种健康时尚的食品。目前，藜麦的国际市场销售额已达到百亿美元规模。2011年7月2日，联合国粮食及农业组织第37届大会通过决议，宣布2013年为"国际藜麦年"，以促进人类营养健康和食品安全，实现千年发展目标。

近年来，国际市场上的藜麦新产品不断涌现。目前我国企业生产的藜麦产品主要是藜麦米，部分企业生产了藜麦面粉、藜麦面条、藜麦片、藜麦糊等产品；此外，藜麦片、藜麦复合粉、藜麦黄酒等产品也已经进入了中试生产阶段。2015年8月，国家粮食局发布了我国第一个藜麦质量标准《藜麦米》（LS/T 3245—2015），为藜麦米的生产提供了质量控制依据，有助于推动我国藜麦米加工市场的发展。

第二节　生物学特性

一、植物学特征

藜麦属于 C_3 作物，其植株大小受环境及遗传因素影响较大，植株高度为 0.5~2.0 m。藜麦的形态可分为根、茎、叶、花和果实等5个部分。

藜麦的主根上着生有大量的侧根，侧根形成密集网状，根系可生长到与株高相等的土壤深度，根系的发育状况和下扎深度与品种类型、土壤质地和栽培管理措施有关。

藜麦的品种类型很多，茎的分枝有无、数量多少在品种类型间差异较大。另外，藜麦茎的分枝因品种和栽培密度而存在差异，茎的颜色分为红色、绿色和紫色。

藜麦的叶片呈鸭掌状，叶缘分为全缘型与锯齿缘型，叶片覆盖有茸毛和粉状物，多数为不光滑类型。

藜麦的花序有穗状花序、圆锥花序、伞房花序等多种类型，生于植株顶部或茎部叶腋处，长度为15~70 cm，花穗具有典型花序结构，包括中心花轴、二级花序和三级花序。花穗具有松散和紧凑两种类型。花为完全花，由花柄、花托、花被、雄蕊和雌蕊5部分组成，花被数目的变异范围为5~8枚，柱头数目的变异范围为2~4枚，雄蕊数目的变异范围为4~8枚。

藜麦的花属于雌雄同花或单性花，可进行自花授粉或异花授粉，不同品种间的异花授粉率在0%~80%。花期不同是藜麦的特点之一，花期一般持续12~15 d，单个花一般只能持续开放5~7 d，每天的开放时间一般在

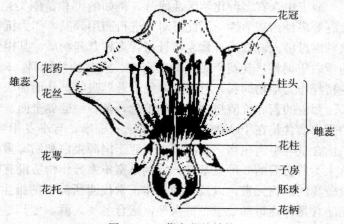

图 16-1　藜麦花的结构
（引自袁飞敏，2018）

10:00—14:00。

藜麦的果实包裹在花被中（变态叶），为不裂瘦果。种子通常稍扁平，直径为 1～2.6 mm，每克种子有 250～500 粒。藜麦种子的颜色多样，有白色、黄色、红色、紫色、棕色、黑色等。种子中胚的质量占 30%，胚分布在胚乳周围形成环状。

二、生长发育周期

藜麦的生育期大多在 120～240 d，主要取决于品种特性和生产地区的环境条件。一般而言，在寒冷地区栽培的品种具有较长的生育期，生育期短的品种多栽培在峡谷和低洼地。根据任贵兴（2018）的研究结果，藜麦可以划分为 10 个物候期，不同物候期的发育特点和大致的发育阶段如表 16-1 所示。

表 16-1　藜麦的物候期、形态特征及发育天数

（引自任贵兴，2018）

序号	物候期	形态特征	起止时间（自播种起计算天数）
0	种子发芽	种子膨胀和破壳	3～5
1	子叶生长	植株长出	3～10
2	2 叶期	营养生长开始；快速生根	10～20
3	5 叶期	早期营养生长；对杂草敏感	35～45
4	13 叶期	产生侧根	45～50
5	前花期（花芽生长）	紧凑或松散的花芽生长	55～70
6	花期	花从花序自上而下开放；对冰雹、干旱和疾病敏感	90～130
7	灌浆早期（液体）	种子具有良好的延展性和较高的湿度；水分含量50%；对冰雹、干旱和疾病敏感	100～130
8	灌浆后期（糊体）	不同品种的种子显现出不同颜色，种子更加干燥（水分含量25%）	130～160
9	生理成熟期	种子更加坚硬、更加干燥（水分含量15%）	160～180

三、生长发育对环境条件的要求

（一）土壤

藜麦在砂壤土和壤土中生长良好，适宜的土壤 pH 是 4.5～9.0，在排水不畅、自然肥力低的土质中也可以生长。在盐碱土壤中，植物组织通过积累盐离子来调节叶片水势，使植株可以在盐胁迫下保持细胞膨压和蒸腾作用，国外学者认为，藜麦可以在盐碱地改良上发挥作用。Schabes 和 Sigstad（2005）研究发现，土壤盐分增加导致藜麦发芽延迟，但在高盐分条件下种子还能保持休眠和活力，对土壤盐分胁迫的耐受性和敏感性主要取决于品种类型。

（二）水分

藜麦具有表现型可塑性和抗逆性，生长季节内和季节间干旱都会影响藜麦的产量，尤其是在开花期的持续干旱。藜麦是 C_3 作物，具有较高的水分利用效率，其抗旱机制主要是通过溶质实现植株组织弹性和低渗透势；脯氨酸是调节藜麦渗透平衡的重要物质，在膨大的组

织中，脯氨酸被迅速氧化，而在干旱胁迫下脯氨酸的氧化会被抑制，Aguilar 等（2003）发现脯氨酸含量最高的品种来源于极端干旱和昼夜温差大的地方。

藜麦在相对湿度 40%～80%的范围内均能正常生长，含草酸钙囊泡是藜麦特有的一种抗旱机制，草酸钙晶体具有吸湿性，在减轻干旱胁迫上可能有两种功能：一是增加反射率，减少阳光对叶片的直接照射；二是气孔保卫细胞湿润，降低蒸腾损失。另外，藜麦花序内的花蕾开花不同步，也是降低干旱和其他非生物逆境风险的一种机制。尽管藜麦的抗旱机制较多，但是水分胁迫经常会造成减产。

（三）温度和光周期

藜麦在不同生态区域内具有广泛的适应能力，在−4～38 ℃的环境中都可以正常生长，适宜的生长温度是 15～20 ℃，极端高温会导致花的败育。低温会抑制藜麦的生长发育，尤其是冻害，Jacobsen 等（2004）研究了不同冻害持续时间和强度对不同生育时期内藜麦品种的影响，发现藜麦在花芽形成期对冻害最为敏感，在营养生长阶段不太敏感。在开花期，−4 ℃低温持续 4 h 会导致籽粒减少 60%，营养生长期间的藜麦在−8 ℃低温持续 2～4 h 也会明显受害。Jacobsen 等（2007）研究发现，藜麦在冻害胁迫下的存活机制是其植株体内含有高浓度的可溶性糖，可以降低凝固温度和致死温度。

藜麦可以忍受较强的辐射强度。根据对光周期的敏感性，藜麦可以分为短日型、长日型和不敏感型，光照持续时间会影响藜麦生育时期的长短。来源于寒冷和干旱地区的藜麦品种对温度敏感性高，而源自温暖和湿润地区的藜麦品种对温度的敏感性低；高原地区的藜麦品种对生育后期的干旱和冻害十分敏感，当光照时间缩短时，籽粒灌浆速度就会加快。

第三节　栽培技术

一、耕作制度

藜麦栽培尽量做到轮作倒茬，忌连作，要做到不重茬、不迎茬。我国目前藜麦主产区典型的 3 种轮作模式是：豆类→藜麦→胡麻；牧草（包括青贮玉米）→藜麦→胡麻；马铃薯→藜麦→燕麦。

二、选地和整地

藜麦栽培以壤土为宜，选择土壤肥沃、有机质含量高、蓄水保肥能力强、耕层通透性好、有良好排灌条件的地块。我国藜麦主产区大多采取秋整地方式，通常在早秋深翻地，深度为 20～25 cm，翻地后使用重耙或旋耕机耙糖整平，使土地平整、上虚下实；要求田间无大土块和暗土块，地表无残株、残茬，达到待播状态。

三、品种选择

目前，我国审定登记的藜麦品种有"陇藜 1 号""内藜 1 号""冀藜 1 号"和"冀藜 2 号"。准备播种的藜麦种子要注意防潮，播种时要保持土壤湿润。

四、播种技术

一般藜麦在 2～4 ℃时即可发芽，而幼苗的耐低温能力更强，可耐受−4～3 ℃的低温。

根据这种特性，藜麦应以早播为宜。一般情况下，在河北坝上地区，适宜播种期是 5 月中下旬，甘肃高寒阴湿区在 4 月中旬至 5 月上旬播种都可以正常成熟，推迟播种期可以提高藜麦的出苗率。

藜麦的播种方式受到地形地势、土地面积大小、机械化程度高低等因素的影响，播种方式有条播、点播和撒播。地势平坦、播种面积大的地块可以采用精量播种机播种，行距为 40～50 cm，株距为 25～30 cm。一般条播用种量为 6.0～7.5 kg/hm²，穴播的用种量为 1.5～3.0 kg/hm²。要求播种均匀，不重播、不漏播。播种深度以 2.0～3.5 cm 为最佳，最深不超过 5.0 cm，播种要深浅一致。播种后及时镇压，以利于出苗。

五、营养和施肥

在有机质含量低的地区，氮磷钾的施用比例为 3：2.5：1，施肥量是：尿素 523 kg/hm²、磷酸二铵 435 kg/hm²、氯化钾 134 kg/hm²。有关藜麦施肥措施的研究较少，Fleming (2007) 报道，藜麦对氮肥反应敏感，当施氮量达到 120 kg/hm² 时，产量可以达到 3.5 t/hm²，而且氮利用效率没有受到明显影响。增加氮肥对收获指数的影响虽不大，但藜麦籽粒的氮含量却得到提高。Berti 等（2000）报道，智利的海平面型（sea level type）藜麦品种，当施氮量为 0～225 kg/hm² 时，产量随着施氮量的增加而提高；当施氮量超过 225 kg/hm² 时，氮肥利用效率开始有所下降，且收获指数也随着氮肥用量增加而下降。在智利的相关研究中显示，氮肥和滴灌技术配套使用，藜麦产量可达到 3.5 t/hm²。

我国北方地区一般采用秋整地、秋施肥，基肥以农家肥为主、化肥为辅，氮、磷、钾配合平衡施用，基肥要结合秋整地深施。根据土壤肥力基础和肥料质量确定施肥数量，一般施用优质农家肥 22.5～37.5 t/hm²，基肥施用氮磷钾等比例的复合肥（400～500 kg/hm²），种肥施用磷酸二铵（35 kg/hm²）。

六、田间管理

（一）查苗补苗

藜麦出苗后，要及时查苗，发现漏种和缺苗断垄时，应予以补种。对少数缺苗断垄处，可在幼苗 4～5 叶时进行雨后移苗补栽。移栽后，适度浇水，确保成活率。对缺苗较多的地块，采用催芽补种，先将种子浸入水中 3～4 h，捞出后用湿布覆盖，放在 20～25 ℃条件下闷种 10 h 以上，然后开沟补种。

（二）间苗定苗

对于采用人工撒播和穴播的地块，藜麦出苗后应及早间苗，并注意拔除杂草。当幼苗株高达到 10 cm、长出 5～6 叶时进行间苗，按照留大去小的原则，株距保持在 15～25 cm。

（三）中耕除草

中耕结合间苗进行，应掌握浅锄、细锄、破碎土块，做到深浅一致，草净地平，防止伤苗压苗。在藜麦幼苗高度达到 10 cm 时进行第 1 次中耕除草，这个时期应采取浅中耕的措施，避免深耕伤及藜麦根系。此时杂草苗龄较小，中耕除草的关键作用在于清除杂草、疏松土壤、增加地温，以利于藜麦幼苗生长。如果杂草较少或土壤状况不理想，可以推迟中耕。

在藜麦株高达到 25 cm 时，开始进行第 2 次中耕除草，根据藜麦长势进行深耕培土。此期中耕可消除田间杂草，同时可提高地温，减少土壤水分蒸发。为了避免生长发育后期倒伏，可以在中耕除草时对根部进行培土，促进藜麦根系发育，使藜麦植株更加稳固。中耕后如遇大雨，应在雨后表土稍干时破除板结。

当藜麦长到 50 cm 以上时，还需要除草 1~2 次。

（四）中期管理

当藜麦达到 8 叶龄时，进行中耕除草、拔除病株及残株，提高整齐度，以利于藜麦群体内的通风透光。同时，进行根部培土，防止后期倒伏。为了避免干旱的不利影响，一般在藜麦花期、籽粒灌浆期进行灌溉补水，干旱地区的灌水量为 250~360 mm。

七、收获和储藏

当藜麦的叶片由绿色转为红色或黄色、大多数叶片脱落、茎秆散失水分变干、籽粒呈品种自身特有颜色时即可实施机械收获。藜麦种子活性很强，没有休眠期，成熟的籽粒遇雨 3~5 h 就开始萌发，成熟期若不及时收获，遇连阴雨天气就会导致穗发芽。但过早收获会导致种子营养积累不完全，影响籽粒产量及品质。所以要在藜麦籽粒进入蜡熟期时开始收获，种子收获后必须进行晾晒处理，以防发芽。留种田一定要去杂除劣，种子晒干去杂，精心保存，严防霉变和发芽。

第四节　病虫害及其防治

一、主要病害及其防治

（一）霜霉病

霜霉病是危害藜麦最严重的病害，可在发病初期用 75% 百菌清可湿性粉剂，或用 68% 精甲霜锰锌水分散粒剂喷施，共喷 2~3 次，每次间隔 7~10 d。

（二）叶斑病

藜麦叶斑病一般在开花后开始发生，植株下部较上部发病重。可在发病初期用 50% 多菌灵可湿性粉剂或用苯甲丙环唑乳油兑水喷施，共喷施 2~3 次，每次间隔 10 d；或用 12.5% 烯唑醇可湿性粉剂喷雾防治，一般防治 1~2 次即可收到效果。

（三）根腐病

根腐病可用 70% 敌磺钠可溶性粉剂或 50% 多菌灵可湿性粉剂喷施防治。

二、主要虫害及其防治

藜麦的虫害主要分为地下害虫（象甲、金针虫及蝼蛄）和地上害虫（黑绒金龟甲、小菜蛾、双斑萤叶甲、黏虫等）。

地下害虫的防治可以每公顷使用 3% 辛硫磷颗粒剂 30~75 kg 于整地前均匀撒施，随耕地翻入土中；也可以每公顷使用 40% 辛硫磷乳油 28.75 L，加水 15~30 kg，拌细土 300~375 kg 配成毒土，撒施地面后翻入土中。

地上害虫的防治可采用 20% 氰戊菊酯乳油喷施。

复习思考题

1. 简述藜麦在植物学上的分类及花序特点。
2. 藜麦的轮作方式是什么?
3. 藜麦播种环节应该注意哪些问题?
4. 简述藜麦间苗定苗过程中的注意问题。
5. 简述中耕除草对藜麦生长发育的作用。
6. 简述藜麦收获的注意事项。

第十七章 籽粒苋

第一节 概 述

一、起源和进化

(一) 分类

籽粒苋 (*Amaranthus hypochondriacus* L.) 属于苋科苋属,又称为千穗谷、西黏谷、繁穗苋、猪苋菜、红苋、尾穗苋、绿穗苋等,是一种新型的优质、高产、耐旱的粮、饲、菜和观赏兼用型一年生草本作物。籽粒苋分布较广,遍及亚洲、美洲和非洲,7 000~8 000 年前就有栽培,曾是美洲印第安人的主要粮食。籽粒苋有 40 多种,例如常见的尾穗苋 (*Amaranthus caudatus*)、籽粒谷 (*Amaranthus hypochondriacus*)、繁穗苋 (*Amaranthus paniculatus*)、反枝苋 (*Amaranthus retroflexus*) 等。

1. 按茎的颜色分类 按茎的颜色籽粒苋可分为绿茎种和红茎种两类 (韩城满,2011)。

(1) 绿茎种 绿茎种籽粒苋茎叶皆呈绿色,叶大而先端微尖。前期生长较慢,后期生长较快,营养生长期长,开花较晚,不易老化,品质好,产量高。

(2) 红茎种 红茎种籽粒苋叶背面紫红色,有的品种全株红色,叶大而先端尖或钝尖。前期生长快,后期生长较慢,开花早,产量比绿茎种低。

2. 按用途分类 按其用途籽粒苋可分为饲用型、籽用型和观赏型 3 类 (徐环宇等,2018)。

(1) 饲用型 饲用型籽粒苋品种主要用作饲料,具有植株高大健壮、叶片产量高、茎叶品质好、柔嫩多汁、清香可口、适口性好、粗蛋白含量高、营养丰富等特点,是畜、禽、渔的优质饲料,可替代玉米等部分精料,用于饲喂蛋鸡、猪、奶牛、兔、淡水鱼。此类品种也可以供人类作蔬菜食用。

(2) 籽用型 籽用型籽粒苋品种叶和种子的蛋白质含量高且品质好,尤其是赖氨酸含量高,锌、钙、铁含量丰富,主要用于食品,可用于制作保健食品、营养面包、面条、饮料、酱油等。

(3) 观赏型 观赏型籽粒苋品种适应性强,植株繁茂,株型美丽,花色鲜艳,适于美化环境。

(二) 起源和进化

籽粒苋是一种栽培历史悠久的古老作物。据有关资料记载,籽粒苋原产于中美洲和东南亚的热带和亚热带地区。也有资料记载,籽粒苋起源于墨西哥和中美洲。根据考古学家的考证,史前时期,许多美洲印第安人部落已经利用野生的苋籽作粮食,整个热带、亚热带地区都利用野苋作蔬菜。哥伦比亚通过驯化培育出 3 个籽粒苋品种,均是 18 世纪林奈在欧洲植物园中鉴定和定名的。据考证,这 3 种籽粒苋约始于公元前 4 000 年,至今已有 6 000 多年的历史。此外,由于籽粒苋的适应性广,繁殖力强,在世界很多地方都能生长发育,因此在

16—17 世纪，籽粒苋已在全球广泛栽培（岳绍先，1993）。

籽粒苋的分布十分广，美洲从阿第斯山脉，从危地马拉到墨西哥，至美国西南部；亚洲从伊朗、斯里兰卡到印度，经尼泊尔、喜马拉雅山脉到中国、蒙古；在非洲的埃塞俄比亚等国，都有籽粒苋的栽培。

我国也是苋的原产地之一，苋资源也很丰富。苋在我国栽培历史悠久，在黄河中下游地区栽培比较广泛。籽粒苋在史书上的名称是千穗谷，有关它的记载大约出现于明代后期至清代前期，也可以从地方志和古农书中看到它的踪迹。明代李时珍在《本草纲目》中记载：苋之茎叶，皆高大而易见，故其字从见，指事也。清朝《山西通志》有："千穗谷，高，四五尺，叶阔而尖，苗带赤色，其茎可作杖，叶旁皆穗，故名。子碎小，光滑、黏而可食。"并指出当时"千穗谷有赤、白二种，园圃多植之"。《大同府志》和《保定府志稿》都有同样的记载。清代的古农书对籽粒苋的表述以《三农记》和《救荒简易书》最为详尽。四川什邡人张宗法在《三农记》中记载，荣苋名"千穟（即穗）谷，农人呼漫穗子，有青红二种，叶茎枝秸略与苋同，但质糙味淡，不若苋美。苗叶饲豕易肥，摘即复生。子繁多，如粟米而扁，炒食香同芝麻，黏糖饴甚佳，可碾面为糕，荒年充饥"。

我国古代的籽粒苋栽培比较广泛，不但在黄河中下游地区栽培，在南方的四川也有分布，一直到今天，这些地区还有零星栽培，并扩展到其他地区。

二、生产情况

据不完全统计，我国目前的籽粒苋栽培面积已达 9.9×10^4 hm² 以上，是世界上栽培籽粒苋面积最大、总产量最高的国家，产量高达 2 252～3 003 kg/hm²（灌溉条件下可达 3 753 kg/hm²）。

我国籽粒苋分布范围广，黄河中下游（包括陕西、山西、河南、河北等地）和长江流域（包括江西、湖北、四川等地）均有栽培。美国籽粒苋引入我国后，南至三亚（北纬 18°），北至漠河（北纬 52°），东至江苏、山东沿海海滩（东经 131°），西至新疆塔河（东经 83°），低至接近海平面，高到凉山（海拔 1 960 m）均可栽培。现黑龙江的松花江、嫩江旱作农业区、辽西半干旱地区、内蒙古从包头到赤峰、中部黄土高原、鄂北岗地、凉山山区、武陵山区、云南山区均是我国籽粒苋栽培面积较大的地区。

三、经济价值

籽粒苋是饲料与蔬菜兼用型作物，具有适应能力强、再生能力强、生长周期短、适口性好、营养丰富等优点，是饲喂反刍动物、猪、禽、鱼等动物的优食饲料，可以替代玉米等精饲料，达到良好的饲喂效果。籽粒苋作为饲料使用可以鲜喂、青贮，还可以调制成优质的草料使用，属于优质的蛋白质补充饲料。

（一）营养价值

1. 苋籽的营养价值　据测定，苋籽蛋白质含量为 16%～18%，而小麦或其他禾谷类作物的蛋白质含量只有 14%或者更低。苋籽的脂肪含量平均为 7%，也高于一般禾谷类作物，更可贵的是，脂肪中的不饱和脂肪酸含量高达 70%～80%（其中亚油酸占脂肪酸的 40%～50%，油酸占 30%，棕榈酸占 20%，硬脂酸含量仅占 4%），为老年人提供了理想的保健食品源。苋籽中糖类约占 60%，主要是淀粉，其中支链淀粉占 76%，可在食品工业中加以利用。苋籽中的矿物质含量也高于一般禾谷类作物，苋籽中铁、钙和锌的含量分别为小麦粉的

10 倍、8 倍和 4 倍。此外，苋籽还具有坚果的味道，用途广泛，可替代食谱中的其他成分（孟昭宁，2003）。

2. 鲜苋叶的营养价值 鲜苋叶的蛋白质含量一般为 21％～28％，是价值很高的蛋白质源。同时，苋叶富含有矿物质钙、铁、磷和钾，100 g 鲜叶中的含量分别是 46～486 mg、23～160 mg、45～123 mg 和 411～575 mg。此外，苋叶中的维生素 A、维生素 C、核黄素、硫胺素、β 胡萝卜素和叶酸含量也很丰富。

3. 苋茎的营养价值 苋茎中含有 15％左右的蛋白质，胜过饲用玉米籽粒，可作为蛋白质的良好来源而广泛应用于饲料业。

（二）加工利用

1. 刈割 籽粒苋再生能力强，一般株高 45～60 cm 时就可刈割，用于饲喂猪、禽、兔等。割时留茬 20～30 cm。以收获青干草为目的时应在开花盛期刈割，此时草的产量、品质均处于高峰期。用于青贮的可在结实期刈割。在同等管理条件下，籽粒苋的产量分别是苜蓿、青刈玉米的 3 倍和 2 倍，鲜草产量最高可达 150～225 t/hm²。一般情况下春播 1 年可刈割 4 次，夏播 1 年可刈割 3 次。

2. 鲜饲 籽粒苋的蛋白质含量与苜蓿相当，赖氨酸含量、钙含量、维生素 C 含量均高于苜蓿，其中赖氨酸含量、钙含量分别比苜蓿高 30％和 50％。鲜饲主要的用途有：①鲜草喂猪，可代替 30％的精饲料；②鲜草喂奶牛，以等量的鲜草代替等量的青贮料喂奶牛效果极佳，但不能代替应给的精料；③苋茎叶喂蛋鸡，将苋茎叶 35％取代蛋鸡配合饲料（鲜茎叶以 7∶1 折干计）喂蛋鸡，其产蛋量比全喂配合饲料的鸡组产蛋量高；④苋与甜玉米混合喂羊，一般会使初生母羊体质量增加；⑤苋茎叶打浆喂鱼，将现蕾期的苋鲜体与苏丹草各 50％混合打浆后喂鱼，使鱼的产量比喂一般草的鱼增产 25％；⑥苋老茎秆粉喂奶牛，产奶量提高 6.7％～7.9％。

3. 食用 籽粒苋在食品行业正逐步得到应用。吉林省白城师范学院籽粒苋科研团队将现代生物技术应用到籽粒苋食品的研制中，成功研制出纯籽粒苋酸乳、籽粒苋复合植物酸乳，同时其副产物也加工成了食品。根据预测，未来籽粒苋的研究方向主要为食品工业开发与营养食品添加剂。

4. 青贮 籽粒苋结籽后及时收获，切成 2～3 cm 的短草，含水量控制在 65％～70％，进行青贮，其利用率比玉米秸高 20％。

5. 医用 苋茎叶含有丰富的黄烷酮、皂角苷、氨基酸，对治疗糖尿病、偏头疼、消瘦、夜盲症、蛋白缺乏症等效果明显。

6. 观赏 在观赏方面，籽粒苋植株繁茂，株型美丽，花色鲜艳，尤其适于美化环境。籽粒苋的适应性强，可在路边、操场、林地等贫瘠地块栽培，且易于管理，并能净化空气，是城市、乡村及景观点美化环境的较优选择，具有较好的应用前景。

第二节　生物学特性

一、植物学特征

（一）根

籽粒苋根系属于直根系，根系发达，主根入土深度为 1.5～3.0 m，根幅为 20～150 cm，一级根多达 500 条，长的一级侧根长达 80 cm。

(二) 茎和叶

籽粒苋株高为 2～3 m，茎粗为 1.5～3.0 cm，总叶数为 100～400 片。叶为椭圆形或长圆形，叶色为绿色或紫红色。出苗后茎叶生长缓慢；20 d 后生长加快，株高日伸长 3～6 cm，叶片日增 1 片以上；出苗后 30 d，叶面积指数增到 2 以上；出苗后 50 d，株高日伸长可达 9 cm 以上，叶片日增加 2 片，叶面积指数为 3.5～4.0。

(三) 花和果实

籽粒苋的花序为圆锥形花序，顶生或腋生。花枝上着生几个乃至上百个花簇，花簇呈假二叉分枝，其上形成 1～40 朵花；花为单性花，雌雄同株。雄花中 5 个花药，雌蕊退化。雌花中雌蕊 1 个，雄蕊退化。开花时间一般在日出后 2 h。同一花枝上各个花簇由下而上依次开放。同一花序内顶花枝开花早于侧花枝。花序的开花期为 10～20 d。穗长为 80 cm 左右，可结实 $6×10^4$～$1×10^5$ 或粒以上。

(四) 种子

种子呈球形，有紫黑色、棕黄色、淡黄色等颜色，有光泽，千粒重为 0.5～1.0 g。

二、生长发育周期

籽粒苋是一种适应性广、抗逆性强、光合效率高、生物产量大的 C_4 植物。苋有两个生长高峰期，第 1 个在出苗后 60 d 左右（现蕾期），第 2 个在出苗后约 85 d（灌浆期），这两个时期干物质积累最多，日增长平均 5 cm，此为选择最佳收割期（生长高峰末期）提供了依据。

夏播籽粒苋的根、茎、叶的生长及干物质积累都经历一个慢→快→慢的 S 形生长曲线过程，即缓慢期、快速增长期和稳定期 3 个阶段。植株体内营养物质的分配总是优先供应新生器官，故生长速度优先次序表现为叶→根→茎→穗。干物质积累随着生长的进行呈上升趋势。籽粒苋的生长曲线可作为农业生产的参考指标，即一切促进生长的水肥措施都应在生长速率最快时期以前应用。器官一旦形成，再施水肥效果不显著。一般来说，籽粒苋生长 30 d 左右追施速效肥效果较好。籽粒苋若作为新鲜饲草，最经济的收割期为播种后 75 d 左右（抽穗、开花初期），此时叶、茎、植株的干物质均达到峰值，生物学产量高，同时营养成分也达到较理想状态。

三、生长发育对环境条件的要求

(一) 水分

籽粒苋因籽粒非常小，所以发芽需要的水分比较少，如果温度水分适宜，播种后 3 d 即可出苗。籽粒苋有发达的根系，既能吸收深层土壤水分，又能吸收表层土壤水分。籽粒苋耐旱能力很强，能忍受 0～30 cm 土层含水量 4%～6% 的极度干旱条件，整个生长发育期间的总需水量，相当于小麦的 41.8%～46.8%，相当于玉米的 51.4%～61.7%，因而是西北黄土高原、半干旱半湿润地区的理想旱作饲料作物。

(二) 光照

籽粒苋属于短日照作物，对光照时长的反应较敏感。生长发育期间如遇到短日照，植株低矮时就能开花结实。籽粒苋喜强光，生长发育期间要求充足的光照。

（三）土壤

籽粒苋适应性很强，对土壤要求不严格，最适宜于半干旱、半湿润地区栽培，肥沃土壤和较瘠薄的土壤皆可栽培，也适应偏碱性土壤或酸性的红壤。在耐盐碱性试验中，种子在0.3%～0.5%的 NaCl 溶液处理时能正常发芽，在土壤 pH 为 8.5～9.3 的草甸碱化土壤上均生长良好，所以籽粒苋是内陆次生盐渍化地区优良的饲料作物。籽粒苋还可以在沙地、石头比较多的土地以及裸地上生长。

第三节　栽培技术

一、耕作制度

籽粒苋必须进行合理的轮作倒茬，而且前茬以豆科作物或山药茬为好。同时籽粒苋属耗地作物，不宜连作。

二、选地和整地

应选择土质肥沃、疏松、杂草较少的地块栽培籽粒苋。籽粒苋种子小，需精细整地，以疏松表土，保蓄水分，为播种和出苗整齐创造良好条件。利用耕翻、耙地或旋地使土质达到疏松细碎平整。初次播种时最好进行秋季深耕，耕翻深度为 20～30 cm。结合整地，施足基肥，洼地要开排水沟。

三、品种选择和种子处理

（一）品种选择

籽粒苋的栽培要加强品种选择，根据不同季节、当地的栽培条件、土壤条件、栽培目的等来选择品种，重点要选择适应性强、产量高、抗病虫害能力强的品种，有的地区还需要选择早熟耐寒的品种。目前主要的栽培品种有"红苋菜""白米苋""柳叶苋"等。

（二）种子处理

籽粒苋种子发芽力强，一般无须专门处理，选择新鲜、籽粒饱满、无杂质的种子，清洗后晒 1 d 再播种。

四、播种技术

北方 1 年只能播种 1 次，南方则全年皆可播种，但不同区域有各自适应的最佳播种期。最适播种期是高产的保证。最适播种期，北京地区为 4 月 20 日至 5 月初，河南为 4 月中下旬，东北为 5 月底至 6 月初。籽粒苋播种期长，一般当春季地温达到 16 ℃时即可播种，北方宜适当早播，而南方则以避免秋后播种及躲过灾害为选择播种期的主要依据。在干旱季节，为保证出苗，应抢墒播种。如作为青饲料栽培，播种期不限。

露地栽培宜在气温稳定在 15 ℃以上时播种，保护地栽培可适当提早。小面积播种应进行人工条播，行距为 30～60 cm；大面积播种则利用机械条播，行距为 60 cm。为了播种均匀，在播种前应在种子内掺入 20～30 倍的细沙，再根据地块分成若干等份，以保证均匀播种。播种量为 6.0～7.5 kg/hm²。覆土深度为 2～4 cm。由于种子细小，覆土过深会造成缺苗。播种后应及时镇压，以确定土壤墒情。

五、营养和施肥

籽粒苋对土壤要求不高，但消耗肥力多。整地时要施足基肥，基肥以农家肥和磷酸二铵为主，翻耕前一般应施入腐熟厩肥 $3.0×10^4$～$4.5×10^4$ kg/hm²、磷酸二铵 225～300 kg/hm²。籽粒苋一般每公顷追肥尿素 300 kg，分别在 3～4 片真叶期和分枝期各追施 50%。为了提高产量，可在刈割后 2～3 d 内酌量追肥，追肥的方法一般为穴施。

六、田间管理

（一）中耕除草

苗期易受杂草危害，要及时中耕除草，同时追施氮、磷、钾肥。株高 1 m 时，要适当培土，防止倒伏。3～4 片叶时进行第 1 次中耕。当苗高 20～30 cm 时采用稍铲的方式进行第 2 次中耕，小面积栽培以人工除草为主。大面积栽培时一般选择 60% 丁草胺乳油，在播种后出苗前进行土壤喷施处理。

（二）培土

籽粒苋株高 1.0～1.5 m 时开始出现花穗，此时植株头重脚轻，遇风容易倒伏，应适时进行根际培土，生产上一般在第 2 次追肥（分枝期）的同时进行培土。

（三）灌溉和排涝

籽粒苋的抗旱性强。在年降水量 500 mm 以上地区皆不必灌溉，但有的年份如较长期不下雨则必须灌溉。灌溉主要在苗期进行。此外，在某些夏旱地区，籽粒苋的蕾期和开花期各需浇 1 次水。如有条件适当灌 1～2 次水（尤其在苗期）并施以化肥。每次刈割后应中耕、施肥、灌水以便获得高产。

籽粒苋地一定要排水良好，以地下水位不高于 2.5 m 为宜。雨后要及时排水，以防止土壤长时间渍水沤根，影响生长发育。

七、收获和留种

（一）收获

籽粒苋的成熟期不一样，适时采收非常重要。收获籽粒苋的方法可分为间收、全割和割头 3 种。

1. 间收法 间收法适合小面积密播的地块，也就是分期间苗采收。具体做法是间大留小，间密留稀，逐渐打成单株，最后一次收完。

2. 全割法 全割法适合大面积密播地块。具体做法是当株高为 30～50 cm 时，开始分期全株收割，早期收割的可割 1 茬再复种 1 茬，能实现一年二种二收。

3. 割头法 按间收法打成单株后，当单株高 70 cm 左右时，用快刀割去头部，下部留茬 30 cm 左右，保留 3～5 个叶片，大约 15 d，可再长出 3～5 个新枝，当新枝生长到 30～50 cm 时进行第二次割头，余茬生长至 9 月中下旬进行全株收割。

（二）留种

不倒伏的单株单独采收，将其种子留种，而留在田间的直立茎叶秸秆则机械收割后，及时制成青贮饲料。同时，收种后的秸秆和残叶可用于放牧，也可制成干草粉。

第四节　病虫草害及其防治

一、主要病害及其防治

(一) 主要病害

1. 软腐病　软腐病为细菌性病害，幼苗至成熟期茎秆、叶均可发生。茎秆受害后初为梭形水渍状病斑，病斑逐渐扩大成褐色腐烂，且有臭味，细菌溢明显。叶片病斑初为黄色小点，沿叶脉扩成褐或黑褐色软腐。温暖、多雨、潮湿天气常发生此病。

2. 青枯病　青枯病为细菌性病害，幼苗至成熟期均可受害，危害初期表现为植株生长受阻、叶片平摆或下垂，严重时全株萎蔫枯死。施用未腐熟有机肥，且前茬为花生、甘薯的地块极易发生此病害。

3. 炭疽病　炭疽病为真菌性病害，主要危害茎秆和叶片，病部呈水渍状斑点，并逐渐扩大，严重时多个病斑相互愈合成不规则大斑，叶斑中间可破裂穿孔，严重时叶片腐烂，茎秆枯死。多雨、潮湿时炭疽病常发生严重。

4. 茎枯病　茎枯病为真菌性病害，危害茎秆和叶柄，发病时病斑初为水渍状，渐向四周扩展，绕茎一周，病部呈灰白色或灰褐色。是贫瘠土壤上生长发育后期的主要病害。

5. 猝倒病　猝倒病为真菌性病害，主要危害幼苗基部，发病初期茎基呈水渍状，高湿条件下病斑迅速向四周扩展，形成湿腐，后期病株呈黑褐色猝倒，严重发病时幼苗还未出土就可腐烂而死。猝倒病是春天阴雨、潮湿条件下苗期的主要病害。

6. 白绢病　白绢病为真菌性病害，主要危害根部或茎基部，造成根腐和茎腐，潮湿时茎基部产生白色蛛丝状菌丝体，严重时全株枯死。老菜地、果园间作地较易发生此病，但不严重。

7. 花叶病　花叶病为病毒性病害。典型症状是叶片呈黄绿相间的斑驳、皱缩，由上部叶片向下部叶片扩展，最后全株枯萎。干旱条件下花叶病是与蚜虫的发生密切相关的一种病害。

另外，多雨、潮湿环境下易引发的灰斑病、干旱天气引发的斑萎病，缺肥、土壤贫瘠引发的茎腐病也偶有发生。

(二) 病害综合防治

针对籽粒苋主要病害的发病特点，防治应从控制发病条件着手，采取农业防治措施预防为主、农药防治为辅的防治对策。

1. 选择排水良好的地块　籽粒苋软腐病、炭疽病、猝倒病均在潮湿、多雨条件下发生严重，所以选择排水良好地块栽培，在雨季注意开沟排水，可有效控制病害的发生。

2. 加强水肥管理　茎腐病、茎枯病、花叶病在缺肥、土壤贫瘠、干旱条件下发生多，所以施足基肥，加强生长期的水肥管理，特别是高温干旱的7—8月适当浇灌有利于控制茎腐病、茎枯病等病害的发生。

3. 施腐熟有机肥　籽粒苋真菌病害和细菌性病害与施未腐熟有机肥有关，所以施用腐熟有机肥是减少病害的有效途径。此外，与前茬作物有共同病虫害的地块尽量避免栽培籽粒苋。例如前茬作物为花生或甘薯的地块极易发生青枯病，所以最好隔年栽培籽粒苋。及早清除病株，减小扩散。一旦发现少量病株应及时拔除并集中处理，以防病害蔓延扩散。

4. 农药防治　病害严重时采用农药防治。叶部病害可用 20％粉锈宁可湿性粉剂或 20％叶枯灵喷雾防治。根部病害可用 50％多菌灵可湿性粉剂 800 倍液加强氯精 500 倍液防治。

二、主要虫害及其防治

（一）主要虫害

1. 苗期虫害　小地老虎幼虫以咬食叶片、嫩茎危害为主，造成缺苗断垄。3 叶龄前在苋幼芽、嫩叶或心叶中，昼夜危害。3 叶龄后，白天潜伏于表土下，夜出危害，咬断苗茎，甚至连茎带叶施入穴中取食。幼虫有假死性，一遇惊动缩成环形。雌蛾喜在杂草地上产卵，杂草多的地块危害严重。

蝼蛄危害籽粒苋幼苗，将地下幼根或嫩茎吃成丝缕状，使幼苗萎蔫。春播籽粒苋苗期易发生蝼蛄危害，特别是排水不良的潮湿地。

2. 叶部虫害　甜菜叶螟一般在 7—8 月以幼虫危害籽粒苋叶为主。危害期幼虫开始为绿色，随虫龄增加，颜色逐渐转为灰褐色，且背部有 2 条明显的白带，幼虫常吐丝卷叶或缀连 2～3 片叶潜居其中取食叶肉，受害叶片仅留薄膜。随虫龄增大，如不加控制，只需 3～5 d，叶肉可完全食尽，只残留叶脉。蛾卵产于籽粒苋叶脉处，每只可产卵 200～600 粒。该虫除危害籽粒苋外，还危害甜菜、玉米、向日葵、棉花、黄瓜等农作物。

（二）虫害综合防治

目前我国籽粒苋的主要利用途径是饲喂畜禽，所以在虫害防治上应采取农业措施、生物措施等非药物措施进行预防，尽量少用或不用药剂，特别是高毒、高残留药剂。

1. 清理栽培地环境　籽粒苋主要害虫不管是以卵越冬还是以蛹、成虫越冬，均在地下或杂草中、枯枝落叶层中越冬，所以清理栽培地及其周围环境是控制虫源的有效措施。整地前清除附近的荒地、堤岸、路边杂草和枯落物，同时，整地时做到深翻以消灭越冬虫源。

2. 及时刈割　当发现有害虫危害时，对危害较重的植株实行刈割，使其重新萌发，能有效控制虫害发展。

3. 及早预防　观察分析周围环境作物的虫害发生状况，及早防治。许多籽粒苋害虫还危害其他作物，例如稻蝗危害禾本科作物，盲蝽危害大豆、绿豆、刺槐等豆科作物，甜菜叶螟危害甜菜、玉米、棉花、黄瓜等，所以当籽粒苋周围的作物盛发某同一类害虫时，或还未大发生时就要采取措施及早预防。

三、田间主要杂草及其防除

籽粒苋栽培的田间杂草主要有稗草、马唐、狗尾草、千金子、牛筋草、铁苋菜、莎草等。一般播种前 4 d 左右用 48％氟乐灵喷雾进行土壤处理，对禾本科杂草的防除效果达 90％以上，对阔叶杂草的防除效果也达 70％左右。

籽粒苋出苗后，田间禾本科杂草 3～5 叶期，用 10.5％高效盖草能，或 5％精禾草克、15％精稳杀得、5％精喹禾灵喷雾，防除效果均达 95％以上。在莎草和阔叶草发生重的田块，用 25％灭草松进行茎叶处理，防除效果显著，对籽粒苋安全。

复 习 思 考 题

1. 试述籽粒苋的分类。
2. 试述籽粒苋的营养价值。
3. 简述籽粒苋加工利用的途径。
4. 试述籽粒苋的植物学特征。
5. 试述籽粒苋生长发育对环境条件的要求。
6. 简述籽粒苋高产栽培技术。
7. 简述籽粒苋主要病虫害及其防治方法。

第十八章 薏 苡

第一节 概 述

薏苡为禾本科（Gramineae）玉蜀黍族（Maydeae）薏苡属（*Coix*）的一年生或多年生草本植物，别名为薏米、药玉米、六谷子、五谷子。薏苡的野生类型名为川古、薏提子、草珠子。古籍上还称之为芑实、薏珠子等。薏苡的干燥成熟种仁称为薏苡仁薏米、薏仁米，为常用中药，《本草纲目》中称其乃上品养心药。薏苡被誉为"世界禾本科植物之王"，在欧洲被称为"生命健康之禾"，在日本被列为防癌食品。其性凉、味甘、淡、入脾、肺、肾经，具有利水、健脾、除痹、清热排脓的功效。

一、起源和进化

（一）分类

薏苡与玉米、高粱是同族植物，通常分为以下两类。

1. 薏苡　薏苡为薄壳栽培类，果壳较薄、易碎，果呈卵圆形，米质为糯性，出仁率为 60% 左右。

2. 川古　川古为厚壳野生类，果壳有珐琅质，果壳坚硬、不易破碎，果呈扁圆形，米质为粳性，出仁率为 30% 左右。

陆平等（1996）依据植物学性状、遗传和生物化学研究，建立起薏苡的 4 种 8 变种组成的分类体系（表 18-1）。

表 18-1　我国薏苡属植物的分类

种	变种	特征
1. 水生薏苡种（*Coix aquatica* Roxb.）		茎多年生，匍匐浮生，上部叶片为剑形，下部叶片为条状披针形，雄花败育，无性繁殖
2. 小果薏苡种（*Coix puellarum* Balansa）		总苞骨质、近圆球形，直径为 3～5 mm，深灰白色；颖果质梗
3. 长果薏苡种（*Coix stenocarpa* Balansa）		总苞厚骨质、近圆柱形，长为 7～15 mm，宽为 2～3 mm；颖果质梗
4. 薏苡种（*Coix lacry-ma-jobi* L）	A. 薏苡变种（*Coix lacryma-jobi* var. *lacryma-jobi*）	总苞骨质、卵圆球形，直径为 6～8 mm，深或淡褐色，常有斑纹；颖果质梗
	B. 珍珠薏苡变种（*Coix lacryma-jobi* var. *perlarium* Lu-Ping）	总苞骨质、卵圆球形，直径为 3～5 mm；秆黄色或浅褐色；颖果质梗
	C. 大果薏苡变种（*Coix lacryma-jobi* var. *inflatum* Lu-Ping）	总苞骨质、卵球形，直径在 8 mm 以上，黑褐色或灰白色；颖果质梗

（续）

种	变种	特征
	D. 菩提子变种（*Coix lacryma-jobi* var. *monilifer* Watt）	总苞厚、骨质、扁球形，直径为 10～15 mm，常一侧微扁，深或浅褐色，或灰白色，或有斑纹；颖果质粳
	E. 扁果薏苡变种（*Coix lacryma-jobi* var. *compressum* Lu-Ping）	总苞骨质、扁球形，纵轴明显小于横轴，直径为 6～8 mm，灰白色或浅褐色；颖果质粳
	F. 球果薏苡变种（*Coix lacryma-jobi* var. *strobilaceum* Lu-Ping）	总苞骨质、圆球形，直径为 6 mm 以上，褐色或灰白色，有条纹；颖果质粳
	G. 薏米变种［*Coix lacryma-jobi* var. *mayuen*（Roman）Stapf.］	总苞壳质、易碎、椭圆球形，直径为 5～7 mm，顶端有喙，浅或深褐色、灰白色，或有条纹；颖果质糯
	H. 台湾薏米变种（*Coix lacryma-jobi* var. *formosana* Ohwi）	总苞壳质、易碎、近球形，直径为 8～9 mm；秆黄色或白色，有蓝色条纹；颖果质糯

（二）起源

薏苡起源于东南亚的热带、亚热带地区，印度也是薏苡的起源中心之一，该地区有水生薏苡种分布，该种具有染色体原始基数，是薏苡属中最原始的种群，是薏苡属植物起源地的标志种。我国在广西南宁市安吉乡和邕宁区吴圩等地，发现大量只开花不结实（有果无实的）的水生薏苡，靠水下根茎无性繁殖，存在于水塘河湾中，这种具有染色体原始基数（$n=5$）二倍体（$2n=10$）类型的存在，是原生起源中心的标志。水生薏苡在贵州也有相关的报道，因此广西、贵州很可能是我国薏苡的原生起源中心，并进一步证明我国是薏苡的起源中心之一。此外，我国薏苡由南向北迁移扩散，遍及全国大部分省份，为世界薏苡最大的多样性中心。

（三）进化

薏苡为禾本科黍亚科蜀黍族植物（袁建娜等，2012）。禾本科亲缘关系工作组（Grass Phylogeny Working Group）通过对禾本科植物叶绿体基因组限制性位点图谱、部分染色体基因组测序及核基因的研究，绘制了禾本科家族的进化图（Elizabeth，2001），禾本科不断进化成 4 个主要的亚科：竹亚科（Bambusoideae）、早熟禾亚科（Pooideae）、画眉草亚科（Eragrostoideae）和黍亚科（Panicoideae），这 4 个亚科占禾本科植物的 90%。黍亚科和画眉草亚科从同一祖先演化而来，它们沿着相似的方向进化且画眉草亚科的分化早于黍亚科（韩建国等，1996）。黍亚科进化为黍族和蜀黍族两个分支，蜀黍族继续分化为玉米属、薏苡属、甘蔗属和高粱属。因地理环境、气候及栽培条件的差异和变化，薏苡属又发展成为丰富多样的种类（表 18-1）。

二、生产情况

（一）面积和产量

我国是世界薏苡的主产区，目前，薏苡栽培面积、产量均居世界第一。据统计，2017 年全国薏苡栽培面积超过 $6.7×10^4$ hm²，年总产量为 $5.0×10^4$ t，可生产优质薏米

1.5×10^4 t 以上。

薏苡具有极大的增产潜力。1994 年，中国农业科学院进行了一系列综合增产措施的栽培试验，包括合理密植、按需施肥、人工授粉等，获得了高产效果，达到预期目标，平均每公顷薏苡实际产量达到 2 200 kg。

（二）分布

薏苡的主产地有贵州、广西、海南、云南等，四川南部山区也有少量栽培，辽宁、河北、山西、内蒙古、吉林、山东、江苏、浙江、福建、安徽等地有零星栽培，只有青海、甘肃和宁夏未见报道。薏苡垂直分布范围是海拔 30～2 500 m 左右，主要分布在 300～1 000 m 的丘陵山区，目前主产区在北纬 33°以南的广大地区。大体来说，我国薏苡可分为以下 3 大生态区。

1. 南方薏苡晚熟区 本区包括海南、广东、广西、福建、台湾、云贵高原、湖南、四川以及西藏南部，即北纬 28°以南广大地区。全年≥10 ℃积温大于 5 000 ℃，年日照时数小于 2 000 h。本区野生薏苡种分布广泛，分为旱生型野生种和水生型野生种。本区种质对日照反应较敏感，尤其是野生种更为敏感。

2. 北方薏苡早熟区 本区包括北京、河北、河南、山东、山西、辽宁、吉林、黑龙江、内蒙古、新疆等，即北纬 33°以北地区。全年≥10 ℃积温小于 4 400 ℃，年日照时数大于 2 400 h。本区种质对日长反应也较敏感。

3. 长江中下游薏苡中熟区 本区包括江苏、浙江、安徽、四川、湖北、陕西南部、湖南北部等地，即北纬 28°～30°的地区。全年≥10 ℃积温在 4 500 ℃左右，年日照时数为 2 000～2 400 h。本区也广泛分布着大量野生种质资源。

（三）出口

我国每年出口薏米 500～1 000 t、薏苡谷 1 000 t 左右，主要销往日本、新加坡、马来西亚等东南亚国家，也销往我国的台湾省和香港特别行政区。我国出口的薏米主要来自贵州、广西、云南等地。日本是开发薏米的先进国家，每年从我国进口大量薏米，除作中药外，主要用于食品加工业，制作饭、粥、面、醋、酱、酒、茶、航空食品、美容品及浴用剂等。

三、经济价值

薏苡（*Coix lacryma-jobi* L.）是一种药食兼用作物，营养价值高，籽粒（薏苡仁）可煮粥、制糕点、制糖和酿酒；茎秆是饲料、肥料、燃料和造纸的原料；仁、根、叶均可入药，有利尿、消炎、消水肿等功用，还具有抗癌、降血压的功效；薏苡制造的食品，具保健、美容的功效，集粮、药、肥、饲多用途于一身，其开发应用价值近年来日益受到重视。

（一）营养价值

薏苡的营养成分十分丰富，据 1991 年江西大学测定，薏苡仁的蛋白质、脂肪、B 族维生素及主要微量元素（磷、钙、铁、铜、锌）含量均比较高，蛋白质含量为 18.84%，脂肪含量为 6.86%。1994 年，中国农业科学院品种资源研究所测定 28 份薏苡仁，粗蛋白平均含量为 17.8%，脂肪含量为 6.9%。其中野生种 5 份，粗蛋白平均含量达到 21.2%，脂肪含量为 6.5%，各种人体必需氨基酸含量平均比栽培种高 41.8%。薏苡仁油酸、亚油酸的分别占脂肪酸的 52.1% 和 33.73%，略高于小麦和大米。

（二）加工利用

1. 食用 薏苡仁是优质、营养丰富的粮食。其米白色如糯米，可做饭或磨面食，又可用酿酒，还可做八宝粥，是老人和儿童的营养保健食品。近几年又开发出薏米粉、薏米乳精、薏米糕点、薏米饼干、薏米饮料、薏米保健酒等。

2. 药用 薏苡是很重要的药材和保健品，有益于人们的养老保健、养颜驻容、清热祛湿，可延年益寿。薏苡仁含有薏苡素、薏苡酯和三萜化合物、B 族维生素、维生素 E 等。薏苡素有解热镇痛和降低血压的作用；薏苡仁油低浓度时对呼吸、心脏、横纹肌和平滑肌有兴奋作用，高浓度时则有抑制作用，可显著扩大肺血管、改善肺脏的血液循环。β谷醇有降低胆固醇、止咳、抗炎作用，并且薏苡素及锌、钙、铁、镁、铜等有直接和间接的防癌和抗癌作用。同时薏苡还有除斑祛疣、美颜驻容、干湿脚气、降压消肿等作用，可制成美容品和洗浴用剂。此外，薏苡根、茎、叶均可入药，果实中部残留的花柱药效也很高。

3. 工艺用 薏苡的野生种川古，是农家常用的装饰材料，在川古球形果实中部有条腹沟，因此极易用细绳穿成门帘、手镯、项链等饰物，形同佛珠，光华照人，经久耐用。也可制成坐垫（巾）以及其他装饰用工艺品，有活血保健作用。川古果壳是珐琅质，光亮坚硬，加工后是很好的装饰材料。

4. 其他用 薏苡的茎秆粉碎后可作畜禽饲料，也可干燥后作造纸原料。

第二节　生物学特性

一、植物学特征

（一）根

薏苡的根系为须根系，具初生根 4 条，茎部各节均能萌发次生根。根系强大，分布直径可达 20～30 cm。每株根系可有 30～40 条根。根白色，收获时，根粗达 3 mm 左右，水肥条件好时还可生支持根，防倒伏。

（二）茎和叶

薏苡的茎秆直立，株高为 1～2 m。茎秆呈圆形、光滑，茎色有绿色、黄绿色、红色、紫色等。主茎有茎节 16～18 节。基部茎节的腋芽能产生 3～5 个分蘖，多者达 15 个以上。基部分蘖成穗率很高，第 6 叶以后的分蘖均为无效分蘖。

薏苡的叶为单叶，互生，呈线状披针形，先端尖，基部宽，叶鞘抱茎。主茎有叶片 16 片左右，叶片扁平，中部叶长为 25～40 cm，宽为 2 cm 左右，叶两面光滑，边缘粗糙。叶脉平行，中脉白色、粗厚明显。叶龄是重要的生育指标，一般主茎第 4 叶时开始分蘖，第 7～8 叶为分蘖盛期；第 9 叶时幼穗开始分化，由营养生长转向生殖生长。

（三）花

薏苡的花序为总状花序，从植株上部叶鞘内抽出，腋生，常有较长的总梗。花单性，雌雄同株异花，雄小穗呈覆瓦状排于花序上部穗梗上。雌小穗位于花序基部即雄小穗下方，并被包于壳质总苞内，成熟时为卵圆形或球形果实。雄小穗长约为 9 mm，宽为 5 mm 左右，雄蕊 3 枚生于一节，花药长为 4 mm 左右，通常 5～6 对雄小穗着生于花序上部而伸出念珠状总苞外。雌小穗 2～3 枚生于一节，一般仅 1 枚发育，雌蕊具长花柱，柱头羽毛状二裂，伸出总苞外。

（四）果实

薏苡的果实为颖果，外包果壳，内有种仁，种仁多为宽卵形或长椭圆形，种仁断面白色、粉性，有粳、糯之分，味微苦。野生种百粒重为 10～30 g，栽培种百粒重为 6～15 g。栽培种的果壳颜色为浅黄色、淡褐色、深褐色和紫黑色。野生果壳颜色为灰蓝色、白色、花褐色、深褐色、浅褐色、浅蓝色、黑色等。

二、生长发育周期

薏苡多为一年生作物。一般薏苡的整个生育期可分为以下几个时期。

（一）萌芽期

气温高于 15 ℃时播种，8～20 d 即可出苗，5 ℃左右时种子开始吸水，一般 35 ℃时吸水速度最快。薏苡种子要吸水到自身干物质量的 50%左右开始萌动，萌动时胚根先伸出种壳，然后胚芽才从种子顶部长出，45 ℃时芽的生长受到抑制。

（二）苗期

苗期比较长，需要 40 d 左右，叶片一般长出 1～8 叶，基部开始产生分蘖。为了便于管理，可采用秧盘育苗之后再移栽，可充分保证苗的成活率。这个时期属于营养生长期，管理上应进行合理间苗和保证足够的有效分蘖。

（三）拔节期

拔节期经历 15 d 左右，为营养生长向生殖生长的过渡时期。此时叶龄为 8～10 片叶，节间伸长 9 节左右，顶部生长点进行小穗和小花的分化，是决定有效茎数和有效分蘖的关键时期，同时决定分枝的多少，影响结实率和产量。

（四）孕穗期

孕穗期需要 10 d 左右。此期转为以生殖生长为主，主茎顶端花序进入性器官分化时期，历经花药花粉母细胞形成、减数分裂、花粉形成等阶段。此期是水肥管理的关键时期，在栽培管理上应加强肥水管理。

（五）灌浆期

由于薏苡的分蘖力强而且分蘖时间久，抽穗和灌浆在不断地交替进行，难以区分，一个茎要历时 30 d 左右才能完全抽穗，每个有效茎平均有 100～200 个花序，每个花序结 1～3 粒种子。每个花序经授粉、结实、灌浆等阶段。这个时期决定结实率、百粒重，因此是产量形成的关键时期。

（六）成熟期

薏苡成熟后，种子易脱落，因此当 80%左右的籽粒变成黑褐色、大部分叶片转黄时，即可收获。薏苡成熟期需 60～80 d。

三、生长发育对环境条件的要求

薏苡是喜欢温、肥、水的 C_4 植物，不耐寒。薏苡种子在 15 ℃左右即可发芽，温度在 25～40 ℃均能正常生长，最适生长温度为 25～30 ℃。薏苡通常被作为旱地作物进行栽培，但经研究发现根、茎、叶和叶鞘都有丰富的通气组织，属于湿生植物，采用湿生栽培法，有利于物质积累，提高产量。薏苡是喜光短日照作物，阳光充足利于薏苡的生长发育。薏苡对土壤要求不严格，耐盐碱和贫瘠，各类土壤均可栽培。同时，薏苡比较喜肥、耐肥，尤其是拔节期、孕穗期和灌浆期等关键时期，因此这些时期应加强水肥管理，前期施用氮肥、磷肥，后期追施磷钾肥。

第三节　栽培技术

一、耕作制度

薏苡忌连作，连作会生长不良，易患病害。为防止病害的发生，可与豆类、十字花科、茄科等作物轮作。前茬以豆科作物及薯类作物为佳。

二、选地和整地

应选择空气质量好、土壤湿润、土质肥沃、水源条件好、旱能浇涝能排的砂质壤土栽培薏苡。应注意避免风口，否则薏苡成熟期，受大风吹袭，果实容易脱落。

在选择好的土地上，待前茬收获结束时及时清除地块上的残余作物秸秆和田间地边杂草，带出田外销毁，可大大减少田间病菌和虫源基数，有效降低病虫害的发生程度。将清理干净的地块深翻 25 cm，清除前茬留下的根茎、石块等杂物。薏苡需肥量较多，也需要疏松湿润的耕层，特别是苗期需要湿润的条件。因此播种前要抢墒耕翻，耕深应在 20～25 cm，耕后应耙 2 遍，使土壤疏松而紧密。

三、品种选择和种子处理

（一）品种选择

薏苡在我国栽培历史悠久，各地在长期栽培中已选择培育了不同的地方品种。具体可分为早熟品种、中熟品种和晚熟品种。早熟品种生育期为 110～120 d，中熟品种生育期为 150～160 d，晚熟品种生育期为 210～230 d。

（二）种子处理

薏苡种壳坚硬，播种前用温水浸种 24～48 h，待种子吸水达本身质量的 60%～80%时，捞出播种或催芽后再播种。催芽播种是将吸足水的种子装入编织袋，加盖塑料薄膜，待种子萌发露白时播种。

宜进行种子消毒，其方法有药剂拌种和恒温浸种。药剂拌种时，播种前用种子质量的 0.5%～0.8%赛力散或西力生拌种。拌药前先用种子质量的 4%～5%清水喷湿种子，隔 10 min 左右，待种皮湿润后再拌药，可使药剂均匀附着种子表面，增强消毒效果。恒温浸种时，播种前先将种子放入 60 ℃水中浸泡 30 min，然后放到凉水中冷却，捞出晾干后播种。

四、播种技术

薏苡是春播喜温作物。种子发芽出土需要较高的温度。播种过早时种子发芽出土时间过长，易感染黑粉病，而且苗弱，抗病力也弱，容易发病；若播种过晚时发病虽轻，但薏苡果实不能成熟。适期播种既能减轻发病，又能获得较高的产量。实践证明，6 cm 深的土壤温度（日平均温度）稳定在 12～14 ℃时为播种适期。

薏苡一般在 4 月上旬（日平均气温 10 ℃时）播种，播种深度为 3 cm 左右。薏苡既有分蘖，主茎上又有分枝，自身调节能力强，其每公顷株数在 82 500～165 000 株情况下，单株粒数在 400～1 000 粒，都可实现高产。大田生产调查表明，每公顷株数低于 75 000 株、单株粒数低于 300 粒时，难以实现高产。考虑到田间管理的需要及中后期通风透光的要求，一般行距为 40 cm、株距为 15 cm（每公顷 167 000 株），或行距为 50 cm、株距为 10 cm（每公顷 200 000 株），也可采用行距 40 cm、穴距为 30 cm、每穴留双苗法（每公顷 83 300 穴）。薏苡的密度应根据地力和肥水条件灵活掌握。土壤肥力高、施肥量大的宜稀，反之宜密，以充分发挥群体的增产优势。

五、营养和施肥

薏苡播种前需施足基肥，一般每公顷施用有机肥 $4.5×10^4$～$6.0×10^4$ kg，再施 150～200 kg 的过磷酸钙作种肥。薏苡需追肥 3 次。第 1 次追肥在苗高 10 cm 时结合定苗、中耕除草进行，施有机肥 $1.5×10^4$ kg/hm²，或硫酸铵 150 kg/hm²。第 2 次追肥在苗高 30 cm 时或孕穗期结合中耕除草进行，施有机肥 $2.25×10^4$ kg/hm²，或硫酸铵 150～225 kg/hm²、过磷酸钙 300 kg/hm²。第 3 次追肥在开花前进行，用 2%过磷酸钙溶液进行根外追肥，溶液用量为 225 kg/hm²。在薏苡的抽穗、开花和灌浆期一定要有充足的水分，如果水分不足，会导致穗小籽少空粒多。所以抽穗前到灌浆期要适当灌水，灌水宜在傍晚进行。

六、田间管理

（一）间定苗

薏苡播种后 8～20 d 即可出苗，出苗后要及时进行间苗、定苗。当苗高 6～10 cm 时间去过密的苗，5～6 片叶时定苗，株距为 25～30 cm。

（二）中耕除草培土

中耕除草次数视杂草多少和土壤板结度进行。一般中耕 3 次，前浅后深。第 1 次中耕在苗高为 5～10 cm 时进行，第 2 次中耕在苗高为 15～20 cm 时进行，第 3 次中耕应在苗高 30 cm时结合培土进行，促进根系生长，防止倒伏。

（三）摘芽和授粉

在拔节停止后结合中耕除草，要摘第 1 分枝下的老叶和无效分芽，以利于通风透光，促进养分集中，防止倒伏。薏苡花为单性花，每株花只为雌性或只为雄性，靠风媒传粉。进入花期后，如遇无风或微风天气就需人工振动植株，使花粉飞扬来辅助授粉。准备 1 根木棒，均匀地敲打振动植株基部，或两人合作左右摇晃植株使之授粉充分。辅助授粉应在 10:00—12:00 进行。

（四）灌溉和排涝

灌溉采用井灌或引渠均可。生长前期要保持土壤湿润，当分蘖达到 2～4 枝时适当干田 15 d 左右，可控制小分蘖和无效分蘖，防止茎叶徒长及后期倒伏。生长期适当浇水，10 d 左右灌水 1 次，保持田间湿润。开花结果期薏苡最怕干旱，干旱会结果少、果实空壳、籽粒不饱满。但到采收前半个月应停止灌水，以利采收。

（五）化学调控技术

薏苡属高秆作物，需进行化学调控以达到粗根壮株的目的。生长前期每公顷用矮壮素水剂 180～300 g 兑水 750 kg 配置溶液，均匀喷在叶面和茎秆上，喷 1 次即可。生长期第 2 个月即拔节中期，每公顷用缩节胺 75～150 g 兑水 900 kg 喷施。

七、收获和储藏

（一）收获

薏苡果实成熟期不一致，如待果实完全成熟时采收，先成熟的容易脱落。所以适时收获是丰产保收的重要环节。当植株田间下部叶片叶尖变黄、70%～80%的果实呈褐色、掐之种仁无浆时，即可采收。

收割时可采用全株或分段两种方法。全株收割是用镰刀齐地割下，然后捆成小捆立于田间或平置于土埂上，晾 3～4 d 再甩打脱粒。分段收割是先割下有果粒的上半部，捆后运回场院，然后脱粒。

（二）储藏

脱粒后种子要经 2～3 个晴天晒干，干燥后的种子含水量应在 12%左右，方可入库储藏。干燥后的薏苡果实，外有坚硬的总苞，其内还有红褐色种皮，需用沙辊立式碾米机脱去果壳和种皮，一般需加工 2～3 遍，用风车扬净，才能得到白如珍珠的薏米。

第四节　病虫草害及其防治

一、主要病害及其防治

（一）黑粉病

薏苡黑粉病是最常见、危害最重的一种病害，发病重时产量减少 70%～80%，甚至颗粒无收。黑粉病病原菌的厚垣孢子附在种子上、茎秆表面或土壤中越冬，翌年春天当种子发芽时，厚垣孢子随着发芽，从寄生的幼芽侵入薏苡体内，在生长点附近生长出许多菌丝，随着薏苡的生长而生长，最后在叶部（叶边缘出现红色瘤状体）及穗（薏苡籽粒变成黑粉）上表现症状。病部破裂后借风雨或人为将黑粉（厚垣孢子）传播到薏苡种子上、茎秆上或落入土壤中越冬，翌年再次扩大传染。当土壤温度过低、墒情不足、覆土过厚时，均都会增加黑粉病的发生。

防治方法：进行轮作；建立无病留种田；适期播种；发现病株及时拔除烧毁或深埋，以防翌年侵染；种子消毒，用粉锈宁拌种效果最佳；浸种，用 60 ℃温水浸泡种子 10～20 min，再用 3%～5%石灰水浸 2～3 d 即可灭菌。

（二）叶枯病

薏苡叶枯病的病原为真菌中的半知菌，病叶呈黄褐色小斑。

防治方法：在发病初期可用稀释后的波尔多液进行叶面喷施。

二、主要虫害及其防治

（一）玉米螟

玉米螟属鳞翅目螟蛾科，在苗期和抽穗期危害，以 8—9 月最为严重。

防治方法：在成虫产卵（5 月和 8 月）前用黑光灯诱杀；心叶期用 50%西维因粉剂

0.5 kg加细土15 kg，配成毒土灌心叶。

（二）黏虫

黏虫又名夜盗虫，是薏苡的主要害虫之一。幼虫主要危害薏苡、谷子、小麦等禾本科作物，咬食叶片，造成缺刻，影响光合作用。大发生年份来势猛，数量多，发生面积广，若不及时防治则损失很大。

防治方法：用1份白酒、2份水、3份糖、4份醋配成糖醋毒液诱杀成虫。

三、田间主要杂草及其防除

经调查，薏米田苗期杂草有10余种，例如狗尾草、马唐、稗、苍耳、藜、田旋花、牵牛花、曼陀螺、反枝苋和苘麻，分属7科，其中茄科的曼陀罗、禾本科的马唐和狗尾草为优势种杂草。

防除方法：薏苡田杂草的防治方法与玉米田大致相同，采用乙草胺、莠去津等苗前封闭除草，田间阔叶杂草可用阔锄等阔叶杂草除草剂防除。

复 习 思 考 题

1. 简述薏苡的起源。
2. 简述薏苡的生态区划。
3. 简述薏苡的营养价值。
4. 薏苡如何加工利用？
5. 薏苡的生长发育周期分为哪几个时期？各有什么特征？
6. 试述薏苡的栽培技术。
7. 简述薏苡主要病虫害及其防治方法。

第十九章 马 铃 薯

第一节 概 述

一、起源和进化

（一）起源和进化

马铃薯（*Solanum tuberosum* L.）属于茄科茄属，为一年生草本植物。马铃薯栽培种起源于南美洲安第斯山中部西麓濒临太平洋的秘鲁至玻利维亚区域。野生种的起源中心则是中美洲及墨西哥，在那里分布着系列倍性的野生多倍体种。约公元前 200 年，秘鲁印加古国的印第安人最早开始栽培马铃薯，当地印第安人称其为巴巴司。

起源于安第斯高原的马铃薯得以很好地驯化，应归功于高原上的印第安人民的长期选择。早在 14 000 年以前安第斯山区生长的马铃薯极为普遍，其枝叶繁茂，株高 1 m 以上，地下块茎小且有苦涩味道，印第安人的先辈们便将马铃薯块茎放入河溪里用水冲洗后晒干食用。随着人类的进化，野生马铃薯也逐步向栽培种进化。

（二）传播

四倍体栽培种马铃薯是最为主要的栽培种类型，最初是于 1570 年从南美洲的哥伦比亚将短日照类型引入欧洲的西班牙，经人工选择，成为长日照类型，后又传播到亚洲、北美洲、非洲南部和澳大利亚等地。由于马铃薯具有产量高、营养丰富、对环境的适应性较强等特点，传播速度很快，现已遍布世界各地，热带和亚热带国家甚至在冬季或凉爽季节也可以栽培并获得较高产量。

马铃薯最早传入我国的时间是在明朝万历年间（1573—1619），至今在我国已有 400 余年的栽培历史。京津地区是亚洲最早发现马铃薯栽培的地区之一。另外，较早传入和栽培的地区还有台湾、福建、广西等沿海各地，主要是由荷兰及各国殖民主义者、传教士、商人、探险家等，经水路从欧洲、南洋等地传入我国。从全国范围来看，马铃薯在 19 世纪末至 20 世纪初已有广泛栽培，但主要集中在西南地区的云南和贵州，中南地区的湖北西部、湖南的怀化与江华山区一带，西北地区的陕西、甘肃、宁夏、青海，华北地区的山西和河北，东北三省在清末才逐渐有较大面积栽培。

（三）分类

马铃薯有着丰富的二级基因库（secondary gene pool），马铃薯栽培种的分类方式也多种多样。目前普遍接受马铃薯分类系统是 Hawkes 1990 年提出的。他把马铃薯栽培种分为 8 种：安第斯种（*Solanum andigena*，2*n*＝48）、普通栽培种（*Solanum tuberosum*，2*n*＝48）、窄刀薯种（*Solanum stenotomum*，2*n*＝24）、角萼薯种（*Solanum gonicalyx*，2*n*＝24）、阿江惠薯种（*Solanum×ajanhuiri*，2*n*＝24）、乔恰薯种（*Solanum×chaucha*，2*n*＝36）、尤杰普氏薯种（*Solanum×juzepczukii*，2*n*＝36）和短叶片薯种（*Solanum×curtilobum*，2*n*＝60）。

二、生产情况

（一）面积和产量

马铃薯是全球第 4 大重要的粮食作物，联合国粮食及农业组织（FAO）数据显示，2019 年全世界栽培马铃薯的国家和地区有 159 个，栽培面积为 1.95×10^7 hm^2，总产量达 3.68×10^8 t。马铃薯栽培面积较大的国家还有俄罗斯、乌克兰、印度、波兰、美国等。2019 年我国马铃薯栽培面积为 4.79×10^6 hm^2，总产量为 9.19×10^7 t，单位面积产量达到 1.91×10^4 kg/hm^2，栽培面积和总产量均居世界第 1 位。2019 年全国马铃薯栽培面积最大的省份是贵州，栽培面积为 5.93×10^5 hm^2；内蒙古、甘肃、黑龙江栽培面积也位居前列。

我国也是马铃薯的重要出口国，2019 年出口数量为 5.04×10^5 t，出口金额为 3.98×10^8 美元。

（二）栽培区划

根据我国各地马铃薯栽培制度、栽培类型、品种类型及分布等，结合马铃薯的生物学特性，参照地理、气候条件和气象指标，将我国划分为以下 4 个马铃薯栽培区。

1. 北方一作区 本区包括东北地区的黑龙江、吉林和辽宁除辽东半岛以外的大部，华北地区河北北部、山西北部和内蒙古，西北地区的宁夏、甘肃、陕西北部、青海东部和新疆天山以北地区。本区气象特点是无霜期短，一般在 110～170 d，年平均温度在 -4～10 ℃，>5 ℃ 积温在 2 000～3 500 ℃，年降水量为 50～1 000 mm。本地区气候凉爽，日照充足，昼夜温差大，适于马铃薯生长发育，因而栽培面积较大，占全国马铃薯栽培总面积的 50% 以上，是我国马铃薯主要产区，例如黑龙江、内蒙古等因所产块茎的种性好而成为我国重要的种薯生产基地。本地区栽培马铃薯一般是一年只栽培一季，为春播秋收的夏作类型。每年的 4—5 月播种，9—10 月收获。本区马铃薯的晚疫病、早疫病、黑胫病发病比较严重。适于本区的品种类型，应以中晚熟为主，应该是休眠期长、耐储性强、抗逆性强、丰产性好的品种。

2. 中原二作区 本区包括辽宁南部、河北南部、山西南部、陕西南部、湖北东部、湖南东部、河南、山东、江苏、浙江、安徽、江西等。本区无霜期较长，为 180～300 d，年平均温度在 10～18 ℃，年降水量在 500～1 750 mm。本地区因夏季长、温度高而不利于马铃薯生长，为了避开夏季高温而实行春秋两季栽培，春季生产于 2 月下旬至 3 月上旬播种，5 月至 6 月中上旬收获；秋季生产则于 8 月播种，到 11 月收获。春季多为商品薯生产，秋季主要是生产种薯，多与其他作物间套作。本区应选用早熟或极早熟休眠期短的品种，春季播种前应实行催芽处理，提早播种。本地区马铃薯栽培面积不足全国栽培总面积的 5%，但近些年来，随着马铃薯栽培效益及栽培技术的提高，栽培面积有逐年扩大的趋势。

3. 南方二作区 本区包括广东、广西、海南、福建和台湾等。本地区无霜期在 300 d 以上，年平均温度为 18～24 ℃，年降水量在 1 000～3 000 mm。本区气候属于海洋性气候，夏长冬暖，四季不分明，日照短。本区的粮食生产以水稻栽培为主，主要在水稻收获后，利用冬闲地栽培马铃薯，因其栽培季节多在秋冬或冬春二季，与中原地区春秋二季作不同，故称为南方二作区。本区大多实行秋播或冬播，秋季于 10 月下旬播种，12 月末至 1 月初收获；

冬种于 1 月中旬播种，4 月中上旬收获。本地区晚疫病和青枯病发生较严重，栽培的品种应选用对光照不敏感的中晚熟品种。

4. 西南混作区 本区包括云南、贵州、四川、西藏及湖南和湖北的西部山区。本区多山地和高原，区域广阔，地势复杂，海拔高度变化很大。在高寒山区，气温低、无霜期短、四季分明、夏季凉爽、云雾较多、雨水充沛，多为春种秋收一年一季作栽培；在低山、河谷或盆地，气温高、无霜期长、春早、夏长、冬暖、雨水多、湿度大，多实行二季作栽培。西南混作区马铃薯栽培面积占全国马铃薯栽培总面积的 40% 左右。

三、经济价值

（一）增产潜力大

马铃薯具有广泛的适应性，在世界各地和我国分布极其广泛，我国各地均有栽培。马铃薯对外界环境条件反应极为敏感，在适宜的条件下，叶面积能迅速扩展，块茎也能迅速膨大形成。在单位时间和单位土地面积上，马铃薯比小麦、水稻、玉米能获得更多的糖类、蛋白质和维生素。1995 年我国马铃薯单产仅有 2.7×10^3 kg/hm^2，而 2019 年全国马铃薯单产达 1.9×10^4 t/hm^2，24 年间单产翻了 7 倍。2019 年世界马铃薯单产最高的国家是新西兰，单产为 4.5×10^4 t/hm^2，这表明马铃薯的增产潜力是巨大的。

（二）营养丰富

2016 年农业部正式发布《关于推进马铃薯产业开发的指导意见》，将马铃薯作为主粮产品进行产业化开发。马铃薯块茎营养丰富，含淀粉 9%～20%、蛋白质 1.5%～2.3%、脂肪 0.1%～1.1%、粗纤维 0.6%～0.8%。马铃薯块茎中还含人体内的 21 种氨基酸、维生素 B$_1$、维生素 B$_2$、维生素 B$_6$、维生素 C、胡萝卜素、优质纤维素，还含有钙、磷、铁、钾、钠、碘、镁、钼等微量元素。马铃薯营养成分全面，营养结构合理。据美国权威机构报道，只食用全脂奶粉和马铃薯制品，就能够提供人体所需的一切营养成分。

（三）用途广泛

1. 宜粮宜菜 在我国，马铃薯主要以鲜食为主，既可作为蔬菜鲜食，也可作为主食直接食用。马铃薯可通过烹饪制成多种食品，作为菜肴具有特殊优美风味。随着马铃薯主粮化战略的实施和推进，大量马铃薯将被加工成馒头、面条、米粉等主食。

2. 加工增值显著 马铃薯可加工成多种食品，例如冷冻食品、油炸食品、脱水制品、膨化食品等。马铃薯经脱水等工艺制成的马铃薯全粉可制成多品种、多风味的方便食品，既可长时间储存，又保全了马铃薯的风味和营养，发展前景广阔。

马铃薯是制造淀粉、糊精、葡萄糖和酒精的主要原料；马铃薯淀粉及其衍生物以其独有的特性，成为纺织业、造纸业、化工、建材等许多领域的优良添加剂、增强剂、黏合剂及稳定剂。马铃薯还可以加工成其他工业产品，例如饴糖、麦芽糖、果糖、谷氨酸钠、赖氨酸、柠檬酸等。因此马铃薯加工的经济效益十分可观。

3. 优质饲料 马铃薯富含淀粉，粗纤维含量很低，蛋白质主要含球蛋白，生物学价值高，消化率也很高，喂养畜禽，可以增加肉、蛋、奶的转化。据研究，50 kg 马铃薯块茎喂猪可生产 2.5 kg 肉，喂奶牛可产奶 40 kg。从单位面积的产量来看，马铃薯的饲料单位要高于玉米、大麦和燕麦等。

第二节　生物学特性

一、植物学特征

马铃薯的形态特征与它的经济性状是密不可分的，马铃薯植株有根、茎（地上茎、地下茎、匍匐茎和块茎）、叶、花、果实和种子等组成。

（一）根

马铃薯用块茎繁殖所发生的根系均为纤细的不定根，无主根与侧根之分，称为须根系；用种子繁殖所发生的根系则有主根和侧根之分，称为直根系。马铃薯根系的总量较小，占植株总量的1%～2%。马铃薯的根是吸收营养和水分的器官，同时还有固定的作用。

1. 须根系　须根系可分为两类：①在出生芽的基部所发生的不定根，称为芽眼根或节根。这是马铃薯在发芽早期形成的根系，分支能力强，入土深而广，是马铃薯的主体根系。②在地下茎的中上部各节长出的不定根，称为匍匐根。匍匐根分支能力较弱，长度较短，一般为10～20 cm，分布在表土层（图19-1）。匍匐根对磷素有很强的吸收能力，吸收的磷素能在短时间内迅速转移到地上部茎叶中去。

马铃薯的根一般为白色，只有少数品种是有色的。根系主要分布在土壤表层30 cm左右处，一般不超过70 cm，在砂质土壤中根深可达1 m以上。根系的数量、分支的多少、入土深度和分布情况，因品种而异，并受栽培条件影响。早熟品种根系生长较弱，入土较浅；晚熟品种根系发达，数量和入土深度均高于早熟品种。

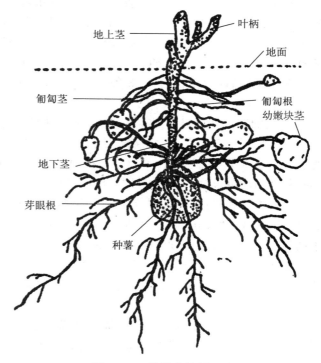

图19-1　马铃薯的须根系
（引自卢翠华等，2001）

2. 直根系　马铃薯由种子萌发形成的实生苗根系为直根系。种子萌发时，首先是胚根突破种皮，长出1条较纤细的主根，主根上长有短的根毛。当两片真叶展开时，主根长达3 cm以上，这时除下胚轴处（子叶下约1 cm左右）不生侧根外，主根其余部分均已发生侧根。当实生苗的5～6片真叶展开时，侧根上开始长二级侧根。随着植株不断生长，二级侧根还可以生长出三级侧根，最后形成大量而纤细的多级侧根系，分布在土壤耕层中。

（二）茎

马铃薯的茎包括地上茎、地下茎、匍匐茎和块茎，它们都是同源器官，但形态和功能却各不相同。

1. 地上茎　马铃薯块茎芽眼萌发后，幼芽出土发育成的地上部枝条称为地上茎。马铃薯地上茎的作用，一是支撑作用，支撑植株上的分枝和叶片；二是传导作用，把根系吸收的无机营养物质和水分运送到叶片，再把叶片光合作用制造的有机营养物质向下运输到块茎中。在栽培品种中，一般地上茎都是直立或半直立型，很少见到匍匐型。茎的颜色多为绿色，也有的品种在绿色中带有紫色和褐色。

马铃薯地上茎的高度一般为 30～100 cm，早熟品种植株较矮小，中晚熟品种植株较高大。马铃薯茎的再生能力很强，在适宜的条件下，每个茎节都可发生不定根，每节的腋芽都能形成新的植株。所以在科研和生产中，常利用茎的再生特性，采用剪枝扦插、育芽掰苗、压蔓等措施来增大繁殖倍数。在脱毒苗的快速繁殖工作中，采用茎切段的方法来加速无毒苗的繁殖。

2. 地下茎　地下茎是种薯发芽生长的枝条埋在土里的主茎，也是马铃薯的结薯部位。地下茎的长度因播种深度和生长发育期间培土厚度而异，地下茎长度一般为 10 cm 左右，当播种深度和培土厚度增加时，长度随之增加。地下茎上着生根系、匍匐茎和块茎。地下茎一般有 6～8 节，在生长发育初期，地下茎各节上均生出鳞片状小叶，每个叶腋间通常生长出 1 条匍匐茎，有时也生长出 2～3 条匍匐茎，每个节上在发生匍匐茎前，就已经生出 4～6 条放射状匍匐根。

3. 匍匐茎　马铃薯匍匐茎是由地下茎节上的腋芽发育而成的，一般在出苗后开始发育。匍匐茎生长到一定程度后，顶端开始膨大而形成块茎。匍匐茎一般为白色，具有向地性和背光性，略呈水平方向生长，一般分布在地表下 5～20 cm 的土层内，长的可达 30 cm 以上。早熟品种当幼苗长至 5～7 片叶时，晚熟品种当幼苗长至 8～10 片叶时，匍匐茎便开始发生。匍匐茎的长短和数目因品种而异，一般早熟种的匍匐茎短于晚熟品种的匍匐茎。匍匐茎的长度一般为 3～10 cm，长者可达 30 cm 以上，野生种可达 1～3 m。一般每株可形成 20～30 条匍匐茎，多者可达 50 条以上，匍匐茎越多，形成的块茎越多，但不是所有的匍匐茎都能形成块茎。在正常的情况下，有 50％～70％的匍匐茎能够形成块茎，其余匍匐茎到生长发育后期多自行死亡。

4. 块茎　马铃薯的块茎是匍匐茎顶端膨大而形成的变态茎，它既是营养器官，又是繁殖器官，栽培马铃薯的最终目标就是收获高产量的块茎。

块茎具有地上茎的各种特征。块茎上也有变态的叶痕和腋芽，分别称为芽眉和芽眼。不同品种的芽眼，有深浅和凸凹的区别。芽眼的深浅，因品种和栽培条件而异。芽眼在块茎上呈螺旋状排列，顶部密，基部稀。块茎有头尾之分，与匍匐茎连接的一头是尾部，也称为脐部；另一端是头部，也称为顶部（图 19 - 2）。块茎最顶端的一个芽眼较大，内含芽较多，称为顶芽。顶芽比较密集，块茎萌动时，顶芽最先萌发，而且幼芽比较粗壮，长势旺

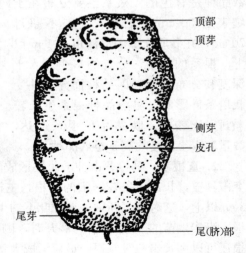

图 19 - 2　马铃薯的块茎
（引自卢翠华等，2001）

盛，这种现象称为顶端优势。从顶芽向下的各芽眼，依次萌发，其发芽势逐渐减弱。

块茎的大小决定于品种特性和生长条件，一般每块质量为 50～250 g，大块的质量可达 1 500 g 以上。块茎的形状因品种而异，但栽培环境和气候条件使块茎形状产生一定变异。在正常情况下，每个品种的成熟块茎都具有固定的形状和颜色，是鉴别品种的重要依据之一。块茎形状大致分为圆形、椭圆形和长形 3 种主要类型，此外还有介于 3 种主要类型之间的形状，例如扁圆形、卵形、长筒形等。块茎的表皮颜色一般有白色、淡黄色、黄色、紫色、红色等，薯肉颜色有白色、淡黄色、黄色、浅红色、紫色及色素分布不均匀等，食用品种以黄肉和白肉者为多。

块茎表皮光滑、粗糙或有网纹，表皮上有许多小孔，称为皮孔，皮孔有与外界交换气体和蒸散水分的功能。一般情况下，用肉眼很难观察到皮孔，但当土壤湿度过大，尤其是发生涝灾时，由于细胞增生，这些皮孔常常张开，块茎表面会形成白色的突起，这时块茎的正常呼吸不仅受到抑制，而且病菌容易侵入，常常造成块茎的腐烂。

（三）叶

马铃薯的叶子是进行光合作用、制造营养的主要器官，是形成产量的活跃部位。从马铃薯块茎或种子发芽最初长出来的叶子是单叶，也为初生叶，一般从第 5 片或第 6 片叶开始长出品种固有的羽状复叶。复叶顶端的叶片称为顶小叶，两侧成对着生的小叶称为侧小叶，顶小叶一般大于侧小叶，顶小叶的形状有卵形、椭圆形、圆形等，复叶的侧小叶一般为 3～7 对。顶小叶的形状和侧小叶的对数是品种比较稳定的特征（图 19 - 3），往往可作为鉴别品种的依据之一。

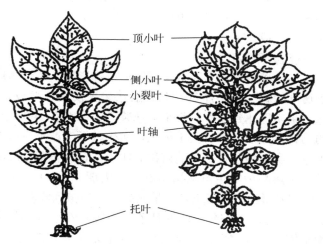

图 19 - 3 马铃薯的叶片
（引自卢翠华等，2001）

马铃薯复叶的侧小叶之间还着生大小不等的裂片，在复叶叶柄基部与主茎连接处上方的左右两侧，各着生叶状物一片，称为托叶或叶耳。托叶有铲刀形、叶形和中间形 3 种，托叶的形状和大小在不同的品种间是不同的，所以也是鉴别品种的依据之一。正常生长的马铃薯植株，应该是小叶片平展、色泽光润，表现出品种特有的浓绿色或淡绿色。

（四）花

马铃薯属于自花授粉作物，雌雄同株同花，其花序为分枝型聚伞花序，一般由茎的叶腋或叶枝上长出花序的主干。每个花序一般有 2～5 个分枝，每个分枝上有 4～8 朵花。每朵花由花萼、花冠、雄蕊和雌蕊 4 部分组成。花萼基部为筒状，呈绿色，其尖端的形状因品种而异。花冠基部联合而呈漏斗状，顶端五裂，由花冠基部起向外伸出与花冠其他部分不一致的色轮，形状如五角星，称为星形色轮，其色泽因品种而异。不同品种马铃薯的花冠颜色不同，一般常见的有白色、浅红色、紫红色、蓝色和蓝紫色等。雄蕊 5 枚，与合生的花瓣互生，5 个雄蕊中央围着 1 个雌蕊，雌蕊的花柱长短与品种有关。雄蕊花药聚生，呈黄色、黄绿色、橙黄色等颜色，成熟时，顶端开裂为两个焦枯状小孔，从中散出花粉。黄色和橙黄色的花药能形成正常的花粉；而黄绿或灰黄色花药的花粉多为无效花粉，不能天然结实，形成雄性不育系。马铃薯花冠与雄蕊的颜色、雌蕊花柱的长短及直立或弯曲状态、柱头的形状等，都是区别马铃薯品种的标志（图19-4）。

马铃薯的开花有明显的昼夜周期性，一般每天早晨 5：00—7：00 开放，下午 16：00—18：00 闭合；阴雨天开放时间推迟，闭合时间提早。每朵花的开放时间为 3～5 d，一个花序开放的时间可持续 10～40 d，而整个植株的开花期可持续 10～50 d 或以上。

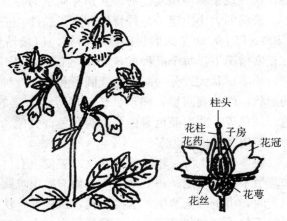

图 19-4　马铃薯的花
（引自卢翠华等，2001）

（五）果实和种子

马铃薯的果实为浆果，呈圆形或椭圆形。果皮为绿色、褐色或紫色。开花授粉后 5～7 d 子房开始膨大，发育 30～40 d 后浆果果皮逐渐变成黄白色或白色，由硬变软，并散发出香味，果实即达到成熟。每个成熟浆果中一般有 100～250 粒种子，多者可达 500 粒。浆果内的马铃薯种子又称为实生种子，实生种子千粒重只有 0.3～0.6 g，呈扁平卵圆形，黄色或暗黑色。实生种子长出的幼苗称为实生苗，实生苗结的块茎称为实生薯。实生苗的生育期比较长，早熟品种实生苗从出苗到收获需要 130～140 d，中晚熟品种实生苗从出苗到收获需要 150～170 d。而栽培块茎，早熟品种从出苗到收获只需 60～70 d，晚熟品种从出苗到收获需要 100 d 左右。当年采收的种子，一般有 6 个月的休眠期，浆果充分成熟后或充分日晒后，种子休眠期可缩短。当年采收的种子发芽率一般仅为 50％～60％，经储藏 1 年的种子比当年采收的种子发芽率高。绝大多数马铃薯品种都是杂合体，它们在自然条件下所获得的浆果又都是自交果实，其种子的分离幅度是很大的，基本不能在生产上应用。

二、生长发育周期

马铃薯生育时期的划分是农艺措施的实施依据，因为不同的生育时期有不同的生长特点和规律，对栽培条件也有不同的要求。门福义等（1980）按茎叶生长和产量形成特点将马铃薯生长分为 5 个时期：芽条生长期、幼苗期、块茎形成期、块茎增长期和淀粉积累期，孙慧生（2003）将马铃薯生育期划分为休眠期、发芽期、幼苗期、发棵期、结薯期和成熟期。

（一）生育时期

1. 芽条生长期　马铃薯的生长从块茎上的芽萌发开始，从块茎萌芽（播种）至幼苗出土为芽条生长期。块茎萌发时，首先幼芽发生，随后根和匍匐茎的原基在靠近芽眼幼茎基部的 6～8 节处开始发育，每个节上分化并发生匍匐茎，在匍匐茎的侧下方产生 3～6 条匍匐根。这个时期器官建成的中心是根系形成和芽条的生长，同时伴随着叶、侧枝和花原基等的分化。芽条生长期营养和水分主要来源于种薯，按茎叶和根的顺序供给。该时期的长短差异较大，短者为 20～30 d，长者可达数月之久。因此在芽条生长期的关键措施在于把种薯中的养分、水分、内源激素等充分调动起来，加强根系、茎轴和叶原基的分化和生长。

2. 幼苗期 从幼苗出土，经历根系发育、主茎孕育花蕾、匍匐茎伸长及顶端膨大而块茎具雏形，为幼苗期。马铃薯幼苗期是以茎叶生长和根系发育为中心的时期，同时伴随着匍匐茎的形成伸长，以及花芽和部分茎叶的分化。幼苗期叶片生长非常快，出苗 5～6 d，就有4～6 片叶展开。出苗 7～10 d 后开始生长匍匐茎，匍匐茎生长 5～10 d 后顶端开始膨大，同时顶端第 1 花序开始孕育花蕾。幼苗期一般为 15～18 d，但此期对最终产量影响较大。由于马铃薯种薯内含有丰富营养和水分，在出苗前便形成了相当数量的根系和胚叶。出苗后根系继续扩展，茎叶生长迅速，因此幼苗期应以促根、促苗、壮棵为中心，协调茎叶与块茎的生长。

3. 块茎形成期 从现蕾至第 1 花序开花为块茎形成期。进入块茎形成期，主茎迅速生长，株高可达到最大高度的 50%，主茎及茎叶已全部建成，并有分枝和分枝叶的扩展，叶面积达到最大。该期的生长特点是由地上部茎叶生长为中心转向地上部茎叶生长和块茎形成同时进行阶段。块茎形成期一般经历 20～30 d，在这期间，全株匍匐茎顶端开始膨大，直到最大块茎直径达 3～4 cm、地上部茎叶干物质量和块茎干物质量达到平衡。这个时期主要还是以建立强大的同化系统为中心，并逐步转向块茎生长为主。因此可采取以水肥促进茎叶的生长，形成强大的同化系统，并结合中耕、培土、控秧、促根等措施，促进生长中心由茎叶生长迅速转向块茎的生长。

4. 块茎增长期 盛花至茎叶衰老，从马铃薯地上部茎叶和地下部块茎干物质量达到平衡时，为块茎增长期。这个时期，叶面积已达最大值，茎叶生长逐渐减慢并停止，地上部制造的养分不断向块茎输送，块茎的体积和质量不断增长，是决定块茎体积大小的关键时期。块茎增长期的长短因品种、气候条件、病虫害、农艺措施等不同而变化很大，为 30～50 d或以上，产量的 80% 左右是在此期形成的。因此块茎增长期的关键农艺措施在于尽力保持根茎叶的活力不衰，有强盛的同化能力，以及加速同化产物向块茎运转和积累。

5. 淀粉积累期 从茎叶开始逐渐衰老，到块茎体积和质量继续增加，这段时间主要是块茎积累淀粉的时期。这个时期茎叶不再生长，但还继续制造有机物质向块茎转移，块茎的体积虽基本不再增大，但干物质量持续增加，因此块茎的总质量也随之增加。该期生长特点是地上部向块茎转运糖类、蛋白质和灰分，块茎质量日增加值达最大值。淀粉的积累一直延续到茎叶全部枯死之前。此期栽培技术措施的任务是尽量保持根、茎、叶，减缓衰亡，加速同化物向块茎转移和积累，使块茎充分成熟。

6. 成熟及收获期 在生产实践中，马铃薯没有绝对的成熟期，收获时期决定于生产目的和轮作的要求，一般当植株地上部茎叶黄枯，块茎内淀粉积累充分时，即为成熟收获期。北方一作区，由于一年一熟，在正常条件下，植株绝大部分或全部枯死、块茎表皮木栓化程度较高并开始进入休眠状态，即达生理成熟期。

（二）块茎的休眠

新收获的块茎即使给予最适宜的发芽条件也不能萌发，必须经过一段较长的时间（1～5个月）才能发芽，这种现象称为块茎的休眠。从块茎收获到芽眼萌动的一段时期称为休眠期。休眠又分为自然（生理）休眠和被迫休眠两种。自然休眠是由内在生理原因支配的，而被迫休眠是由于外界条件不适宜块茎萌发造成的。块茎内存在着 β 抑制剂（脱落酸类物质）

等植物激素，这些激素抑制了 α 淀粉酶、β 淀粉酶、蛋白酶、核糖核酸酶的活性和氧化磷酸化过程，从而使芽缺少所需要的可溶性糖类和进行代谢活动所需的能量，迫使块茎保持休眠状态。

块茎休眠期的长短与品种的遗传特性、环境条件、块茎的成熟度等因素有关。高温、高湿条件能缩短休眠期，低温、干燥则能延长休眠期。在一般室温条件下，有的品种休眠期短至 1 个月，有的品种休眠期长达 4～5 个月。对同一个品种来说，生长期短的幼嫩块茎，比正常成熟的块茎休眠期要长。块茎处于 7 ℃以上的温度条件下，可以自然通过休眠，随着温度的增高，休眠期相对缩短而提早发芽；温度控制在 1～4 ℃，块茎可以长期不发芽。如果种薯尚未度过休眠期，而又必须播种，则需要用赤霉素等植物生长调节物质对块茎进行处理，以打破休眠，促进发芽。处理时要严格掌握赤霉素等生长调节物质的浓度和处理时间，浓度过高时催出的芽数多而细长，植株细弱，叶片很小，影响植株光合效率而造成减产；浓度过低时无效果。配制赤霉素溶液时，需先用少量酒精溶解，然后再用水稀释到所需要的浓度。赤霉素的使用浓度一般为 1～10 mg/kg，整薯催芽时，可用 5～10 mg/kg，浸泡时间为 5～10 min；切块时，赤霉素的浓度为 1～3 mg/kg，比整薯处理浓度要低些。

（三）块茎的生理年龄

一般说来，块茎生理年龄是指块茎作为种薯栽培时的生理状态，以及栽培后植株在田间生长过程中表现的年龄状态。块茎的生理年龄对田间出苗早晚、茎叶长势、根系强弱、块茎发生早晚、产量形成进程和最终产量都有影响。块茎的生理年龄一般用芽条数及发育程度来表示，可划分为休眠期、幼龄期、壮龄期和老龄期 4 个年龄状态。

1. 休眠期　休眠期的块茎一般是在收获后没有萌芽的休眠块茎。

2. 幼龄期　幼龄期的块茎是只有 1 个顶芽萌发、中部和基部的芽眼仍处于休眠状态的块茎。

3. 壮龄期　壮龄期块茎是上中部芽眼萌发，具有 5～6 个壮芽的块茎。

4. 老龄期　老龄期块茎是具多数衰老细弱的芽、失水、薯皮皱缩的块茎。

块茎不同生理年龄持续时间的长短与品种、块茎收获后所处的环境温度和湿度有密切的关系。选用生理年龄处于壮龄期的块茎作为种薯，出苗早而整齐，主茎数多，单株所结块茎数多，根系强，叶面积发展快而大，产量高。老龄期的块茎作为种薯时，虽然出苗早，但茎叶衰败迅速，产量低，在低于 12 ℃的土壤栽培，芽条没有出土便直接在芽眼处形成了小薯，即俗称的"梦生薯"，从而造成缺苗断垄。

三、生长发育对环境条件的要求

（一）温度

温度对马铃薯各个器官的生长发育都有很大的影响。马铃薯喜冷凉，不耐高温，生长发育期间以平均气温 17～21 ℃为宜。块茎萌发的最低温度为 4～5 ℃，但在这个温度下生长极其缓慢；7 ℃时开始发芽，但速度较慢；芽条生长的最适温度为 13～18 ℃，在此温度范围内，芽条生长苗壮，发根早，根量多，根系扩展迅速。

马铃薯茎叶生长的最适温度为 15～21 ℃，日平均气温超过 25 ℃时茎叶生长缓慢，超过 35 ℃时茎叶停止生长。马铃薯抵抗低温的能力较差，当气温降到 -1 ℃时地上部茎叶将受冻害，-3 ℃时植株开始死亡，-4 ℃时将全部被冻死，块茎亦受冻害。马铃薯开花最适宜的温度为 15～17 ℃，低于 5 ℃或高于 38 ℃时均不开花。

块茎形成的最适温度为 17～19 ℃，稍低温时块茎形成较早，27～32 ℃高温时块茎发生次生生长，形成各种畸形小薯。昼夜温差大有利于块茎膨大，夜间的低温使植株和块茎的呼吸强度减弱，消耗能量少，有利于将白天植株光合作用的产物向块茎中运输和积累。

（二）光照

马铃薯的生长、形态建成和产量对光照度及光周期有强烈反应。马铃薯是喜强光作物，在马铃薯生长发育期间，光照度大、日照时间长时，叶片光合强度高，有利于花芽的分化和形成，也有利于植株茎叶等器官的建成，因此块茎形成早，块茎产量和淀粉含量均比较高。

光对块茎芽的伸长有明显的抑制作用，度过了休眠期的块茎在无光而有适合的温度情况下，会形成白色而较长的芽条，有时可达 1 m 以上；而在散射光下照射，可长成粗壮、呈绿色或紫色的短壮芽，这样的芽播种时（尤其是机械播种时）不易受到损伤，出苗齐而且健壮。

光周期对马铃薯植株生长发育和块茎形成及增长都有很大影响。每天日照时数超过 15 h 时，茎叶生长繁茂，匍匐茎大量发生，但块茎形成迟，产量低。每天日照时数在 10 h 以下时，块茎形成早，但茎叶生长不良，产量低。一般日照时数为 11～13 h 时，植株发育正常，块茎形成早，同化产物向块茎运转快，块茎产量高。

马铃薯各个生长时期对产量形成最为有利的情况是，幼苗期短日照、强光照和适当高温，有利于促根、壮苗和提早结薯；块茎形成期长日照、强光照和适当高温，有利于建立强大的同化系统，形成繁茂的茎叶；块茎增长期及淀粉积累期短日照、强光照、适当低温和较大的昼夜温差，有利于同化产物向块茎转运，促进块茎增长和淀粉积累，从而达到高产优质的目的。

（三）水分

马铃薯植株鲜物质量中约 90％为水，其中有 1％～2％用于光合作用。马铃薯蒸腾系数为 400～600，是需水较多的作物。整个生长发育期间，土壤含水量以田间持水量的 60％～80％为最适宜。

马铃薯不同生育时期对水分的要求不同。芽条生长期，种薯萌发和芽条生长靠种薯自身储备的水分便能满足正常萌芽生长需要。因此该期要求土壤保持湿润状态即可，土壤含水量至少应保持在田间持水量的 40％～50％。

幼苗期需水量不大，占一生总需水量的 10％～15％，土壤水分应保持在田间持水量的 50％～60％。当土壤水分低于田间持水量的 40％时，茎叶生长不良。

块茎形成期，茎叶开始旺盛生长，需水量显著增加，占一生总需水量的 30％左右。为促进茎叶的迅速生长，建立强大的同化系统，前期土壤含水量应保持在田间持水量的 70％～80％；后期使土壤含水量降至田间持水量的 60％左右，适当控制茎叶生长，以利于植株顺利进入块茎增长期。

块茎增长期，块茎迅速膨大，茎叶和块茎的生长都达到高峰，需水量最大，此期也是马铃薯需水临界期。这时除要求土壤疏松透气，以减少块茎生长的阻力外，保持充足和均匀的土壤水分供给十分重要。因此块茎增长期土壤含水量应保持在田间持水量的 80％～85％。

淀粉积累期需水量减少，占全一生总需水量的 10％左右，土壤含水量保持在田间持水量的 60％～65％即可。后期水分过多时，易造成烂薯和降低耐储性，影响产量和品质。

（四）土壤

马铃薯对土壤的适宜范围比较广，在 pH 为 5～8 的范围内均能良好生长。以 pH 5.5～6.5 为最适宜。

不同的土壤类型中以土层深厚、结构疏松、排水通气良好和富含有机质的砂壤土或壤土最为适宜。有这样结构的土壤，保水保肥性好，有利于马铃薯的根系发育和块茎的膨大。在这样的土壤上栽培马铃薯，出苗快，块茎形成早，薯块整齐，薯皮光滑，薯肉无异色，产量和淀粉含量均高。

黏重土壤虽然保水、保肥能力强，但透气性差，播种时，如土温低且湿度大时，薯块在土壤中不能及时出苗，易造成种薯的腐烂。出苗后，往往根系发育不良，进而影响植株的正常生长和块茎的膨大，易产生畸形薯。黏重土壤可以通过掺砂进行改良，只要排水良好，干旱能及时灌溉，及时中耕，也能获得高产。

砂质土结构性差，水分蒸发量大，同时保水、保肥能力差，应增施有机肥，以改善其结构。砂质土栽培马铃薯，有利于中耕作业和收获，即使降雨，雨过天晴，即可进行中耕或收获，且块茎腐烂率低。产出的块茎表皮光洁，薯形规整，淀粉含量较高，商品性好。

（五）营养

马铃薯的产量形成是通过吸收矿物质、水分和同化二氧化碳的营养过程，促进植株生长发育和其他一切生命活动而实现的。在栽培过程中，只有保证植株生长发育所必需的营养物质，才能获得块茎的高产和优质。

马铃薯正常生长需要多种营养元素，包括碳、氢、氧、氮、磷、钾、钙、镁、硫、铁、硼、锌、锰、铜、钼、钠等。除碳、氢、氧是通过叶片光合作用，从大气和水中得来以外，其他营养元素主要是通过根系从土壤中吸收的。在肥料三要素中，马铃薯以钾的需求量最多，氮次之，磷最少。马铃薯每生产 1 000 kg 块茎，需要从土壤中吸收氮 5～6 kg、磷 1～3 kg、钾 12～13 kg。

1. 氮　氮是作物体内许多重要有机化合物的组成部分，例如蛋白质、叶绿素、生物碱和一些激素等都含有氮。氮肥营养充足时，能促使马铃薯茎叶的生长，枝叶繁茂，叶色浓绿，光合作用旺盛，净光合生产率提高，有利于养分的积累。施用氮肥过量时，会引起植株的徒长，茎叶相互遮阴，叶片光合效率降低，植株底部叶片不见光而变黄脱落，延迟结薯，降低产量。氮肥不足时，植株矮小、生长缓慢，叶片变成黄绿色或灰绿色，基部叶片逐渐褪绿、脱落，并向顶部叶片扩展。马铃薯缺氮时不仅产量低，而且块茎的品质差。

2. 磷　磷是植物体内多种重要化合物包括核酸、核苷酸、磷脂等的组成成分，同时参与体内糖类的合成，并参与糖类分解成单糖，提供马铃薯生长的能量。磷肥能够促进根系发育，增强植株的抗旱、抗寒能力和适应性。磷肥充足时，能提高氮肥的利用率，有利于植株体内各种物质的转化和代谢，促进植株早熟，促进块茎干物质包括淀粉的积累，提高块茎品质，增强耐储性。马铃薯缺磷时根系的数量和长度下降，植株生长缓慢，茎秆矮小。缺磷严重时，薯块内部易发生铁锈色坏死斑点或斑点遍布整个薯肉，有时呈辐射状，蒸煮时锈斑处薯肉变硬，影响产量和品质。

3. 钾　马铃薯为喜钾作物，马铃薯吸收钾元素主要用于茎秆和块茎的生长发育。钾能够促进光合作用和提高二氧化碳的同化率，促进光合产物的运输和积累；可调节细胞渗透作用，激活酶的活性。钾肥充足时，植株生长健壮，茎秆坚实，叶片增厚，叶片衰老延缓，抗寒和抗病性增强。马铃薯缺钾时，生长缓慢，节间短，叶面粗糙皱缩，叶片边缘和叶尖萎缩，叶尖及叶缘开始呈暗绿色，随后变为黄棕色。缺钾还会造成根系发育不良，吸收能力减弱；匍匐茎缩短，块茎变小，在带有坏死叶片植株的块茎尾部发展成坏死、褐色的凹陷斑。缺钾的症状出现较迟，一般到块茎形成期才呈现出来，严重地降低产量。

4. 钙 钙是对细胞壁的形成和细胞间的胶合有重要作用。钙促进根系发育，调节体内细胞液的酸碱平衡，是维护正常生理代谢活动不可缺少的元素。当植株缺钙时，分生组织首先受害，植株的顶芽、侧芽、根尖等分生组织首先出现缺素症；在植株形态上表现叶片变小，小叶边缘上卷而皱缩，叶缘黄化，后期坏死。钙过量会影响对镁和微量元素铁、锰的吸收。

5. 镁 镁是叶绿素结构的核心，是保持茎叶正常生长的重要营养成分。马铃薯是对缺镁较为敏感的作物。缺镁时老叶的叶尖、叶缘及脉间褪绿，并向中心扩展，后期下部叶片变脆、增厚。缺镁严重时植株矮小，失绿叶片变棕色而坏死、脱落，块根生长受抑制。

6. 硫 硫也是植株生长所必需的一种大量元素。它是几乎所有蛋白质的组成成分。目前生产中很少出现缺硫现象，因为有许多肥料（例如过磷酸钙、硫酸铵、硫酸钾等）都含有硫。长期或连续施用不含硫的肥料，易出现缺硫。马铃薯缺硫时，植株叶片、叶脉普遍黄化，症状与缺氮类似，生长缓慢，但叶片并不提早干枯脱落，严重时叶片出现褐色斑块。

第三节　栽培技术

一、北方常见马铃薯栽培模式

（一）小垄栽培技术模式

马铃薯 65 cm 小垄栽培是北方农村比较普遍的栽培技术模式，从 20 世纪 50 年代开始一直延续至今。该栽培模式不抗旱耐涝，覆土较浅，薯块易外露，畸形薯较多，同时由于垄距小，植株大，造成垄间郁闭，不利于通风，极易造成毁灭性病害马铃薯晚疫病的发生和流行。其优点就是需要的动力机械比较简单，普通农用机械即可作业。

（二）大垄栽培技术模式

大垄是指垄底宽 80～90 cm、垄面宽 25～30 cm、垄高 20～25 cm 的宽行垄。大垄栽培的优点：蓄水保墒能力好，持续供肥时间长，抗旱耐涝能力强；垄体土壤结构疏松，有利于根系发育，产量和商品薯率高，增产潜力大；能够有效地防止晚疫病菌等侵染块茎，降低块茎的腐烂率。

（三）宽垄双行密植栽培技术模式

宽垄双行密植栽培技术模式指在垄距为 90～110 cm 的垄上进行双行播种，播种后的薯块呈三角形排列，这种栽培模式相对于 80～90 cm 大垄而言，不仅能够提高群体密度，增加植株的结薯个数和中薯率；而且还能够提高光合面积及光能利用率，从而获得高产；此外对于病害发生也起到一定的防控作用。这种栽培方式需要配套的专业播种机械、中耕机械和收获机械。

二、选地和整地

（一）选地

栽培马铃薯的地块，以地势平坦、土壤疏松肥沃、土层深厚、涝能排水、旱能灌溉、土壤砂质、中性或微酸性的平地和缓坡地块最为适宜。

马铃薯栽培忌重茬，适合与禾谷类作物轮作，例如谷子、玉米、小麦等禾谷类作物茬口最适宜栽培马铃薯；其次是豆茬；而茄果类（番茄、茄子、辣椒）、十字花科作物、麻类、烟草、甘薯等作物不宜作为马铃薯前茬。需要注意的是，前茬为豆茬的地块，不要选择使用过磺酰脲类除草剂（例如豆磺隆、豆乙合剂、普施特等除草剂）的地块，否则容易引起马铃薯药害，造成减产。

（二）整地

马铃薯结薯是在地下，整地质量的好坏对马铃薯的出苗和后期生长影响很大。土地平整、灭茬彻底、土质疏松、透气性好的地块，出苗率高；而整地质量差，灭茬不彻底，尤其前茬为玉米、高粱等茬口时，合垄时极易造成种薯覆盖不严，导致种薯裸露或覆土过浅，影响出苗。

整地是改善土壤条件的最有效措施。整地的过程主要是深翻（深耕）和耙压（耙耱、镇压）。马铃薯耕作深度一般为 25 cm 左右，深翻要求为 28～32 cm，翻垡严密。对于多年浅耕的地块要进行 45 cm 的深松，以打破犁底层。整地以秋整地为宜，也可以秋季耕翻后耙细耢平，翌年春天平播种后起垄。

三、施肥技术

马铃薯产量提高的最有效途径之一就是科学合理的施肥技术。马铃薯的施肥建议采用测土配方施肥技术，根据马铃薯需肥的种类及其规律结合土壤的供肥能力，制订出科学的施肥方案。

（一）肥料选择

马铃薯施肥时，氮肥一般选用尿素、硫酸铵、硝酸铵、硝酸钙等。磷肥主要选用过磷酸钙、重过磷酸钙、磷酸氢铵等。钾肥一般选用硫酸钾、氯化钾、硝酸钾等。

需补充钙肥，除选择含钙的化肥如普通过磷酸钙、重过磷酸钙外，还可叶面喷施易于吸收的螯合钙、甘露醇钙等。微量元素肥料可选择硫酸锰、硫酸亚铁、硫酸锌、硫酸铜、硼砂、钼酸铵。

（二）施肥量

根据马铃薯整个生长发育期间所需养分量、土壤养分供应量及肥料利用率即可直接计算马铃薯的施肥量。马铃薯整个生长发育期间需氮、磷、钾肥比例为 $N：P_2O_5：K_2O=1：0.5：2$。除氮、磷、钾外，钙、硼、铜、镁等元素也是马铃薯生长发育所必需，尤其是对钙元素的需要相当于钾的 1/4。

马铃薯的各个生育时期所需营养物质的种类和数量不同。从发芽到幼苗期，由于块茎中含有丰富的营养，所以吸收养分较少，占全生育期的 25% 左右。块茎形成期到块茎膨大期，由于茎叶大量生长和块茎的迅速形成和膨大，吸收养分最多，占全生育期的 50% 以上。淀粉积累期吸收养分减少，占全生育期的 25% 左右。各生育时期吸收氮、磷、钾的情况是苗期需氮较多，中期需钾较多，整个生长期需磷较少。

（三）施肥技术

1. 基肥　马铃薯施肥以基肥为主，一般占总用肥量的70％左右。基肥包括有机肥与氮、磷、钾肥。根据马铃薯生长对氮、磷、钾的需求，在基肥中应施入氮素总量的50％左右、磷素总量的90％以上、钾素总量的60％左右，这样就能保证马铃薯生长前期对营养的吸收。

2. 追肥　第一次追肥时间在出苗后20～25 d，即现蕾前，氮肥追施量占总施氮量的30％，钾肥追施量占总施钾量的20％；第2次追肥时间在现蕾后至块茎膨大时，追施氮肥占总施氮量的20％，钾肥占总施钾量的20％。追肥可促茎叶持续生长，增加光合作用面积，有利于马铃薯块茎膨大。

3. 适当根外追肥　对钙、镁、硫等中量元素及锰、铁、锌等微量元素可进行叶面喷施追肥。根外追肥应在出苗20～25 d开始，分2～3次完成。

四、品种选择和种薯处理

（一）品种分类

1. 按熟期分类　马铃薯品种按熟期可分为早熟品种、中熟品种和晚熟品种。出苗后60～80 d内可以收获的品种为早熟品种，包括极早熟品种（生育期约为60 d）、早熟品种（生育期约为70 d）和中早熟品种（生育期约为80 d），这些品种生育期短，植株块茎形成早，膨大速度快，块茎休眠期短，例如"尤金""早大白""中薯4号""费乌瑞它""东农303"等。出苗后85～105 d内可以收获的品种为中熟品种，中熟品种适宜一季作栽培，部分品种可以用于二季作区早春和南方冬季栽培，例如"克新13""冀张薯10号""延薯4号"等。出苗后105 d以上收获的品种为晚熟品种，晚熟品种生长期长，仅适宜一季作栽培，一般植株高大单株产量较高，例如"青薯9号""陇薯6号""垦薯1号""春薯4号"等。

2. 按用途分类　马铃薯按其用途可分为鲜食型品种、加工型品种和鲜食加工兼用型品种。鲜食型品种多为早熟品种，薯形好，芽眼浅。大部分马铃薯品种均可作为鲜食型品种，例如"尤金""早大白""费乌瑞它""中薯5号"等。加工型品种又分为淀粉加工型品种（例如"中大1号"）和油炸型品种〔例如大西洋（油炸薯片用）、夏坡蒂（油炸薯条用）〕。

（二）品种选择

马铃薯品种的选择要根据以下3方面来确定。

1. 栽培目的　根据市场的需求，决定是栽培鲜食型马铃薯供应市场，还是栽培加工型马铃薯供应工厂，据此来确定选用哪些类型的马铃薯品种。

2. 栽培区域　根据栽培地区的自然地理气候条件和生产条件，以及当地栽培习惯和栽培方式等来选用马铃薯品种。

3. 品种特性　根据不同品种的特性来选用品种，例如雨水较少、天气干旱的地区，可选用抗旱品种；雨水较多的地方，可选用耐涝品种；晚疫病多发地区可选用高抗晚疫病品种等。

（三）种薯处理

马铃薯播种前要进行种薯处理，处理方法主要有催芽、切块和拌种。

1. 种薯催芽 种薯催芽能够提前打破块茎休眠，缩短芽条生长期，有利于早出苗，且苗齐苗壮，比直播增产显著。催芽方法：在播种前 20 d 左右，将种薯平摊在有散射光照射的空屋内或者日光温室内，要避免阳光直射。温度保持在 15~18 ℃，块茎堆放以 2~3 层为宜，每隔几天翻动一次薯堆，使种薯发芽均匀粗壮。但需要注意的是，不能催芽过长，待芽长达到 1 cm 左右，且芽体由白色变成绿色或者紫色时，即可切块播种。如果是机械播种，则芽长不能超过 0.5 cm，否则易造成芽的折断，影响出苗。

2. 种薯切块 切块前挑选整齐、健壮的块茎作为种薯，同时对切芽块的场地、切刀和装芽块的工具进行消毒，切刀至少两把轮流使用。切芽块时，50 g 左右的块茎不用切，可以整薯播种，大种薯切块时以顶芽为中心点纵劈一刀，切成两块然后再分切。切块时注意每个芽块至少有 1 个芽，芽块质量在 30~50 g。

3. 种薯拌种 为了防治地下害虫危害、芽块腐烂、细菌病害的侵染及土传病害的发生，切完芽块要进行药剂拌种。药剂拌种常使用滑石粉中拌入适量杀菌剂和杀虫剂。种薯拌种后应尽快播种，需要保存时应保存在通风良好的地方，避免阳光暴晒灼伤并注意防冻。

五、播种技术

（一）播种时期

科学地选择播种日期，对马铃薯的生长和出苗有很大的作用。如果播种过早，播种时土温过低，种薯块茎易结梦生薯。如果播种过晚，对于晚熟品种和早熟感晚疫病品种非常不利，晚熟品种不能正常成熟，淀粉含量低，且易脱皮，商品品质下降；而对早熟品种来说，播种过晚易感晚疫病，尤其是块茎感晚疫病的早熟品种，块茎极易感病腐烂。

一般在 10 cm 耕层的地温稳定通过 7 ℃时开始播种。此外，土壤墒情也很重要，由于我国北方大部分地区春旱严重，所以还要注意土壤墒情的变化。

（二）播种深度

马铃薯播种因各地气象条件、土壤条件和栽培季节不同，播种深度也不尽相同。播种过浅时，如果发生春旱，土壤表土含水量下降，种薯的生根发芽将受到严重影响，甚至造成种薯干化。相反，如果播种过深，则出苗非常缓慢，即使出苗，幼苗长势也不会很强。地温低而含水量高的土壤宜浅播，播种深度为 7~10 cm；地温高而干燥的土壤宜深播，播种深度为 12~15 cm。

（三）播种密度

不同栽培方式以及不同品种马铃薯播种密度不尽相同，以 80~90 cm 大垄栽培为例，早熟品种保苗数以 $6.5 \times 10^4 \sim 7.0 \times 10^4$ 株/hm^2 为宜，中晚熟品种以 $6.0 \times 10^4 \sim 6.5 \times 10^4$ 株/hm^2 为宜。

六、田间管理

（一）中耕

马铃薯为块茎作物，为块茎的形成膨大创造良好条件是马铃薯增产的关键，而中耕培土是提高马铃薯产量的关键技术环节，中耕有利于根系生长、葡萄茎伸长和块茎膨大。中耕培土、追肥和灭草要进行 2～3 次，第 1 次中耕在幼苗长至 5～7 cm 时进行，以灭草松土为主，铲除杂草的同时向苗的根部培土 3～5 cm。第 2 次中耕在苗高 15 cm 左右时进行，覆土 5 cm 左右。第 3 次中耕在马铃薯现蕾前进行，主要以培土为主，并铲除和掩埋杂草，要求向根部大量培土，要形成垄形。

（二）灌溉

1. 喷灌 喷灌技术作为一种较为成熟的节水灌溉技术，早已被广泛运用于世界各地的农业生产中。喷灌就是由水泵加压或自然落差形成的有压水通过压力管道送到田间，再经喷头喷到空中，形成细小水滴，均匀地洒落在农田，达到灌溉的目的。一般说来，其明显的优点是灌水均匀，少占耕地，节省人力，对地形的适应性强。尤其是采用自动控制的大型喷灌机组成喷灌系统，可大大节省劳动力。喷灌还可以结合施入化肥和农药，又可省去不少劳动量。

2. 滴灌 滴灌是通过安装在毛管上的滴头、孔口或滴灌带灌水器，将水均匀而又缓慢地滴入作物根区的土壤中的灌水方法。滴灌不破坏土壤结构，土壤内部水分、肥料、空气、热量能经常保持在适宜于植物生长的良好状态，蒸发损失小，不产生地面径流，几乎没有深层渗漏，是一种省水的灌水方法。

（三）控秧

马铃薯在开花时进入块茎增长期，地上部生长达到高峰，不宜继续增长，营养分配应主要输向地下的块茎，可是往往由于天气因素及管理不当等原因，使植株地上部继续旺长，影响地下块茎的增长和干物质的积累。可喷施多效唑、矮壮素等生长调节剂，以抑制植株生长，起到控上促下的作用，保证产量。

七、收获和储藏

马铃薯块茎成熟的标志是植株茎叶大部分由绿色转黄色，并逐渐枯萎，匍匐茎干缩而易与块茎分离，块茎表面形成较厚的木栓层。生产中，也可根据栽培马铃薯的用途、市场预测、天气状况等确定收获时期。

（一）机械收获

马铃薯在收获前 10～15 d 通过化学催枯剂杀秧或机械杀秧。杀秧可以起到加速块茎表皮木栓化、防止收获时的机械损伤、确保块茎不受病虫害的侵染等作用。在收获前 20 d 要把所有的收获机械检修完毕，达到作业状态，并准备好收获物资及收获工具，同时要密切关注天气变化情况，做好防冻准备工作。收获时统筹安排人员和机械，提高收获效率，争取做到丰产丰收。

马铃薯收获时土壤含水要求为田间持水量的 85% 以内。收获应选择晴天进行，避免雨天收获，因为雨天既不便于收获、运输，又容易因薯皮擦伤而导致病菌入侵，发生腐烂或影响储藏。收获机械应尽可能减少块茎的丢失和损失，同时使土壤、薯块和杂草石块彻底分离，在地面上成条铺放以利于人工捡拾。收获时随时检查挖掘情况，凡出现伤薯的现象都要及时调整入土深度。马铃薯机械收获技术要求如下：减少对块茎的损伤，包括皮伤、切割、擦伤和破裂，要求轻度损伤小于产量的 6%，严重损伤小于产量的 3%；避免直射阳光和高温引起的日烧病和黑心病；块茎挖掘到地面后，应及时捡拾；块茎和土壤分离好，在易抖落的土壤里，块茎的含杂量不能超过 10%，在抖落较困难的土壤里块茎的含杂率不能超过

5%；收获干净，丢失率不超过5%。

（二）储藏

收获后的马铃薯通过休眠期后，在适宜的温度和湿度下，幼芽开始萌动生长，此时呼吸作用开始逐渐旺盛，同时由于呼吸产生热量的积聚而使储藏温度升高，促进薯块迅速发芽，并将淀粉逐渐转化为可溶性糖，影响块茎品质，降低使用价值。马铃薯无论是商品薯，还是种薯，通常都要有一个储藏过程。通过储藏，可以调节鲜薯的供应期或商品薯的上市季节，还可以调整马铃薯种薯的生理特性，使其通过休眠，提高马铃薯种薯的播种质量。

1. 商品薯储藏 商品薯储藏主要是指食用薯储藏。商品薯储藏是只要做到不冻、不烂、不黑心、少损耗，在储藏结束时不发芽或几乎不发芽即可。储藏时块茎不应受光线照射，否则块茎表皮变绿，龙葵素含量升高，影响品质。因此食用薯储藏除控制温度和湿度外，应特别注意黑暗储藏。在2～4℃温下储藏，淀粉可转化为可溶性糖，食用时甜味增大，不影响食用品质。

2. 种薯储藏 种薯储藏必须"一窖一品（种）一级"，真正做到没有机械混杂，确保品种纯度和级别一致。种薯通过储藏应当有利于在播种后快速发芽和出苗。作为影响马铃薯生理时期的主要因素，储藏的温度和湿度应当适应储藏期的要求，使种薯既不受冻又不会提前发芽，并维持着微弱的呼吸。如果温度超过5℃，湿度超过95%，种薯易发芽，以至于影响种薯的质量和播种出苗。如果温度长时间在0℃左右，会导致幼芽生长能力降低。因此种薯储藏期间温度应保持在3～4℃，湿度应保持在90%左右。

3. 加工薯储藏 不论是淀粉加工、全粉加工还是炸薯片、炸薯条加工用的马铃薯，都不宜在太低的温度下储藏。在4～5℃下储藏固然可以不发芽，但淀粉在低温下容易转化为可溶性糖，对加工产品不利。尤其是还原糖含量超过0.4%的块茎，炸薯片或炸薯条都会出现褐色，影响产品品质和销售价格。因此加工型马铃薯储藏温度不应低于7℃，最好是8～10℃，使还原糖不增加，才能保证炸薯条或炸薯片的颜色和炸出成品的品质。

第四节　病虫草害及其防治

一、主要病害及其防治

根据病原的不同，马铃薯病害可分为真菌性病害、细菌性病害和病毒病害3大类。对于北方一作区来说，生产上常见的病害为晚疫病、环腐病和病毒病，近年来早疫病、黑胫病和疮痂病也有变严重的趋势。病毒病一般通过茎尖脱毒的技术来解决，而其他病害则需要利用综合的防治技术来防治。

（一）晚疫病

1. 病原 晚疫病的病原是一种称为致病疫霉的卵菌。晚疫病病菌不仅能够感染马铃薯的地上部茎叶，而且还能够侵染地下部的块茎，危害极其严重。该菌除了危害马铃薯之外，还能够侵染番茄。

2. 症状的识别 马铃薯晚疫病开始发病的症状往往是在叶片的边缘和叶尖上出现，从不大的水渍状灰色斑，逐渐扩大呈圆形或半圆形暗绿色或暗褐色大斑，同时感病的叶片边缘发生弯曲。病斑周围有一小圈淡绿色或淡黄色区带。孢子形成时，通常在叶片背面病斑周围出现白霉，湿度特别大时叶正面也会产生白霉。薯块感病时，初期呈现出小的淡褐色或稍带紫色的不规则形病斑，以后病斑稍微下陷，病斑下面的薯肉呈深度不同的褐色坏死。

3. 防治方法

（1）选用抗病品种　例如可选用"克新18"等。

（2）消灭初侵染源　种薯出窖时，一定要精选种薯，剔除感病种薯，并将病薯彻底销毁。

（3）药剂防治　在有利发病的低温高湿天气，可采用代森锰锌等保护型杀菌剂喷施预防晚疫病，晚疫病发病初期宜采用氟吡菌胺、霜霉威盐酸盐等治疗性药剂喷施，交替使用至少两种药剂。

喷药时，根据天气情况，保护剂每 7 d 喷施 1 次，内吸剂可每 10 d 喷施 1 次。一般品种根据病害发生情况，可喷药 3 次，而感病的早熟品种和中熟品种应喷药 5 次以上。一个地区在同一时期同时喷药，进行联合防治，一般面积越大，联合防治的效果越好。

（二）早疫病

1. 病原　早疫病也称为轮纹病，是由早疫链格孢引起的真菌性病害。近年来在我国北方地区早疫病有逐年严重的趋势，有的抗晚疫病品种往往因感早疫病而死亡。

2. 症状的识别　马铃薯早疫病发病初期，叶片上出现褐黑色水渍状小斑点，然后病斑逐渐扩大，形成同心轮纹并干枯。病斑多为圆形或卵圆形，严重时病斑相连，整个叶片干枯，在叶片上产生黑色绒霉。块茎发病出现褐黑色、凹陷的圆形或不规则的病斑，病斑下面的薯肉呈褐色干腐。

3. 防治方法　实行轮作倒茬，降低发病率；加强管理，使植株生长旺盛，增强自身抗病能力。药剂防治可采用代森锰锌等保护型杀菌剂喷施，每 7～10 d 喷施 1 次，连续喷施 3～4 次。

（三）黑痣病

1. 病原　黑痣病也称丝核菌溃疡病，其病原是一种真菌，其无性阶段是立枯丝核菌，全世界大量作物和野生植物是它的寄主，因而黑痣病分布广泛。

2. 症状的识别　马铃薯黑痣病在苗期主要感染地下茎，使地下茎上出现指印形状或环剥的褐色溃疡面。块茎感染黑痣病表现为在成熟的块茎表面形成大小、形状不规则的、坚硬的、土壤颗粒状的黑褐色或暗褐色的菌核，也有的块茎因受侵染而造成破裂、锈斑、末端坏死等。

3. 防治方法　使用无病种薯，不用带有黑痣的薯块作种，尽量减少丝核菌的菌源；轮作倒茬，菌核可在土壤里长期存活，马铃薯田与谷物或牧草进行长时间的轮作，可降低发病率；适当晚播和浅播，减少幼芽在土壤中的时间，从而降低发病率。化学防治可采用嘧菌酯等进行拌种或喷施。

（四）环腐病

1. 病原　马铃薯环腐病是一种棒状杆菌属的细菌引起的病害。该病主要侵染马铃薯的维管束系统，进而危害块茎的维管束环，使块茎失去食用和种用价值，对马铃薯生产危害很大。

2. 症状的识别　马铃薯环腐病的症状随着品种的不同而不同，可大致分为枯斑和萎蔫两种类型。枯斑型症状一般情况下植株在现蕾、开花期表现明显。萎蔫型症状是发生急性萎蔫，初期从顶端复叶开始萎蔫，叶片褪色并向内卷、下垂，最后植株倒伏枯死。感染环腐病较轻的薯块，表面无异常，切开后维管束颜色变深，有淡黄色菌液。感病较重的薯块，表面暗褐色，表面纵向开裂，切开后维管束呈乳黄色，有较多变色菌液，有的内外两层分离。

3. 防治方法　带菌种薯是本病主要侵染源。病菌主要潜伏在薯块内越冬。带病种薯经切刀传染是马铃薯环腐病传染的最主要途径。因此切块时应注意切刀消毒和多把切刀交替使用。专门留作种用的种薯要精选、严格剔除病株病薯、单收单独储藏。播种时选用无病小整薯播种，可避免切刀传病。

（五）黑胫病

1. 病原　马铃薯黑胫病的病原为胡萝卜软腐欧文氏菌马铃薯黑胫病亚种，属欧氏杆菌属中造成软腐的一个类型。

2. 病症的识别　马铃薯黑胫病主要侵染根茎部和薯块，从苗期到成熟均可发病。受侵染植株的茎呈现一种典型的黑褐色腐烂。幼苗发病时，植株矮小，节间缩短，叶片上卷，叶色褪绿，茎基部组织变黑腐烂。早期病株萎蔫枯死，不结薯。

3. 防治方法　选用无病种薯，建立无病留种田，生产健康种薯。选择地势高、干燥、排水良好的地块栽培，播种、耕地、除草和收获期都要避免损伤种薯。薯块先在温度为10～13 ℃的通风条件放置 10 d 左右，入窖后要加强管理，储藏期间也要加强通风换气，窖温控制在 1～4 ℃，防止窖温过高、湿度过大。

（六）疮痂病

1. 病原　马铃薯疮痂病主要是由土壤中的疮痂链丝菌入侵引起的，该菌属于放线菌的一种，也可侵染甜菜、萝卜和胡萝卜。

2. 症状的识别　马铃薯疮痂病主要危害块茎，块茎上的病斑通常为圆形，起初为褐色隆起的小斑点，扩大后中央凹陷，周边向上凸起，呈疮痂状，直径达到 5～8 mm，侵染点周围的组织坏死，块茎表面变粗糙，质地木栓化。

3. 防治方法　连续栽培马铃薯的地块，疮痂病比较严重，因此可实行 2 年以上的土壤轮作，但要避免与甜菜、萝卜、胡萝卜等轮作。在块茎形成和膨大期，进行田间浇水，保持较高的土壤湿度，可有效地减少疮痂病。提高土壤酸度，同时避免施入过量的石灰，以降低土壤 pH，有利于减少疮痂病的发生。

二、主要虫害及其防治

马铃薯在整个生长发育进程中，非常容易发生多种虫害。虫害损坏植株茎叶，影响产量。危害马铃薯地上部叶片的害虫主要有蚜虫、二十八星瓢虫、块茎蛾等，危害地下部的根和块茎的害虫主要有地老虎、蛴螬、蝼蛄、金针虫等。这些害虫都会给产量造成不同程度的损失，应采取必要的防治措施，确保马铃薯丰收。

（一）蚜虫

蚜虫在马铃薯生长期群集在嫩叶的背面吸取液汁，使顶部幼芽和分枝生长受到严重影响。另外，蚜虫在取食过程中，把病毒传给健康植株，使病毒在田间扩散，使更多植株发生退化。

发现蚜虫时可用 50％抗蚜威可湿性粉剂喷雾防治。此外，还可以选择有机磷或拟除虫菊酯类杀虫剂，例如可选择 50％的马拉硫磷乳油、20％的氰戊菊酯乳油、10％氯氰菊酯乳油等药剂交替喷雾。

（二）二十八星瓢虫

二十八星瓢虫的成虫和幼虫均食害叶片，被食叶片仅残留上表皮，形成许多不规则的透明的凹纹，形成网状，使叶片和植株干枯呈黄褐色。

药剂防治可选用氰戊菊酯乳油等进行喷施。每 10 d 喷 1 次药，在植株生长期连续喷药 3 次，注意叶背和叶面均匀喷药，以便把孵化的幼虫全部杀死。

（三）蛴螬、地老虎和金针虫

蛴螬和金针虫主要危害块茎，致使块茎的商品率下降，也危害幼苗的根茎，造成缺苗断垄。地老虎在低洼内涝地容易发生，主要危害幼苗，咬断近地面的茎基部，使植株死亡。防治地下害虫，应秋季深翻地，破坏害虫的越冬环境，减少越冬基数。也可以进行药剂防治，例如用噻虫嗪等杀虫剂拌种、用辛硫磷等药剂进行沟施。

三、田间主要杂草及其防除

（一）杂草种类

1. 禾本科杂草　禾本科杂草通常叶片窄、长，叶脉平行，无叶柄，叶鞘开张，有叶舌；茎圆扁平，有节，节间中空。杂草种子较大的在土壤中发芽深度可达 5 cm 以上，土表处理除草剂难以防除。种子较小的杂草，土中发芽深度仅为 1~2 cm。马铃薯田禾本科杂草主要有稗草、狗尾草、牛筋草、罔草、马唐等，在地势低洼地区和山区，稗草危害非常严重。

2. 阔叶杂草　阔叶杂草又称为双子叶杂草，胚有两片子叶，草本或木本，叶脉呈网状，叶片宽，有叶柄。鸭跖草虽为单子叶杂草，人们习惯把它划为阔叶杂草。根据杂草的生命长短可分为一年生杂草和多年生杂草。一年生阔叶杂草是种子繁殖，在土壤中的发芽深度为 0~5 cm；除草剂防除时，浅层土中的发芽杂草可被有效地防除，主要有藜、反枝苋、本氏蓼、卷茎蓼、苍耳、龙葵、铁苋菜、香薷、荠菜、苘麻、鸭跖草、猪毛蒿、牛繁缕、鼬瓣花等。在马铃薯生长发育后期，龙葵大量结实，危害严重。多年生杂草是指寿命在 2 年以上，一生中能多次开花结实的杂草。其主要特点是在开花结实后地上部死亡，依靠地下器官越冬，次年春季从地下营养器官又长出新株。此类杂草除能以种子繁殖外，还能利用地下营养器官进行繁殖，而后者是主要的繁殖方式，马铃薯田里常见的多年生杂草有问荆、苣荬菜、大蓟、葎草、大刺儿菜、田旋花等。

3. 寄生性杂草　寄生性杂草是不能进行或不能独立进行光合作用制造养分，必须寄生在其他植物上吸收寄主的养分而生活的杂草，例如列当、菟丝子等。

（二）化学除草

1. 土壤处理　使用封闭性除草剂，可以在播种前进行，也有的在播种后出苗前进行。这类除草剂，通过杂草的根、胚芽鞘、胚轴等部位吸收药剂有效成分后进入杂草体内，在生长点或其他功能组织部位起作用杀死杂草，例如氟乐灵、乙草胺、异丙甲草胺等。

2. 茎叶处理　茎叶处理除草剂有两种类型可以使用，即灭生性除草剂和选择性除草剂。灭生性除草剂对所有植物都有杀灭作用，在杂草已出苗，而马铃薯没出苗时进行杂草茎叶喷雾，通过茎、叶、胚芽鞘及根部被杂草吸收而使杂草死亡，例如草甘膦。选择性除草剂对不同植物有选择性，能杀死杀伤目标杂草，而对马铃薯无害，可在马铃薯和杂草共生时期喷施，杀草保苗，例如喹禾灵、精吡氟禾草灵等。

复习思考题

1. 我国马铃薯栽培共分为哪几个栽培区？
2. 马铃薯的生长发育期分为哪几个阶段？
3. 什么是马铃薯块茎的生理年龄？其在生产上有何意义？
4. 什么是马铃薯块茎休眠？影响马铃薯块茎休眠期长短的因素有哪些？
5. 马铃薯大垄栽培的优点有哪些？
6. 马铃薯收获前杀秧的作用是什么？
7. 简述马铃薯晚疫病的防治方法。

第二十章 甘 薯

第一节 概 述

一、起源和进化

甘薯（*Ipomoea batatas* L.）属旋花科甘薯属甘薯种，为蔓生性草本植物。甘薯在我国各地的别名很多，例如白薯、红薯、地瓜、山芋、红芋、番薯、红苕等。甘薯起源于墨西哥以及从哥伦比亚、厄瓜多尔到秘鲁一带的热带美洲。哥伦布初见西班牙女王时，曾将由新大陆带回的甘薯献给女王。16世纪初，西班牙已普遍栽培甘薯。西班牙水手把甘薯携带至菲律宾的马尼拉和摩鹿加岛，再传至亚洲各地。

甘薯约在16世纪末期传入我国，明代的《闽书》和《农政全书》均有相关记载。在16世纪末期，甘薯从南洋引入我国福建和广东，而后向长江流域、黄河流域及台湾省等地传播。在明代末期，甘薯已在福建省开始栽培。在清代初期，在政府大力垦殖的政策鼓励下，福建人离开了人多地少的故乡，并将甘薯传入地广人稀的广西。甘薯产量高，适应性强，繁殖及栽培简便，因此在我国从南到北都广为栽种。

二、生产情况

世界甘薯主要产区分布在北纬40°以南。栽培面积以亚洲最大，非洲次之，美洲居第3位。我国甘薯栽培面积经历了发展→稳定→下降的过程。据有关统计资料，我国甘薯栽培面积最大的年份为1960年，达1.0×10^7 hm²，1970—1983年稳定在$6.8 \times 10^6 \sim 6.9 \times 10^6$ hm²，1984年下降到6.4×10^6 hm²，1985—1996年稳定在$6.1 \times 10^6 \sim 6.3 \times 10^6$ hm²，1997年以后下降到6.0×10^6 hm²以下，2000年以后基本稳定在6.0×10^6 hm²左右。甘薯单产自20世纪90年代以来不断上升，鲜薯单产由1990年的16.6 t/hm²上升至2019年的35.0 t/hm²，而且逐年提高，现已相当于世界平均单产的140%。因此全国甘薯栽培面积虽然不断下降，甘薯总产量却不断上升。目前甘薯在我国分布依然很广，以淮海平原、长江流域和东南沿海各地最多，栽培面积较大的省份有四川、河南、山东、重庆、广东、安徽等。

三、经济价值

甘薯在我国一直作为抗灾救荒的杂粮作物，有着重要的经济地位。随着经济发展和人民生活水平的提高，甘薯以其突出的营养保健和药用功能，备受人们的青睐。

（一）营养价值

甘薯具有较高的营养价值。甘薯块根中淀粉含量占鲜物质量的15%～26%，高的可达30%。可溶性糖占鲜薯质量的3%左右，蛋白质约占鲜薯质量的2%，脂肪约占鲜薯质量的0.2%。甘薯还含有多种维生素。以5 kg鲜薯折1 kg粮食计算，其营养成分除脂肪外，比大米和白面高。甘薯属于生理碱性食物，甘薯的 pH 与人的血液的 pH 同为生理碱性，食用甘薯可中和人体内产生过多的酸，减轻人体代谢的负担，有益健康。

（二）药用价值

甘薯含有一种多糖体与蛋白质混合物的黏液蛋白，对人体有特殊的保护作用，能保持消化道、呼吸道、关节腔、膜腔的润滑和血管的弹性，提高人体的巨噬细胞活性，增强免疫能力，此物质还能抑制脂类物质在动脉管壁上沉积而防止动脉粥样硬化，故可预防肝及肾脏器官结缔组织的萎缩，减缓人体器官的老化，减少高血压发生。甘薯中还含一些脱氢表雄酮，可防治结肠癌和乳腺癌。甘薯中还含有一定的准雌激素物质，对保护人体皮肤、延缓衰老有一定作用。

（三）加工利用

甘薯是重要的工业原料作物。国外以甘薯为原料，加工制出 200 多种产品。我国甘薯工业加工，除了少量利用鲜薯外，大部分是以薯干、淀粉为原料，加工制成的产品有 10 多个门类，几十个品种，广泛应用于国民经济的各个行业，现已产生十分显著的经济效益和社会效益。甘薯制取酒精，具有成本低、设备简单等优点。在当今世界各国能源紧缺的情况下，利用甘薯制酒精作为再生能源，受到各国政府的高度重视。近年来世界酒精生产发展很快，盛产甘薯的巴西和菲律宾把薯类植物列为能源植物，认为发展甘薯生产具有战略意义。酒精还可以进一步加工成乙烯、乙酸、乙醛等多种化学工业的重要原料和医药上不可缺少的消毒剂。以甘薯为原料，可以生产柠檬酸、丁醇、丁酸、味精、氨基酸、抗生素、维生素、各种淀粉衍生物等产品，广泛应用于化工、医药、食品、纺织、塑料、染料等工业部门。

第二节　生物学特性

一、植物学特征

（一）根

种子萌发后胚根最先顶破种皮，向下生长，形成主根，然后从主根上长出侧根。薯苗和茎蔓的节上都能发根，逐渐生长成独立的植株，甚至叶柄、叶片等部位都能长出根来，从这些部位上长出的根称为不定根。甘薯的不定根可分化成形态特征不同的须根、柴根和块根（图 20-1）。

1. 须根　须根也称为纤维根、细根。须根长短不等，是吸收土壤中养料和水分的主要器官，并有固定植株的作用。这种根一般在生长前期形成，大部分分布在距表土层 30 cm 以内。随着地上部茎叶伸长，根系向地下延伸。栽插后 30 d 左右，根能伸长到土层 40 cm 以下。茎蔓长到 100 cm 以上时，根深入土层也可达 100 cm，而深入土壤深层的须根，大部分是从块根上生长出来的。根系发达并深入土层是甘薯能够抗旱的主要

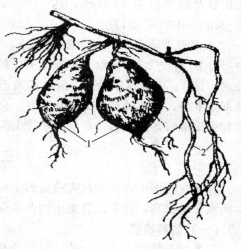

图 20-1　甘薯根的形态
1. 块根　2. 柴根　3. 须根
（引自袁宝忠，2005）

原因。如果遇到土壤水分过多或施用氮肥过量，须根会大量生长，最后造成茎叶生长过旺，使地上部和地下部生长比例失调而减产。

2. 块根　块根也称为储藏根，就是供人们食用或加工用的薯块，是甘薯植株储存营养物质的器官。块根上能生长出许多不定芽和不定根，人们利用它能发芽的习性进行育苗繁殖，因此它又是繁殖器官。块根里面的主要成分是淀粉和可溶性糖，还有大量水分和少量蛋白质、灰分、维生素等。块根是由少数较粗壮的不定根，在土壤适宜条件下，不断积累养分，逐渐肥大而形成的。由于在生长肥大过程中，在土壤中的着生位置不同，所获得的营养物质条件也不一样，地上部茎叶合成的养分向地下输送有多有少，时间有早有晚，因而形成的薯块有大有小，有长有短。薯皮因不同品种有白色、淡黄色、黄色、红色、褐色、紫色等。薯块形状有纺锤形、圆筒形、球形、块状等，纺锤形又分为长纺锤、短纺锤、上膨纺锤形和下膨纺锤形。薯皮有的光滑，有的粗糙，有的带有深浅不一的条沟。薯肉颜色有白色、黄色、红色等，也有的带浓淡不同的紫晕。肉色浓淡与胡萝卜素含量有密切关系，颜色越深胡萝卜素含量越高。块根的形状、皮色和肉色是区别甘薯品种的重要标志之一。

3. 柴根　柴根又名梗根、牛蒡根或跑根，有手指粗细，只伸长而不肥大成薯，没有食用价值。幼根在发育过程中遇到不利于块根形成和肥大的条件，例如高温、干旱、过湿、氮肥过多等是形成柴根的主要原因。

（二）茎

甘薯的茎统称蔓，也有的地方称为秧子（与苗床育成的薯秧不是同一概念）。甘薯茎细长、蔓生，主蔓生出多条分枝，长度因品种而异，短的不到 1 m，长的超过 7 m。大部分品种的茎蔓匍匐地面生长；有的短蔓品种呈半直立生长，株型比较疏散。茎表面有许多大小不等的茸毛，有些品种茎老时茸毛脱落。茎上有节，节间的长短与蔓的长度有关，一般长蔓品种节间较长，短蔓品种的节间较短。茎节上能生芽，长出枝条，也能发根，生产上就是利用它这种再生能力进行繁殖。茎的颜色分为绿色和紫色，有的品种两种颜色相混或绿带紫色。多数紫茎品种其顶梢部位多为绿色。茎蔓的长短、颜色和分枝多少也是品种特征之一。

（三）叶

甘薯叶是单叶，只有叶片和叶柄，没有托叶，属于不完全叶。叶柄长度因品种而异，短的 5～6 cm，长的 30 cm 以上，叶柄在茎上呈螺旋状排列。叶片的形状很多，就是同一株的叶片形状也有差别，基本分为心形、肾形、三角形、掌状等（图 20-2）。叶片边缘有全缘和深浅不同的缺刻。叶的颜色有浓淡不等的绿色、褐色和紫色。顶叶的颜色有淡绿色、绿色、褐色、紫色等。叶脉以主脉为中心向两边分散，其颜色有绿色、主脉紫色、全紫色的区别。叶片基部和叶柄基部有绿色和紫色 2 种。叶形、叶色、顶叶色、叶脉色、叶基色以及叶柄基部色，受栽培条件影响会产生浓淡、大小的差别，

图 20-2　甘薯叶的形状
（引自袁宝忠，2005）

是品种的重要特征。

(四) 花

甘薯的花很像牵牛花，花型较小，花柄较长，由 3～7 朵丛集成聚伞花序或单生花序，颜色为淡红色或紫色。花萼 5 裂，花冠似漏斗，花筒长度为 2.5～3.5 cm，未开放时卷旋。有雌蕊 1 个，柱头 2 裂，子房 2～4 室。雄蕊 5 个，长短不齐，着生在花冠的基部。花粉囊 2 室，呈纵裂；花粉粒为球形，表面有许多乳头状小突起。

甘薯的花在晴暖天气的早晨开放，而下午花冠闭合凋萎，若是温度低，会使开花的时间推迟。品种和环境条件均对甘薯开花习性的影响较大。在我国北纬 23°以南地区，例如广东、海南、福建和台湾省南部地区，气温高，日照时间短，甘薯能够自然开花；北方气温较低，日照时间长，只有少数品种能自然开花，而绝大多数品种不能自然开花。

甘薯是异花授粉作物，自交结实率很低，而且花期又长，种子成熟期不一致。人们从事甘薯生产都采用无性繁殖的方法，开花与否对生产没有直接影响，但可利用杂交授粉的方法获得大量杂交种子，选育新品种。

(五) 果实和种子

甘薯的果实为圆形或扁圆形的蒴果，直径为 5～7 mm。果皮在不成熟时为绿色或紫红色，成熟时变成枯黄色或褐色。每个蒴果里有黄褐色或黑色种子 1～4 粒，种子直径约为 3 mm。种子大小和形状与蒴果里的种子数目有关系，一般是 1 个蒴果里结 1 粒种子的呈圆形，结 2 粒种子的呈半圆形，结 3 粒种子以上的呈不规则的三角形。通常以结 2 粒种子的最常见，很少有结 4 粒种子的。种子皮较厚而坚硬，不容易吸水，发芽比较困难，一般不用于生产，多用于育种。在播种前，必须先刻破种皮或用浓硫酸浸种后，再洗净放入清水里使它吸水，并且给予适宜的温度进行催芽，只有通过这样一系列处理后才能播种。

二、生长发育周期

甘薯的整个生长过程可以分为以下 4 个阶段。

(一) 发根缓苗阶段

甘薯的发根缓苗阶段是指薯苗栽插后，入土的各节发根成活。地上幼苗开始长出新叶，幼苗能够独立生长，大部分甘薯苗从叶腋处长出腋芽的阶段称为发根缓苗阶段。在我国北方一般采用夏薯繁殖，而夏薯的发根缓苗阶段是从甘薯苗移栽开始的，需要 15～20 d。

(二) 分枝结薯阶段

分枝结薯阶段的甘薯主蔓生长最快，其延伸生长称为拖秧，也称为爬蔓、甩蔓。本阶段甘薯地下部的不定根已分化形成小薯块，在本阶段的生长后期，成薯数已基本稳定，不再增多。本阶段夏薯需要 20～35 d。在本阶段初期，根系已生长出总根量的 70%以上，为促进茎叶的生长奠定基础。结薯早的品种在发根后 10 d 左右，开始形成薯块，到 20～30 d 时已看到少数略具雏形的块根。在茎叶生长中，一些分枝少、薯蔓细长的品种没有圆（团）棵现象就直接伸长主蔓。从植株开始分枝到基本覆盖满地面，茎叶的质量可达到甘薯一年生长中最高茎叶质量的 30%以上。

(三) 茎叶盛长阶段

茎叶盛长阶段是指茎叶覆盖地面开始到生长最旺盛时期。这个阶段甘薯的茎叶迅速生长，生长量占整个生长期总量的 60%～70%。随茎叶的增长，其光合产物不断地送到块根而使块根明显增大。块根总质量的 30%～50% 是在这个阶段形成的，有的地方把这个阶段称为蔓薯同长阶段。茎叶增长加快使叶面积的增加达到了最高峰。同时新老叶片交替更新，新长出来的叶数与黄化落叶数到本阶段末期达到基本平衡。我国北方夏薯在这个阶段为移栽后 40～70 d。

（四）茎叶衰退薯块迅速膨大阶段

甘薯的茎叶衰退薯块迅速膨大阶段，是指茎叶生长由盛转衰，直至收获期，以薯块肥大、茎叶开始停止生长、叶色由浓转淡、下部叶片橘黄脱落为这个阶段的表现特征。本阶段甘薯的地上部同化物质加快向薯块输送，薯块质量增加速度加快而变得肥大。本阶段薯块质量的增加值相当于薯块总质量的 40%～50%，有的甚至可高达 70%，薯块干物质积累明显增多。

由于植株的地上部与地下部是处于不同部位的统一体，上部茎叶的生长繁茂程度，取决于根系吸收养分的情况；地下部薯块产量的高低，又依赖于地上部茎叶光合作用，及其产物的输送和积累程度。

由于甘薯的各个阶段相互交替，很难截然分开，故上述 4 个阶段的划分不是绝对的，也可以划分为 3 个生长时期：从栽插到茎叶封垄，称为生长前期；从茎叶封垄到茎叶生长量达高峰时，称为生长中期；从茎叶生长高峰到收获阶段，称为生长后期。

三、生长发育对环境条件的要求

（一）温度

甘薯性喜温，怕寒冷，忌霜冻。薯块和栽插的薯苗为 5 cm 时，在土温 15 ℃以下，不发根；土温稳定在 16 ℃以上，生根正常；土温在 20 ℃时，历时 3 d 才发根；土温在 18～32 ℃范围内，温度越高，发根生长速度越快；土温过高（超过 35 ℃甚至 40 ℃），则植株的呼吸加强，导致植株体内的消耗大于积累，使甘薯植株生长停止。

甘薯的生长发育不仅受到土温的影响，还受到气温的影响。如果气温过低，导致土温较低，会延迟甘薯的根系发展，气温在 18 ℃以下时，淀粉积累停止；气温在 15 ℃时，茎叶停止生长；气温在 10 ℃以下时间过久，会造成茎叶枯死，而且甘薯一经霜冻，就会很快死亡；气温在 9 ℃以下持续 10 d，薯块因受冷害而引起腐烂。甘薯生长的温度，以最高气温 32 ℃以下、最低气温 18 ℃以上较为适宜，理想温度是 20～24 ℃。

甘薯块根膨大的最高温度和最低温度，因品种不同而存在很大差异。早熟品种能在较低温度下形成薯块并迅速膨大，例如早熟品种生长 100 d 时，已有较高的产量；中熟品种生长 150 d 时，才能达到最高产量；晚熟品种不仅在生长周期上要长于早熟品种和中熟品种，还要求有较高的温度作为生长发育的保障条件。

（二）水分

甘薯怕涝渍，耐干旱且需水量大。生产 1 kg 干物质，需要耗水 300～500 L。从栽植至收获，耗水量由少到多（茎叶盛长期），再由多到少。生长期要求适宜的土壤相对含水量，前期为 60%～70%，中期为 70%～80%，后期为 60%～70%。生育前期虽然根系初步伸长，茎叶不大，耗水量不高，但要求必须足墒栽种，栽后保活，使植株早生快发，薯块及早形成。否则，因水分缺乏或干旱造成死苗和干叶，导致根系发育不良，结薯晚，茎叶生长缓慢。甘薯的整个生长发育阶段对水分要求较为严格，不能过多，也不能过少。如果长期干旱，土壤相对含水量低于 45%，根内木质部导管木质化程度增大，易形成柴根；相反，生长发育期间遇涝渍，土壤水分过多，接近饱和，土壤透气性差，幼根形成纤维根多，形成薯块少，甚至不结薯，而且在甘薯生长的后期，田间积水 3 d 以上，薯块处于缺氧环境时，很容易腐烂。

（三）土壤

甘薯对土壤适应性强，在山岗、平原、砂质荒地等各类土质都能栽培。甘薯耐酸碱性较好，在土壤 pH 为 4.2～8.3 的范围内均能生长，但是土壤 pH 为 5～7 时最为适宜。如果选用结构紧密、透气性差的土壤，则不利于薯块的膨大。选用土层深厚、土质疏松、通气性良好的砂壤土或壤土类型土壤栽培甘薯最为适宜。

（四）光照

甘薯喜光、怕阴。在土壤、养分、空气适宜的条件下，光照充足，光照度大，能够使甘薯茎叶生长健壮，薯块结薯早、膨大快，光合产物增多，而且有利于向薯块运转和积累。如果遇到阴雨连绵的天气，由于光照弱或光照不足，加上土壤水分接近饱和，将会使地上部生长过旺，表现为徒长，并且同化物质少，也不利于向薯块运转，造成薯块产量低。

（五）空气

甘薯的蒸腾和呼吸等生理活动都离不开空气。甘薯中的淀粉等物质是叶片中的叶绿体在光照条件下，利用二氧化碳和水合成的。薯块的形成膨大与淀粉转运和积累过程都需要能量，而能量是靠根部的呼吸作用产生的，要求土壤空气中有足够的氧气作保证。因此土壤通气状况良好是提高甘薯产量的必要条件，选择透气良好且保水保肥能力强的砂壤土质或黏土加砂改良后的土质，并且通过增施有机肥、深耕、垄栽、中耕、及时排涝、有条件地进行土壤输气等措施，均有利于促进块根的形成和膨大。

四、农业气象灾害

（一）冷害

甘薯冷害是指甘薯受冷（指冰点以上的低温）而导致生理性损害后，被真菌侵染而腐烂，也是造成储藏期间损失的一个最主要原因。甘薯在田间生长期间受到冷害时，易感染黑斑病和软腐病。甘薯在遭受冷害后，其块根内部也会发生一系列生理变化，包括呼吸强度反复增高、组织内部二氧化碳积累、伤口愈合能力减弱、体内线粒体的氧化磷酸化作用降低以及与其相伴随的抗坏血酸含量的减少。另外，甘薯组织内淀粉含量和可溶性糖含量、组织内部电导率以及各种酶的活性也发生改变。

（二）干旱

在田间条件下，干旱胁迫是甘薯生长过程中发生频率最高的非生物逆境因子。当外界的干旱胁迫达到一定程度时，甘薯蒸腾消耗的水分大于吸收的水分，造成甘薯体内水分亏缺，会相应地发生一系列生理生化反应，并且能够从形态、生理、代谢、细胞等多种水平上反映出来。

甘薯生长对水分胁迫高度敏感，尤其是叶片，轻度的干旱胁迫使甘薯叶片生长减弱或者停止。在干旱胁迫情况下，细胞内水分外渗，引起细胞收缩，为减少细胞收缩时受到的机械损伤，叶片细胞变小，限制细胞的增大和正常分裂，从而影响甘薯的生长。在严重干旱条件下，甘薯的根系活力降低，根系的数目和根系水压传导能力均被抑制，进一步影响甘薯的生长，并且随着干旱胁迫程度的加剧，根系活力急剧下降，导致植株的生长发育受到抑制，使植株受到不可逆转的伤害，甚至死亡。

第三节　栽培技术

一、耕作制度

栽培甘薯采用无性繁殖，茎叶匍匐生长，栽插和收获时间不像禾谷类作物那样严格，有利于间种、套种、轮作，也便于调节劳力。在甘薯产区，水田推广水稻与甘薯轮作，旱地采用甘薯与花生、大豆等豆科作物轮作，对改良土壤理化性状、提高土壤肥力、减少病虫害等均可收到良好效果。河北省卢龙县采用集约化生产，将冬小麦、春甘薯、小豆（或绿豆）和蔬菜间作套种，收到增产增收的良好经济效果。有的地区采用甘薯与幼林（果）套作，不但对幼林的抚育有良好的效果，同时又可使甘薯获得增产，大大增加了经济收益。

二、选地和整地

（一）选地

甘薯产地的选择应考虑产地的环境和条件，例如环境空气质量、灌溉水质量、土壤环境质量。选择远离污染源、不受工农业污染及其影响、生态条件良好并具有可持续生产能力的甘薯生产区域。进而选择排水方便、土层深厚、土壤结构疏松、富含有机质、保水保肥性能好的中性或微酸性砂壤土或壤土，并要求 3 年以上未栽培甘薯的地块。

（二）深耕起垄

甘薯是块根类作物，薯块膨大需要疏松的土壤条件，须对甘薯田进行深耕细作，起垄栽植。薯田耕作要有利于改良土壤，深度以 26～33 cm 为宜，可利用拖拉机、开沟机、扶垄机等机械耕作。薯田土壤湿度过大时，不宜深耕。深耕与改土相结合，例如上黏下砂的黏土地可翻砂压淤，上砂下淤的砂质地则翻淤压砂。深耕过程中起垄要因地制宜，黏土地、地势低洼的易涝地、地下水位高、土壤肥水高的地块、生长中后期雨水偏多的地区，宜做大垄、高垄，垄距为 100 cm 左右，垄高为 25～33 cm，每垄栽培 1 行；在地势高或砂质土、土层厚或肥力较差的地块，宜起小垄，垄距为 65～80 cm，垄高为 20～25 cm，每垄栽培 1 行。岗坡地沿等高线起垄。我国北方甘薯比较适合随耕作、随起垄、随施肥。

三、品种选择和种薯处理

（一）品种选择

甘薯栽培时，应选用适合当地栽培的良种，这是一条夺取高产、稳产最经济有效的途径，也是提高甘薯品质、预防病虫害的可靠措施。自从新中国成立以来，各地先后育成数以百计、具有不同性状、不同用途的甘薯新品种，在生产上推广应用，发挥了显著的增产作用。

（二）种薯处理

种薯的标准是具有本品种的皮色、肉色、形状等特征，要求皮色鲜亮光滑，薯块较整齐均匀，无病无伤，没有受冷害和湿害。凡薯块发软、薯皮凹陷、有病斑、不鲜艳、断面无汁液有黑筋或发糠（茎线虫病）的，均不能作种薯。种薯的薯块应大小均匀，其质量以 150～250 g 为宜。为防止薯块带菌，排薯前应进行灭菌处理，用 51～54 ℃温水浸种 10 min，或用 70％甲基托布津可湿性粉剂药液、50％多菌灵可湿性粉剂药液浸种 5～10 min。

四、播种技术

（一）育苗

育苗是甘薯生产的首要环节。适时育苗，能不误时机地栽插到田。育足壮苗，就能避免"夏薯秋栽"，达到高产的目的。

育苗准备工作必须提早做好。首先，要落实栽培春薯、夏薯面积。单位面积用种量因育苗方法、育苗时间的不同而有差别。露地苗床可排稀些。根据栽培面积落实使用的种薯数量、苗床面积或育苗用地和建床所需要的物资。其次，选择苗床用地。条件是背风向阳，地势高，排水良好，靠近水源，管理方便。露地育苗或采苗圃，应选用土质肥沃、没有盐碱、至少 2 年内没种过甘薯或做过苗床的地方。由于苗床是永久性使用的，用前要严格消毒灭菌，更新床土，避免病害传播。

我国甘薯产区分布广，自然条件不同，育苗方式多种多样，但基本可以分为以下 4 类。

1. 露地式 露地式育苗利用当地自然条件，不需要特殊的设备与管理，常用的有地畦（阳畦）、小高垄等。

2. 加温式 加温式育苗方式，根据当地条件，就地取材，建一定规格加温的苗床，用柴草或煤炭为燃料进行加温，用来提高苗床的温度。也有用电热加温的加温式苗床，普遍用于早春气温低的北方地区。

3. 酿热式 酿热式育苗利用植物秸秆、牲畜鲜粪、落叶等，利用堆积发酵过程所产生的热用来提高床温进行育苗。

4. 薄膜覆盖 单、双膜覆盖，都能达到加快薯苗生长、节约能源的目的。此外，还有利用地热、温泉、太阳能等方式用来育苗。

（二）栽植时间

根据气候条件、品种特性和市场需求来选择适宜的甘薯栽植期。一般在土壤 10 cm 地温为 16 ℃以上时栽植。甘薯栽植不宜过早，栽植过早易感染黑根病，导致薯块皮色不鲜亮。与正常栽植甘薯的时期相比，地膜覆盖栽培时期可以适当提前。

（三）栽植密度

栽植密度应根据甘薯的品种、植株的形态、土壤的肥力和栽期的早晚来定。要掌握肥地宜稀，旱薄地宜密；春薯宜稀，夏薯宜密；长蔓品种宜稀，短蔓品种宜密的原则。一般平原旱地为 $5.3 \times 10^4 \sim 6.0 \times 10^4$ 株/hm²，肥地为 $4.5 \times 10^4 \sim 5.3 \times 10^4$ 株/hm²。

（四）栽植方法和深度

透气良好和足墒的土壤条件，有利于薯块的形成和膨大。因此在土壤墒情好和降水充足的情况下，采用水平浅栽、垄作的方式，用来提高甘薯的产量。具体做法，就是选用具有展开 6～7 片叶的壮苗，地上部露出地面 3 片叶，而展开叶的其余节位，连叶片全部以水平位置埋入土中，栽深约 5 cm，入土部分应全部用土盖严封平。如果在严重干旱、缺水地区，宜采用深直栽方式，栽深为 7～10 cm，浇足定根水。夏薯栽植时，若遇到高温、干热风天气，可将地上部茎叶用潮土封盖，土层厚度约为 3 cm，间隔 3～4 d 再清除覆土。

五、营养和施肥

（一）营养

甘薯生长需钾最多，氮次之，磷最少。甘薯施肥量不仅要考虑产量水平，还要考虑土壤肥力水平、土质、气候条件、肥料利用率和品种特性等。

1. 氮素　氮素是甘薯生长过程中各器官需要的主要元素。大面积旱薄地缺氮少磷，造成茎细弱、分枝少、封垄晚、最高叶面积系数小，产量低。当叶片含氮量在 1.5％ 以下时，表现严重缺氮，叶片将会变小、变黄、变薄，而顶叶的叶片边缘、叶脉、叶柄均呈淡褐色或淡紫色。肥地如果施氮素肥料过多，会使氮磷钾比例失调，导致茎叶徒长，光合产物运转受阻，将减产。

2. 磷素　磷素能促进细胞分裂和块根的形成，促使根系发达，还能够提高同化物质的合成和转运能力，增加薯块淀粉和可溶性糖的含量，不仅能改善品质，还能增强耐储性。当叶片含磷量（以干物质计）低于 0.1％ 时，表现缺磷，叶片变小，叶色暗绿无光泽，老叶片出现大片黄色斑点，逐渐变为紫色，不久后脱落。

3. 钾素　钾素能增强抗旱、抗病性，还能提高光合效率，有利于同化物质的转运和积累，因此有利于薯块的形成。钾素对茎叶的生长有一定的抑制作用，例如在高肥地块增施钾肥或在甘薯生长的中后期喷施 0.2％ 磷酸二氢钾溶液，能够控制地上部旺长和改善植株氮钾比，从而对提高产量有一定作用。但是钾素施用过多时，产量反而降低，而且薯块烘干率降低。当甘薯叶片含钾量低于 0.5％ 时，即出现缺钾症状，前期叶变小、节间、叶柄变短，叶色暗绿，靠近生长点的叶片略呈灰白色，叶片发生淡黄色斑块，叶片增厚，发硬、发脆；后期老叶和叶脉缺绿，叶背有斑点，并且从老叶开始逐渐枯死。

4. 中量元素　当甘薯叶片含镁量小于 0.05％ 时，叶片向上翻卷，叶脉呈绿色，叶肉呈网状，黄化很明显。叶片含钙量小于 0.2％ 时，幼芽先枯死，叶变小，叶呈淡绿色，以后叶尖向下呈钩状，并逐渐枯死，大叶片有褪色斑点。叶片含硫量小于 0.08％ 时，幼叶先发黄，叶脉缺绿呈窄条纹，最后整株叶片发黄。

5. 微量元素　土壤中有效锌含量低于 0.5 mg/kg 时，甘薯植株出现明显的缺锌症状，表现为叶小、叶簇生，叶片有黄色斑点，因此缺锌症又称为小叶病或斑叶病。甘薯缺铁元素时，表现为幼叶褪色，叶脉保持绿色，叶片黄化，严重时成片发白。缺硼时，甘薯蔓顶生长受阻，并逐渐枯死，叶片呈暗绿色或紫色，叶片变小、变厚、皱缩，节间变短，叶柄卷缩，薯块柔嫩而长，薯肉上出现褐色斑点；土壤中含硼量过高时，会引起硼害，其适宜含量为 0.67～2.50 mg/kg。缺锰时，甘薯叶片缺绿而发生黄斑，但叶脉变绿，随后叶片出现枯死斑点，使叶片残缺不全。

（二）施肥

我国习惯于把甘薯种在旱地、薄地、远地、丘陵地，这些地方的肥力普遍较低，普遍存在肥力不足的问题，也是甘薯单位面积产量不高的重要原因之一。

1. 甘薯需肥特点　甘薯生长前期植株矮小，吸收养分较少，但必须满足其需要，才能促使早发棵。生长中前期地上部茎叶生长旺盛，薯块开始肥大，此时吸收养分的速度快、数量多，是甘薯吸收营养物质的重要时期，也是决定结薯的数量、最终影响产量的时期。生长中后期，地上部茎叶逐渐转向缓慢生长，大田叶面积开始下降，黄叶率增加，茎叶鲜物质量逐渐减轻，大量的光合产物源源不断地向地下块根输送，此时除需要吸收一定的氮素、磷素外，还需要吸收大量的钾素。从甘薯开始栽插成活一直生长到收获，吸收的钾素超过氮素和磷素，尤其是在块根膨大的旺盛期。甘薯对氮素的需要情况是，生长前中期吸收较快，而在中后期吸收较慢；生长前期和中期吸收磷较少，块根迅速膨大时期磷吸收量稍有增加。

2. 甘薯施肥技术　甘薯施肥应以农家肥为主，化肥为辅；以基肥为主，追肥为辅；追肥以前期为主，后期为辅。

（1）施足基肥　目前，常用的基肥主要是农家肥，有厩肥、堆肥、绿肥、土杂肥、河塘泥、火土灰、海肥、草木灰、饼肥等，大多属于完全肥料，但是这些肥料大部分肥效迟。因此施足基肥不仅提高了土壤肥力，使甘薯早发快长，而且肥效长而稳，能够保障生长中期不致发生植株徒长，也可避免后期因脱肥而引起的茎叶早衰现象。一般情况下，基肥的施用量应为总施肥量的80%左右，但是应该根据不同的土壤类型和肥力状况，采用针对性的施肥策略。例如砂性和瘠薄的甘薯田，应多施厩肥和含氮较多的肥料；土壤肥力较高的甘薯田，不要施用含氮量高的肥料，以免在高温、多雨的季节造成植株地上部徒长，从而导致减产。因此基肥施用量要因地而异。

（2）早施追肥　根据甘薯不同生长时期的形态，用来确定追肥的时期、肥料的种类和数量。追肥的数量占整个施肥总量的20%左右。一般要求追肥期宜早不宜迟，追肥过晚容易使植株徒长，进而影响产量。各地的追肥方法不同，主要有催苗肥、壮株肥和促薯肥。催苗肥是促使薯苗早发棵、平衡大小株的有效措施（在移栽后，追施少量的氮素化肥）。催苗肥，是要做到小苗、弱苗多施，大苗少施或不施。壮株肥是茎叶生长开始进入盛长期施用的追肥，能使甘薯茎叶早长和早结薯，但是在水肥条件优良的地块，追施过早或过多，会造成中期生长过旺，阻碍养分向地下块根转运，反而使结薯推迟。一般情况下，以栽后30～40 d（薯块已形成）后追施少量氮肥为宜。促薯肥是促使薯块肥大而施用的追肥。

六、田间管理

（一）发根缓苗阶段

发根缓苗阶段是甘薯生长的前期，也是打好增产基础的重要阶段。发根缓苗阶段，在保证全苗的前提下，以促进根系生长、茎叶生长和群体均衡生长为主。

1. 查苗补苗　要保全苗就必须及早实施查苗补苗，一般栽后2～3 d就应随查随补。如果补苗过晚，苗株生长不一致，大苗欺小苗，就起不到保苗保产的作用。

2. 中耕除草　薯地中耕一般在生长前期进行，封垄以后操作较为困难，因此中耕宜早不宜迟。中耕时要以先深后浅为原则，而且第1次中耕时要结合培土，使栽插时下塌的垄土复原。中耕除草要讲究质量，做到寸土不漏、棵草不留，垄面薯苗周围常因栽插和封窝的过程，被按实结成土块，因此不仅要细锄、浅锄不伤薯苗，还应做到土碎疏松和草芽锄净。因此中耕次数要根据气候、土质、杂草生长的情况确定，一般2～3遍较为适宜，而且中耕除草要注意保持垄形，不要使土塌落影响块根的形成。

（二）分枝结薯阶段

1. 前期浇"花秧水"　我国北方甘薯栽后约20 d，地上部生长分枝出现拖秧，地下部薯块开始逐渐形成，地温逐渐回升，光照充足，土壤水分因蒸发加大而逐渐减少。有灌溉条件的地块，采用小水沟灌，灌水量不超过垄高的一半，灌后随即中耕。我国北方甘薯到7月中下旬才分枝结薯，但是很多地方已进入雨季，不需要灌水，但是进入雨季的甘薯栽培区，应修整好田间的腰沟，做到沟沟相通，达到雨在田间无积水的标准。由于甘薯怕涝，地里积水时间过长，会导致薯块腐烂。

2. 浅中耕　这个时期的薯块已形成，中耕宜浅，以刮破土表为宜，除草要净。在栽插后 30～40 d，选晴天将薯蔓理向垄体的一侧，在垄侧距植株 10～15 cm 处，用犁冲开垄土，或用锄破垄，深约 15 cm，晒 1～5 d，使垄土水分蒸发。

3. 早施追肥　追肥宜早不宜晚，在我国北方甘薯栽培区，追肥适宜在栽后 30～40 d 进行。追肥种类应以氮素含量多的肥料为主，用量应根据植株生长形态确定。基肥用量多的高产田在分枝结薯阶段可以不追肥。

（三）茎叶盛长阶段

1. 三沟配套防涝渍　本阶段的前期，甘薯的茎叶生长迅速，养分主要分配在地上部，应注意排水，以减少土壤水分，增加土壤通透性。

2. 追施催薯肥　茎叶盛长阶段追肥应以钾肥为主，过多施用氮肥对薯块的肥大不利，应在栽后 90～100 d 追施钾肥，不仅能增加叶片中的含钾量，延长叶龄，还可以提高光合效能，促进营养物质的运转。

（四）茎叶衰退薯块迅速膨大阶段

1. 根外追肥　此时期的茎叶生长开始减慢，一直到收获时为止，经过约 60 d 的时间，田间管理应放在前期；凡容易发生早衰的地块，以及茎叶盛长阶段长势差的地块，在 9 月初（处暑与白露之间），追施肥有一定增产效果。

2. 防旱排涝　此时正是薯块迅速膨大、决定能否高产的最后阶段，所以保护茎叶和防旱排涝，仍是本阶段管理的重点。

七、收获和储藏

（一）机械收获

甘薯栽培的机械化水平不高，远低于主要粮食作物的机械化水平，其中高性能机械化联合收获与机械化移栽是迫切需要突破的瓶颈。目前，甘薯机械收获基本采用分段作业，是在甘薯成熟前 5～7 d，切蔓机将秧茎切碎还田、晾晒，然后挖掘收获，而整个过程可以分为：挖掘、抖土、铺放和人工捡拾 4 个阶段。

（二）储藏

储藏甘薯的窖型有许多种，可以分为高温大屋窖、小屋窖、井窖、棚窖、拱形大窖等。

1. 无损储藏　薯块入窖时要求不带病、无碰伤、不受冻、不受淹。带病薯块入窖后，因薯块已有病菌，遇到适宜温度、湿度及其他适宜的条件，就会迅速发病。受冻、受淹薯块的部分组织已变质或坏死，抵抗能力降低，入窖后逐渐被病菌侵袭而腐烂。碰伤、虫咬的薯块容易让病菌从伤口侵入薯块内部，引起薯块腐烂。

2. 控温储藏　不论采用哪种储藏方法，保持适宜的窖温都是储藏甘薯的关键。

（1）前期　入窖后的前 20～30 d，有加温设备的应及时采用高温处理，以防止黑斑病及软腐病的危害。

（2）中期　入窖 1 个月至次年立春为中期。这个时期主要做好防寒保温工作，无论采用哪种储藏方法，窖温都应保持在 10～13 ℃。大屋窖可适当加温或窖中生煤火提温。对棚窖和井窖，应检查窖口是否封严，并将窖口覆盖物加厚。对棚窖，也可在窖内生火升高温度，或在薯堆上加盖干草保温。总之，中期以保温为主，应注意窖温稳定，避免波动太大。

（3）后期　后期窖温应维持在 10～13 ℃。晴天可以适当打开窖门通风换气，而且每个薯窖中都应安放温度计，以便准确了解窖温的变化。高温（窖温在 18 ℃以上）与低温（窖温在 7 ℃以下）都会发生烂窖。由于甘薯含水分较多，在较低温度下容易受到冻害，在较高温度下容易发生病害。储藏期的温度应保持在 10～13 ℃，最低不能低于 9 ℃，最高不应超过 15 ℃。

3. 控湿储藏　湿度与细菌繁殖、薯块品质关系密切。湿度大时，病菌繁殖快，病害蔓延迅速。湿度小时，薯块水分丧失过多，会影响薯块品质及发芽能力。储藏期适宜的相对湿度为 85%～90%。

第四节　病虫草害及其防治

一、主要病害及其防治

（一）叶斑病

叶斑病又称为斑点病或叶点病，主要危害叶片。在北方，病原菌的菌丝体和分生孢子器随病残体遗落土中越冬，翌年散出分生孢子传播蔓延。由于分生孢子借雨水溅射进行初侵染和再侵染，所以当生长期遇雨水频繁、空气和田间湿度大或地块低洼积水时，易发病。

防治方法：甘薯收获后应及时清除病残体，并烧毁；重病地避免连作；选择地势高的地块栽培，雨后清沟排涝，降低湿度；常发病或重病地块于病害始期，喷洒 78%波·锰锌（科博）可湿性粉剂或 75%百菌清可湿性粉剂，每隔 10 d 左右施用 1 次，连续防治 2～3 次。

（二）黑疤病

黑疤病也称为黑斑病、黑膏药等。由于病原菌以厚垣孢子或子囊孢子在储藏窖、苗床及大田的土壤中越冬，也有的以菌丝体附在种薯上或以菌丝体潜伏在薯块中越冬，成为翌年及第 3 年的初侵染源。病原菌能直接侵入甘薯幼苗根基，也可从薯块上的伤口、皮孔、根眼侵入，发病后再频繁侵染。地势低洼、土壤黏重的重茬地或多雨年份易发生病害，温度高、湿度大、通风不好时发病重。

防治方法：建立无病留种的甘薯田，种薯应认真精选，严防病薯混入并传播蔓延；种薯用 50%多菌灵可湿性粉剂药液浸泡 5 min，再上床育苗；用 50%甲基硫菌灵可湿性粉剂药液浸苗 10 min，药液浸至种藤 30%～50%的位置；选用抗病品种；防治储藏期黑斑病，可用 42%噻菌灵（特克多）浸薯块 30 min，也可用 25%环己锌甲硫（黑斑宁）乳油浸薯块 10 min；发病初期喷洒 70%甲基托布津可湿性粉剂药液或 50%多菌灵可湿性粉剂药液、65%利果灵可湿性粉剂药液。

（三）软腐病

甘薯软腐病因其症状而俗称为水烂，是甘薯采收及储藏期间易发生的病害。由于该病的病原菌存在于空气中或附着在被害薯块上，在储藏窖越冬时，由伤口侵入，病部产生孢子囊，借气流传播进行再次侵染，因此薯块有伤口或受冻时易发生此病害。易发病温度为 15～25 ℃，易发病相对湿度为 76%～86%。当相对湿度高于 95%时，不利于孢子形成和萌发，但有利于薯块愈伤组织的形成，减轻发病率。

防治方法：适时收获，避免冻害，夏薯应在霜降前后收完，秋薯应在立冬前收完，收薯宜选晴天进行，尽量避免薯块产生伤口；入窖前精选健薯，消除病薯，晾干后适时入窖，提倡用新窖，旧窖要清理干净，或把窖内旧土铲除露出新土，必要时用硫黄熏蒸，每次使用硫黄 15 g/m³；科学管理窖储甘薯，根据甘薯生理反应，以及气温和窖温的变化，进行 3 个阶段的管理。在储藏初期，即甘薯发干期，在甘薯入窖 10～28 d 时，应打开窖门换气，待窖内薯堆温度降至 12～14 ℃时，把窖门关上；在储藏中期，即 12 月至翌年 2 月的低温期，应注意保温防冻，窖温保持在 10～14 ℃，不要低于 10 ℃；在储藏后期，即变温期，从 3 月起要经常检查窖温，应及时放风和关门，使窖温保持在 10～14 ℃。

（四）根腐病

甘薯根腐病也称为烂根病。这是一种毁灭性病害，发病地块轻者减产 10％～20％，重者减产 40％～50％，甚至成片死亡，造成绝产。根腐病在高温、条件下病重，夏薯重于春薯，连作重茬地重于轮作地，晚栽地重于早栽地，砂土瘦地重于壤土肥地。根腐病发病温度范围为 21～30 ℃，适宜温度为 27 ℃左右。土壤含水量在 10％以下时有利于病害发展。

防治方法：目前，对甘薯根腐病还没有有效的药剂防治方法。各地都是选用抗病品种来控制病情，并取得显著效果。在防治甘薯根腐病时，主要应注意：培育壮苗，适时早栽；深翻改土，增施净肥使薯苗早发快长，增强抗病能力；轮作换茬，轮作期保持在 3 年以上。

（五）茎线虫病

甘薯茎线虫病也称为糠心病、空心病、糠梆子、花瓤等，我国南北各甘薯产区都有发生。此病危害甘薯地上部和地下部，造成烂薯、死苗，严重的可造成绝产。除薯叶以外，薯苗、茎蔓、薯块、病残体、土壤、未腐熟的农家肥都能传播。线虫病发病特点：春薯比夏薯重，连作重茬地比轮作地重，涝洼多水的砂土地比黏土地重。

防治方法：用 50％辛硫磷药液浸苗的下部，30 min 后栽插，可使苗里的线虫大部分被杀死（药效平均在 90％以上）；用 80％二溴乙烷兑水稀释后，在栽插前半个月开沟（沟距为 40 cm，沟深为 15 cm），均匀施入沟中立即盖土，半个月后就可扶垄栽插。

二、主要虫害及其防治

（一）旋花天蛾

旋花天蛾在幼虫时期食用甘薯叶片和嫩茎，常将叶片吃光。虫口密度大时，可将成片薯田叶片吃光，只剩薯蔓，影响甘薯生长发育，使薯块含糖量降低，产量下降。

防治方法：深翻土壤，使其不能化蛹；不与赤豆、扁豆（鹊豆）、蕹菜（空心菜）、长寿菜（叶用甘薯）、黄芪、丹参、牵牛、菠菜、葡萄等植物进行邻作或轮作，减少虫源；利用成虫的趋性，在成虫盛发期用黑光灯、高压汞灯、频振式杀虫灯或糖浆毒饵诱杀蛾子（成虫），降低田间落卵量；在甘薯天蛾幼虫 3 龄之前，可交替选用 2.5％氯氟氰菊酯（功夫）乳油，或 90％敌百虫、4.5％顺式氯氰菊酯（百事达）乳油等。

（二）贪夜蛾

贪夜蛾的初孵幼虫群集于叶背，吐丝结网，在其内取食叶肉，留下表皮，成透明的小孔。大龄幼虫可将叶片吃成孔洞或缺刻，严重时仅剩叶脉和叶柄，导致甘薯苗死亡，造成缺苗断垄。

防治方法：深翻土壤，使其不能化蛹；利用成虫的趋光性，用黑光灯、高压汞灯或频振式杀虫灯诱杀蛾子（成虫）；清除田间、地边杂草，消灭初孵幼虫；在幼虫 2 龄之前，交替选用 24% 甲氧虫酰肼（美满）悬浮剂药液、2.5% 多杀霉素（菜喜）悬浮剂药液、2% 甲氨基阿维菌素苯甲酸盐（埃玛菌素）乳油、52.5% 毒死蜱·氯氰菊酯（农地乐）乳油等，每隔 7～10 d 喷 1 次，连喷 2～3 次。

（三）甘薯麦蛾

甘薯麦蛾幼虫吐丝并卷折甘薯叶片，并栖居其中取食叶肉，只留表皮，形成薄膜状斑，大量薯叶被卷食。大龄幼虫会将叶片啃食出孔洞，甚至会吃光叶片，也可食用幼茎和嫩梢。

防治方法：不与山药、长寿菜、蕹菜等作物进行邻作或轮作，减少虫源；利用成虫的趋光性，在田间设置黑光灯、频振式杀虫灯等诱杀害虫；甘薯收获后，及时清除、深埋或烧毁残株落叶和旋花科杂草，减少越冬虫源；在幼虫初龄期、尚未卷叶前，交替选用 20% 虫螨腈（除尽）悬浮剂药液、5% 定虫隆（抑太保）乳油、90% 晶体敌百虫（毒霸）药液、5% 伏虫隆（农梦特）乳油等，应于 16：00—17：00 喷雾，隔 7～10 d 喷 1 次，视虫情防治 1～3 次。也可用甘薯麦蛾性诱剂诱杀成虫。

（四）甘薯天蛾

甘薯天蛾又名旋花天蛾，幼虫称为甘薯虫、花豆虫，在我国分布很广，主要以危害甘薯为主。幼虫自 3 龄以后食量加大，猖獗发生时往往能把薯叶吃光。

防治方法：结合冬耕或整地做垄，捡拾越冬蛹；结合田间中耕除草捕捉幼虫；用灯光、糖醋液诱捕成虫。在幼虫发生初期（3 龄以前），及时喷撒 2.5% 敌百虫粉剂或喷洒 90% 晶体敌百虫药液。

（五）地下害虫

地下害虫种类很多，主要有蛴螬、蝼蛄、地老虎、蟋蟀、金针虫、砂潜等，危害时间长，能造成很大损失。上述几类地下害虫对甘薯的危害，有的只限于幼虫，例如地老虎类；有的成虫和若虫都可危害甘薯植株，如蟋蟀、蝼蛄类等；有的成虫危害甘薯较轻，并且时间短，而幼虫危害重，并且时间长，例如蛴螬类、金针虫、砂潜类。地下害虫危害甘薯的方式，危害地上部茎叶的有蟋蟀和地老虎类，危害地下部薯块、薯梗的有蝼蛄、金针虫、蛴螬和砂潜类。蛴螬的成虫金龟子危害甘薯地上部茎叶，蛴螬则危害地下部的块根和须根。

地下害虫的防治方法有农业防治、人工防治和药剂防治。

农业防治：清除杂草，适时耕翻土地，灌水与轮作。

人工防治：在春耕或秋耕时，捕拾蛴螬。发现断苗时，于清晨在断苗处土层里捕杀地老虎。在地老虎、蝼蛄、蟋蟀等成虫盛发时，可点火诱杀；也可以用糖醋液诱杀地老虎成虫；或用米糠、麦麸、豆饼粉、菜籽饼粉、棉籽饼粉等为饵料，炒后拌上 90% 晶体敌百虫药剂做成的毒饵，在傍晚时，撒在甘薯垄上毒杀地下害虫。

药剂防治：整地起垄或中耕、施肥时，用 2.5% 敌百虫粉剂或 50% 辛硫磷乳剂，拌细土撒施于地面，可触杀土内或土表的多种地下害虫；用 90% 晶体敌百虫药液浸薯苗约 1 min，可防治多种地下害虫；用 90% 晶体敌百虫兑水稀释后，倒入堆肥中拌匀，可杀死土壤里的多种害虫。

三、田间主要杂草及其防除

甘薯属于藤蔓作物，易受杂草的危害，可以采用综合防治技术。综合防治要点为：选用抗病的甘薯品种；选择轮作的田块栽培甘薯；清除甘薯田间、周边的杂草，并集中销毁；合理使用化学农药。在大田生产中，由于栽培面积较大，人力有限，通常使用化学药剂来消灭杂草。

（一）禾本科杂草田间防除

在禾本科杂草单生、而无阔叶草的甘薯地，可用氟乐灵防除。注意在 30 ℃ 以下的下午或傍晚用药后应立即栽薯秧，也可用氟乐灵与扑草净混用。在防除多年生杂草时，田间空气湿度较大时应适当加大用药剂量，即使用药后 2～3 h 下雨，也不会影响防除效果，建议早晚施药，而中午或高温时不宜施药。在防除多年生杂草时，在施药量相同的情况下，每次施药应间隔 21 d，并分 2 次施药。

（二）禾本科杂草与莎草混生的田间防除

在禾本科杂草与莎草混生、而无阔叶草的甘薯地，可以用乙草胺防除。乙草胺对出苗杂草无效，应尽早施药，提高防除效果。因此应在栽薯秧前或栽薯秧后，地面湿润、无风的条件下施药，而且栽薯秧后喷药宜用 0.1～1.0 mm 孔径的喷头喷施。

（三）禾本科杂草与阔叶草混生的田间防除

在以禾本科杂草与阔叶草混生的甘薯地，可用草长灭药剂防除。应在栽前或栽后立即喷雾，在土壤墒情好、无风或微风的条件下施药，需要注意不能与液态化肥混用。

（四）禾本科杂草、莎草科杂草与阔叶草混生的田间防除

在禾本科杂草、莎草科杂草与阔叶草混生的甘薯地，可用旱草灵防除。在土壤墒情好（最好有 30～60 mm 的降雨）的条件下施药。用药时应精细整地，不可有大土块。

复 习 思 考 题

1. 甘薯由哪几个器官构成？简要描述各个器官的主要特点。
2. 甘薯的生长发育要经历哪几个阶段？简要描述各个生育时期的主要特点。
3. 影响甘薯生长发育的主要环境条件有哪些？
4. 如何对甘薯进行水肥调控？
5. 简述甘薯的主要病虫害及其防治技术（各举两例）。

主 要 参 考 文 献

包世英，2016. 蚕豆生产技术 ［M］. 北京：高等教育出版社.

鲍思伟，谈锋，廖志华，2001. 土壤干旱对蚕豆叶片渗透调节能力的影响 ［J］. 西南大学学报（自然科学版），23 （4）：353 - 355.

才让吉，王巧玲，王贵珍，等，2015. 不同播种量、氮磷肥互作对高寒牧区燕麦产量和品质的影响 ［J］. 中国草食动物科学，35 （5）：30 - 33.

曹维强，王静，2003. 绿豆综合开发及利用 ［J］. 粮食与油脂 （3）：37 - 39.

柴继宽，赵桂琴，胡凯军，等，2010. 不同栽培区生态环境对燕麦营养价值及干草产量的影响 ［J］. 草地学报，3：421 - 425.

柴岩，1999. 糜子 ［M］. 北京：中国农业出版社.

陈红，王海洋，杜国桢，2003. 刈割时间、刈割强度与施肥处理对燕麦补偿的影响 ［J］. 西北植物学报，6：969 - 975.

陈新，2016. 豇豆生产技术 ［M］. 北京：高等教育出版社.

陈旭微，2004. 低温胁迫对绿豆和蚕豆下胚轴及子叶抗寒生理特性研究 ［D］. 杭州：浙江大学.

程炳文，孙玉琴，杨学军，等，2019. 糜子产业发展现状调研报告 ［J］. 宁夏农林科技，60 （09）：13 - 15＋48.

程须珍，王述民，2009. 中国食品豆类品种志 ［M］. 北京：中国农业科学技术出版社.

程须珍，2016. 饭豆、小扁豆等生产技术 ［M］. 北京：高等教育出版社.

程须珍，2016. 绿豆生产技术 ［M］. 北京：高等教育出版社.

董钻，1997. 大豆栽培生理 ［M］. 北京：中国农业出版社.

段碧华，刘京宝，乌艳红，等，2013. 中国主要杂粮作物栽培 ［M］. 北京：中国农业科学技术出版社.

范毓周，1997. 关于中国古代的高粱栽培问题 ［J］. 中国农史，16 （4）：106 - 108.

封山海，张雄，王斌，白银兵，1998. 旱地糜子吸肥规律的研究初报 ［J］. 干旱地区农业研究 （03）：3 - 5.

冯佰利，曾盛名，蒋纪芸，等，1996. 品种、播种期与肥力对糜子籽粒白质及其组分的影响 ［J］. 陕西农业科学 （5）：3 - 5.

冯佰利，高小丽，王阳，2015. 糜子病虫草害 ［M］. 杨凌：西北农林科技大学出版社.

冯晓敏，杨永，任长忠，等，2015. 豆科-燕麦间作对作物光合特性及籽粒产量的影响 ［J］. 作物学报，41 （9）：1426 - 1434.

傅樱花，张富春，彭永玉，2016. 鹰嘴豆制品对糖尿病小鼠降血糖作用的研究 ［J］. 食品研究与开发，37 （4）：26 - 28.

葛军勇，田长叶，曾昭海，等，2015. 不同基因型裸燕麦氮素利用效率与氮素营养特性 ［J］. 干旱地区农业研究，33 （4）：82 - 87.

龚建军，赵桂琴，马雪琴，2008. 矮壮素和乙烯利对燕麦株高、产量及构成因素的调节作用 ［J］. 草业科学 （5）：74 - 77.

古瑜，2000. 豇豆栽培技术及病虫害防治 ［M］. 天津：天津科技翻译出版公司.

谷茂，丰秀珍，2000. 马铃薯栽培种的起源与进化 ［J］. 西北农业学报，9 （1）：114 - 117.

官华忠，祁建民，周元昌，等，2005. 浅析中国高粱的起源 ［J］. 种子，24 （4）：76 - 79.

郭永田，2014. 中国食用豆产业的经济分析 ［D］. 武汉：华中农业大学.

韩城满，2011. 籽粒苋高产栽培技术 [J]. 科技传播，5：132.

韩建国，樊奋成，李枫，1996. 禾本科植物的起源、进化及分布 [J]. 植物学通报，13（1）：9-11.

韩黎明，杨俊丰，景履贞，等，2010. 马铃薯产业原理与技术 [M]. 北京：中国农业科学技术出版社.

郝建军，黄春花，卢环，等，2012. 不同小豆品种抗旱生理指标比较的研究 [J]. 辽宁农业科学（5）：21-25.

黑龙江省农业科学院马铃薯研究所，1994. 中国马铃薯栽培学 [M]. 北京：中国农业出版社.

胡家蓬，1984. 小豆资源研究初报 [J]. 作物种质资源（1）：21-25.

胡凯军，赵桂琴，刘永刚，等，2010. 不同种衣剂对燕麦幼苗生长及根系活力的影响 [J]. 草地学报，18（4）：560-567.

胡锡文，1959. 中国农学遗产选集甲类第三种粮食作物：上篇 [M]. 北京：农业出版社.

黄桂莲，王雁丽，田宏先，2012. 不同施肥量对裸燕麦丰产效果的影响 [J]. 山西农业科学，40（2）：120-122.

黄煦杰，朱雅琴，冯杨洪，等，2019. 鹰嘴豆总皂苷制备及体外降血糖与抗氧化活性评价 [J]. 食品科技，44（12）：253-259.

冀佩双，2016. 糜黍中营养物质的研究 [D]. 太原：山西大学.

贾志锋，2014. 播种期和行距对莜麦产量及其构成因素的影响 [J]. 草业学报，31（3）：471-478.

贾志锋，2013. 氮、磷肥对裸燕麦产量和品质的影响 [J]. 种子，32（11）：79-82.

金光辉，孙秀梅，冯晓辉，等，2013. 黑龙江垦区马铃薯大垄双行密植高产栽培技术 [J]. 中国马铃薯，27（1）：36-38.

金文，宗绪晓，2000. 食用豆类高产优质栽培技术 [M]. 北京：中国盲文出版社.

金文林，1995. 中国小豆生态气候资源分区初探 [J]. 北京农业科学，13（6）：1-5.

金文林，濮绍京，赵波，等，2005. 红小豆种质资源籽粒色泽及出沙率的遗传变异 [J]. 华北农学报（6）：32-37.

康静，柯希望，申永强，等，2019. 小豆抗锈病诱导剂的筛选 [J]. 植物病理学报，49（6）：871-875.

李成雄，王燕飞，1981. 燕麦的栽培与育种 [M]. 太原：山西人民出版社.

李刚，胡世玲，李荫藩，等，2011. 晋西北不同生态区莜麦品种与播种期试验 [J]. 甘肃农业科技（4）：7-10.

李红英，程鸿燕，郭昱，等，2018. 谷子抗旱机制研究进展 [J]. 山西农业大学学报（自然科学版），38（1）：12-16.

李凯，程炳文，邵千顺，等，2018. 小扁豆种质资源多样性分析 [J]. 江苏农业科学，46（7）：74-79.

李奇，胡飞，2018. 光质对豇豆幼苗环旋运动的影响 [J]. 植物生态学报，42（12）：1192-1199.

李秀花，高波，马娟，等，2013. 休闲与轮作对燕麦孢囊线虫种群动态的影响 [J]. 麦类作物学报，33（5）：1048-1053.

李侬，潘磊，吴华，等，2016. 60 份豇豆品种资源的耐盐能力评判 [J]. 植物遗传资源学报，17（1）：70-77.

李莹，张亮，刘志玲，张煜，2002. 黑豆栽培与加工利用 [M]. 北京：金盾出版社.

林汝法，1994. 中国荞麦 [M]. 北京：中国农业出版社.

林叶春，曾昭海，郭来春，等，2012. 裸燕麦不同生育时期对干旱胁迫后复水的响应 [J]. 麦类作物学报，32（2）：284-288.

刘斐，刘猛，赵宇，等，2020. 2019 年中国谷子高粱产业发展分析及后期展望 [J]. 农业展望，16（4）：67-71.

刘刚，赵桂琴，2006b. 刈割对燕麦草量及品质影响的初步研究 [J]. 草业科学，23（11）：41-44.

刘光德，2015. 荞麦产业技术与发展 [M]. 北京：中国农业出版社.

刘建，2015. 杂粮作物高产高效栽培技术 [M]. 北京：中国农业科学技术出版社.

刘金，2008. 小扁豆种质资源遗传多样性研究 [D]. 中国农业科学院.

刘景辉，胡跃高，2010. 燕麦抗逆性研究 [M]. 北京：中国农业出版社.

刘君馨，2011. 播种期对裸燕麦品种主要经济性状及产量的影响 [J]. 河北农业科学，15（3）：4-7.

刘润堂，温琪汾，乔燕祥，1989. 谷子品种资源酯酶同工酶的研究 [J]. 山西农业大学学报，9（1）：
　40-45.

刘薇，马德英，段晓东，等，2012. 不同培养基对鹰嘴豆褐斑病菌丝生长及产孢的影响 [J]. 新疆农业科
　学，49（12）：2249-2253.

刘长友，范保杰，曹志敏，等，2015. 豇豆属食用豆类间的远缘杂交 [J]. 中国农业科学，48（3）：
　426-435.

龙静宜，1989. 食用豆类作物 [M]. 北京：科学出版社.

卢翠华，石瑛，陈伊里，2001. 马铃薯生产实用技术 [M]. 哈尔滨：黑龙江科学技术出版社.

卢良恕，1995. 中国大麦学 [M]. 北京：中国农业出版社.

陆平，李英才，1996. 我国首次发现有水生薏苡种分布 [J]. 种子（1）：54.

罗海婧，2015. 不同品种红小豆对水分胁迫和复水的生理生态响应 [D]. 山西师范大学.

罗金梅，张忠武，孙信成，等，2019. 豇豆种子水引发研究 [J]. 农学学报，9（9）：45-48.

马春晖，韩建国，毛培胜，2001. 一年生饲用燕麦与豌豆混种最佳刈割期的研究 [J]. 西北农业学报，
　10（4）：76-79.

马代夫，2001. 世界甘薯生产现状和发展预测 [J]. 世界农业（1）：17-19.

马德成，魏建华，曾繁明，等，2008. 新疆鹰嘴豆褐斑病的发生 [J]. 植物检疫，22（4）：245-246.

马奇祥，1998. 麦类作物病虫草害防治彩色图说 [M]. 北京：中国农业出版社.

马雪琴，赵桂琴，龚建军，等，2010. 播种期与氮肥对燕麦种子产量构成因素的影响 [J]. 草业科学，
　27（8）：88-92.

门福义，刘梦芸，1980. 马铃薯栽培生理 [M]. 北京：中国农业出版社.

孟昭宁，2003. 籽粒苋—人类未来的粮食作物 [J]. 西部粮油科技，6：30-31.

苗昊翠，李利民，张金波，等，2015. 新疆小扁豆种质资源农艺性状的主成分及聚类分析 [J]. 西南农业学
　报，28（3）：986-990.

牛瑞明，2000. 高寒区麦类栽培技术 [M]. 石家庄：河北科学技术出版社.

农业部，2008. 2006 年全国各地蔬菜播种面积和产量 [J]. 中国蔬菜（1）：65-66.

齐萌萌，王士海，2018. 世界甘薯进出口贸易格局的演变分析：兼论中国甘薯国际贸易的发展趋势 [J]. 世
　界农业（1）：92-99.

秦琦，张英蕾，张守文，2015. 黑豆的营养保健价值及研究进展 [J]. 中国食品添加剂（7）：145-150.

全国农业技术推广服务中心，2011. 马铃薯测土配方施肥技术 [M]. 北京：中国农业出版社.

任贵兴，赵刚，2018. 藜麦研究进展和可持续生产 [M]. 北京：科学出版社.

任长忠，胡跃高，2013. 中国燕麦学 [M]. 北京：中国农业出版社.

山西省农业科学院，1987. 中国谷子栽培学 [M]. 北京：农业出版社.

沈姣姣，王靖，陈辰，等，2011. 播种期对农牧交错带莜麦生长发育和产量形成的影响 [J]. 中国农学通
　报，27（15）：52-56.

沈志忠，1999. 先秦两汉粱秫考 [J]. 中国农业通史，18（2）：100-109.

石玉学，曹嘉颖，1995. 中国高粱起源初探 [J]. 辽宁农业科学，4：42-45.

宋玉伟，刘宗才，杨建伟，2009. 干旱条件下蚕豆光合和生理特性变化研究 [J]. 河南师范大学学报（自然
　版），37（4）：109-113.

孙琛，高昂，巩江，等，2011. 野豌豆属植物药学研究概况 [J]. 安徽农业科学，39（14）：8386，8394.

孙桂华，任玉山，杨镇，2006. 辽宁杂粮 ［M］. 北京：中国农业科学技术出版社.

孙慧生，2003. 马铃薯育种学 ［M］. 北京：中国农业出版社.

孙信成，田军，张忠武，等，2019. 小扁豆种质资源主要农艺性状和品质性状的相关性研究 ［J］. 湖南农业科学（11）：16－20.

谭宗九，丁明亚，李济宸，2011. 马铃薯高效栽培技术 ［M］. 北京：金盾出版社.

唐朝臣，黄立飞，王章英，2020. 国内外甘薯研究态势述评 ［J］. 中国农业大学学报，25（7）：51－68.

田静，2016. 小豆生产技术 ［M］. 北京：高等教育出版社.

田长叶，张斌，2016. 燕麦实用技术 ［M］. 北京：中国农业大学出版社.

瓦格勒，王建新，龙旭光，等，1936. 中国农书 ［M］. 上海：商务印书馆.

王德萍，安馨，鱼晓敏，等，2019. 鹰嘴豆醇提物降血糖作用研究 ［J］. 食品研究与开发，40（13）：21－25.

王梅春，连荣芳，肖贵，等，2020. 我国小扁豆研究综述及产业发展对策 ［J］. 作物杂志（1）：13－16.

王念孙，2004. 广雅疏证 ［M］. 北京：中华书局.

王盼忠，徐惠云，2011. 旱地莜麦不同播种量与其经济性状和产量的关系 ［J］. 农业科技通讯（7）：57－59.

王世喜，郑殿峰，金辉，2019. 中国北方旱地旱区杂粮优质生产 ［M］. 哈尔滨：黑龙江科学技术出版社.

王述民，段醒男，丁国庆，等，1999. 普通菜豆种质资源的收集与评价 ［J］. 作物品种资源（3）：3－5.

王述民. 普通菜豆生产技术 ［M］. 北京：高等教育出版社，2016.

王树安，1994. 作物栽培学各论：北方本 ［M］. 北京：中国农业出版社.

王晓鸣，朱振东，段灿星，等，2007. 蚕豆豌豆病虫害鉴别与控制技术 ［M］. 北京：中国农业科学技术出版社.

王亚洲，2005. 黑龙江省马铃薯杂草及其化学防除 ［J］. 中国马铃薯，19（4）：232－233.

王岩，刘玉华，张立峰，等，2014. 耕作方式对冀西北栗钙土土壤物理性状及莜麦生长的影响 ［J］. 农业工程学报，30（4）：109－117.

翁训珠，1987. 大麦生物学特性与栽培 ［M］. 上海：上海科学技术出版社.

吴娜，胡跃高，任长忠，等，2014. 两种灌溉方式下保水剂用量对春播裸燕麦土壤氮素的影响 ［J］. 草业学报，23（2）：346－351.

吴娜，刘吉利，2014. 不同滴灌定额对春播裸燕麦氮磷钾质量分数及产量性状的影响 ［J］. 西北农业学报，23（9）：44－49.

吴娜，赵宝平，曾昭海，等，2009. 两种灌溉方式下保水剂用量对裸燕麦产量和品质的影响 ［J］. 作物学报，35（8）：1552－1557.

夏明忠，1990. 开花、结荚期水分胁迫对蚕豆的生理效应 ［J］. 植物生理学报（1）：16－21.

徐飞，葛阳阳，刘新春，等，2019. 黑豆营养成分及生物活性的研究进展 ［J］. 中国食物与营养，25（9）：55－61.

徐洪海，2010. 马铃薯繁育栽培与储藏技术 ［M］. 北京：化学工业出版社.

徐环宇，姜福成，陈淑君，等，2018. 籽粒苋品种类型特性及综合利用趋势 ［J］. 现代农业科技，2：249－250.

杨才，周海涛，李天亮，等，2008. 播种期、密度对莜麦品种花早2号产量的影响 ［J］. 杂粮作物，28（2）：186－187.

杨才，2010. 有机燕麦生产 ［M］. 北京：中国农业大学出版社.

杨海鹏，孙泽民，等，1989. 中国燕麦 ［M］. 北京：农业出版社.

杨学超，胡跃高，钱欣，等，2012. 施氮量对绿豆燕麦间作系统生产力及氮吸收利用的影响 ［J］. 中国农业大学学报，17（4）：46－52.

于海峰，李美娜，邵志壮，等，2009. "双季栽培" 对青莜麦的产质量及光合特性的影响 ［J］. 华北农学报，24（3）：128-133.

于江南，陈燕，曾繁明，等，2006. 鹰嘴豆主要病虫害发生概况及综合防治技术 [J]. 新疆农业科学 (3)：241-243.

于军香，2010. 盐胁迫对红小豆种子萌发与生理生化特性的影响 [J]. 作物杂志 (4)：47-48.

于立河，杜吉到，2016. 东北杂豆高效抗逆生产技术理论研究 [M]. 哈尔滨：黑龙江科学技术出版社.

袁宝忠，2005. 甘薯栽培技术（修订版）[M]. 北京：金盾出版社.

袁建娜，张小华，郭明晔，等，2012. 薏苡生药学研究进展 [J]. 现代生物医学进展，27：5385-5389.

岳绍先，1993. 籽粒苋在中国的研究与开发 [M]. 北京：中国农业科学技术出版社.

张兵，2014. 小扁豆植物化学物组成及其抗氧化、抗炎活性研究 [D]. 南昌：南昌大学.

张波，薛文通，2012. 红小豆功能特性研究进展 [J]. 食品科学，33（9）：264-266.

张大众，刘佳佳，冯佰利，2018. 中国谷子栽培利用史及其演进启示 [J]. 草业学报，27（3）：173-186.

张履鹏，1986. 谷子的起源与分类史研究 [J]. 中国农史 (1)：67-70.

张瑞，韩加，2019. 鹰嘴豆的化学成分与保健功效 [J]. 中国野生植物资源，38（3）：49-53.

张旭娜，幺杨，任贵兴，等，2018. 小豆功能活性成分及加工利用研究进展 [J]. 食品安全质量检测学报，9（7）：1561-1566.

张雁明，刘晓东，马建萍，等，2013. 谷子抗旱研究进展 [J]. 山西农业科学，41（3）：282-285.

张宗文，郑殿升，林汝法，2010. 燕麦和荞麦研究与发展 [M]. 北京：中国农业科学技术出版社.

赵宝平，庞云，曾昭海，等，2007. 有限灌溉对燕麦产量和水分利用效率的影响 [J]. 干旱地区农业研究，25（1）：105-108.

赵宝平，武俊英，2017. 莜麦 [M]. 北京：中国农业科学技术出版社.

赵钢，彭镰心，向达兵，2015. 荞麦栽培学 [M]. 北京：科学出版社.

赵桂琴，2016. 饲用燕麦及其栽培加工 [M]. 北京：科学出版社.

郑殿峰，杜吉到，张玉先，2016. 中国杂粮优质生产技术 [M]. 北京：科学出版社.

郑殿升，方嘉禾，2001. 高品质小杂粮作物品种及栽培 [M]. 北京：中国农业出版社.

郑卓杰，王述民，宗绪晓，1997. 中国食用豆类 [M]. 北京：中国农业出版社.

中国科学院植物研究所，1955. 中国主要植物图说·豆科 [M]. 北京：科学出版社.

周海涛，刘浩，幺杨，等，2014. 藜麦在张家口地区试种的表现与评价 [J]. 植物遗传资源学报，15（1）：222-227.

周俊玲，张蕙杰，2011. 食用豆国际贸易情况分析 [J]. 中国食物与营养，17（10）：45-47.

周长艳，2010. 不同储藏条件下马铃薯生理特性的研究 [D]. 呼和浩特：内蒙古农业大学.

朱绍新，1995. 东北地区高粱栽培历史考证 [J]. 国外农学：杂粮作物，5：2-27.

宗绪晓，2016. 豌豆生产技术 [M]. 北京：高等教育出版社.

AGUILAR P C, JACOBEN S E, 2003. Cultivation of quinoa on the Peruvian Altiplano [J]. Food reviews international, 19（1/2）：31-41.

BERTI M, WILCKENS R, 2000. Fertilización nitrogenada en quinoa (*Chenopodium quinoa* Willd.) [J]. Ciencia E investigación agraria, 49（5）：81-90.

BHAT S, NANDINI C, TIPPESWAMY V, et al, 2018. Significance of small millets in nutrition and health: a review [J]. Asian journal of dairy et food research, 37（1）：35-40.

CHACON M I, PICKERSGILL S B, DEBOUCK D G, et al, 2005. Domestication patterns in common bean (*Phaseolus vulgaris* L.) and the origin of the Mesoamerican and Andean cultivated races [J]. Theoretical and applied genetics, 110（3）：432-440.

CHEN Q F, 1999. A study of resource of *Fagopyrum* (Polygonaceae) native to China [J]. Botanical journal of the Linnean Society, 130：53-64.

CHEN Q F, 1999. Hybridization between *Fagopyrum* (Polygonaceae) species native to China [J]. Botanical journal of the Linnean Society, 131: 177 - 185.

DEBOUCK, DANIEL G, PAREDES, et al, 1993. Genetic diversity and ecological distribution of *Phaseolus vulgaris* (Fabaceae) in northwestern South America [J]. Economic botany, 47: 408 - 423.

DEWET J M J, 1978. Systomatics and evolution of sorghum [J]. Sorghum (Graminese). Am. J. Bot, 65: 477 - 484.

ELIZABETH A KELLOGG, 2001. Evolutionary history of the grasses [J]. Plant physiology, 125: 1198 -1200.

FRANCIS G, KEREM Z, MAKKAR H P S, et al, 2002. The biological action of saponins in animal systems: a review [J]. British journal of nutrition, 88 (6): 587 - 605.

FUENTES F F, BAZILE D, BHARGAVA A, et al, 2012. Implications of farmers' seed exchanges for on-farm conservation of quinoa, as revealed by its genetic diversity in Chile [J]. The journal of agricultural, doi: 10. 1017/S0021859612000056.

GEPTS P, BLISS F A, 1986. Phaseolin variability among wild and cultivated common beans (*Phaseolus vulgaris*) from Colombia [J]. Economic botany, 40: 469 - 478.

GROSS H, 1913. Remarques surles polygonées de I'asie orientale [J]. Bulletin de géographie botanique, 23: 7 - 32.

HAWKER J G, 1990. The potato: evolution, biodiversity and genetic resources hard cover [M]. London: Belhaven Press.

JACOBSEN S E, MONTEROS C, CORCUERA J L, et al, 2007. Frost resistance mechanisms in quinoa (*Chenopodium quinoa* Willd.) [J]. European journal of agronomy, 26: 471 - 475.

JACOBSEN S E, MONTEROS C, CHRISTIANSEN J L, et al, 2004. Plant responses of quinoa (*Chenopodium quinoa* Willd.) to frost at various phenological stages [J]. European journal of agronomy, 22 (2): 131 - 139.

JONG D H, 2016. Impact of the potato on society [J]. American journal of potato research, 93: 415 - 429.

KOUR D, RANA K L, YADAV A N, et al, 2020. Amelioration of drought stress in foxtail millet (*Setaria italica* L.) by P - solubilizing drought - tolerant microbes with multifarious plant growth promoting attributes [J]. Current opinion in environmental sustainability, 3 (1): 23 - 34.

LIU Z L, BAI G H, ZHANG D D, et al, 2014. Heterotic classes and utilization patterns in Chinese foxtail millet [*Setaria italica* (L.) P. Beauv] [J]. Agricultural sciences, 5: 1392 - 1406.

NASAR - ABBAS S M, SIDDIQUE K H M, PLUMMER J A, et al, 2009. Faba bean (*Vicia faba* L.) seeds darken rapidly and phenolic content falls when stored at higher temperature, moisture and light intensity [J]. LWT - food science and technology, 42 (10): 1703 - 1711.

NISHI S, SAITO Y, SOUMA C, et al, 2008. Suppression of serum cholesterol levels in mice by adzuki bean polyphenols [J]. Food science and technology research, 14 (2): 217 - 220.

SCHABES F I, SIGSTAD E E, 2005. Calorimetric studies of quinoa (*Chenopodium quinoa* Willd.) seed germination under saline stress conditions [J]. Thermochimica acta, 428: 71 - 75.

TSUJI K, OHNISHI O, 2000. Origin of cultivated tartary buckwheat (*Fagopyrum tataricum* Gaert.) revealed by RAPD analyses [J]. Genetic resources and crop evolution, 47: 431 - 438.

YAO Y, CHENG X, WANG L, et al, 2011. A determination of potential α-glucosidase inhibitors from azuki beans (*Vigna angularis*) [J]. International journal of molecular sciences, 12 (10): 6445 - 6451.